“十二五”职业教育国家规划教材
经全国职业教育教材审定委员会审定

热处理设备

第2版

主　编　徐　斌
副主编　李培泽（企业）　尚利平（企业）
参　编　王书田　马胜梅　范　莉
主　审　肖秀山（企业）

机械工业出版社
CHINA MACHINE PRESS

本书是“十二五”职业教育国家规划教材，是根据《教育部关于“十二五”职业教育教材建设的若干意见》及教育部新颁布的《高等职业学校专业教学标准（试行）》，同时参考热处理工职业资格标准编写的。

本书主要内容有热处理设备基础，周期作业电阻炉，热处理浴炉，钢的表面淬火设备，炉用仪表，可控气氛热处理设备，真空热处理设备，燃气炉、连续作业炉，其他热处理设备、表面改性设备，冷却设备，辅助设备，热处理车间设备的确定、布置、环境保护与安全操作。本书内容体现职业技术教育特色，注重职业素质的培养，突出热处理先进设备、新型设备的介绍。为便于教学，本书配套有电子教案、助教课件等教学资源，选择本书作为教材的教师可来电（010-88379197）索取，或登录 www. cmpedu. com 网站，注册、免费下载。

本书可作为高等职业院校金属材料与热处理技术专业教材，也可作为热处理技术岗位培训教材。

图书在版编目（CIP）数据

热处理设备/徐斌主编. —2 版. —北京：机械工业出版社，2015. 4（2024. 1 重印）
“十二五”职业教育国家规划教材
ISBN 978 - 7 - 111 - 49458 - 4

Ⅰ. ①热… Ⅱ. ①徐… Ⅲ. ①热处理设备 - 高等职业教育 - 教材 Ⅳ. ①TG155

中国版本图书馆 CIP 数据核字（2015）第 037615 号

机械工业出版社（北京市百万庄大街 22 号 邮政编码 100037）
策划编辑：齐志刚 责任编辑：齐志刚 张丹丹
版式设计：付方敏 责任校对：张莉娟
封面设计：张 静 责任印制：李 昂
北京捷迅佳彩印刷有限公司印刷
2024 年 1 月第 2 版 · 第 4 次印刷
184mm × 260mm · 16. 25 印张 · 350 千字
标准书号：ISBN 978 - 7 - 111 - 49458 - 4
定价：49. 80 元

电话服务	网络服务
客服电话：010-88361066	机 工 官 网：www. cmpbook. com
010-88379833	机 工 官 博：weibo. com/cmp1952
010-68326294	金 书 网：www. golden-book. com
封底无防伪标均为盗版	机工教育服务网：www. cmpedu. com

第2版前言

本书是按照教育部《关于开展“十二五”职业教育国家规划教材选题立项工作的通知》，经过出版社初评、申报，由教育部专家组评审确定的“十二五”职业教育国家规划教材，是根据《教育部关于“十二五”职业教育教材建设的若干意见》及教育部新颁布的《高等职业学校专业教学标准（试行）》，同时参考热处理工职业资格标准编写的。

本次重印动态更新，以党的二十大报告中“办好人民满意的教育”“全面贯彻党的教育方针，落实立德树人根本任务，培养德智体美劳全面发展的社会主义建设者和接班人”的精神为指引，依据高等职业教育培养素质高、专业技术全面的高素质技能人才的培养目标，充分融“知识学习、技能提升、素质培育”于一体，严格落实立德树人的根本任务。本书编写模式新颖，引入重点词、导入案例、视野拓展、设计及其训练实例、训练题等模块。修订后增加了大量技术资料及分析，主要体现如下特色。

1）突出了计算机技术在先进热处理设备中的应用。

2）用重点词代替学习目标，使目标更加简明、具体。

3）将每章最基本的要求，用“应知应会”问答题的形式安排在训练题中，以达到引导学习的目的。

4）全书系统内容的问题及题目，已被编入到书后的综合思考训练题。

5）讲授教学为80～90学时，其中绪论安排2学时。课程设计训练另外单独安排1周学时。

全书共12章，由包头职业技术学院徐斌主编，易普森工业炉（上海）有限公司李培泽、内蒙古第一机械集团有限公司尚利平副主编。具体分工如下：包头职业技术学院马胜梅编写第一章第一节、第二章；包头职业技术学院范莉编写第九章；李培泽编写第六章、附录；尚利平编写第一章第二节、第三章、第十一章、第十二章；包头职业技术学院王书田编写第四章；徐斌编写绪论、第五章、第七章、第八章、第十章、综合思考训练题。本书由长安汽车股份有限公司肖秀山主审。教育部评审专家赵红军、李柏模在评审过程中对本书内容及体系提出了很多宝贵的建议，在此对他们表示衷心的感谢！

编写过程中，编者参阅了国内外出版的有关教材和资料，得到了中国热处理行业协会秘书长王晓明，内蒙古第一机械集团有限公司徐庆元、武明亮、许永旺的有益指导，在此一并表示衷心感谢！

由于编者水平有限，书中不妥之处在所难免，恳请读者批评指正。

编　者

第1版前言

为了进一步贯彻“国务院关于大力推进职业教育改革与发展的决定”的文件精神，加强职业教育教材建设，满足现阶段职业院校金属材料与热处理技术专业对教材建设的需求，根据现阶段职业院校该专业还没有一套较为合适的教材，大部分院校采用自编或本科教材组织教学，非常不适合职业教育的实际情况，机械工业出版社于2008年8月在北京召开了“职业教育金属材料与热处理技术专业教材建设研讨会”。在会上，来自全国该专业的骨干教师和企业专家经过多次研究讨论，确定了系列教材的编写体系和内容。本书是根据会议精神，结合现阶段职业院校的学生特点，按照金属材料与热处理技术专业培养目标和各用人单位的要求以及职业资格考试的需要编写的。

本书包括“热处理炉及车间设备”与“炉温仪表及感应加热设备”两部分内容，在介绍传统热处理设备的基础上，介绍了热处理炉用仪表及控制、感应加热设备及设计、火焰加热设备、真空热处理炉、铝合金淬火炉、钟罩式电阻炉、热处理工装夹具及设计等内容。本书在内容处理上，突出了先进热处理设备的内容，如可控气氛热处理炉、炉温及炉气氛的测量与计算机控制；删减了不常应用的内容，如气体力学基础、燃料炉（固体燃料、燃料计算等）、热处理车间平面布置、流动粒子炉、液压传动、连续作业炉、对流换热、气体的辐射换热和遮蔽系数等；结合了职业资格考试的需要和职业技能培训的内容及知识要求，每单元给出了“综合训练题”，个别单元还附有习作量较大的设计题目。本书汇集了热处理设备的基本知识以及必要的设计资料，力求内容实用、充实、先进。

本书由内蒙古包头职业技术学院徐斌主编，王书田、冯增田参加编写。全书由吴光英主审。在本书的编写过程中，借鉴和参考了许多优秀的教材和资料，书后参考文献中已一一列出，在此向有关作者表示衷心的感谢。

由于编者水平有限，缺点和错误在所难免，欢迎广大师生及读者批评指正。

编　者

目 录

CONTENTS

绪　论

关键词

差距；热处理质量；正确性；准确性；一致性（分散度）；尺寸稳定性；加热系数；热处理工艺性；精益生产；设备的加热温度、冷却温度、气氛均匀性；工件的加热温度、冷却温度、表面化学成分均匀性；节能减排；降本增效；整体热处理设备

我国已经发展成为机械制造业大国，但距离机械制造业强国的差距还很大，表现之一为热处理的生产水平、热处理设备、热处理质量还不够高，特别是关键构件的三大问题“寿命短，一致性差，结构重”，已成为制约我国高端机械装备的“瓶颈”。而先进热处理和表面改性技术赋予关键构件极限服役性能，因此，提高我国热处理产品质量及竞争力的工作还任重而道远。

一、热处理设备与热处理工艺、热处理生产、热处理质量的关系

热处理质量主要指产品的力学性能或金相组织的正确性及一致性、畸变的分散度、使用一定时间后尺寸的稳定性、寿命、结构轻等。热处理产品的质量主要取决于热处理工艺的正确性及设备。其中，热处理质量的正确性、一致性完全取决于设备的功能设计及控制质量；大多数热处理工艺性的问题完全依赖设备解决；很多热处理工艺是以设备命名或默认设备完成的；工艺制定包含加热系数等设备因素。

我国目前已能生产各种热处理炉，可分为通保护气氛和不通保护气氛两种，炉型包括各种周期式炉和连续式炉。早期使用的炉子加热的工件没有气氛保护，工件在空气中加热，钢制工件的氧化和烧损量达到3%以上，氧化和脱碳对零件的热处理质量造成很大的影响，而且设备控温精度差、冷却控制差、工件温度均匀性差、自动化程度低、能耗大、污染严重。我国在先进热处理设备及其热处理精益生产方面与发达国家还存在着较大的差距。

二、热处理设备的工作目标、主要发展方向

热处理设备的工作目标如下：①加热设备的温度及气氛、冷却设备的温度更准确、均匀；②保证工件的加热温度及表面化学成分、工件的冷却温度及金相组织准确、均匀；③节能减排、降本增效、安全、环保、清洁、精益生产等。

热处理设备总的发展以一个核心为前提，三大领域为主干，使节能环保达到更高的标准。

一个核心是传感器和执行器件的研制与计算机软件和计算机技术的应用。

三大领域是感应设备、可控气氛热处理和真空热处理。

“十二五”期间热处理行业节能规划：规模以上的热处理企业“十二五”末平均单位能耗由现在的600kW·h/t降低到450kW·h/t，骨干热处理企业争取实现零污染的节能减排工作目标；热处理燃料炉比重达到15%，平均热效率达到55%，80%燃料炉实行空气预热，预热温度保证在300℃以上；50%以上热处理电阻炉采用陶瓷纤维炉衬，综合热效率达到30%；电能燃料消耗降到生产成本的20%以下；热处理设备寿命保证在20年以上。

三、热处理设备学习目标、加热设备系列总揽

热处理设备主要有加热设备、冷却设备和炉用仪表。其中，加热设备是热处理过程中的主要设备。预备热处理通常使用电阻炉、燃气炉，最终热处理通常使用可控气氛炉、真空炉、燃气炉、浴炉、感应加热设备、井式气体渗碳炉。

目前热处理设备主要技术性能指标有炉膛尺寸、最大装炉量、额定温度、额定功率、空载功率消耗、炉温均匀性、气氛均匀性等。本课程以培养学生具备热处理设备的相关基本知识，对热处理设备的性能与热处理工艺及热处理质量之间的关系有更加深刻的理解，开发开放性思维与创新思维能力为目的，通过各教学环节的学习，达到以下学习目标：

1）掌握热处理设备的工作原理、结构、技术性能等基本知识，能根据产品及要求正确地选择设备，掌握各种加热设备对热处理工艺参数、工艺性及质量的影响。

2）掌握热处理设备中影响工件温度、渗碳、质量等均匀性的因素，充分认识对使用设备的质量挖潜、维护、校验，保证并提高热处理质量与节能减排并重的重要意义。

3）通过必要的基本训练，具备正确设计、改造一般热处理设备的能力，如非标电阻炉、电阻加热浴炉、电极加热浴炉、感应器、淬火槽、淬火液冷却装置、工装夹具等的设计。

4）掌握必要的先进热处理设备的工作原理、结构、技术性能，具备解决复杂技术问题与精细技术问题的能力，了解表面改性设备及相关热处理设备的特点。

常用热处理加热设备的一些性能及应用特点简介，见表0-1。

表0-1　常用热处理加热设备的一些性能及应用特点简介

热处理工艺	淬火或正火							退火					回火	渗碳	加热系数	生产批量	工件质量
炉温高低/℃	高温						中温	高温			中温	低温					
	≤1350			≤1200			≤950	≤1200			≤950	≤650					
工件大小	大	中	小	大	中	小		大	中	小							
箱式电阻炉				△	△	△	★	△	△	△	★				1		
台车式电阻炉				★	★		★	★	★		★				1	大	
井式电阻炉				△	△	△	★	△	△	△	★	★	★		1		
井式气体渗碳炉							★							★	>1	中大	
燃气炉	△	△	△	★	★	△	★	★	★	△	★	△	△		0.9	大	
电阻加热浴炉											球化	等温	★		<1	中	△
电极盐浴炉			★		△	★	★				球化	等温	★		0.4	小中	△
可控气氛多用炉							★				★	△	★	★	1.2	大中	★

（续）

热处理工艺	淬火或正火							退火					回火	渗碳	加热系数	生产批量	工件质量
炉温高低/℃	高温						中温	高温			中温	低温					
	≤1350			≤1200			≤950	≤1200			≤950	≤650					
可控气氛连续炉							★				★	△	△	★	1.2	大	★
外热式真空炉					△	△	△		△	△	★		△	可脉冲渗碳★	>1	小中	★
内热式真空炉	△	★	★	★	★	★	★	△	★	★	★	★	★		2	中大	★

注：1. 表中各项性能及应用比较结果，突出者用★表示，较好用△表示。

2. 在相同条件下（如中温炉850℃、碳钢、工件材料尺寸及预热情况等），以电阻炉加热工件的系数为基准1。

3. 刃具通常为小工件，锻模通常为较大或大型工件（350mm左右），一些特大型钢辊尺寸达2000mm左右。

4. 整体热处理设备指加热设备+仪表设备+冷却设备+其他设备，如冷热一体设备、生产线、工装夹具、冷却过程控制等。

5. 等温退火或球化退火可在电阻炉、燃气炉中进行，大批量生产使用连续作业炉，周期作业装炉量不宜过大（如锻模的单件退火），小型工件在浴炉中进行退火质量更好，周期球化退火宜在两台盐炉中进行（不宜用电阻炉）。

6. 浴炉既是加热设备，又是冷却设备（用于等温淬火、分级淬火）及缓冷设备（等温退火、球化退火、索氏体等温处理），同时还是进行局部热处理（淬火加热、回火）的主要设备。

7. 局部淬火加热以感应、浴炉为主，火焰为辅，个别情况将不淬硬部位用隔热材料保护整体放入电阻炉、燃气炉中加热。分区段加热使用感应、火焰、激光设备，其分区段连续加热可以完成特大齿圈、特大齿轮的表面热处理。

8. 局部淬火冷却设备主要有淬火槽、浴炉；分区段的局部淬火设备，主要有喷液冷却装置、压缩空气冷却装置。

9. 真空设备解决了盲孔、小孔、深孔渗碳及快速渗碳，离子快速氮化，低脆性氮化，预氧化，快速氮化等热处理工艺性问题。

“想一想”

1. 为什么热处理质量的准确性、一致性完全取决于设备？热处理设备、热处理工艺对畸变的分散度有何影响？

2. 为什么热处理设备可以解决热处理工艺性问题？

3. 在热处理设备方面，如何保证大尺寸精密工件在使用一定时间后尺寸的稳定性？

第一章　热处理设备基础

耐火材料；隔热材料；传导传热与$K_{导}$；对流传热与$K_{对}$；辐射传热与$K_{辐}$；黑度；增强传热；削弱传热

第一节　筑炉材料

砌筑热处理炉所需的材料统称为筑炉材料，主要的筑炉材料有砌筑炉衬所用的耐火材料、隔热材料（或称绝热材料、保温材料）、制作炉底板和炉罐的耐热钢。

耐火材料及隔热材料的主要性能特点见表1-1。

表1-1　耐火材料及隔热材料的主要性能特点

材料类型＼性能	筑炉材料举例	使用温度/℃	热导率/[W/(m·℃)]	密度/(g/cm³)
耐火材料	重质砖、轻质砖	>1000	重质砖>0.8，轻质砖0.2~0.7	重质砖2.1~2.75，轻质砖0.4~1.3
耐火隔热材料	耐火纤维、轻质砖	>1000	耐火纤维<0.2	耐火纤维0.135~0.5
隔热材料	硅藻土砖、矿渣棉	500~1000	<0.23	0.125~0.65

一、耐火材料

凡能够抵抗高温，并能承受高温物理和化学作用的材料，称为耐火材料。

热处理炉通常处于高温作业，所以筑炉材料中以耐火材料最为重要，因此在设计、建造炉子时，合理地选用耐火材料对提高炉子寿命、降低成本、节约热能都有重要的作用。

（一）热处理炉对耐火材料的性能要求

1. 有足够的耐火度

耐火度是耐火材料抵抗高温作用的性能，指耐火材料受热后软化到一定程度时的温度，但并不是它的熔点。根据耐火度的高低，耐火材料可分为普通耐火材料（耐火度为1580~1770℃）、高级耐火材料（耐火度为1770~2000℃）和特级耐火材料（耐火度大于2000℃）。

耐火度是耐火材料的重要性能指标，但它并不代表耐火材料实际使用的最高温度。在实际使用中，耐火材料还要承受一定的压力，因此，必须考虑耐火材料的高温结构强度，即在

高温下承受一定压力而不变形的能力，如 NZ-40 耐火粘土砖的耐火度高达 1730℃，但其最高使用温度仅为 1350℃。

2. 有一定的高温结构强度

高温结构强度用荷重软化点来评定，荷重软化点是指试样（尺寸为 ϕ36mm×50mm）在一定压力（0.2MPa）条件下，以一定的升温速度加热，测出试样开始变形（变形量为原试样的 0.6%）的温度，此温度就称为该耐火材料的荷重软化开始点。

NZ-40 耐火粘土砖的耐火度为 1730℃，而荷重软化开始温度只有 1350℃左右，因此，它的最高使用温度不超过 1350℃。

3. 高温下有良好的化学稳定性

制造无罐渗碳气氛热处理炉时，由于高碳气氛对普通耐火粘土砖有破坏作用，所以炉墙内衬的耐火材料需用 w（Fe_2O_3）$<1\%$ 的耐火材砖（即抗渗碳砖）。制造电极盐浴炉时，由于熔盐对耐火材料有冲刷作用，所以坩埚的耐火材料必须使用重质耐火砖或耐火混凝土。电热元件搁砖不得与电热体发生化学作用，对铁铬铝电热体要用高铝砖做搁砖。特定的耐火材料与另一种耐火材料之间、热处理气氛、热处理介质、真空度等也对特定的耐火材料有破坏作用，这些都是热处理设备设计和选用应该考虑的问题。

4. 有良好的耐急冷急热性

在热处理炉工作过程中，耐火材料工作温度会经常急剧变化。例如，炉子的升温、冷的产品进炉、台车式炉进行正火作业时，工作温度波动都很大，若耐火材料没有足够抵抗温度急剧变化的能力，就会过早地损坏。

目前采用的标准方法是将标准型砖的一端在电炉内加热至 850℃，然后放在流动的冷水中冷却，如此重复进行，待砖块因破裂而部分掉落至原重量的 20% 为止，以所经受的冷热交替次数作为耐急冷急热性指标。

5. 高温下有良好的体积稳定性

耐火制品在高温下长期使用时，由于其组织结构发生变化，体积会膨胀或收缩，这种体积的变化不同于一般的热胀冷缩，是不可逆的，称为残存膨胀或残存收缩。耐火材料的这种体积变化过大会影响砌体强度，严重时会造成砌体倒塌。一般要求体积变化范围为 0.5%～1%。

此外还有其他性能要求，如较小的体积密度、热容和热导率。对于电阻炉还要求有良好的电绝缘性能等。

（二）热处理炉常用的耐火材料及应用

热处理炉常用的耐火材料有粘土砖、高铝砖、耐火混凝土制品及各种耐火纤维等。耐火材料常制成重质、轻质和超轻质耐火制品。

1. 粘土质耐火材料（重质砖）

粘土质耐火材料的化学成分（质量分数）为：Al_2O_3 30%～40%，SiO_2 50%～60%，其他各种杂质约占 5%～7%。这种耐火材料制成砖，其密度较大，故常称为“重质砖”，由于铁氧化物含量高而呈棕色或棕黄色。

重质砖在热处理炉中应用最为广泛，可以用于砌筑炉体、炉底、浴炉内衬等，有良好的耐急冷急热性（可达 20 多次）。它对铁铬铝电热元件有腐蚀作用，所以不宜用于铁铬铝电热元件的搁砖；在高碳气氛中易受 CO、H_2 的作用而损坏，故也不能用于高碳气氛炉中的内衬。

2. 轻质（轻质砖）与超轻质耐火材料

体积密度较小的耐火材料叫轻质耐火材料。一般重质粘土砖的密度为 2.1～2.2g/cm^3，重质高铝砖的密度为 2.3～2.75g/cm^3，而轻质粘土砖的密度为 0.4～1.3g/cm^3，且呈黄色或浅黄色，密度不大于 0.3g/cm^3 时则为超轻质砖。

轻质耐火材料的特点是：气孔多、重量轻、保温性能好，而且因为每个气孔很小，在制品中分布均匀，故有一定的耐压强度。采用轻质耐火材料做炉子砌体时，可以减少蓄热损失，尤其是对周期作业炉意义更大，可显著缩短升温时间，提高炉子的热效率，同时可缩小炉子体积。但轻质耐火材料的耐压强度低，荷重软化点较低，残存体积变化较大，耐蚀性也较差。因此，选用轻质耐火砖作为大型热处理炉衬时，应考虑其高温结构强度是否能满足要求。由于其耐蚀性差、气孔多，故不能做浴炉内衬。

3. 高铝质耐火材料

高铝质耐火材料是 Al_2O_3 的质量分数在48%以上的耐火制品，呈浅白色。高铝质耐火材料具有耐火度高、高温结构强度较高、致密度高、化学稳定性好等优点，但价格较粘土砖高。通常用于砌筑高温炉内衬、电热元件的搁砖和套管等。

4. 刚玉制品

刚玉制品属于高铝质耐火材料，Al_2O_3 的质量分数在85%以上，呈白色。它有很高的耐火度和高温结构强度。可用作电阻丝搁砖、电阻丝接线棒、热电偶的套管，也可用作炉芯以及高温炉的炉底板等。

热处理炉常用耐火制品的形状和尺寸见表1-2，常用耐火材料性能见表1-3。

表 1-2　热处理炉常用耐火制品形状和尺寸

制品名称和形状		标号	制品尺寸/mm						体积/cm^3	质量/kg		
			a	b	c	D	d	ϕ		粘土砖	轻质粘土砖	高铝砖
直形砖		T-3 T-4	230 230	113 113	65 40				1690 1040	3.5 2.1	1.35～2.2 0.83～1.36	3.9 2.4
厚楔形砖		T-19 T-20	230 230	113 113	65 65	c_1 55 45			1560 1430	3.2 3.0	1.2～2.0 1.1～1.9	3.6 3.3
直形搁砖		a=110mm　材料：高铝矾土 b=50mm　单件质量≈0.18kg c=20mm c_1=49.5mm										
扇形搁砖		a=110mm　材料：高铝矾土 a_1=50mm　单件质量≈0.175kg b=50mm b_1=32mm c=20mm										

（续）

制品名称和形状		标号	制品尺寸/mm						体积/cm³	质量/kg		
			a	b	c	D	d	ϕ		粘土砖	轻质粘土砖	高铝砖
炉底搁砖		$a=(150\pm3)$ mm $b=(120\pm2)$ mm $c=(40\pm1)$ mm $c_1=(20\pm1)$ mm	材料：高铝矾土 单件质量≈0.8kg									
烧嘴砖		T-84	230	205	80	150	50	35	9010	18.4		18
		T-85	340	335	120	190	75	45	23800	49		47.5
		T-86	340	335	120	210	100	45	23600	48.5		47.2
		T-87	340	335	130	240	125	40	21000	43		42
		T-88	340	335	130	260	150	40	19500	40		39

表 1-3　常用耐火材料性能

材料名称和牌号	耐火度/℃	荷重软化点/℃	耐急冷急热性/次	常温耐压强度/Pa	密度/(g/cm³)	热导率/[W/(m·℃)]	比热容/[kJ/(kg·℃)]	最高使用温度/℃
耐火粘土砖(NZ-40)	1730	1350	5～25	1960×10^4	2.1～2.2	$0.698+0.64\times10^{-3}t$	$0.88+0.23\times10^{-3}t$	1350
耐火粘土砖(NZ-30)	1610	1250	5～25	1225×10^4	2.1～2.2	$0.698+0.64\times10^{-3}t$	$0.88+0.23\times10^{-3}t$	1250
高铝质耐火材料(LZ-65)	1790	1500	>25	3920×10^4	2.3～2.75	$2.09+1.86\times10^{-3}t$	$0.96+0.147\times10^{-3}t$	1500
轻质耐火粘土砖(QN-1.0)	1670			294×10^4	1.0	$0.29+0.256\times10^{-3}t$	$0.84+0.26\times10^{-3}t$	1300
轻质耐火粘土砖(QN-0.4)	1650			58.5×10^4	0.4	$0.08+0.22\times10^{-3}t$	$0.84+0.26\times10^{-3}t$	1150
轻质高铝砖(PM-1.0)	1730	1230		392×10^4	1.0		$0.9196+0.25\times10^{-3}t$	1350
碳化硅制品	1900	1650		7840×10^4	2.4	1.3～1.6		1350
抗渗碳砖(重质)	1770				2.14	$0.7+0.64\times10^{-3}t$	同粘土砖	1350
抗渗碳砖(轻质)	1730				0.88	$0.15+0.128\times10^{-3}t$	同粘土砖	1250
粉煤空心微珠砖	1510	1140		352.8×10^4	0.5	$0.16+0.178\times10^{-3}t$	0.8(常温)	1350
硅酸铝耐火纤维毡					0.135	0.119(600℃时)		1200
高铝耐火纤维					0.2～0.4	0.19(1000℃时)		1350
莫来石耐火纤维					0.2～0.4	0.2(1000℃时)		1400
氧化锆耐火纤维					0.2～0.5	0.18(1300℃时)		1600

注：t 为材料所处环境的摄氏温度（℃）。

5. 其他耐火材料

其他常用的耐火材料还包括碳化硅、氮碳化硅、氧化锆制品、碳砖、石墨及石墨纤维制品等，常用于高温、耐磨、真空等条件下的构件。

6. 硅酸铝耐火纤维

硅酸铝耐火纤维是一种新型耐火隔热材料，兼有耐火和隔热材料的特点，具有重量轻、耐高温、热稳定性好、热导率低、比热容小、耐机械振动等特点。同时它还是一种柔性材料，使用中可不考虑热应力的影响，并使设备具有隔热性能好、升温快、热耗低等优点。

硅酸铝耐火纤维的化学成分（质量分数）为：Al_2O_3（43%～54%），SiO_2（47%～53%），其余为各种氧化物。纤维平均直径2.8～10μm，长为10～250mm，呈白色棉花状。常将纤维做成厚20mm的纤维针刺毡来使用，其主要性能如下：

1）当密度为0.10～0.25g/cm³时，其热导率在400℃时的对应值约为0.116～0.09W/(m·℃)，600℃时的对应值约为0.12～0.10W/(m·℃)，700℃时的对应值约为0.21～0.14W/(m·℃)，1000℃时的对应值约为0.33～0.21W/(m·℃)。注意这里的密度与热导率成反比，而其他的耐火材料及隔热材料的密度与热导率是成正比的。

2）耐火度为1750～1790℃，最高使用温度为1200℃。

3）高温下发生收缩，1000℃时收缩约为2%，1300℃时收缩约为4%。当使用它做隔热材料时，可采用分层安装和重叠接缝等办法，以解决其收缩问题。

当硅酸铝耐火纤维使用温度超过1000℃时，易出现析晶现象，会导致体积收缩、变脆、粉化、强度巨降、寿命下降。欲提高使用温度，可提高Al_2O_3含量，如使用高铝硅酸铝耐火纤维，其工作温度为1200℃，其极限温度可达1350℃。

【导入案例】 1）全纤维耐火材料热处理炉的使用越来越广，某台输送带式炉由重质砖炉衬改为陶瓷纤维后，空炉升温时间减少到原来的1/10，节约燃料50%。装炉量为400kg的密封渗碳淬火炉由轻质砖改为陶瓷纤维后，空炉升温时间缩短了1/3，节约13%的燃料，清炉时间（炉气恢复）减少到原来的1/4。耐火纤维制品如图1-1、文前彩图1-1所示。

2）电热元件与耐火纤维组合在一起，俗称“电热块”，如图1-2所示。其具有安装灵活迅速、升温快、节约开支的优点。

图1-1　耐火纤维制品

图1-2　耐火纤维与电热元件组合的“电热块”

7. 耐火混凝土

与耐火砖相比，耐火混凝土的优点是：可在现场直接制造，取消了复杂的烧结工序；具有可塑性和整体性，有利于复杂制品的成形；较耐火砖砌炉及修炉的速度快，加强了炉体的整体性，寿命长。

热处理炉常用耐火混凝土有如下几种：

（1）铝酸盐耐火混凝土　由矾土水泥（以铝酸盐为主）或低钙铝酸盐水泥（以二铝酸钙为主）作为胶结剂的耐火混凝土，称为铝酸盐耐火混凝土。胶结剂起硬化作用，使混凝土具有足够的强度。铝酸盐耐火混凝土具有快硬、高强度的特点，但耐火度较低（1650～1730℃），荷重软化点为1290～1300℃。其耐急冷急热性大于25次，在常温条件下硬化速度慢，早期强度低。

（2）磷酸盐耐火混凝土　以磷酸或磷酸盐作为胶结剂的耐火混凝土，称为磷酸盐耐火混凝土。这种耐火混凝土一般要经过300～500℃以上的加热才能固化，常用于捣打电极盐浴炉坩埚。磷酸盐耐火混凝土较铝酸盐耐火混凝土开裂倾向小，耐火度较高（1700～1800℃），荷重软化开始点为1300～1460℃，成本也较高。

（3）水玻璃耐火混凝土　用水玻璃作为胶结剂的耐火混凝土，称为水玻璃耐火混凝土。它具有非常好的耐急冷急热性，经受850℃加热，并在20℃水中急冷达60次以上，耐蚀性和耐磨性也很好，可做振底炉的炉底板等。使用温度在600～1100℃范围内。

二、隔热材料

工程上把热导率小于0.23W/(m·℃）的材料称为隔热材料。隔热材料的主要性能特点是热导率低、体积密度小、比热容小等。

要保持热处理炉的工作温度，就需要防止炉内热量的散失，为此，在砌筑热处理炉时要在耐火层外砌筑或加一层保温隔热材料。

常用的隔热材料有硅藻土、蛭石、矿渣棉、石棉以及珍珠岩制品等，它们可以制成型砖或粉料使用。

1. 硅藻土

硅藻土中二氧化硅的质量分数为74%～94%，呈灰色或粉红色，可以制成型砖或粉料使用，具有很好的保温隔热性能。

2. 蛭石

蛭石俗称云母，易于剥成薄片，内含水分，受热后水分迅速蒸发而形成膨胀蛭石。体积密度及热导率均很小，是一种良好的保温材料。使用时可以直接将膨胀蛭石倒入炉壳与炉衬之间，也可以用高铝水泥、水玻璃或沥青作结合剂制成各种形状的制品。

3. 矿渣棉

矿渣棉是将煤渣、高炉炉渣和某些矿石，在1250～1350℃熔化后，用压缩空气或蒸汽将其喷成长为2～6mm、直径为2～20μm的纤维状即可使用。矿渣棉具有体积密度小、热导率低、吸湿性小等特点。但当堆积过厚或受振动时易被压实，体积密度增加，保温隔热能力下降。

4. 石棉

石棉熔点为1500℃，但在700～800℃时就会变脆。为此，石棉长期使用温度应在500℃

以下，短时使用温度可以达到700℃。石棉制品主要有石棉粉、石棉板和石棉绳等。

5. 珍珠岩

珍珠岩是一种超轻质的保温隔热材料，是以磷酸盐、水玻璃、水泥为胶结剂，按一定比例调配、干燥、烧结成形的制品。水泥胶结制品最高使用温度为800℃。

常见隔热材料的性能见表1-4。

表1-4　常见隔热材料的性能

材料名称	密度/(g/cm^3)	耐压强度/Pa	热导率/[W/(m·℃)]	比热容/[kJ/(kg·℃)]	最高使用温度/℃
硅藻土砖A	0.5	49×10^4	$0.105+0.23\times10^{-3}t$	$0.84+0.25\times10^{-3}t$	900
硅藻土砖B	0.55	68.6×10^4	$0.131+0.23\times10^{-3}t$	0.75(538℃)	900
硅藻土砖C	0.65	107.8×10^4	$0.159+0.31\times10^{-3}t$		900
泡沫硅藻土砖	0.4~0.5	$(39.2\sim68.6)\times10^4$	$0.11+0.23\times10^{-3}t$	$0.23+0.07\times10^{-3}t_{均}$	950
膨胀蛭石	0.25		$0.072+0.256\times10^{-3}t$		1100
石棉板	1.0		$0.163+0.174\times10^{-3}t$		500
矿渣棉一级	0.125		$0.042+0.186\times10^{-3}t$		700
矿渣棉三级	0.2		$0.07+0.157\times10^{-3}t$		700
膨胀珍珠岩	0.135~0.35		$0.04+0.22\times10^{-3}t$		1000
磷酸盐珍珠岩	0.22		$0.049+0.174\times10^{-3}t$		1000

注：1. t 为材料所处环境的摄氏温度（℃）。

2. $t_{均}$ 为隔热材料制品两端所处环境温度的算术平均值（℃）。

【视野拓展】 最新发展的纳米微孔材料由极细二氧化硅粉末和热辐射吸收粉末经特殊工艺压制而成，热导率为0.21~0.34W/(m·℃)，密度为0.2~0.4g/cm^3，最高使用温度为1000℃。纳米微孔材料可以实现炉体的小型化，甚至可用于温度跟踪测量仪表的黑匣子的隔热材料。

三、其他筑炉材料

1. 耐火泥

耐火泥用于砌筑和填塞砖缝，保证炉子具有一定强度和气密性。耐火泥砌筑处也应具有一定的耐火度及抵抗化学侵蚀的能力，因此，要求耐火泥的成分和性能应接近于砌体的成分和性能。

耐火泥由颗粒很细的生料粉和熟料粉组成。所谓熟料，是指经过焙烧的耐火生料粘土。耐火泥的成分及其质量分数为：熟料粉60%~80%，生料粉20%~40%。熟料含量多，则机械强度增大；生料含量多，则透气性降低。

2. 普通粘土砖

粘土砖是用耐火度低于1350℃的低熔点粘土制造的，所含杂质较多。使用温度不超过750℃，耐急冷急热性差。这种砖一般用于大、中型燃料炉的外墙，温度低于750℃的烟道和烟囱。

3. 炉用耐热金属材料

热处理炉的炉底板、炉罐、坩埚、导轨、轴、输送带、炉内构件和料盘等，都是在高温下工作的，均需要用耐热钢或者耐热铸铁制造。常用耐热钢的牌号及允许工作温度：Cr3Si（600～750℃），4Cr9Si2（800～850℃），1Cr13、2Cr13、Cr13Si3、Cr20Si3（850～1000℃），Cr17Mn13N（950～1000℃），Cr24Al2Si、Cr25Ni20Si2、3Cr18Ni25Si2、Cr23Ni18（950～1050℃），Cr17Al4Si、Cr25Ni12、Cr15Ni35（1000～1100℃）。

过去热处理炉大部分用3Cr18Ni25Si2，由于我国镍铬资源较稀少，所以不宜大量使用3Cr18Ni25Si2。近年来广泛应用铬锰硅系耐热钢，这种耐热钢有良好的抗氧化性、抗渗碳性和耐急冷急热性。国产热处理炉大部分采用铬锰硅耐热钢，其成本较3Cr18Ni25Si2钢低60%～70%。它的使用温度为900～950℃。还有采用$w(\mathrm{Si})=4.5\%\sim6\%$的中硅球墨铸铁和高铝铸铁的耐热钢来做箱式炉炉底板，特别是高铝铸铁，耐热温度可达1100℃以上，有较好的常温力学性能，高温下变形小，使用较广。

第二节　传热学基础

只要存在温度差异，总会发生热从温度较高的物体向温度较低的物体传递的现象。热处理生产中存在着各种各样的传热问题，但归纳起来有两种类型：一类是增强传热，解决如何把燃料或电能产生的热量有效地传递给工件的问题；另一类是削弱传热，如用炉墙降低炉子散热损失的作用。

传热是通过微观粒子的振动（温度不同的各部分物质的微观粒子的振动动能不一样）并通过彼此的接触和相互的碰撞来传递热能的。在各种传热中，传热的基本方式或单纯的传热有三种，它们分别是传导、对流、辐射，两种以上的传热为综合传热，其特点简介见表1-5。

表1-5　传导、对流、辐射、综合传热的特点

	主要传热介质及接触情况	传热速度	传热系数 K	应　用
传导	通过固体中质点的接触传热	慢（非金属） 快（金属）	材料密度小、气孔率大，K小	耐火材料或隔热材料密度越小，削弱传热作用越强，炉子节能、升温效果越好
对流	通过流体的接触传热	快（流体密度大时）	流体流速大、密度大，K大	炉中加装风扇或高速燃气烧嘴，炉温均匀性好，低温炉以对流传热为主
辐射	通过空间电磁波无接触传热	慢（低温） 快（中高温）	温度升高，K呈指数增大	炉温越高，增强传热作用越强，中温特别是高温炉以辐射传热为主
综合	1. 电极盐浴炉：传导＋对流传热，传热介质密度大，故其加热及冷却速度快 2. 电阻浴炉：以传导为主，传热介质密度大，传热速度较快 3. 电阻炉：传导＋辐射＋对流，传热介质为气体，因密度小，故传热速度及传热系数低于电阻浴炉			

一、传热的基本方式

（一）传导、对流、辐射

1. 传导

热量的传导是指热量直接由物体的一部分传至另一部分，或由一物体直接传至与其相接触的物体，而没有宏观的质点移动的传热现象。例如，将金属棒一端加热，另一端用手拿着，过一会就会感到热，这就是发生了传导。

传导现象在固体、液体和气体中都可以发生。

在气体中间，传导通过气体分子或原子的彼此碰撞进行；在液体和不导电的固体中，传导通过弹性波的作用进行；在金属中，传导通过弹性波的作用和自由电子的扩散进行。

例如，通过耐火材料或隔热材料的炉墙传热，就是典型的传导。

2. 对流

热量的对流是指由流体内温度不同的各部分相互混合的宏观运动而引起的热量传递的现象，对流只能发生在流体内部。

例如，在井式回火炉中，炉气进行定向的流动而加热工件就是一种对流的过程。

3. 辐射

物体的辐射是由于原子内部电子运动的复杂过程引起的。由于这些过程，受热物体将部分热能转变成为辐射能，以电磁波的形式向外放射，当它投射到另一物体时，便部分地被吸收转变成热能。因此，这种传热方式不仅进行热量的交换，而且还伴随着能量形式的转化。从热能到辐射能或者反过来从辐射能到热能，辐射不需要冷热物体直接接触，便可把高温物体的热能传给低温物体。例如，太阳的热量可以通过高度真空的太空辐射到地球表面上。

辐射在中温，特别是在高温炉的热交换传热中起主要传热作用，例如1℃的温差所引起的传热量在1200℃时约为540℃时的5倍。

（二）传热过程分析

在热处理炉中，每种传热方式并非单独存在，绝大多数情况下，往往是两种或三种形式同时出现，例如，炉墙表面向车间散热，除了从墙面向车间辐射外，还存在着对流传热。

通常将某一物体的热量传至另一物体的过程，称为传热过程。而传热量不随时间变化的过程称为稳定传热过程。

经验表明：在稳定传热情况下，通过平壁的传热量正比于平壁两侧冷、热物体的温度差，正比于传热面积，以及给定的传热时间，即

$$Q = K(t_1 - t_2)S\tau$$

式中　Q——两物体之间的热交换量或传热量（kJ）；

t_1、t_2——进行热交换的两个物体或同一物体两部分的温度（℃）；

S——传热面积（m^2）；

τ——进行传热的时间（s）；

K——传热系数[$W/(m^2 \cdot ℃)$]。

单位时间的传热量称为热流量，以Φ表示，则

$$\Phi = K\Delta tS$$

单位时间、单位面积的传热量称为比热流量，以q表示，则

$$q = K\Delta t$$

二、炉墙的稳定态传导传热

在热处理炉恒温操作阶段或是在长时间连续工作中，炉墙的传热是一个稳定态的传导传热过程。减少炉墙的传导传热是使炉子保温并减少热损失的重要措施。通过分析和计算，可

以得知影响其传热量的因素和节能方法。

（一）温度场

物体在加热或冷却的过程中，各点的温度是不同的。即使对同一点来讲，其温度也可能随时间变化。这种在某一瞬间，物体中温度分布的情况称为温度场。它可以用空间坐标和时间坐标的函数来表达，温度场的数学表达式为

$$t = f(x, y, z, \tau)$$

如果物体各点的温度随时间而变，那么这种温度场是不稳定温度场；如果物体内各点温度不随时间变化，那么这种温度场就是稳定温度场。如果炉墙传热是单方向的，且又不随时间变化，这就是单向的稳定态传热。通常研究的温度场为单向的稳定态传热。

单向稳定态温度场的数学表达式为

$$t = f(x)$$

（二）温度梯度

对单向稳定态传导传热，其温度梯度就是沿 x 方向温度的变化率，数学表达式为

$$\mathrm{grad}t = \frac{\mathrm{d}t}{\mathrm{d}x}$$

在稳定态传导传热中，由于物体各点的温度不随时间变化，故温度梯度不随时间而变。

（三）傅里叶定律

傅里叶定律是传导传热的基本定律。傅里叶定律表明在单位时间内，所传导的热流量与温度梯度和垂直于热流量方向的截面积成正比，方向沿着温度降落的方向。对单向稳定态传导传热来说，傅里叶定律的数学表达式为

$$\Phi = -\lambda \frac{\mathrm{d}t}{\mathrm{d}x}S \quad 或 \quad q = \Phi/S = -\lambda \frac{\mathrm{d}t}{\mathrm{d}x}$$

式中　Φ——沿 x 方向所传导的热流量（W）；

λ——热导率，又称导热系数[W/(m·℃)]；

$\frac{\mathrm{d}t}{\mathrm{d}x}$——温度梯度（℃/m）；

S——与热流量相垂直的传热面积（m^2）。

公式中的负号表示热流量的方向与温度梯度的方向相反。

（四）热导率

热导率的数值是当物体内部温度梯度为1℃/m 时，单位时间内、单位面积的传热量，单位是W/(m·℃)。

各种材料的热导率各有不同，它们都可由实验测定。同一种材料的热导率也不是一成不变的，特别是温度对其的影响最大，实验中可以得到材料0℃时的热导率，记为 λ_0，同样可以测得某一温度下材料的热导率，从而算出导热温度系数 β，因此某温度下材料的热导率为

$$\lambda = \lambda_0 + \beta t$$

实际计算中，热导率是取物体平均温度下的数值，例如，物体两端的温度为 t_1 和 t_2，其平均热导率为

$$\lambda_{均} = \lambda_0 + \beta t_{均}$$

其中

$$t_{均} = (t_1 + t_2)/2$$

0℃时气体的绝对热导率 $\lambda_0 \times 10^{-3}/(W \cdot m^{-1} \cdot K^{-1})$ 分别为：H_2 17.33，He 14.26，CH_4 3.00，O_2 2.45，空气 2.43，N_2 2.42，CO 2.35，NH_3 2.17，Ar 1.63，CO_2 1.46。

气体的热导率在0.006～0.6W/(m·℃)范围内；液体的热导率一般在0.007～0.7W/(m·℃)之间；金属的热导率很大，在2.2～420W/(m·℃)的范围内变化。

各种隔热材料的热导率很小，它们与气体的热导率相当，在0.03～0.25W/(m·℃)之间，而各种耐火材料的热导率在0.3～3.0W/(m·℃)范围内变化。

（五）炉墙的稳定态导热计算

1. 单层炉墙的稳定态导热计算

图1-3所示为某单层炉墙的传导传热，若壁厚为δ，面积为S，炉墙两外侧面温度均匀，且分别为t_1和t_2，在$t_1 \sim t_2$温度之间材料的平均热导率为λ。因为该炉墙由单一材料砌成且炉墙两侧温度恒定，传热仅沿炉墙厚度方向（x轴方向）进行，故其传导传热属于单向稳定态传导传热。从炉墙中划出一单元薄层，其厚度为dx，温度差为dt。根据傅里叶公式可得出

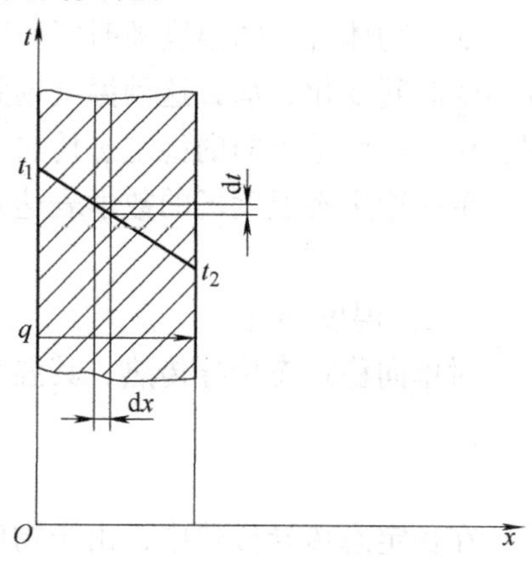

图1-3　单层炉墙的传导传热

$$\Phi = -\lambda \frac{dt}{dx} S$$

分离变量后得

$$\frac{\Phi}{\lambda S} dx = -dt$$

在单向稳定态传导传热中，Φ及q都是定值，故对上式进行积分整理后可得

$$\Phi = \frac{t_1 - t_2}{\frac{\delta}{\lambda S}} \quad 或 \quad q = \frac{t_1 - t_2}{\frac{\delta}{\lambda}} \quad 或 \quad q = \frac{\lambda}{\delta}(t_1 - t_2) \tag{1-1}$$

式中　$\frac{\delta}{\lambda S}$、$\frac{\delta}{\lambda}$——导热热阻；

$\frac{\lambda}{\delta}$——传导传热系数$K_导$。

从式（1-1）可看出，当内外侧面的温差越大、热阻越小时，热流量越大。

【例1-1】　有一耐火粘土砖炉墙，厚度δ=230mm，内表面温度t_1=900℃，外表面温度t_2=220℃，炉墙导热面积$S=4m^2$，求每小时通过炉墙的热损失。

解　由表1-3查得耐火粘土砖的热导率计算式为

$$\lambda = \lambda_0 + \beta t = 0.698 + 0.64 \times 10^{-3} t$$

先按平均温度计算出耐火粘土砖的平均热导率λ，即

$$\lambda = \lambda_0 + \beta t = \left(0.698 + 0.64 \times 10^{-3} \times \frac{900 + 220}{2}\right) W/(m \cdot ℃) = 1.056 W/(m \cdot ℃)$$

由此可得出每小时通过炉墙的热损失为

$$\Phi = \frac{t_1 - t_2}{\frac{\delta}{\lambda S}} = \frac{900 - 220}{\frac{0.23}{1.056 \times 4}} W = 12488 W$$

2. 双层及多层炉墙的传导传热

常见的炉墙结构是双层和多层炉墙，如热处理炉的炉衬就是由耐火材料和保温材料组成的两层或三层炉墙。

设有一个包含两层，层与层之间紧密相连，其间没有间隙的炉墙，如图1-4所示，厚度各为δ_1和δ_2，热导率各为λ_1和λ_2，两外表面的温度为t_1和t_3，而两层交界处的温度为t_2。

在稳定态传导传热的情况下，热流量是常数，而且对于任何一层来说都是相同的，因此每一层的热流量公式为

$$q = \frac{t_1 - t_2}{\frac{\delta_1}{\lambda_1}} \quad 及 \quad q = \frac{t_2 - t_3}{\frac{\delta_2}{\lambda_2}}$$

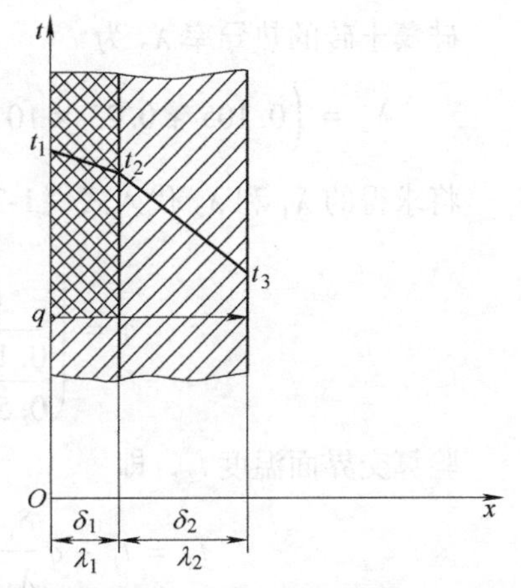

图1-4 双层炉墙的导热

从以上方程式可导出每层温度的变化，即

$$t_1 - t_2 = \Phi \frac{\delta_1}{\lambda_1 S} \quad 及 \quad t_2 - t_3 = \Phi \frac{\delta_2}{\lambda_2 S}$$

将以上两式相加就是双层炉墙的总的温度差（$t_1 - t_3$），即

$$t_1 - t_3 = \Phi\left(\frac{\delta_1}{\lambda_1 S} + \frac{\delta_2}{\lambda_2 S}\right)$$

由此可得到热流量Φ和比热流量q

$$\Phi = \frac{t_1 - t_3}{\frac{\delta_1}{\lambda_1 S} + \frac{\delta_2}{\lambda_2 S}} \quad 或 \quad q = \frac{t_1 - t_3}{\frac{\delta_1}{\lambda_1} + \frac{\delta_2}{\lambda_2}} \tag{1-2}$$

从式（1-2）可以看出多层炉墙的总热阻等于各层传导热阻的总和。

对于两层炉墙，其交界处的温度可由式（1-1）导出，即

$$t_2 = t_1 - q\frac{\delta_1}{\lambda_1} \tag{1-3}$$

【例1-2】 炉墙内层为轻质耐火粘土砖（QN-1.0），厚度为113mm，外层由A级硅藻土砖砌成，厚度为230mm，炉墙内表面温度t_1为950℃，硅藻土砖内表面和外表面温度分别是t_2和t_3，求$2m^2$面积炉墙上的传导传热损失。

分析 要解本题，需先知道t_2及t_3，而t_2和t_3又是本题所求的未知量，因此就采用试计算法，即先假设t_2及t_3值，进行一系列计算后求得t_2及t_3值，将求得的t_2及t_3值与假定的t_2及t_3值相比，若两者相差在5%以内，则满足计算要求，否则应重新假设t_2及t_3值进行计算，直到误差在5%以内为止。

解 根据我国部颁标准，当环境温度为20℃时，工作温度为700～1000℃的电炉，炉壳温升小于或等于50℃。预先假设炉墙外表面温度为50℃，则

$$t_1 - t_3 = 900℃, 且\ \delta_1 = 0.113m, \delta_2 = 0.230m$$

为计算各层炉衬材料的热导率，还需假设$t_2 = 810℃$。则轻质耐火粘土砖的热导率λ_1为

$$\lambda_1 = 0.29 + 0.256 \times 10^{-3} t_{均1} = \left(0.29 + 0.256 \times 10^{-3} \times \frac{950 + 810}{2}\right) \text{W/(m} \cdot ℃)$$
$$= 0.519 \text{W/(m} \cdot ℃)$$

硅藻土砖的热导率 λ_2 为

$$\lambda_2 = \left(0.105 + 0.23 \times 10^{-3} \times \frac{810 + 50}{2}\right) \text{W/(m} \cdot ℃) = 0.204 \text{W/(m} \cdot ℃)$$

将求得的 λ_1 和 λ_2 代入式（1-2），就可求得比热流量，即

$$q = \left(\frac{950 - 50}{\dfrac{0.113}{0.519} + \dfrac{0.230}{0.204}}\right) \text{W/m}^2 = 669 \text{W/m}^2$$

验算交界面温度 t_2，即

$$t_2 = t_1 - q\frac{\delta_1}{\lambda_1} = 950℃ - \frac{0.113}{0.519} \times 669℃ = 805℃$$

与原假设误差为

$$\frac{810 - 805}{810} \times 100\% \approx 0.6\%$$

误差小于5%，故原假设可用。

验算炉墙外表面温度 t_3，即

$$t_3 = t_1 - q\left(\frac{\delta_1}{\lambda_1} + \frac{\delta_2}{\lambda_2}\right) = 950℃ - \left(\frac{0.113}{0.519} + \frac{0.230}{0.204}\right) \times 669℃ = 50℃$$

原假设可用。

最后就可以求出 2m^2 炉墙的传导传热损失量，即

$$\Phi = qS = 669 \text{W/m}^2 \times 2\text{m}^2 = 1338 \text{W}$$

三、对流传热

（一）基本概念

流体和固体壁之间的传热过程称为对流传热，例如，车间中的空气对热处理炉炉壁的冷却作用，煤气的火焰对炉膛和工件的加热等都是对流传热过程。

整个对流过程包含两个方面的作用：一是流体质点的不断运动，把热量由一处传到另一处；另一个的作用是固体壁与流体之间以及流体内部存在的温差而进行的导热作用，它们是同时进行的。

流体运动的特征按其产生原因不同分为自然对流和强制对流；按其流动性质不同分为层流和涡流（紊流）。

1. 自然对流和强制对流

由于流体内部各部分温度不同所造成的密度差异而引起的流动，称为自然对流。在自然对流情况下所进行的对流传热，称为自然对流传热。

凡受外力作用，如鼓风机、泵、空气压缩机或搅拌器等的作用而发生的流动，称为强制对流。流体在强制对流情况下进行的传热，称为强制对流传热。

自然对流时，流体流动速度一般很小，故自然对流传热进行的强度远弱于强制对流传热。

2. 层流和涡流

在层流流动时，流体的质点只作彼此平行的直线运动，而不相互干扰，如图 1-5a 所示。在涡流流动时，流体的质点不仅沿前进方向流动，而且还向各个方向作很不规则的曲线运动，如图 1-5b 所示。

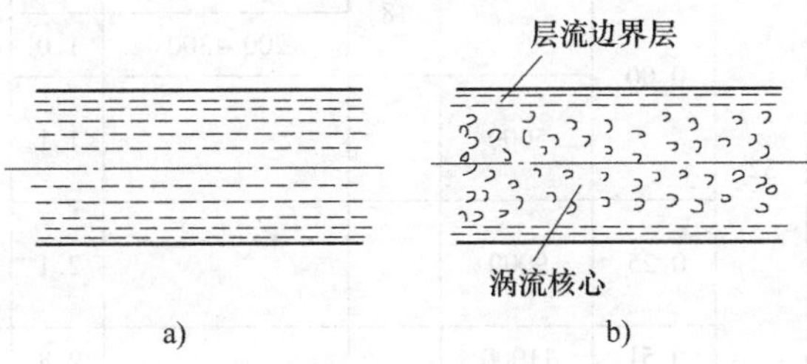

图 1-5　流体的层流和涡流

a）层流　b）涡流

（二）影响对流传热的因素

对流传热所传递的热量可由下式计算，即

$$\Phi = K_{对}(t_1 - t_2)S \tag{1-4}$$

式中　Φ——单位时间内对流传热量（W）；

$(t_1 - t_2)$——流体与固体表面间的温度差（℃）；

S——固体与流体的接触面积（m^2）；

$K_{对}$——对流传热系数[$W/(m^2 \cdot ℃)$]，它表示流体与固体表面间的温度差为 1℃时，每小时内通过 $1m^2$ 表面所传递的热量。

与传导传热比较，对流传热要复杂得多，影响其传热系数的因素也很多，如流体运动的特征、流体的物理性质、流体与固体接触表面的几何形状、放置的位置等。

就对流传热系数 $K_{对}$ 而言：强制对流大于自然对流，涡流大于层流；粘性小的流体大于粘性大的流体；密度大的流体大于密度小的流体（如水冷速度大于空冷；盐浴特别是铅浴，加热或冷却速度远大于空气）；炉顶面大于炉侧面大于炉底面；流体温度高时大于流体温度低时。

表 1-6 是常用淬火介质在 700℃时的平均传热系数、淬冷烈度 H 及工件冷却速度参考值。

表 1-6　常用淬火介质在 700℃时的平均传热系数、淬冷烈度 H 及工件冷却速度参考值

淬火介质:密度/(g/cm^3)	比热容/[kJ/(kg·℃)]	介质温度/℃	搅拌速度/(m/s)	700℃平均传热系数/[$W/(m^2 \cdot K)$]	介质温度/℃	工件温度/℃	淬冷烈度 H 值	介质温度和压力	工件温度/℃	工件冷却速度/(℃/s)
10% NaOH 水溶液: 1.1	3.51		0.00		18	550~600	2.0		600	2400
						200~300	1.1		300	1200
10% NaCl 水溶液: 1.0853			0.00		18	550~600	1.83		600	2200
						200~300	1.1		300	1600

（续）

淬火介质:密度/(g/cm³)	比热容/[kJ/(kg·℃)]	介质温度/℃	搅拌速度/(m/s)	700℃平均传热系数/[W/(m²·K)]	介质温度/℃	工件温度/℃	淬冷烈度H值	介质温度和压力	工件温度/℃	工件冷却速度/(℃/s)
水:1	4.18	32	0.00		18	550~600	1.0	20℃		
						200~300	1.0			
				5000			1.1		600	190
									250	770
			0.25	9000			2.1		600	350
									250	770
			0.51	11000			2.8	15℃,喷射压力为0.2MPa	600	610
		55	0.00	1000			0.2		250	860
			0.25	2500			0.6			
0.3%聚乙烯醇水溶液:1.05~1.15			0.00		30	高温区:400~650	约1.0	30℃	549	159
						低温区:250~350	约0.2		300	55.2
			喷射冷却		26	600℃对应冷速为342℃/s		15℃,喷射压力为0.4MPa	600	900
						250℃对应冷速为126℃/s			250	320
快速淬火油:		60	0.00	2000			0.5	40℃	608	100~150
			0.25	4500			1.0			
			0.51	5000			1.1			
			0.76	6500			1.5			
硝盐:约1.85	1.55				204		0.45~0.75	300℃	650	180
									400	20
普通淬火油:0.87	1.88~2.09		0.00		50	550~600	0.25	50℃	530	50~70
						200~300	0.11		300	30~100
		65	0.51	3000			0.7			
空气:1.29×10^{-3}	1	27	0.00	35			0.02		575	$H=0.028$
									250	$H=0.007$
			5.1	62			0.08			
			20~40				0.25			

注：1. 淬冷烈度是表征淬火介质从热工件中吸取热量的能力指标，规定18℃静止水淬冷烈度为1。

2. 不同搅拌程度淬火介质冷却能力见表10-2。喷水冷却流速、压力如图10-1所示。真空炉气淬压力与冷却能力见第七章第二节。

3. 在硝盐浴及碱浴中加入质量分数3%~5%的水，可以提高硝盐浴及碱浴的冷却能力。

4. 喷淋淬火水压以0.3MPa为宜，喷射压力增加至0.5MPa时冷速增加20%以上，但过高水压易使工件变形、开裂。

5. 相对于其他数据来说，带灰底的数据更加重要。

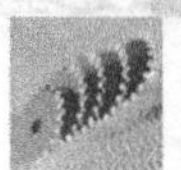

四、辐射传热

(一) 物体对辐射能的吸收、反射和透过

物体放射的电磁波按其波长的不同，可分为 X 射线、紫外线、可见光、红外线和无线电波。其中可见光（波长 0.40 ~ 0.8μm）和红外线（波长 0.8 ~ 40μm）能被物体吸收，并使辐射能转化为热能，这两种射线常叫热射线。

热射线的物理本质与可见光相同，当热射线投射到物体上时，其中一部分被该物体所吸收，一部分被反射，另一部分则透过物体，如图 1-6 所示。设投射到物体上的辐射能为 Q，其中 Q_A 被吸收，Q_R 被反射，Q_D 被透过。则

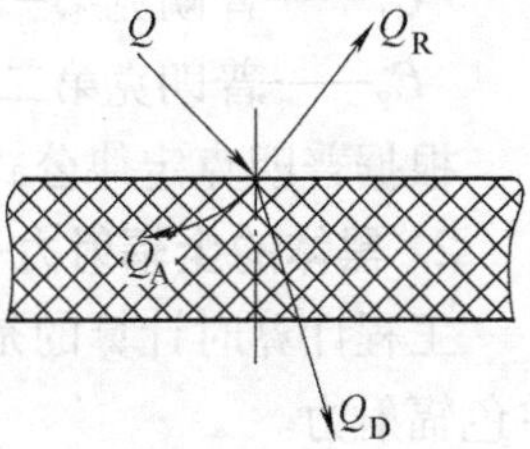

$$Q_A + Q_R + Q_D = Q$$

图 1-6　热射线落在物体上的分配

用 Q 除上式两端，则有

$$\frac{Q_A}{Q} + \frac{Q_R}{Q} + \frac{Q_D}{Q} = 1 \quad 或 \quad A + R + D = 1$$

式中　A——物体的吸收率，$A = \frac{Q_A}{Q}$；

R——物体的反射率，$R = \frac{Q_R}{Q}$；

D——物体的透射率，$D = \frac{Q_D}{Q}$。

如果 $A = 1$，即所有落在该物体上的辐射能完全被该物体所吸收，这一类的物体叫做绝对黑体，或简称黑体。

如果 $R = 1$，即所有落在该物体上的辐射能完全被该物体反射出去，这种物体叫白体，或者叫“镜体”。

如果 $D = 1$，即所有落在该物体上的辐射能完全被该物体透过去，这种物体叫做透明体或透热体。

自然界中并没有绝对的黑体、白体（镜体）、透热体。但是在分析热辐射传热基本规律时，为了便于研究，需要建立一个理论上重要的“黑体”概念，即用人工方法得到一个近似“黑体”的模型。如图 1-7 所示为绝对黑体的人工模型，在具有不透过性物体（镜体）的壁上开一个“小孔”，此小孔就具有黑体的性质。所有进入小孔的辐射能在多次反射的过程中，被空洞的内壁所吸收，同时空洞壁从各方面把辐射能和反射的辐射能投向小孔，向外作黑体的辐射。

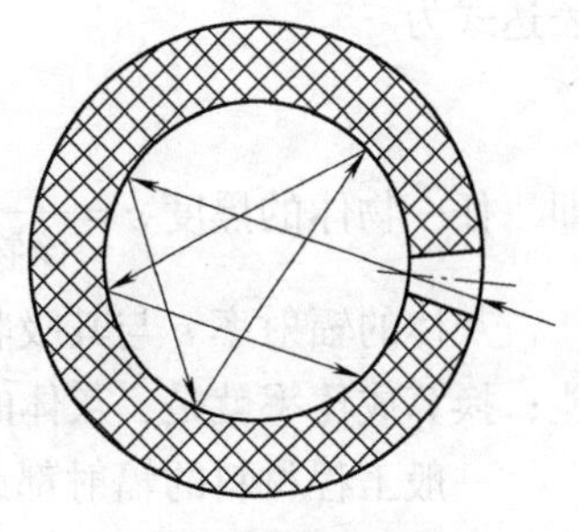

图 1-7　绝对黑体的人工模型

对于黑体的一切物理量均标以角标“b”。

(二) 热辐射的基本定律

1. 黑体的单色辐射力与温度和波长的关系——普朗克定律

普朗克定律确定了黑体的单色辐射力 $E_{b\lambda}$ 与热力学温度 T 和波长 λ 之间的关系，它的数

学表达式为

$$E_{b\lambda} = \frac{C_1 \lambda^{-5}}{e^{\frac{C_2}{\lambda T}} - 1} \tag{1-5}$$

式中　λ——波长（m）；

T——黑体表面的热力学温度（K）；

C_1——普朗克第一常数，$C_1 = 3.68 \times 10^{-16} \mathrm{W \cdot m^4/m^2}$；

C_2——普朗克第二常数，$C_2 = 1.43 \times 10^{-2} \mathrm{m \cdot K}$。

根据普朗克定律公式可得到图1-8。

2. 黑体的全辐射力——辐射的四次方定律

工程计算时计算的是黑体的全辐射力，而不是黑体的单色辐射力。

黑体每单位表面积，在单位时间内向半球空间辐射出去的波长从0～∞范围内的总能量称为黑体的全辐射力（简称黑体的辐射力），用符号E_b表示，单位是$\mathrm{W/m^2}$。

只要对黑体的单色辐射力$E_{b\lambda}$按波长从0～∞进行积分，就可以得到黑体的全辐射力E_b。

$$E_b = \int_0^{\infty} E_{b\lambda} d\lambda = C_b \left(\frac{T}{100}\right)^4 \tag{1-6}$$

式中　C_b——黑体的辐射系数，$C_b = 5.67 \mathrm{W/(m^2 \cdot K^4)}$。

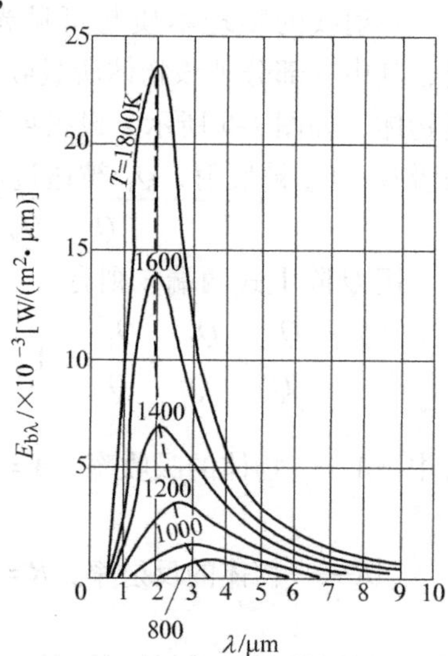

图1-8　黑体的单色辐射力

3. 灰体的辐射力

（1）灰体概念之一（吸收率角度）　自然界物质当中没有绝对的黑体（$A=1$的物体叫黑体），自然界物体的吸收率A总是小于1，因此将$A<1$的物体叫“灰体”。

（2）灰体概念之二（辐射率角度）　一切物体的辐射能力E都小于同温度下绝对黑体的辐射力E_b。若物体在任何温度下的辐射力E都等于同温度下绝对黑体辐射力E_b乘以同一系数（辐射率ε），这种物体就叫做理想灰体，简称灰体。系数ε叫做物体的黑度或辐射率，表达式为

$$E = \varepsilon E_b$$

即　任一物体的黑度 $\varepsilon = \dfrac{\text{该物体的辐射力 } E}{\text{该物体黑体（人工模型）的辐射力 } E_b}$

灰体的辐射率ε与其吸收率A的关系是：灰体的辐射能力恒等于该灰体所吸收的辐射能；换算成比率就是，灰体的辐射率恒等于其吸收率，即$\varepsilon = A < 1$。

一般工程材料的辐射都或多或少地与理想灰体有些偏差，但在工程计算时，为方便起见，都把它们看做灰体来进行计算。一些工程材料的黑度值及适用范围见表1-7。

【例1-3】　25kW的高温盐浴炉，工作温度为1300℃，盐浴表面积为200mm×200mm，试计算盐浴表面的辐射损失。

解　盐浴表面向车间辐射时，车间可全部吸收这部分热能，由于车间温度比熔盐低得很多，车间辐射到盐浴面上的热能可以忽略不计，所以，可由下式计算盐浴表面的辐射热损失。

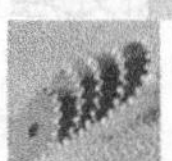

$$\Phi = ES = \varepsilon C_{\mathrm{b}}\left(\frac{T}{100}\right)^4 S = 0.89 \times 5.67 \times \left(\frac{1300 + 273}{100}\right)^4 \times 0.2 \times 0.2\mathrm{kW} = 12.4\mathrm{kW}$$

辐射热损失占总功率的百分数为

$$\frac{12.4}{25} \times 100\% \approx 50\%$$

由此可见，盐浴表面的热辐射损失很大。因此，在盐浴炉设计和制造时，在满足生产的情况下，应尽力减小盐浴的表面积，并装设炉盖，在升温和保温阶段盖住炉口，以减少辐射热损失。

表 1-7　常用材料的黑度

材料名称	温度/℃	黑度 ε	材料名称	温度/℃	黑度 ε
在600℃氧化后的铝	200～600	0.11～0.19	煤	1100～1500	0.52
在600℃氧化后的钢	200～600	0.80	镍铬	100	0.736
氧化后的铁	100	0.763	铁铬铝	—	0.80
表面粗糙的红砖	20	0.93	可控气氛下的钢	0～900	0.45
耐火砖	—	0.8～0.9	石墨		0.80
未加工处理的铸铁	925～1150	0.87～0.95	盐浴表面	1200～1300	0.89
表面光滑的钢铸铁	770～1040	0.52～0.56	盐浴表面	800～900	0.81
经过研磨的钢板	940～1100	0.55～0.61	盐浴表面	500～600	0.74
表面磨光的铁	425～1020	0.144～0.377			

（三）两个物体间的辐射热交换

1. 角度系数

从热源辐射出的热量，不一定全部直接投射到受热体上。受热体得到的辐射能占总辐射能的分量，就叫做角度系数，用 φ 来表示。

具体地说，如果第一个物体的总辐射能为 E_1，其中有 E_{12} 的辐射能被第二个物体所吸收，第一个物体对第二个物体的角度系数为 φ_{12}，即

$$\varphi_{12} = \frac{E_{12}}{E_1}$$

角度系数是一个几何量，它与温度和黑度等无关，而取决于两个辐射面的形状、大小和相互位置。

在热处理炉设计中，有实际意义的是封闭体系内两个面之间的辐射热交换。几种常见的封闭体系及它们的角度系数如下（图 1-9）：

（1）两个相距很近的大平面　如图 1-9a 所示，第一个大平面的辐射能全部投射在第二个大平面上了，反之亦然，第二个大平面的辐射能亦能全部投射在第一个大平面上。即 $E_1 = E_{12}$，$E_2 = E_{21}$。

由此可得到角度系数为

$$\varphi_{12} = \frac{E_{12}}{E_1} = 1，\varphi_{21} = \frac{E_{21}}{E_2} = 1$$

（2）同心球或两个同轴圆柱的表面　如图 1-9b 所示，可以得出 $\varphi_{12}=1$，$\varphi_{21}=\dfrac{S_1}{S_2}$。

（3）一个平面和一个曲面　如图 1-9c 所示，同样可以得到 $\varphi_{12}=1$，$\varphi_{21}=\dfrac{S_1}{S_2}$。

（4）两个曲面　如图 1-9d 所示，可以得出 $\varphi_{12}=\dfrac{S_2}{S_1+S_2}$，$\varphi_{21}=\dfrac{S_1}{S_1+S_2}$。

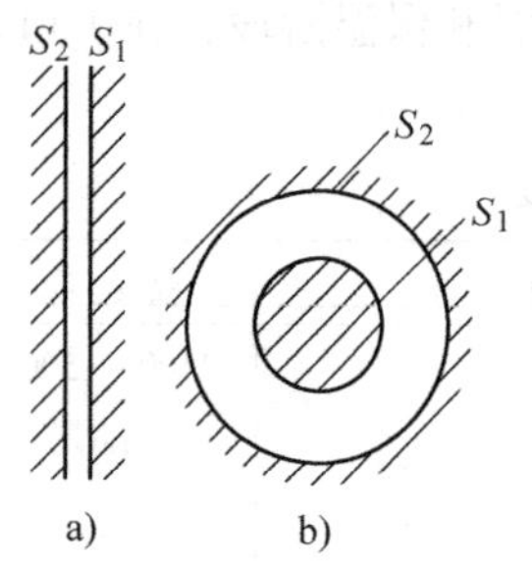

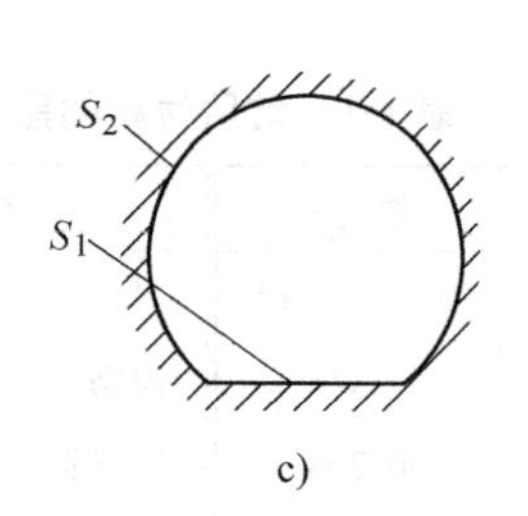

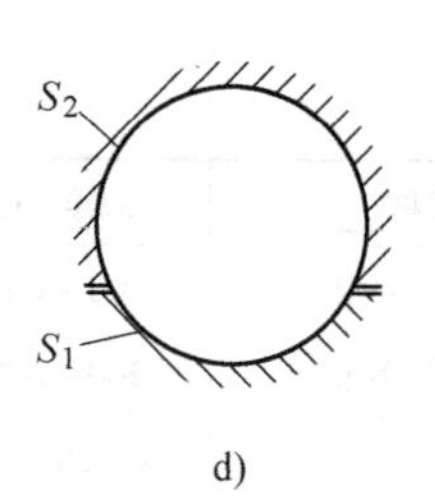

图 1-9　几种常见的由两个物体组成的封闭体系
a）两个相距很大的大平面　b）同心球或两个同轴圆柱表面
c）一个平面和一个曲面　d）两个曲面

2. 两个物体之间的辐射热交换

如上所述，两个物体之间的辐射热交换取决于它们的温度、黑度和角度系数等。

首先研究最简单情况下的热交换。设两个互相平行的黑体大平面，表面的温度分别为 T_1 和 T_2，并且 $T_1>T_2$，如图 1-10 所示。表面 1 辐射出去的能量 E_{b1} 全部投射到面 2 上，并且全部被吸收。因为 $T_1>T_2$，面 1 传给面 2 的热量较多，故最终结果是面 2 获得热量，其值等于两平面所辐射出的热量之差，即

$$\Phi_{12}=(E_{b1}-E_{b2})S=C_b\left[\left(\frac{T_1}{100}\right)^4-\left(\frac{T_2}{100}\right)^4\right]S$$

如果两个面都是灰体，那么情况就复杂多了，从任一表面所辐射出的能量虽然全部投到另一表面上，但只有一部分被吸收，另一部分则被反射。此时，被反射的那部分再次被部分吸收和反射。灰体的热交换过程就是这样一个多次吸收和反射的复杂过程。两个相互平行的灰体大平面的辐射热交换的计算公式可以归纳为

$$\Phi_{12}=C_{导}\left[\left(\frac{T_1}{100}\right)^4-\left(\frac{T_2}{100}\right)^4\right]S$$

式中　$C_{导}$——导来辐射系数，$C_{导}=\dfrac{5.67}{\dfrac{1}{\varepsilon_1}+\dfrac{1}{\varepsilon_2}-1}$。

如果考虑角度系数，则放热面 1 给受热面 2 的辐射热量为

$$\Phi_{12}=C_{导}\left[\left(\frac{T_1}{100}\right)^4-\left(\frac{T_2}{100}\right)^4\right]S_2\varphi_{21}$$

此时的 $C_{导}$ 为

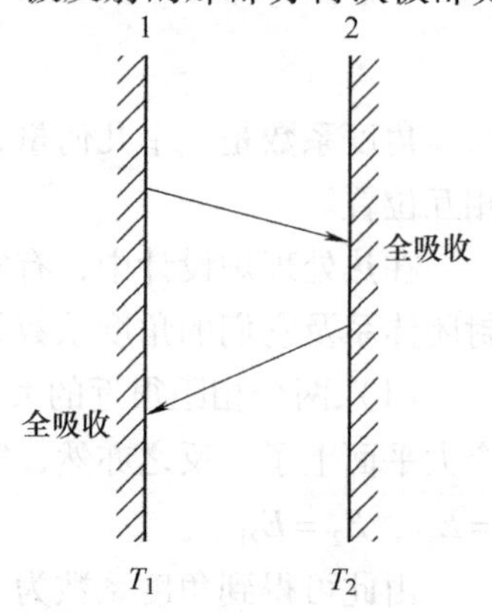

图 1-10　两个相互平行的绝对黑体平面的热交换

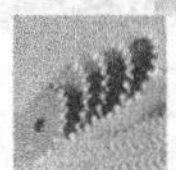

$$C_{导} = \frac{5.67}{\left(\frac{1}{\varepsilon_1}-1\right)\varphi_{12}+1+\left(\frac{1}{\varepsilon_2}-1\right)\varphi_{21}},\quad K_{辐} = C_{导}\left(\frac{T_1+T_2}{100^2}\right)\left[\left(\frac{T_1}{100}\right)^2+\left(\frac{T_2}{100}\right)^2\right]$$

【例1-4】 炉膛内表面积为3.65m²，其温度为900℃，炉底上并排放着5根长形工件进行加热，每根为100mm×100mm×900mm（图1-11）。试求工件温度为600℃时，炉壁传给工件的辐射热流量。

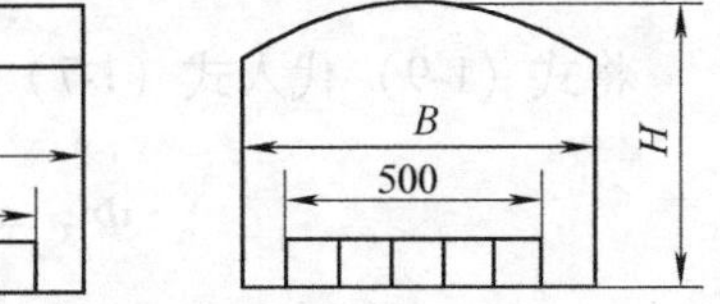

图1-11　炉内工件加热示意图

解　从表1-6查200～600℃表面氧化的钢的黑度为0.8，耐火砖的黑度为0.8～0.9，取0.85，即 $\varepsilon_1=0.8$，$\varepsilon_2=0.85$。

工件表面为受热面，$S_1=(0.9\times0.5+2\times0.9\times0.1+2\times0.1\times0.5)\mathrm{m}^2=0.73\mathrm{m}^2$。

炉膛内表面为放热面，$S_2=3.65\mathrm{m}^2$。

则　$\varphi_{12}=1$；$\varphi_{21}=\frac{S_1}{S_2}=\frac{0.73}{3.65}=0.2$。

$$C_{导}=\frac{5.67}{\left(\frac{1}{\varepsilon_1}-1\right)\varphi_{12}+1+\left(\frac{1}{\varepsilon_2}-1\right)\varphi_{21}}=\frac{5.67}{\frac{1}{0.8}+\left(\frac{1}{0.85}-1\right)\times0.2}\mathrm{W/(m^2\cdot K^4)}$$

$$=4.41\mathrm{W/(m^2\cdot K^4)}$$

炉壁传给工件的热流量为

$$\Phi_{21}=C_{导}\left[\left(\frac{T_1}{100}\right)^4-\left(\frac{T_2}{100}\right)^4\right]S_1\varphi_{12}$$

$$=4.41\times\left[\left(\frac{900+273}{100}\right)^4-\left(\frac{600+273}{100}\right)^4\right]\times0.73\times1\mathrm{W}$$

$$=4.22\times10^4\mathrm{W}$$

（四）有隔板存在时的辐射热交换

当需要减少辐射热量时，可在受热表面与热源之间放置一些隔板，例如金属薄片，这种措施称为辐射隔热。用于快速加热和冷却的真空炉的炉衬，就是采用抛光的不锈钢板做的隔热屏。

设有两个大平板Ⅰ和Ⅱ，在两个平板之间插入金属隔板Ⅲ，如图1-12所示。它们的面积相等为 S，它们的温度分别为 T_1、T_2 和 T_3，并且 $T_1>T_3>T_2$，它们的辐射系数分别为 C_1、C_2 和 C_3，并且 $C_1=C_2=C_3=C_{导}$。

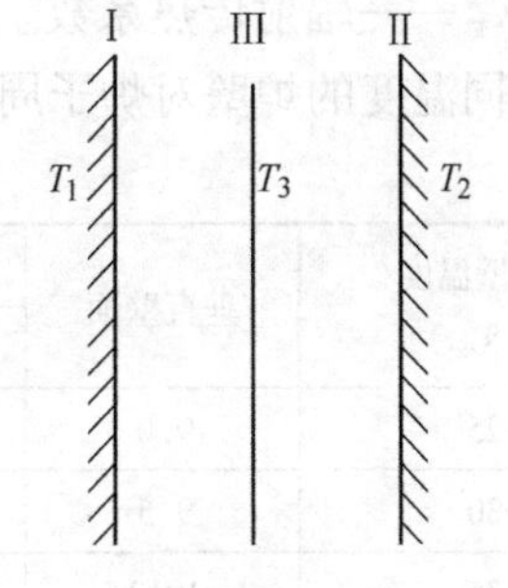

图1-12　有隔板存在时的辐射传热

平板Ⅰ传给隔板的热量为

$$\Phi_{13}=C_{导}\left[\left(\frac{T_1}{100}\right)^4-\left(\frac{T_3}{100}\right)^4\right]S \tag{1-7}$$

隔板传给平板Ⅱ的热量为

$$\Phi_{32} = C_{导}\left[\left(\frac{T_3}{100}\right)^4 - \left(\frac{T_2}{100}\right)^4\right]S \tag{1-8}$$

当传热体系达到稳定态时，$\Phi_{13} = \Phi_{32} = \Phi_{12}$，所以

$$\left(\frac{T_3}{100}\right)^4 = \frac{1}{2}\left[\left(\frac{T_1}{100}\right)^4 + \left(\frac{T_2}{100}\right)^4\right] \tag{1-9}$$

将式（1-9）代入式（1-7）或式（1-8），则得

$$\Phi_{13} = \Phi_{32} = \frac{1}{2}C_{导}\left[\left(\frac{T_1}{100}\right)^4 - \left(\frac{T_2}{100}\right)^4\right]S$$

而没有加隔板时，平板Ⅰ传给平板Ⅱ的热量为

$$\Phi_{12} = C_{导}\left[\left(\frac{T_1}{100}\right)^4 - \left(\frac{T_2}{100}\right)^4\right]S = 2\Phi_{13} = 2\Phi_{32}$$

由此可知，放置一层隔板时，如果辐射系数相同，辐射传热量可减少一半。如果放置 n 层，同理可以证明，传热量可减少到原有传热量的$\frac{1}{n+1}$。

如果选用黑度较小的金属薄板做隔热板，其减弱辐射传热的效果更加显著。例如，在黑度 $\varepsilon=0.8$ 的两块平行板之间插入一块黑度 $\varepsilon=0.05$ 的磨光镍片时，辐射传热量将减少为未装此隔热板前的1/27。

五、综合传热

（一）对流和辐射同时存在的传热

当流体经过一个固体表面时，不仅有对流换热，同时还伴有辐射换热，因而总的传热量为

$$\Phi_{总} = \Phi_{对} + \Phi_{辐} = K_{对}(t_1 - t_2)S + K_{辐}(t_1 - t_2)S = K_{\Sigma}(t_1 - t_2)S$$

式中 K_{Σ}——综合传热系数或总传热系数［W/（m^2·℃）］，$K_{\Sigma} = K_{对} + K_{辐}$；

$K_{对}$——对流传热系数；

$K_{辐}$——辐射传热系数。

不同温度的炉壁对炉子周围空气的综合传热系数见表1-8。

表1-8 炉壁外表面的综合传热系数 ［单位：W/（m^2·℃）］

炉外壁温度/℃	垂直壁面	水平壁面		炉外壁温度/℃	垂直壁面	水平壁面	
		顶面	底面			顶面	底面
25	9.0	10	7.5	60	12.2	14.0	9.9
30	9.5	10.7	8.0	70	12.9	14.8	10.6
35	10.2	11.6	8.4	80	13.4	15.2	10.8
40	10.6	12.0	8.6	90	14.1	16.0	11.4
45	10.8	12.3	8.5	100	14.7	16.7	11.9
50	11.5	13.1	9.4	125	16.3	18.5	13.3

注：炉外壁涂银粉时，从表中查得的 K_{Σ} 值应再乘以0.79。

（二）对流、辐射和传导同时存在的传热

通常研究的加热炉炉墙的传热是分三个过程进行的。较热的气体以辐射加对流的方式把热量传给与其相接触的炉墙面，然后以传导的方式把热量由此面传到另一面，再以辐射加对流的方式把热量传给较冷的车间。

假若炉墙厚为δ，其热导率为λ，炉墙两侧的气体温度各为t_1和t_2，并且$t_1 > t_2$，炉墙表面的温度各为t'_1和t'_2，则温度较高的气体以对流和辐射的形式传给炉墙内表面的热量为

$$q_1 = K_\Sigma(t_1 - t'_1)$$

此表面以传导方式传给炉墙外表面的热量为

$$q_2 = \frac{\lambda}{\delta}(t'_1 - t'_2)$$

炉墙外表面以辐射和对流的方式传给温度较低车间的热量为

$$q_3 = K'_\Sigma(t'_2 - t_2)$$

因为是稳定态传热，所以

$$q_1 = q_2 = q_3 = q$$

将上述三式相加并整理后即得

$$q = \frac{t_1 - t_2}{\dfrac{1}{K_\Sigma} + \dfrac{\delta}{\lambda} + \dfrac{1}{K'_\Sigma}}$$

对于炉墙，炉墙内表面处的综合传热系数K_Σ较大，其热阻$1/K_\Sigma$较小，可忽略不计，故公式写成

$$q = \frac{t_1 - t_a}{\dfrac{\delta}{\lambda} + \dfrac{1}{K'_\Sigma}}$$

公式中t_a为车间温度，因K'_Σ一般为11.6~23.2W/(m^2·℃)，$1/K'_\Sigma$为0.05~0.07，取平均值0.06，这样上式可以简写成

$$q = \frac{t_1 - t_a}{\dfrac{\delta}{\lambda} + 0.06}$$

训练题

一、填空（选择）题

1. 常用耐火材料有________、________、________、________，它们的最高使用温度分别为________、________、________、________。

2. 荷重软化开始点是指在一定压力条件下，以一定的升温速度加热，测出样品开始变形量为________的温度。

A. 0.2%　　B. 0.6%　　C. 1.2%

3. 抗渗碳砖是Fe_2O_3的质量分数________的耐火材料砖。

A. <1%　　B. >1%　　C. >2%

4. 常用隔热材料有________、________、________、________，其中使用温度较低的材料及温度是________、________。

5. 传热的方式有________种，基本传热方式是________、________、________，高温传热以________为主，中温传热以________为主，低温传热以________为主，加热速度最快的是________。

A. 3种（传导、对流、辐射）　B. 4种（传导、对流、辐射、综合传热）

C. 5种（传导、对流、辐射、综合传热、电磁感应）

6. 电阻丝对炉墙的传热是________，炉墙对车间的传热是________，电阻丝对炉墙、对车间的传热包括了________，通过炉墙的传热是________，上述四者中，传热量较大或热阻较小（可忽略不计）的是________，热阻较大的是________；燃气对工件的传热是________。

A. 传导　B. 对流+辐射　C. 辐射+传导　D. 辐射　E. 辐射+传导+对流　F. 传导+对流

G. 对流　H. 电阻丝对炉墙的传热　I. 炉墙对车间的传热　J. 通过炉墙的传热

7. 影响“黑度”的因素有________________________。

A. 时间　B. 压力　C. 表面粗糙度　D. 传热面积　E. 温度　F. 物体的材料　G. 传热角度

H. 物体的颜色　I. 物体的形状　J. 角度系数

8. 增强传热（含炉温均匀性）的方法有______________，削弱传热的方法有______________。

A. 加大温差　B. 减小温差　C. 增加传热面积　D. 减小传热面积　E. 增加传热时间

F. 减小传热时间　G. 增加热阻　H. 增加耐火材料　I. 加厚耐火材料　J. 减小热导率

K. 加大气孔率　L. 增加隔热材料　M. 加厚隔热材料　N. 增加风扇　O. 增加导风系统

P. 高速燃气烧嘴比低速燃气烧嘴　Q. 燃气炉比空气炉　R. 增加隔板

S. 炉壳外刷银粉比砖墙或一般金属外壳

T. 增加黑度（如工件或炉壁表面涂覆高黑度磷化处理层或 CO_2 红外涂料）

U. 降低黑度　V. 工件表面不氧化（真空、可控、保护、中性气氛加热）比工件表面氧化

W. 箱式炉膛改圆形炉膛　X. 圆形炉膛改箱式炉膛　Y. 静止淬火油对冷却器的换热量

Z. 流动淬火油对冷却器的换热量　α. 一定温度淬火油对淬火工件的换热量

β. 冷淬火油对淬火工件的换热量　γ. 电热元件引出棒　δ. 热电偶套管

ε. 观察孔　η. 取样孔　θ. 法兰盘支架

二、判断题

1. 荷重软化开始点与最高使用温度基本相等或比较接近（　　）。

2. 重质砖、轻质砖可以由同一种原材料制成，热导率相同（　　）。

3. 耐火材料中，Al_2O_3 含量越高，其使用温度也越高（　　），其颜色也越白（　　）。

4. 工程上把热导率小于0.23W/(m·℃)的材料称为隔热材料（　　），其热导率低，热阻大，削弱传热（　　）。主要是气孔率高，密度低，发挥了空气是不良导体的作用（　　），其使用温度高于耐火材料（　　）。

5. 传热量与温差成正比（　　），与传热面积无关（　　），与传热时间无关（　　），与传热系数成正比（　　），低温传热以辐射传热为主（　　），中温特别是高温传热以对流传热为主（　　）。

6. 两物体之间加一隔板可以减少对流传热（　　），两物体之间加一隔板可以减少辐射传热（　　），隔板的黑度越小，传热量越少（　　）。

三、简答题

1. 根据被加热工件黑度的不同，比较普通加热炉与真空炉对工件的加热速度（即炉膛对工件的辐射热交换量）。另一种比较，当工件散放的表面积比堆放的表面积增加1倍时，炉膛对工件的辐射热交换量的增减倍数是 >1、<1、=1？为什么？

2. 有一浴炉，浴面面积为0.5m^2，试比较其在1200℃、540℃时的热损失。

四、应知应会

1. 耐火材料最高使用温度与耐火度、荷重软化开始点的关系如何？对耐火材料还有什么性能要求？

2. 耐火材料与隔热材料（不包括既耐火又隔热的材料）的五个区别是什么？说出几个常用耐火材料、隔热材料的最高使用温度及应用。

3. 列举三种既耐火又隔热（板）的筑炉材料，他们使用时应注意什么问题？

4. 相同材质的重质砖、轻质砖、耐火纤维的性能及使用有何区别？为何要推广新型耐火纤维材料？

5. 对电阻丝搁板材料及性能有何要求？说明抗渗碳砖的性能特点与应用。

6. 写出传导、辐射传热量计算公式及传热系数表达式，分析影响三种基本传热量因素的异同点及传热特点。

7. 举例说明属于传导、对流、辐射传热的增强传热，说明他们对热处理设备与工艺的有利作用或不利作用（节能、加热效率、换热效率、炉子热效率、炉温均匀性、工件温度均匀性等方面）。

8. 说明影响对流传热系数的因素，比较铅浴、盐浴、水、油、空气的加热速度，以及冷却速度，并说明为什么（通过具体的密度、比热容、流动速度或热导率数值加以比较）。

第二章　周期作业电阻炉

箱式电阻炉；台车式电阻炉；井式电阻炉；井式气体渗碳炉；热效率；电热元件材料；电热元件表面负荷率 $W_{允}$；电阻炉节能；炉温均匀性

电阻炉是最主要的、应用最广的热处理设备，它突出的优点有：

1）控温的精度和自动化程度很高，准确度可达 1 ~ 5℃。

2）炉温均匀性好，波动范围小，可控制在 3 ~ 5℃。

3）炉子本身热效率高，可达 45% ~ 80%（煤气炉本身热效率小于 25%）。

4）便于采用可控气氛。

5）结构简单紧凑，体积小，便于组成流水线生产。

6）其生产和热处理工艺的机械化、自动化、生产效率和生产质量高，劳动条件好，对环境污染较小。

电阻炉的缺点：高温加热性能差，一般最高加热温度为 1200℃，常用加热温度小于 950℃；实际最大效率只有 24% ~ 32%（电属二次能源）。而天然气加热，再加上空气预热等废气利用后效率达 65% 以上，可节能约 50%。

箱式电阻炉、台车式电阻炉、井式电阻炉、井式气体渗碳炉的性能及应用特点见表0-1。

第一节　箱式电阻炉

箱式电阻炉可以完成多种热处理工艺，适用于多品种、单件、小批量生产。按其工作温度不同，可分为高温（ >1000℃）、中温（650 ~ 1000℃）及低温炉（ ≤650℃）三类，其中以中温箱式电阻炉应用最广。

一、高温箱式电阻炉

高温箱式电阻炉的结构如图 2-1 所示。这种炉子一般以硅碳棒、硅钼棒、铬酸镧为电热元件，最高工作温度为 1350℃。硅碳棒垂直布置在炉膛两侧，极少布置于炉顶和炉底。

硅碳棒属非金属材料，其电阻值在加热过程中变化很大，为了避免硅碳棒损坏，在 850℃以下加热速度不宜太快。硅碳棒在使用时会逐渐老化，电阻值显著增加，升温缓慢甚至达不到需要的温度，所以，为了调节输入的功率，电压要相应地提高，故需要配备小挡多级的调压变压器。也可以采用带程序控制功能的智能仪表，分段设置升温速度（即升温曲线的斜率)，通过可控硅调压器自动调节输入电压，满足碳化硅不同温度段的电阻特性，平滑控制炉子升温。硅碳棒耐急冷急热性差，高温强度低，脆性大，这些缺点限制了硅碳棒的长度和炉膛尺寸，只能处理较小尺寸的工件，影响了炉子的应用范围。

高温箱式电阻炉的炉衬比较厚，通常有三层：用高铝质耐火材料砌的耐火层；用保温砖砌的中间层；外层则为保温填料，也可以在耐火层和保温层之间夹以硅酸铝耐火纤维。炉底板采用碳化硅制品。

以 RX-25-13 为例，高温箱式电阻炉的型号含义为：R 是电阻代号，表示电阻炉；X 表示箱式炉；25 表示功率为 25kW；13 表示最高工作温度为 1350℃。

二硅化钼是又一种高温非金属电热元件材料，最高工作温度可达 1600℃，使用二硅化钼的高温箱式电阻炉同样需要调压变压器。

目前还有用高温电阻合金做电热元件的高温箱式电阻炉，额定温度一般可达 1200℃。其最高使用温度虽略低于非金属（碳化硅）加热元件的高温电阻炉，但功率和炉膛尺寸较大，可以热处理较大尺寸的工件。该种高温箱式电阻炉的技术规格及参数见表 2-1。

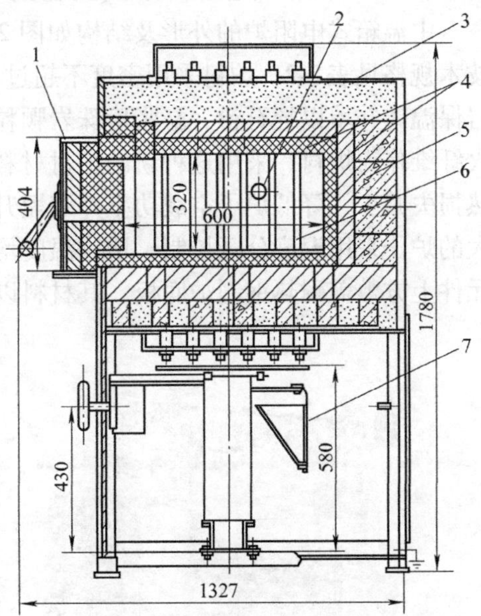

图 2-1　高温箱式电阻炉结构

1—炉门　2—测温孔　3—炉壳　4—耐火层
5—保温层　6—硅碳棒　7—调压变压器

表 2-1　金属电热元件 1200℃箱式电阻炉的技术规格及参数

型　号	功率/kW	电压/V	相数	最高工作温度/℃	炉膛尺寸 (长 mm)×(宽 mm)×(高 mm)	炉温 850℃时的指标		
						空炉损耗功率/kW	空炉升温时间/h	最大装载量/kg
RX3-20-12	20	380	1	1200	650×300×250	≤7	≤3	50
RX3-45-12	45	380	3	1200	950×450×350	≤13	≤3	100
RX3-65-12	65	380	3	1200	1200×600×400	≤17	≤3	200
RX3-90-12	90	380	3	1200	1500×750×450	≤20	≤4	400
RX3-115-12	115	380	3	1200	1800×900×550	≤22	≤4	600

目前生产的这类高温箱式电阻炉，配置炉罐、滴注式保护气氛，可实现少氧化或无氧化、无脱碳加热。

全纤维炉衬的电阻炉具有以下优点：蓄热少、升温快、节能，如采用含铬含锆纤维，炉温可达 1200～1300℃（需特制的高温高电阻电热合金，以保证加热元件的使用寿命）；双向炉门，双向装卸工件，适应工艺范围广；可加少氧化装置，实现少氧化加热。其定型产品有 1100℃全纤维台车式炉。

二、中温箱式电阻炉及少无氧化箱式电阻炉

（一）中温箱式电阻炉的结构及技术规格

中温箱式电阻炉的外形及结构如图 2-2 和图 2-3 所示。RX 系列中温箱式电阻炉型号及技术规格见表 2-2。炉衬采用密度不超过 1.0g/cm^3 的轻质耐火粘土砖砌成，保温层采用珍珠岩保温砖并填以蛭石粉、膨胀珍珠岩颗粒等材料。还有的在耐火层和保温层间夹以硅酸铝耐火纤维作为炉衬，采用这种新的炉衬材料，可以使炉衬变薄、重量减轻、炉衬蓄热量减少、热损失减少、降低炉子空载功率并缩短升温时间。电热元件布置于炉底、炉侧和炉门处。较大的炉子采用温度分区控制，增进温度均匀性，还可设置风扇，以加快传热速度。炉底电热元件上方敷盖耐热钢制炉底板，其材料以铬锰氮居多。

图 2-2　中温箱式电阻炉外形

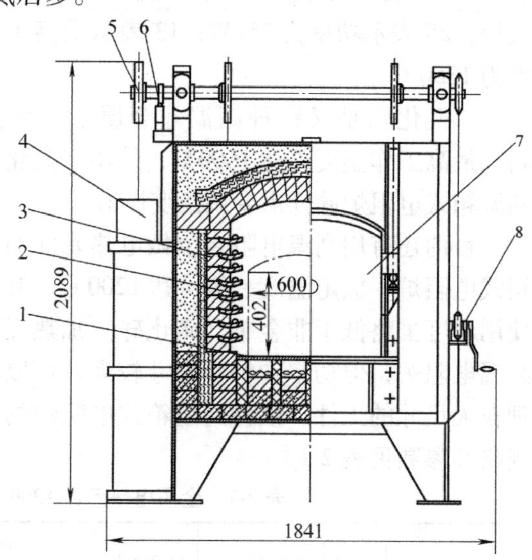

图 2-3　中温箱式电阻炉结构

1—炉底板　2—电热元件　3—炉衬　4—配重
5—炉门升降机构　6—限位开关
7—炉门　8—手摇链轮

表 2-2　RX 系列中温箱式电阻炉型号及技术规格

型　号	功率/kW	电压/V	相数	最高工作温度/℃	炉膛尺寸（长/mm）×（宽/mm）×（高/mm）	炉温 850℃时的指标		
						空载损耗/kW	空炉升温时间/h	最大装载量/kg
RX3-15-9	15	380	1	950	600×300×250	5	2.5	80
RX3-30-9	30	380	3	950	950×450×350	7	2.5	200
RX3-45-9	45	380	3	950	1200×600×400	9	2.5	400
RX3-60-9	60	380	3	950	1500×750×450	12	3	700
RX3-75-9	75	380	3	950	1800×900×550	16	3.5	1200

炉门采用手摇装置或用电动机通过蜗轮蜗杆减速机构来起动。炉门为倾斜式的或加楔铁装置，以利于增加炉门与炉体的密封性。为了安全，炉顶前沿应安装自动通电断电装置。

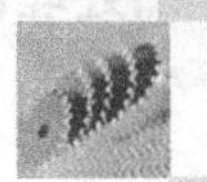

（二）少无氧化箱式电阻炉

1. 少无氧化中温箱式电阻炉

表2-2中所列RX系列的炉子，工件是在氧化性气氛中加热的，若在该系列型号末尾加符号Q，如RX-35-9Q，则为无罐滴注式中温箱式电阻炉（图2-4），即向炉内滴入可裂解的液体（如甲醇或者氮气加上微量甲醇），使工件少无氧化、无脱碳热处理。还有在氮气、氢气或氩气环境下使用的箱式保护气氛电阻炉，可供金属件热处理或硬质材料在高温下烧结之用，特殊的结构使加热钢件表面不脱碳、不氧化、淬火后表面光亮洁净。

图2-4　无罐滴注式中温箱式电阻炉

少氧化电阻炉结构应具有以下特点：炉壳要全部密焊；炉门要密封好，如焊密封槽（内放石棉或纤维绳），再加手轮压紧密封更好；炉顶可增设弹簧防爆装置；可在炉口下面加火帘装置；如果通入的保护气氛介质中，H_2、CO含量较高，则进出炉先要采用N_2置换；在炉膛内加耐热钢炉罐；无罐电炉在加热元件和炉衬表面喷一层抗渗碳涂料，可延长其寿命；必要时可加风扇，使炉内气氛均匀度大大改善。

采用滴注式少氧化电阻炉要注意工作温度在700℃以下，不可滴入有机液，以防爆炸。

2. 少无氧化箱式回火炉

炉衬采用全纤维结构，电热元件为辐射管。炉内安有气流循环风扇、气氛导流装置。

该炉最高工作温度为750℃，采用氮气（体积分数为99.90%～99.95%）作保护气氛，主要用于齿轮等在中性气氛中退火和回火。

（三）中温箱式炉的改进炉型

1. 滚动底式炉

图2-5所示为滚动底式炉结构图，在这种炉子的炉底上有数条耐热钢轨道，在轨道上放耐热钢制滚球或滚轮，滚球或滚轮上放炉底板或工件。为便于装炉或出炉，炉门外设有带滚球结构的装料台，装料台可供几个炉子使用。还有一种结构是炉底安装耐热钢空心棍棒，棍棒两端伸出炉壁外，加上密封和散热轴套、轴承，棍棒轴端头安装链轮，在通过电动机驱动链轮同时，驱动炉门外设有带滚筒结构的装料台，便于装炉或出炉。这种结构的炉子对于棍棒的材质要求较高，为防止棍棒弯曲变形，在加热过程中，棍棒来回轻微转动，同时棍棒也不能做得太长。滚动底式炉适用于热锻模的正火、退火及回火。其他较重的工件用该设备热处理有利于工人的操作和工艺的顺利进行。

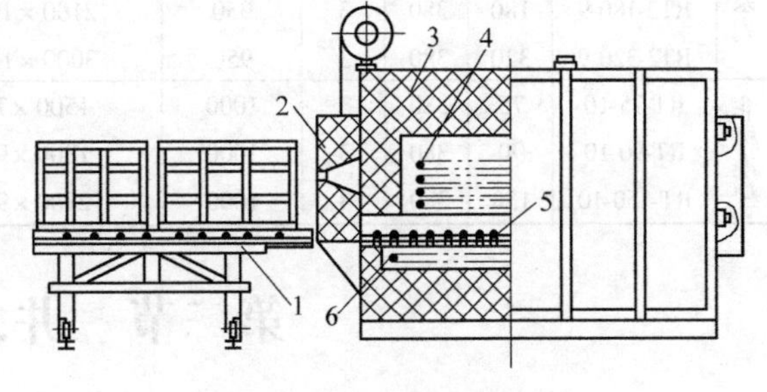

图2-5　滚动底式炉

1—装料台　2—炉门　3—炉衬

4、6—电热元件　5—耐热钢制滚球

2. 台车式炉

RT系列台车式炉的结构如图2-6所示，其型号和技术规格见表2-3。电热元件布置在炉内四周及炉底，台车与炉底砌体间有弯曲狭长缝隙。台车上装有电器联锁装置，当炉门升高或关闭到一定位置时即可进出。在炉膛尾端装有与台车拖动机构联锁的撞块，以限制台车的行程。炉内装有风扇，使得传热速度加快，炉温更均匀，并可进行回火。台车式炉比滚动底式炉更有利于工艺的操作，能热处理更大的工件，热处理的质量也更好。

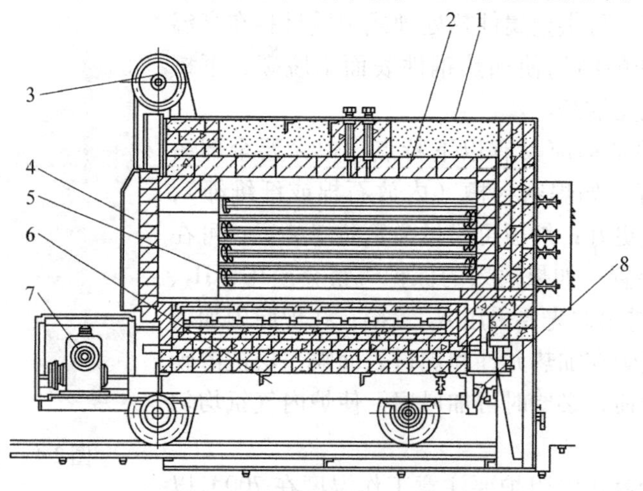

图2-6　RT系列台车式炉的结构

1—炉壳　2—炉衬　3—炉门升降机构　4—炉门　5—加热元件
6—台车　7—台车驱动机构　8—台车加热元件触头

表2-3　台车式电阻炉型号和技术规格

型　号		功率/kW	电压/V	相数	额定温度/℃	工作空间尺寸(长/mm)×(宽/mm)×(高/mm)	炉温在850℃时的指标		
							空炉损耗功率/kW	空炉升温时间/h	最大装载量/t
标准系列	RT2-65-9	65	380	3	950	1100×550×450	≤14	≤2.5	1
	RT2-105-9	105	380	3	950	1500×800×600	≤22	≤2.5	2.5
	RT2-180-9	180	380	3	950	2100×1050×750	≤40	≤4.5	5
	RT2-320-9	320	380	3	950	3000×1350×950	≤75	≤5	12
非标准型	RT-75-10	75	380	3	1000	1500×750×600	≤15	≤3	2
	RT-90-10	90	380	3	1000	1800×900×600	≤20	≤3	3
	RT-150-10	150	380	3	1000	2800×900×600	≤35	≤4.5	4.5

第二节　井式电阻炉

井式电阻炉一般用于长形工件的加热，使用吊车非常容易将工件装出炉，长形工件在井式炉里加热的变形较小。炉膛截面多为圆形，由于炉体较高，一般置于地坑中，只露出地面600~700mm。对于炉膛较深的井式电阻炉，为使炉温均匀，可分几个加热区，各区温度分别控制。由于井式炉密封性较好、散热面积小，因此热效率较高（高于箱式电阻炉）。

井式电阻炉按使用温度不同有高温炉、中温炉和低温炉，常用井式电阻炉技术数据见表2-4。

高温井式电阻炉按其额定温度不同又可分为1300℃系列和1200℃系列两种。1300℃系列高温井式电阻炉采用非金属硅碳棒做电热元件，其中字母J表示井式炉。

表2-4 常用井式电阻炉的技术数据

型号	额定功率/kW	额定电压/V	相数	额定温度/℃	炉膛尺寸（直径mm）×（深度mm）	额定温度时有关数据		
						空炉损耗功率/kW	空炉升温时间/h	最大装载量/kg
RJ2-50-12	50	380	3	1200	$\phi600\times800$	≤13	≤2.5	350
RJ2-80-12	80	380	3	1200	$\phi800\times1000$	≤17	≤3	800
RJ2-110-12	110	380	3	1200	$\phi800\times2000$	≤23	≤3	1600
RJ2-40-9	40	380	3	950	$\phi600\times800$	≤9	≤2.5	350
RJ2-65-9	65	380	3	950	$\phi600\times1600$	≤16	≤2.5	700
RJ2-75-9	75	380	3	950	$\phi600\times2400$	≤20	≤3	1100
RJ2-125-9	125	380	3	950	$\phi800\times3000$	≤27	≤4	2400
RJ2-25-6	25	380	3	650	$\phi400\times500$	≤4	≤1	150
RJ2-35-6	35	380	3	650	$\phi500\times650$	≤4.5	≤1	250
RJ2-55-6	55	380	3	650	$\phi700\times900$	≤7	≤1.2	750
RJ2-75-6	75	380	3	650	$\phi950\times1200$	≤10	≤1.5	1000

井式炉上加少氧化装置，即成为保护气氛炉。对低温井式回火炉，因滴注液在200℃以下分解不完全会引起爆炸，可改用瓶装液氮或用甲醇低温裂解装置炉外裂解后通入炉内。

一、中温井式电阻炉

中温井式电阻炉的结构如图2-7所示，其额定温度为950℃。金属电热元件布置在炉膛内表面上，炉底一般不布置电热元件。中小型炉子采用整体炉盖，大型炉子多采用对分式炉盖。炉盖可用电动或液压机构升降、打开及关闭，并装有限位开关，以控制炉盖升降行程和开闭行程。

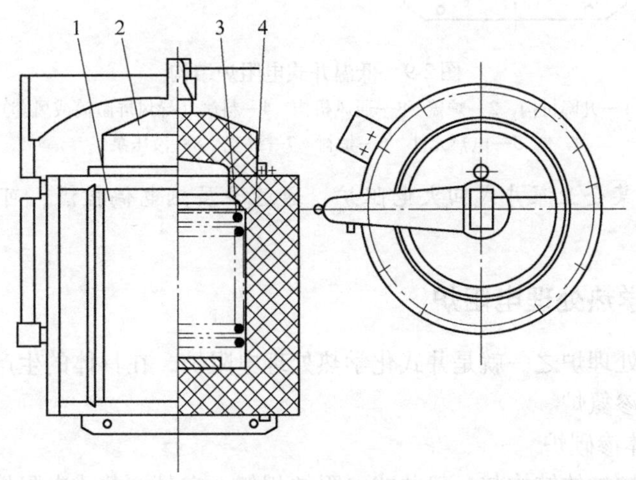

图2-7 中温井式电阻炉的结构

1—炉壳 2—炉盖 3—电热元件 4—炉衬

二、低温井式电阻炉

低温井式电阻炉又名井式回火炉，其外形如图 2-8 所示，结构如图 2-9 所示。根据低温传热的特点，该炉炉盖上安装有风扇，炉膛中有一用不锈钢板焊接的料筐——导风屏蔽筒（风套），炉盖升降有电动和液压机构。此种炉子炉温均匀，操作方便，生产率高，但使用时应注意工件的合理堆放，以保证炉气的合理流动。电热元件多放置在电热隔板上，也有的将电热元件吊挂在炉壁侧，这样既有利于炉内热气体与金属电热元件之间的热交换，又可以减少炉内热气体流动的阻力，能进一步提高炉子的工作性能。

图 2-8　低温井式电阻炉外形

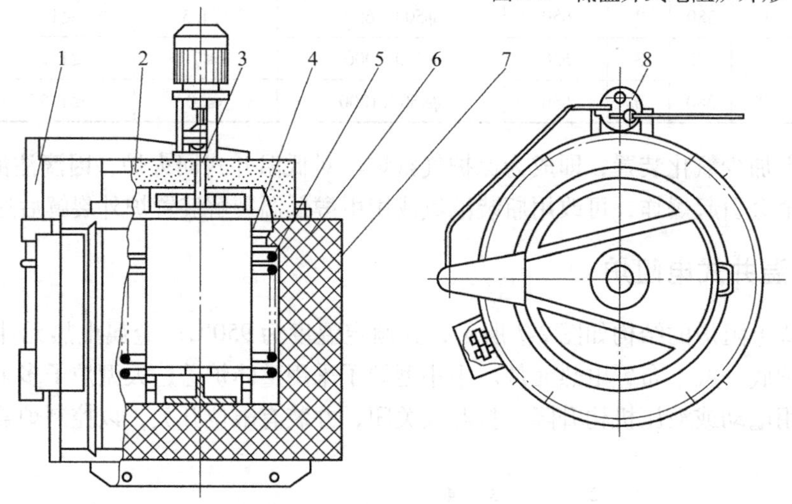

图 2-9　低温井式电阻炉结构

1—升降机构　2—炉盖　3—通风机构　4—料筐（导风屏蔽筒或风套）
5—电热元件　6—炉衬　7—外壳　8—液压泵

【导入案例】　某企业深井式回火电阻炉，通过多层热电偶控温，可以不需要风扇及料筐。

三、井式化学热处理电阻炉

常见的化学热处理炉之一就是井式化学热处理电阻炉，在具体的生产中又分为井式气体渗碳炉和井式气体渗氮炉。

（一）井式气体渗碳炉

井式气体渗碳炉炉体结构与一般井式电阻炉相似，它是在井式电阻炉的炉膛中安装有一个渗碳罐。渗碳罐与炉盖紧密接触而形成一个密封空间，在其中进行渗碳。在渗碳温度下，炉罐内可保持渗碳所需要的气氛和压力。炉盖上装有风扇，风扇使得渗碳气氛在罐内按一定

的途径进行循环流动。

图 2-10 是 RQ 型井式气体渗碳炉的结构图，炉罐和料筐（小工件用料筐，较大工件可不用料筐，用料盘）由镍铬耐热钢板焊接而成。气体渗碳炉的密封要求很高，为防止冷空气的吸入或炉气的外溢，炉盖与炉罐周边多采用石棉盘根密封，再用螺栓紧固，也有加砂封结构，大型井式渗碳炉密封盘根部位有冷却水，防止炉罐口部变形。新型专利产品取消了压紧螺栓，采用斜面压紧专利结构，如图 2-11 所示，操作更方便。

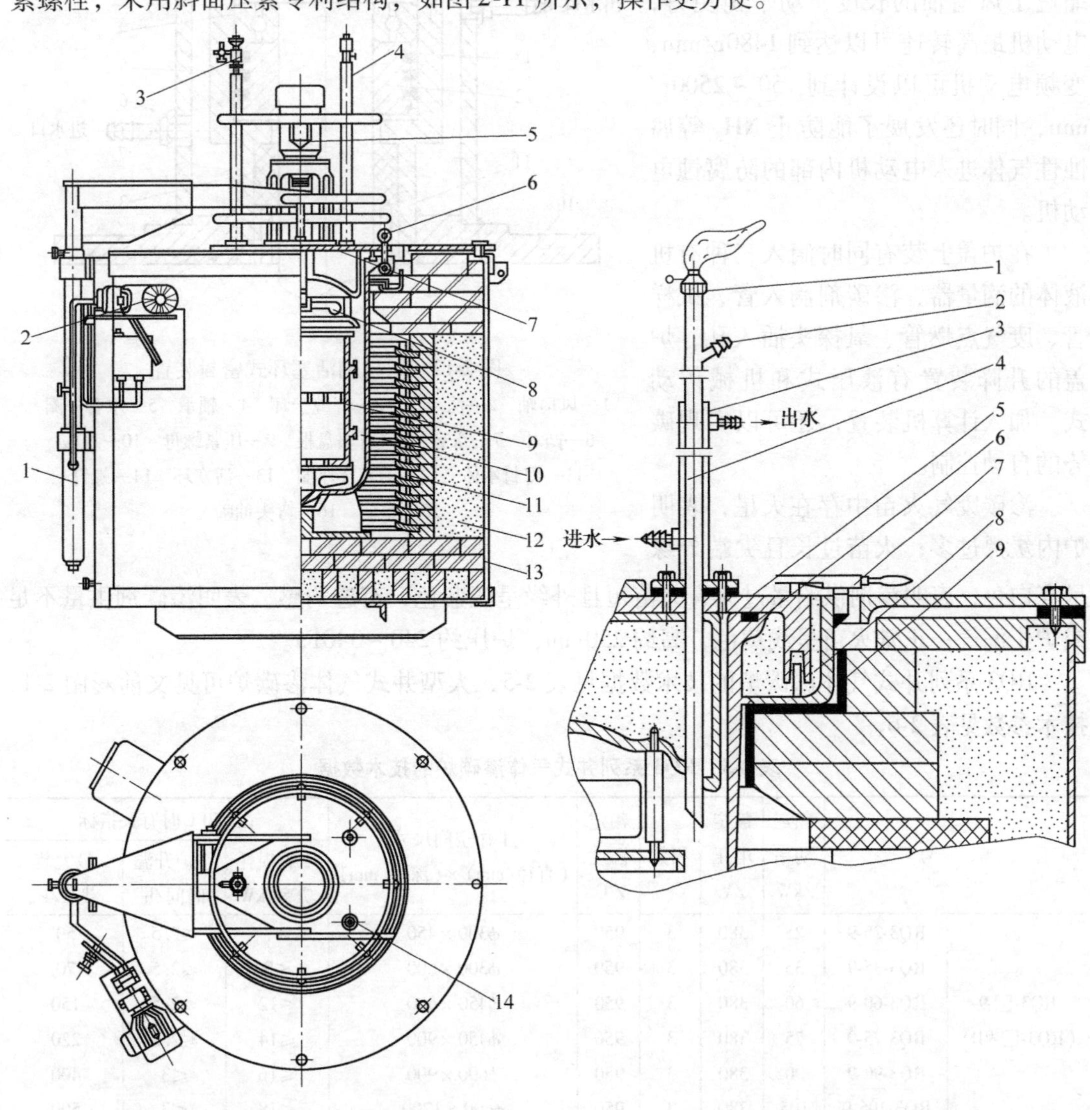

图 2-10 RQ 型井式气体渗碳炉

1—液压缸 2—电动机油泵 3—滴管 4—取气管 5—电动机 6—吊环螺钉 7—炉盖 8—风叶 9—料筐或导风筒 10—外罐 11—电热元件 12—炉衬 13—炉壳 14—试样管

图 2-11 炉盖与炉罐的密封

1—点火帽 2—取气管 3—水冷管 4—排气管 5—炉盖 6—炉罐 7—压紧装置 8—砂封槽 9—耐火纤维

风扇轴与炉内相通，要防止炉气的溢出并保证炉气的压力，就要保证风扇轴与炉盖的密封。如图 2-12 所示为活塞环式密封装置，它除了有石墨盘根外（盘根处再涂以二硫化钼高温润滑剂，以阻止炉气的溢出），还加有冷水套，防止风扇轴受热高温变形。现在广泛采用的是双水冷密封电动机，它是将电动机与炉气密封并做成一个整体，两个水冷套，一套冷却密封端盖，一套冷却电动机，电动机绝缘等级为F级。这种结构的电动机取消了电动机和风扇之间的联轴器，缩短了风扇轴的长度，动平衡更好，电动机最高转速可以达到1480r/min，变频电动机可以设计到150～2500r/min，同时还发展了能防止NH_3等腐蚀性气体进入电动机内部的防腐蚀电动机。

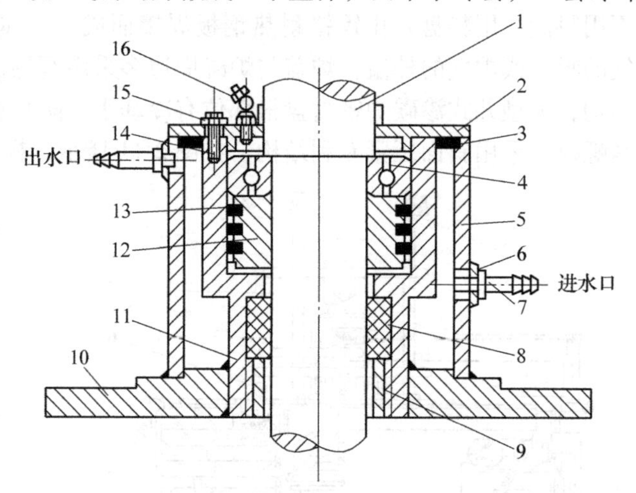

图2-12　风扇轴活塞环式密封装置

1—风扇轴　2—法兰盘　3—焊缝卡环　4—轴承　5—水套外圈　6—凸耳　7—水套　8—石墨盘根　9—压紧螺母　10—底板　11—密封本体　12—活塞环座圈　13—活塞环　14—螺钉　15—垫圈　16—弯头油嘴

在炉盖上装有同时滴入三种有机液体的滴量器、渗碳剂滴入管、试样管、废气点燃管、氧探头插入孔，炉盖的升降装置有液压式和机械传动式。加入计算机装置，还可以实现碳势的自动控制。

渗碳废气火苗中存在火星，表明炉内炭黑过多；火苗过长且尖端外缘呈亮白色，表明渗剂供给量过大；火苗短且外缘呈淡蓝色，有透明感，表明渗碳剂供量不足或炉子漏气；正常火苗呈浅黄色，高约250mm，炉压约240～340Pa。

RQ3系列井式气体渗碳炉的技术数据见表2-5，大型井式气体渗碳炉可见文前彩图2-1，技术参数见表2-6。

表2-5　RQ3系列井式气体渗碳炉的技术数据

型　号		额定功率/kW	额定电压/V	相数	额定温度/℃	工作空间尺寸（直径/mm）×（深度/mm）	在950℃时有关指标		
							空炉损耗功率/kW	空炉升温时间/h	最大装载量/kg
RQ3-□-9（RQ3-□-9D）	RQ3-25-9	25	380	3	950	ϕ300×450	≤7	≤2.5	50
	RQ3-35-9	35	380	3	950	ϕ300×600	≤9	≤2.5	70
	RQ3-60-9	60	380	3	950	ϕ450×600	≤12	≤2.5	150
	RQ3-75-9	75	380	3	950	ϕ450×900	≤14	≤2.5	220
	RQ3-90-9	90	380	3	950	ϕ600×900	≤16	≤3	400
	RQ3-105-9	105	380	3	950	ϕ600×1200	≤18	≤3	500

表2-6　大型井式气体渗碳炉主要技术参数

序号	型号	额定温度/℃	额定功率/kW	工作区尺寸/mm（直径×深度）	加热区	每区功率/kW	最大装炉量/kg
1	XL0118	950	720	ϕ1700×7000	6	120	25000
2	XL0122	950	400	ϕ900×4500	4	100	3200
3	XL0113	950	180	ϕ700×1800	2	90	750

（二）井式气体渗氮炉

井式气体渗氮炉的炉体结构与渗碳炉相似，最高工作温度为650℃，属于低温炉。渗氮罐常采用不锈钢1Cr18Ni9Ti焊接而成。由于不锈钢在长期的氮化作用下也会产生渗氮反应，铁的氮化物对氨分解起催化作用，增加氨气的消耗量，且使氨分解不稳定，甚至失去控制而无法进行渗氮，所以需要经常对炉罐进行退氮处理。有的在渗氮罐内表面、导风筒表面喷涂非金属热喷涂涂层，对保证氨分解的稳定性、保证渗氮质量和节约氨气有良好的作用，但涂层不牢固，易剥落。近年来，炉罐材料及炉罐内的导风筒、工装都采用Cr25Ni20、Cr25Ni35等含镍量高的更高级的材料，进口设备常常使用殷康合金或其他镍基合金材料制作炉罐。随着氮化工艺的发展，如深层氮化（氮化层厚度为0.7～0.9mm）、无白亮层氮化（白亮层厚度小于或等于1μm），炉罐、工装材料的要求越来越高。

炉盖密封一般采用双重密封，里层采用石墨盘根，外层采用硅橡胶密封圈，用螺栓紧固，炉罐边沿用水冷套冷却效果会更好。

目前我国生产的井式气体渗氮炉为RN系列，工作空间尺寸及功率分别有ϕ450mm×650mm（30kW）、ϕ450mm×1000mm（45kW）、ϕ650mm×1200mm（60kW）、ϕ800mm×1300mm（75kW）、ϕ800mm×2500mm（110kW）等。

新型井式气体渗氮炉配有废气处理装置，达到无公害安全排放，增设炉罐鼓风快冷系统，以缩短生产周期。其新型综合风机及导流系统，风量大，对流强，气氛流向合理，渗氮层均匀度达±0.07mm。井式气体渗氮炉与蒸气发生器配套，可实现硅钢片、工模具的蒸气发蓝处理，铁基粉末冶金零件的微孔填充处理，通入氮气、氢气等保护气氛，可进行钢制零件的光亮（洁）回火或软钎焊，有色金属光亮退火、时效处理、钢—塑热熔复合处理。

【视野拓展】

随着我国重型装备和大型船舶齿轮、风电齿轮、重载机车曲轴等方面的发展，井式气体渗碳炉、渗氮炉正在向大型化方向发展。

1）设备大型化。出现了一批直径在ϕ5m以上、深度6m以上、装炉量大于50t的井式渗碳淬火炉，如文前彩图2-1所示，以及直径2m、深度5.5m的大型氮化炉。

2）出现了一批新的应用技术或专利。如大型无马弗渗碳炉、能防止渗碳或能自动脱除碳的加热元件、组合式导风筒、新型气垫式密封、更合理的导风板、大流量的风机、能防止NH_3等腐蚀气体进入炉内的密封电动机等。

3）全面使用可控气氛渗碳或可控气氛氮化。

4）计算机技术和智能渗碳、氮化软件，智能温控软件被广泛采用，特别是更加注重对整个温度场的控制。

5）设计了与大型炉相配套的辅助设备，如大型的冷却油槽、水槽、等温硝盐槽，具有更合理的淬火冷却介质循环方式、更强大的冷却能力、带有自动氮气或二氧化碳的防火隔离气帘等；还有大型吊具，能在异常情况下将工件顺利放入油中，防止中途停电造成火灾；还有夹具、工装等，在结构设计、提高寿命、控制产品变形等方面也有突破。

当然，设备大型化也带来了一些新的问题，如受到炉壁内膛面积和电热元件表面负荷率的限制，电热元件布置受限，功率偏小，加热能力不足；炉温的均匀性和气氛的均匀性始终是大型炉膛的挑战。

第三节　非标电阻炉设计

了解了电阻炉的结构之后，就可以根据设计的原始资料进行电阻炉的结构设计了，包括炉膛尺寸的确定、炉体结构的设计、功率确定、电热元件设计及安装。

一、电阻炉结构设计

（一）炉膛尺寸的确定

炉膛尺寸的确定取决于热处理零件的形状、尺寸、热处理工艺要求、装料方式、操作方法、生产率等因素。

1. 箱式电阻炉炉膛尺寸的确定

（1）炉膛底部的长度和宽度　炉膛底部的长度和宽度有以下两种计算方法：

1）排料法。在采用排料法时，通常把用于布料的面积称为有效面积 $S_{效}$，布料区的长度为 l，布料区的宽度为 b。为防止装出炉时碰撞电热元件并保证工件温度均匀，工件与电热元件，炉膛前壁、后壁之间应保持一定距离，一般为 0.1 ~ 0.15m，小型炉子取上限数值。故实际排料时，炉膛实际长度 L 与宽度 B 分别为

$$L = l + (0.2 \sim 0.3)\,\mathrm{m}$$

$$B = b + (0.2 \sim 0.3)\,\mathrm{m}$$

L 与 B 的比例为 2 ~ 1.5，大型炉子取下限数值。

2）计算法。炉底的有效面积 $S_{效}$ 可按炉子的生产率（见表 12-2）与所选定的热处理炉的单位炉底面积生产率（见表 2-7）来确定。而炉子的实际炉底面积 $S_{实}$，可由式（2-1）求出。

$$S_{实} = \frac{S_{效}}{k} \tag{2-1}$$

式中　k——系数，$k = 0.7 \sim 0.85$，大型炉子取上限数值。

表 2-7　各种热处理炉的单位炉底面积生产率 ρ_0　［单位：kg/(m^2·h)］

工艺类别		炉型							
		箱式	台车式	罩式	井式	推杆式	输送带式	振底式	滚底式
退火	≤12h	40 ~ 60	35 ~ 50						
	≤6h	60 ~ 80	50 ~ 70						
	合金钢锻件	40 ~ 60	50 ~ 70						
	钢铸件	35 ~ 50	40 ~ 60						
	可锻化	20 ~ 30	25 ~ 30						
淬火 正火	一般	100 ~ 120	90 ~ 140	100 ~ 120	80 ~ 120	150 ~ 180	150 ~ 200	130 ~ 160	180 ~ 200
	锻件正火	110 ~ 120	120 ~ 150			150 ~ 200			
	铸件正火	80 ~ 140	100 ~ 160			120 ~ 180			
	合金钢淬火	80 ~ 100				120 ~ 140			
回火	550 ~ 600℃	70 ~ 100	60 ~ 90	80 ~ 120		100 ~ 120	150 ~ 200	80 ~ 100	160 ~ 200
渗碳	固体	10 ~ 20	10 ~ 20						
	气体				50 ~ 85	30 ~ 45			

$S_{实}$ 确定后，再根据与排料法相同的比例，确定炉膛的实际长度和宽度。

（2）炉膛高度　一般来说，高、中温电阻炉的炉膛高度比低温炉高；周期作业的退火炉和渗碳炉的炉膛应高一些。根据统计资料，炉膛高度 H 与炉膛宽度 B 之比多在 0.5 ~ 0.9 范围内变动，目前则多取中、下限数值，即 H/B 为 0.6 ~ 0.7。

2. 井式电阻炉炉膛尺寸的确定

井式电阻炉炉膛尺寸通常按工件和夹具的实际尺寸来布置确定，即按照排料法，工件之间的距离一般小于其直径或厚度，工件至电热元件的距离应保持 0.1 ~ 0.2m，距炉口砖下沿和炉底 0.15 ~ 0.25m。

（二）炉体结构设计

炉体包括炉底、炉墙、炉顶、炉门和炉壳。

1. 炉底

炉底承受着工件、墙和炉顶的压力。一般箱式、井式电阻炉炉底结构是在炉壳的底板上用硅藻土砖侧砌成方格子，然后在方格子中填充散状的蛭石粉或珍珠岩后，再平铺 1 ~ 2 层硅藻土砖，之后再铺一层轻质粘土砖，其上砌筑支撑炉底或导轨的重质粘土砖和炉底电热元件搁砖。炉底砖缝（灰缝）应小于 3mm。

2. 炉墙

中、低温电阻炉的炉墙一般为两层，内层为耐火层，外层为绝热层，耐火层由轻质耐火粘土砖砌成，绝热层由硅藻土砖、蛭石粉或珍珠岩组成。高温电阻炉炉墙结构为三层，内层由重质耐火粘土砖或高铝砖砌成，中层为过渡层，一般也用轻质耐火粘土砖砌成，外层采用硅藻土砖砌筑。炉墙砖缝（灰缝）应小于 2mm。

当炉子工作温度低于 500℃时，炉衬只有绝热层，炉壳由内外层钢板焊成，钢板层间填充保温材料作为保温层。

炉墙砌体应有适当的厚度，以保证必要的强度和保持炉温的能力，尽量减少蓄热和散热损失，尺寸可根据经验确定，也可通过传热学公式计算得到。另外，还应注意硅酸铝耐火纤维的使用。

炉墙通常采用标准砖砌筑，因此炉墙尺寸多为标准尺寸（230mm × 113mm × 65mm 或 40mm）加砖缝厚度的倍数。炉墙砖缝的厚度一般为 2mm。常用炉墙厚度为：高温炉内层厚度为 115mm，中间层为 113mm，外层为 230mm。中温炉耐火层厚度为 113mm，保温层厚度为 230mm。

不同炉温时电阻炉的炉墙组成见表 2-8。

表 2-8　电阻炉常用的炉墙组成及尺寸的参考数据

炉子功率 /kW	炉温 700 ~ 1000℃		炉温 400 ~ 650℃	
	耐火层/mm	绝热层/mm	耐火层/mm	绝热层/mm
5 ~ 10	113	100 ~ 150	65 ~ 113	65 ~ 113
10 ~ 20	113	150 ~ 200	113	100 ~ 150
20 ~ 50	113	180 ~ 230	113	150 ~ 200
50 ~ 100	113	230 ~ 300	113	150 ~ 200
>100	113 ~ 178	230 ~ 300	113 ~ 178	150 ~ 200

为防止由于热胀冷缩而引起炉墙开裂，一般大型电阻炉的耐火层应留有膨胀缝，即炉墙每米长度应留有5~6mm的膨胀缝，各层之间膨胀缝应错开，形成“弓”字形，缝内应填入马粪纸或掺有25%~30%（指质量分数）石棉的灰浆。

3. 炉顶

箱式电阻炉炉顶的结构形式有两种：即拱顶和平顶，一般电阻炉炉顶结构形式为拱顶，而炉宽大于4m的电阻炉常采用吊装平顶，炉膛宽度很小的炉子（如15kW箱式电阻炉）则采用整砖平顶。

为减轻炉顶重量和散热损失，常采用轻质楔形砖与直形砖配合砌筑炉顶耐火层，耐火层上填轻质保温材料。为承受拱顶质量和加热时所产生的膨胀力而形成的水平推力，大型电阻炉的拱角砖应采用重质砖，拱角砖还需用钢结构支撑。炉顶砖缝应小于1.5mm。

中小型电阻炉炉顶采用轻质耐火粘土砖，厚度为113mm；当炉宽为1~3m时，耐火层厚度为230mm；当炉宽为3~5m时，耐火层厚度为345mm。耐火层上面填充保温材料，另外，应注意硅酸铝耐火纤维的使用。

4. 炉门部分

炉门部分包括炉门孔、炉门和炉门框。炉门孔的截面尺寸应小于炉膛截面尺寸，以减少散热损失并保护电热元件。炉门孔的砖砌体经常受到工件摩擦撞击，故多采用密度较大的重质耐火砖砌筑。

炉门与炉门孔每边的重叠尺寸最小65mm，通常为130mm左右，炉门上应留有观察孔。

井式炉炉盖的直径通常比炉口大300mm，大型井式电阻炉的炉盖通常由厚度为113mm的轻质耐火砖砌成，外边再加一定厚度的保温层。低温井式炉，常全部填以硅酸铝耐火纤维或蛭石粉，蛭石粉的厚度为270~360mm。井式炉的炉底结构和尺寸可参考箱式电阻炉。

箱式炉炉门的压紧装置有楔铁、凸轮、手柄杠杆和气动压紧装置等形式。最常用的压紧方法是在炉门侧面设置楔铁或滚轮，当炉门落下时，楔铁或滚轮滑入炉门框上的楔形槽内而将炉门压紧。也可采用倾斜炉门，借炉门自身重量保持与门框密合。某些通氮气进行保护加热的炉子，或炉内温差很小的箱式电阻炉使用气动压紧炉门装置。

炉门框有铸铁件和钢板焊接件两种，由于后者加工制造简单，现应用较多，但易变形使密封性下降。为防止变形，焊接炉门框与炉口配合处，应开出条形切口作为膨胀缝，以减小其热变形。

5. 炉壳

炉壳常由4~8mm钢板焊接而成，对可控气氛热处理炉必须连续焊接，焊后用煤油检漏。

构架及炉壳焊后应内外喷涂防锈漆，外层再刷银粉，以增加美观和防锈能力，并减少辐射热损失。

二、电阻炉功率的确定及电热元件接线

电阻炉功率的确定方法有两种：理论计算法和经验计算法。理论计算法是利用热平衡方程式来计算确定炉子功率的；经验计算法是用炉膛的容积来确定炉子功率的。相比理论计算法，经验计算法更简便、迅速。

（一）电阻炉功率的理论计算法

理论计算法的原理是炉子总功率（热量收入）应等于热量支出的总和。

1. 热量支出项目

1）加热金属工件的有效热 $\Phi_{效}$。

2）炉衬散失的热量 $\Phi_{衬}$。

3）炉墙积蓄的热量 $\Phi_{蓄}$。

4）通过炉门、排气口和缝隙溢出热气损失的热量 $\Phi_{溢}$。

5）炉门和缝隙辐射出的热量 $\Phi_{辐}$。

6）炉内工夹具、支架等所消耗的热量 $\Phi_{夹}$。

7）加热可控气氛所需的热量 $\Phi_{控}$。

8）其他热损失 $\Phi_{其他}$，指炉膛中某些金属构件通过炉衬所造成的热损失，如电热元件引出棒、热电偶管以及机械构件、炉罐等所造成的热损失（通常也叫做热短路热损失 $\Phi_{短}$）以及其他难以估计的热损失，一般为上述总热损失的1.1～1.3倍。

热量支出的总和 $\Phi_{总}$ 为

$$\Phi_{总} = \Phi_{效} + \Phi_{衬} + \Phi_{蓄} + \Phi_{溢} + \Phi_{辐} + \Phi_{夹} + \Phi_{控} + \Phi_{其他}$$

2. 确定功率

将 $\Phi_{总}$ 换算成功率 P，即

$$P = K\frac{\Phi_{总}}{10^3}$$

式中　K——安全系数，考虑到电压波动、电热元件老化、强化加热制度以及其他难以估计的情况，一般周期作业炉 $K=1.2\sim1.5$，连续作业炉 $K=1.2\sim1.3$。

在电阻炉设计中，有两项重要指标可检验设计和使用的效果，即炉子效率 η、炉子空载热损失 $\Phi_{空载}$。

$$\eta = \frac{\Phi_{效}}{\Phi_{总}} \times 100\%$$

工件吸收热量占总热支出的百分数，称为炉子效率，是检验炉子热能利用率高低的重要指标，此值一般为30%～80%。

炉子空载热损失 $\Phi_{空载}$ 是指空炉升温所消耗的热量，一般占总热支出的15%～25%。$\Phi_{空载}$ 只与 $\Phi_{衬}$ 和 $\Phi_{短}$ 有关，所设计炉子的 $\Phi_{衬}$ 和 $\Phi_{短}$ 越小，热效率就越高。

（二）电阻炉功率的经验计算法

1. 类比法

类比法是与同类炉子相比较的方法，即将所设计炉子的炉膛尺寸、砌体的材料和尺寸、生产率及热处理工艺等技术条件与相类似的炉子进行对比，并进行相应的换算和适当的调整，从而确定新炉子的功率。类比法除了可直接确定炉子的功率外，还是校验理论计算法和经验计算法所得功率正确性的有效方法。

2. 按炉膛容积确定功率

依据经验统计，普通箱式电阻炉和井式电阻炉的炉膛容积 V 和功率 P 之间的关系如图2-13所示，图中斜线1～2、2～3、3～4、4～5分别对应1200℃、1000℃、700℃、400℃炉温与炉膛容积、功率之间的关系。

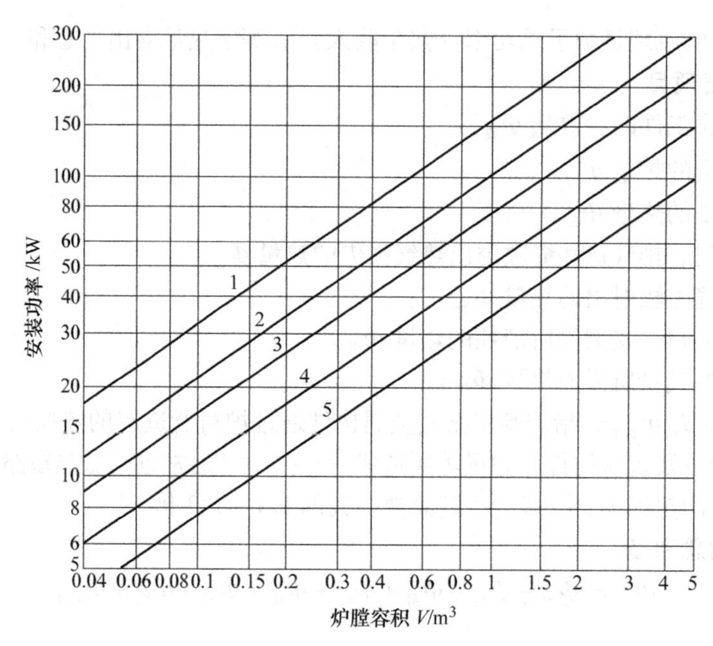

图 2-13　炉膛容积 V 和功率的关系

1—$P=150V^{\frac{2}{3}}$　2—$P=100V^{\frac{2}{3}}$　3—$P=75V^{\frac{2}{3}}$　4—$P=50V^{\frac{2}{3}}$　5—$P=35V^{\frac{2}{3}}$

（三）炉子功率分配和电热元件接线

1. 功率的分配

为使炉子温度均匀并满足热处理工艺的需要，炉子功率应合理分布。

（1）箱式、台车式电阻炉　炉膛长度不超过 1m 的小型箱式炉，可将功率平均分布。功率小于 100kW 的不必分段布置功率，但可在温度较低或需要加大功率处，将电热元件排得密些。较大型箱式及台车式炉，应在炉门上甚至在炉顶上布置一定电热元件，新型箱式炉后墙也安装了电热元件。在炉口一端约占炉膛长度 1/3 ~ 1/4 处加大平均功率的 15% ~25%，在加大功率处也可将电热元件排布得密些。

（2）井式电阻炉　井式电阻炉电热元件一般只布置在炉内壁四周，炉底一般不布置电热元件。为使温度均匀，在炉膛深度方向上，应采取功率相同的数个加热区，每区的高度约等于炉膛的直径。

井式电阻炉炉口部分热损失大，炉底热损失也大，所以井式炉炉口占炉深 1/4 ~ 1/3 处应加大平均功率的 20% ~40%，近炉底处占炉身的 1/5 ~ 1/4 处应加大平均功率的 5% ~ 10%。加热区多的取下限，加热区少的取上限。也可将炉口及炉底处电热元件排密些，中间部分排疏些。若井式炉炉膛深度不大于 2m，功率可平均分布。井式回火炉的功率均为平均分布。

当炉子功率确定后，应验算炉墙内壁的单位表面积功率。一般控制在 15 ~ 30kW/m^2 之间，轻质耐火砖应比重质耐火砖低些。分区控制的井式炉，靠近炉口和炉底处的数值可高些。

（3）连续式作业电阻炉　应根据工件加热的要求，计算出炉内加热、保温等各段功率。在炉子的进料端，由于一直处于加热状态，加热元件要选择较小的表面负荷，将功率集中布

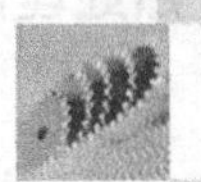

置在这一段，一般占总功率的50% ~60%，出料段一般应为保温段平均功率的10% ~15%，如果出料端是工艺的降温段，没有必要加大功率，只是在出料口附近区域将加热器加密，保证出料工位的温度均匀性。

（4）大型箱式炉和井式炉的功率分配问题　与普通大小的箱式炉和井式炉在功率分配上不一样，在大型箱式炉和井式炉中，如果功率计算和设计有误，或导致严重的温度偏差甚至失控，主要的问题是各区域之间由于气流循环或邻近区域热量的交叉传递，称为热区的相互“耦合”。假如有A、B两个加热区，两区是分别控温的，如果B区的功率分配足够大，而A区功率小，B区可能先达到控制温度而A区还在继续加热，导致A区的热量传到B区，这样B区虽然处于断电状态，也会因为A区带入的热量把温度抬升，导致B区温度失控。这就是各个区域功率不匹配可能导致的后果，这种现象也因炉膛形状、导风设计、工作温度等实际情况而有所差异。在小型炉上也有相似的问题，只是不太突出，一般被忽略了，对于温度均匀性要求极高的设备，也要考虑这个问题。

为了解决这类问题，在设计和维修大型炉子时，可以采用这样两种方法：

1）实测各区域的升温曲线和保温曲线。如果升温曲线呈发散状，即各区升温斜率相差很大，说明功率不匹配，需要调整各区域功率，使得升温曲线基本同步。如果保温曲线也呈发散状，需要考虑保温时的功率匹配问题，这种测量一般要在空炉和满载的情况下分别测定，取两者之间的合理值，这种方法对于已经做好的炉子改造或者炉子大修非常有用。

2）采用智能控制计算机软件和仪表。各区域间除了控制自身的温度以外，也兼顾临近区域的温度，相互之间自动协调保持步调一致，有的软件还同时监控加热温度（如炉罐外面的控温点）和实际工作区域的温度，这是通过控制系统来弥补功率分布设计上的缺陷的。

2. 电阻炉的接线

我国供电系统中大多采用线电压为380V的三相供电电压。

决定炉子接线时，必须同时考虑功率、电压、相数等量。

当炉子功率小于25kW时，采用220V串联或380V串联联结。

当炉子功率为25 ~75kW时，采用三相380V星形联结或三相220V三角形联结。

当炉子功率大于75kW时，可将电热元件分成两组或两组以上的三相380V星形联结或三相220V三角形联结，每组功率以30 ~75kW为宜，即每相功率在10 ~25kW之间。这样，可使每一电热元件的功率不至于过大，便于调节炉温并保持其均匀性，而且电热元件的尺寸也比较合适，便于布置安装。

电热元件的接线方法及其功率的计算公式见表2-9。

表2-9　电热元件的接线方法及其功率的计算公式

接线方法	示意图	元件数目	总功率/W
星形		3	$P=\frac{U^2}{r}$
三角形		3	$P=\frac{3U^2}{r}$
双星形		6	$P=\frac{2U^2}{r}$

（续）

接线方法	示意图	元件数目	总功率/W
双三角形		6	$P=\frac{6U^2}{r}$
串联—星形（先串后接成星形）		$3n$	$P=\frac{U^2}{nr}$
串联—三角形（先串后接成三角形）		$3n$	$P=\frac{3U^2}{nr}$
并联—星形（先并后接成星形）		$3n$	$P=\frac{nU^2}{r}$
并联—三角形（先并后接成三角形）		$3n$	$P=\frac{3nU^2}{r}$

注：r—元件电阻（Ω）；U—电源电压（V）；n—元件数目。

三、电热元件的材料选择、计算与安装

（一）电热元件材料应具有的性能

1. 高的耐热性和高温强度

电热元件的工作温度应比炉膛温度高100~200℃，电热元件在此高温条件下工作，应具有高的耐热性和高温强度，即在高温长时间工作时不氧化、不变形、不熔化、不倒塌。

耐热性差的电热元件使用一段时间后，就会氧化起皮而使截面积减小、功率降低。当电热元件高温强度不足时，会使电阻丝螺旋直径过大或螺距太小，从而使电热元件倒塌而引起短路。

2. 高的电阻率

在电热元件端电压一定、炉子的功率一定时，电热元件的电阻率ρ越大，所使用电热元件的长度就会越短，这样既能节约材料，又便于安装。

3. 小的电阻温度系数

电热元件从不工作时的室温到工作时的高温，其电阻率是不同的，也就是说电热元件的电阻率会随温度的变化而变化，因而在不同温度下炉子的功率也会不同。选择电阻温度系数小的电热元件，可保持比较稳定的功率。电热元件电阻值随温度变化的规律，可用式（2-2）来表示，即

$$R_t = R_0(1+\alpha t) \tag{2-2}$$

式中　R_t、R_0——电热元件在t℃和0℃时的电阻（Ω）；

t——电热元件的温度（℃）；

α——电热元件材料的电阻温度系数（$℃^{-1}$）。

4. 较小的热膨胀系数

电热元件的热膨胀系数不能太大，而且在设计安装电热元件时，应留有一定的膨胀余量。

5. 良好的加工性

加工性指电热元件的成形能力和可焊接的能力。Fe-Cr-Al 系的合金晶粒长大倾向明显，使用后的元件变脆，维修困难，现在已有在这类电热合金中加入阻碍晶粒长大的微量的高熔点元素、金属化合物或稀土元素，由于这些加入的组分不能与 Fe-Cr-Al 形成合金化，有的采用机械混合的方式，即用粉末冶金方法制造电阻丝，这类材料能阻止晶粒长大并提高抗渗碳性能。

6. 抵抗氧化或不良气氛的侵蚀

电热元件应具有抵抗氧化及各种炉气，以及炉衬发生的化学反应的性能。例如，用于可控气氛炉的电热元件必须具有抵抗炉内气氛侵蚀的能力，此性能使带状电热元件优于线状电热元件。真空或高压也应该理解成一种“气氛”条件，例如，在可控气氛炉中，炭黑并不与 Fe 发生反应，但是在真空条件下却很容易发生反应。

7. 综合使用成本要低

综合使用成本包括材料直接成本、寿命、维修维护以及因加热元件损坏造成的设备停炉等综合因素。

（二）常用电热元件的材料及其性能

常用电热元件的材料包括金属材料和非金属材料两大类，它们具有不同的性能和用途。

1. 金属电热元件

金属电热元件材料可分为合金类铁铬铝系、镍铬系及高熔点金属三类。

（1）铁铬铝系材料　铁铬铝系材料的标准产品牌号有 0Cr25Al5、1Cr13Al4、0Cr13Al6Mo2、0Cr27Al7Mo2、0Cr25Al6Re 和 Cr23Al6CoZr 等，其金相组织为铁素体。其中 1Cr13Al4 用于中、低温炉；0Cr25Al5 用于中温炉；0Cr27Al7Mo2 用于高温炉。

这类材料在空气中加热后，表面可形成 Cr_2O_3 和 Al_2O_3 氧化膜，它们的化学性质十分稳定，因而可起到抗氧化的作用。随着此类合金中 Cr、Al 元素含量的增加，抗氧化能力和电阻率也增大。此外，在含硫的氧化性气氛中工作时，保护膜不受影响，但在含硫的还原性气氛中工作时，氧化膜会被破坏。这类材料不能用于氮气中，否则保护膜很快被破坏。在渗碳气氛中长期工作时，氧化膜会被破坏而发生渗碳。碳渗入合金基体，生成的碳化物沉淀在晶界或晶体内，这种碳化物的共晶熔点较低，使电热元件在高温下产生裂纹甚至熔断，使用寿命会降低。为此，研制了一种抗渗碳材料，牌号为 Cr23Al6Y0.5，它以铁铬铝合金为基础，添加稀土元素钇，其化学成分（指质量分数）为：Cr 22.3%、Al 5.83%、Y 0.5%，使用结果表明，其抗渗碳性、焊接性、加工性均符合使用要求。还有一种办法是定期在空气中加热，以形成致密的保护膜，提高其使用寿命。

铁铬铝系材料的主要缺点是塑性较差，且高温加热后晶粒粗大、性脆、维修困难，但是其电阻率大，电阻温度系数小。镍铬合金用量少，价格便宜，应用较广。

（2）镍铬系材料　镍铬系材料的标准产品有 Cr20Ni80、Cr20Ni80Ti3 和 Cr23Ni18 等牌号，其金相组织为奥氏体。在空气中加热后，合金表面上可形成致密的、高熔点的 Cr_2O_3 钝化膜，可保护金属基体不受氧化。镍铬系合金塑性、韧性好，具有良好的加工性能，维修方便，高温强度高，电热元件易于保持要求的形状和尺寸，易于安装和维修，适用于安装和维修电热元件困难的电阻炉中。由于镍和氮的化合能力较差，故这类材料在渗氮气氛中比较稳定，但在含硫的气氛中电热元件表面会形成硫化物，抗渗碳能力较差，在含 CO 的气氛中长时间加热，氧化膜会被破坏发生渗碳，使表层熔点降低，形成裂纹甚至熔断，因而在含有CO的气氛中，镍铬元件的使用温度应适当降低。

（3）高熔点金属材料　高熔点金属材料主要包括钼、钨、钽和铂。纯金属钼、钨、钽不宜在空气介质炉中加热，因在高温空气中，它们易于挥发和氧化。但在氢保护气氛中工作，钼、钨的安全使用温度分别达到2000℃和2500℃（在高真空中最高使用温度分别为1600℃和2500℃）。铂在高温空气中不氧化，但与氢和碳氢化合物会发生反应。

常用金属电热元件材料的化学成分和性能见表2-10。

表2-10　金属电热元件材料的化学成分和性能

性能 \ 名称		0Cr25Al5	1Cr13Al4	0Cr13Al6Mo2	0Cr27Al7Mo2	Cr20Ni80	Cr15Ni60
主要化学成分的质量分数（%）	Cr	23～27	12～15	12.5～14	26.5～27.8	20～23	15～18
	Al	4.5～6.5	3.5～5.5	5～7	6～7	≤0.5	≤0.5
	Ni	—	≤0.6	≤0.6	≤0.6	余量	55～61
	Mo	—	—	1.5～2.5	1.8～2.2	—	—
	Fe	余量	余量	余量	余量	≤0.1	余量
工作温度/℃	正常	1050～1200	900～950	1050～1200	1200～1300	1000～1050	900～950
	最高	1300	1100	1300	1400	1150	1050
密度/(g/cm³)		7.1	7.4	7.2	7.1	8.4	8.2
抗拉强度/(N/m²)		(637～784)×10⁶	(588～735)×10⁶	(686～833)×10⁶	(686～784)×10⁶	(637～784)×10⁶	(637～784)×10⁶
20℃时电阻率/Ω·m		(1.40±0.10)×10⁻⁶	(1.26±0.08)×10⁻⁶	(1.40±0.10)×10⁻⁶	(1.50±0.10)×10⁻⁶	(1.09±0.05)×10⁻⁶	(1.12±0.05)×10⁻⁶
电阻温度系数α/×10⁻⁵℃⁻¹		3～4 (20～1200℃)	15 (20～850℃)	7.25 (0～1000℃)	−0.65 (20～1200℃)	8.5 (20～1100℃)	14 (20～1000℃)
线膨胀系数/×10⁻⁶℃⁻¹		16 (20～1000℃)	15.4 (20～1000℃)	15.6 (0～1000℃)	16 (0～1200℃)	14 (20～1000℃)	13 (20～1000℃)
热导率/[W/(m·℃)]		12.74	14.62	13.57	12.52	16.71	12.52
比热容/[J/(g·℃)]		0.493	0.489	0.493	0.493	0.439	0.459
熔点约值/℃		1500	1450	1500	1520	1400	1390

2. 非金属电热元件

非金属电热元件主要有以下三类：

（1）碳化硅电热元件　碳化硅电热元件的主要成分为SiC，元件形状为棒状，故称为硅碳棒。硅碳棒易与氢气和水蒸气发生反应而显著缩短其使用寿命，因此，当炉内含有水分时，升温中应打开炉门，使水分充分排出。硅碳棒材质脆，强度低，易断裂，安装使用过程中要特别注意。

（2）二硅化钼电热元件　二硅化钼电热元件的主要原料是硅粉和钼粉，用粉末冶金方

法烧结压制而成。二硅化钼棒的电阻温度系数很大，为了保证炉子功率不变，应配备变压器。

（3）碳系电热元件　石墨、碳粒和各种碳制品都属于碳系电热元件，碳系电热元件在高温时工作极易氧化，故一般用于中性气氛和真空炉内。石墨电热元件应用最广，可应用于炉温为1400～2500℃的高温炉。石墨热膨胀系数小，热导率大，抗热振性好，一般制成管状和带状使用。

常用非金属电热材料的性能见表2-11。

表2-11　常用非金属电热材料的性能

种类	密度 /(g/cm³)	电阻率 /μΩ·m	电阻温度系数α /×10⁻⁵℃⁻¹	热膨胀系数/ ×10⁻⁶℃⁻¹	熔点 /℃	最高工作温度 /℃
硅碳棒	3.0～3.2	600～1400 (1400℃)	<800℃为负值 >800℃为正值	≈5		1500
硅钼棒	≈5.5	0.25(20℃)	480	7～8	2000	1700
石墨	2.2	8～13	－126	120(0～100℃)	3500	2200(真空)
碳粒	1.0～1.25	600～2000			3500	2500(真空)
石墨带	1.7～1.77	1～10			3500	2200(真空)

（三）电热元件的表面负荷率

电热元件的表面负荷率是指电热元件单位表面积上所发出的电功率，单位为kW/m^2，以英文字母W表示。

电热元件的表面负荷率越高，发出的热量就越多，元件本身的温度就越高，其所用元件材料的数量就越少。但表面负荷率过高，电热元件会因温度过高氧化加速而缩短使用寿命，甚至产生变形、倒塌、熔化。因此，在计算电热元件尺寸时，表面负荷率应有一个允许的数值，称为允许表面负荷率$W_{允}$。$W_{允}$的确定与元件的材料、工作温度、散热条件等因素有关。

元件的材质不同，其$W_{允}$也不同，如图2-14所示。元件工作的温度越高，$W_{允}$的数值应选得越低，0Cr25Al5在1300℃工作时$W_{允}$的下限数值为5～7kW/m^2。元件的散热条件越好，则$W_{允}$的数值可选得越高。

电热元件的散热条件与其结构和安装状态有密切关系，波纹形丝状电热元件的散热条件比波纹形带状的好；波纹形带状电热元件的散热条件又比螺旋形丝状的好；就螺旋形电热元件而言，螺距越大，散热条件越好，电热元件的表面温度越不易超过规定值，故$W_{允}$也就越高。此外，电阻炉底部的电热元件散热比其他部位差，$W_{允}$值应比一般部位降低20%～50%；在有风扇的、空气能循环的炉子中，$W_{允}$值可取较大的数值，但要注意，当元件通电时，风扇不能停止运转；在更换电热元件困难的电阻炉中，$W_{允}$可取低值；炉膛内若有可控气氛或其他腐蚀性气氛时，会腐蚀破坏元件表面的钝化膜，故$W_{允}$应取较低的数值。

表面负荷率的选用还与炉子的控制方式等有关，如连续调节比位式调节的表面负荷要高些。

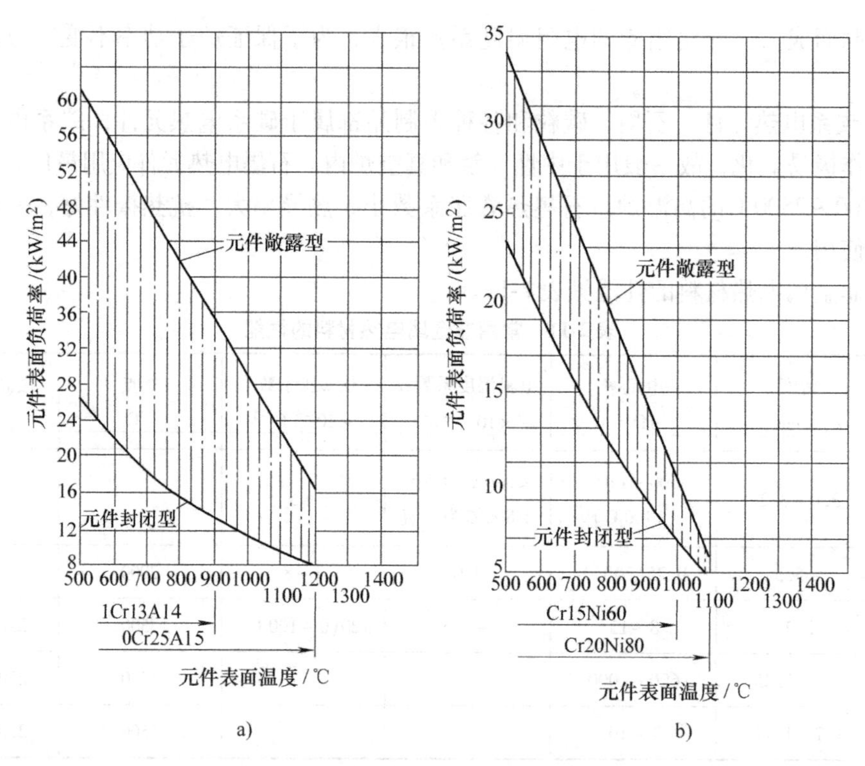

图 2-14　金属电热元件的允许表面负荷率

a）铁铬铝电热元件　b）镍铬电热元件

【导入案例】　国内一些企业的电阻炉使用了国外进口电阻丝，其表面负荷率达 $32kW/m^2$，超过国内电阻丝近1倍，而且使用寿命达10年。其原因见电热元件材料应具有的性能，能抵抗氧化或不良气氛的侵蚀。

（四）电热元件的计算

在电热元件的计算中，常用的是合金电热元件的计算，下面仅介绍合金电热元件的计算。

1. 电热元件尺寸的公式计算法

设某电阻炉有 n 个电热元件，炉子的安装功率为 $P_{安}$（kW），则每个电热元件的功率为

$$P=\frac{P_{安}}{n}$$

假设电热元件的端电压为 U，则可求出其在工作温度下的电阻值 R_t 为

$$R_t=\frac{U^2}{P}\times10^{-3}$$

R_t 又可表示为

$$R_t=\rho_t\frac{L}{S}\times10^6$$

式中　ρ_t——电热元件在工作温度时的电阻率（$\Omega\cdot m$）；

L——电热元件的长度（m）；

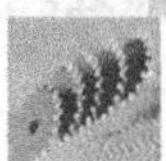

S——电热元件的横截面积（mm^2）。

按照电热元件允许的表面负荷率，可以写出公式，即

$$W_{允}=\frac{P}{lL}\times 10^3$$

式中　l——电热元件截面周长（mm）。

整理后可得

$$d=\sqrt[3]{4\times 10^{12}P^2\rho_t/(\pi^2U^2W_{允})} \tag{2-3}$$

计算出线状电热元件直径后，应按元件出厂的标准尺寸选定。其直径的常用规格有 ϕ3mm、ϕ3.2mm、ϕ3.5mm、ϕ4.0mm、ϕ4.5mm、ϕ5.0mm、ϕ5.5mm、ϕ6.0mm、ϕ7mm、ϕ8mm。

为了方便设计，表2-12是0Cr25Al5线状电热元件各种功率的参考数据。

表2-12　0Cr25Al5电热元件各种功率的参考数据

电炉功率/kW	元件温度/℃	元件功率/kW	元件数目	电源电压/V	元件相数	接线方法	元件电流/A	元件直径/mm	元件热阻/Ω	元件长度/m	全台长度/m	全台质量/kg	元件表面负荷率/(kW/m²)
45	1200	15	3	380	3	Y	68.18	5.5	3.22	50.7	152.1	25.7	17.1
45	1200	7.5	6	380	3	YY（并联）	34.09	3.5	6.45	41.2	247.2	16.9	16.5
45	1200	7.5	6	380	3	YY（并联）	34.09	4.0	6.45	53.7	322.2	28.5	11.1
60	1200	20	3	380	3	Y	90.91	7.0	2.42	61.8	185.4	50.7	14.7
60	1200	20	3	380	3	D	52.63	5.0	7.24	94.1	282.3	39.3	13.5
60	1200	10	6	380	3	YY（并联）	45.45	4.5	4.84	50.1	306.0	34.6	13.9
78	1200	26	3	380	3	Y	118.2	8.0	1.86	62.1	186.3	66.5	16.7
78	1200	13	6	380	3	YY（并联）	59.0	5.0	3.72	48.5	291.0	40.6	17.1
78	1200	8.7	9	380	3	YYY（并联）	39.4	4.0	5.56	46.4	417.6	37.3	14.9

2. 电热元件尺寸的图表计算法

（1）线状电热元件图表计算法　除了公式计算法外，电热元件的尺寸也可以用图表计算法求得。图2-15所示为0Cr25Al5线状电热元件的计算图表，适用于各种常用的电阻炉及ϕ（1.5～7）mm的电热元件。现举例说明该图的用法。

【例2-1】　已知45kW箱式电阻炉电源电压为380V，采用三相两组串联星形联结，求电热元件的直径和长度。

解　两组串联星形联结实际上相当于一组星形联结，故可认为有三组电热元件，每根为15kW，相电压为220V。

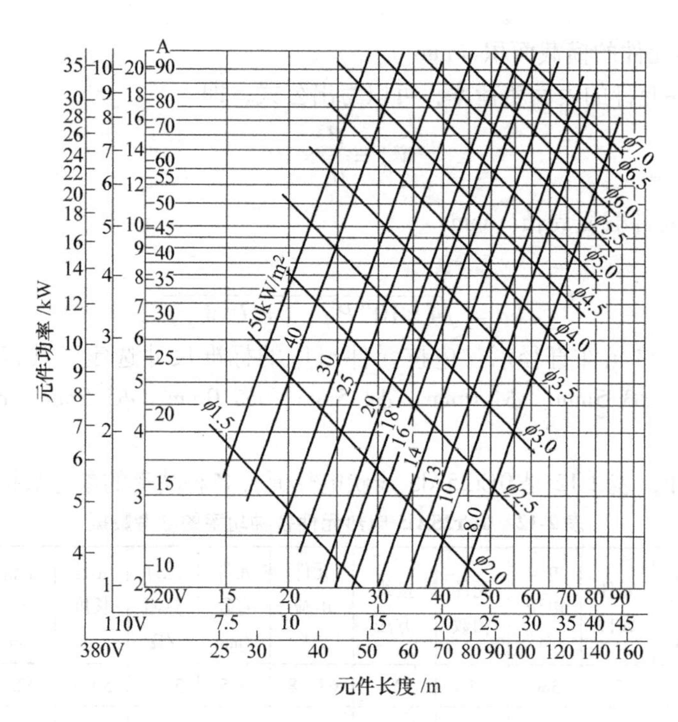

图 2-15　0Cr25Al5 线状电热元件的计算图表

1）在图 2-15 中找到 220V，沿纵坐标向上找到 15kW。

2）由 15kW 处向右作水平线，若取 $W_{允}$ 为 17.3kW/m²，则水平线与 $W_{允}$ 线的交点位置处在 ϕ5.5mm 的电热元件上，水平线又与表示电流的纵坐标相交于 68A 处。

3）由该点向下作垂线交 220V 的横坐标长度线于 51m 处。

由此可以得出，电热元件直径为 ϕ5.5mm，总长为 51m × 3 = 153m。

（2）带状电热元件图表计算法　与线状电热元件比较，带状电热元件多用于大型设备，也可以使用低压供电，井式炉悬挂安装有利于传热，带状电热元件计算图如图 2-16 所示。

【例 2-2】　400kW 大型井式气体渗碳炉电热元件尺寸及安装尺寸设计。

解　参考表 2-6 可知：工作区尺寸为 ϕ900mm × 4500mm，4 个加热区。设计电源电压 380V，Y 接法，则每区每相功率 33.3kW，每区每相可布置电热元件高度约 370mm。

电热元件尺寸设计：根据已知条件及设计的电压、接法，参考图 2-16 查出 0Cr25Al5 带状波纹电阻带为 ab = 2mm × 20mm，表面负荷率为 18kW/m²，每相长度为 42m。

安装尺寸设计：参考图 2-19，根据 $H < 10b = 200$mm，在每相 370mm 高度中可布置两排，每排电阻带高度取 H = 140mm；因电阻带曲率半径 $r = (4 \sim 8)a$，取 $r = 6 \times 2$mm = 12mm；因电阻带间距 $h = (10 \sim 30)a$ 或 $h \geqslant 2b$，取 h = 50mm；每节波纹长度 $L \approx 2(H + 1.14r) \approx$ 307mm；布置电阻带炉墙直径取 1100mm，则炉膛周长 = 3.14 × 1100mm = 3454mm，每排电阻带的波纹节数 = 3454mm/h ≈ 69，每相 2 排共 138 节。

每相电阻带波纹长度设计值 L = 138 × 307mm ≈ 42m，因设计值接近 42m，说明设计中所选系数符合要求，否则电阻带接法、表面负荷率、H、r、h，甚至材料需要重新选择。

（五）电热元件的结构尺寸

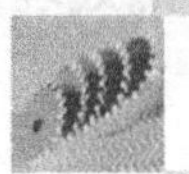

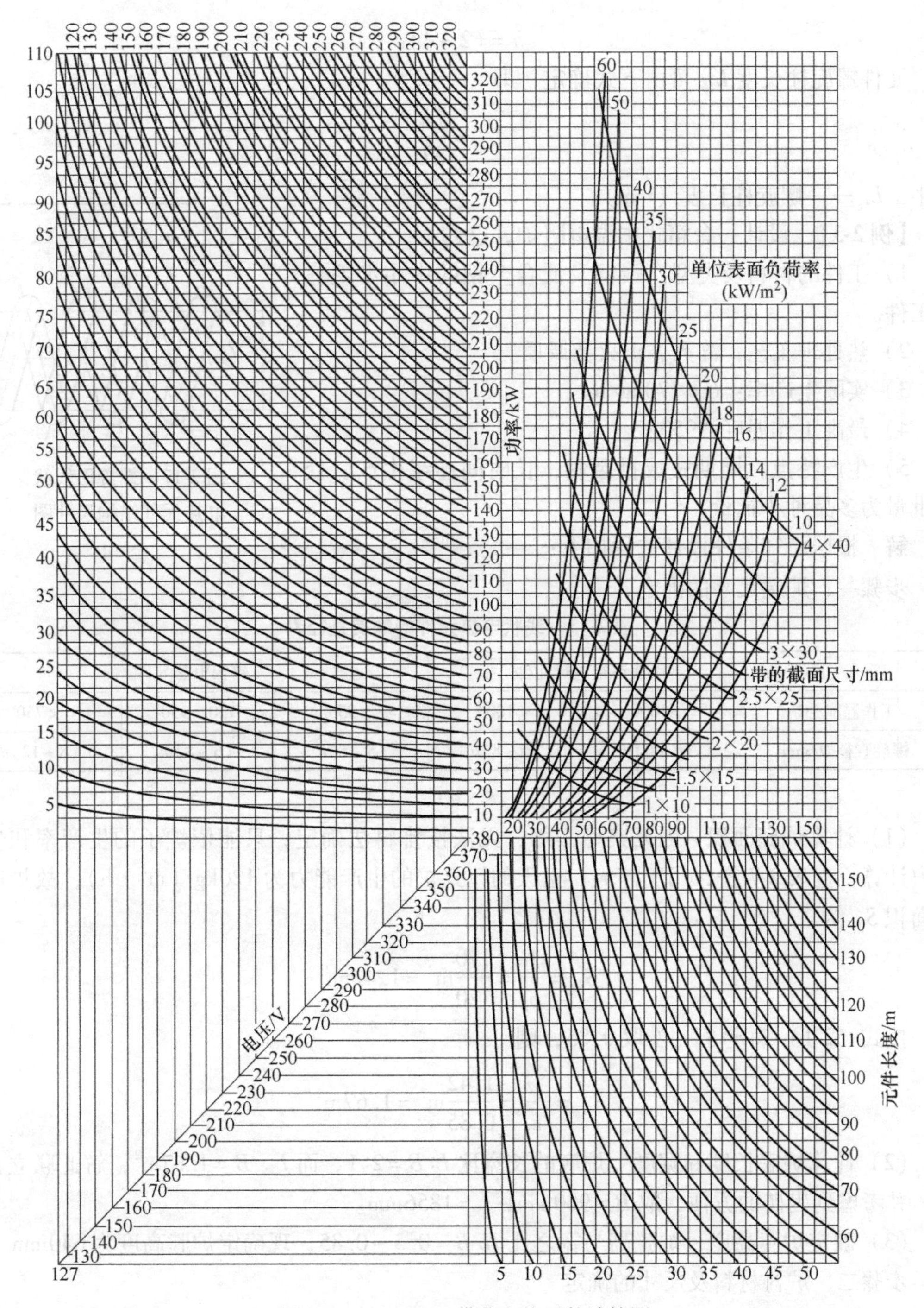

图 2-16　0Cr25Al5 带状电热元件计算图

螺旋形线状电热元件结构尺寸如图 2-17 所示，其螺旋直径的选择应满足绕制工艺、安装空间尺寸以及元件高温结构强度的要求。当线状电热元件的直径 $d>3\text{mm}$ 时，螺旋直径 D 与 d 的关系见表 2-13。

螺旋节距 h 为

$$h=(2\sim4)d$$

元件螺旋柱长度 $L_{柱}$ 可由下式确定，即

$$L_{柱}=\frac{Lh}{\pi D}$$

式中　$L_{柱}$——螺旋柱长度（mm）。

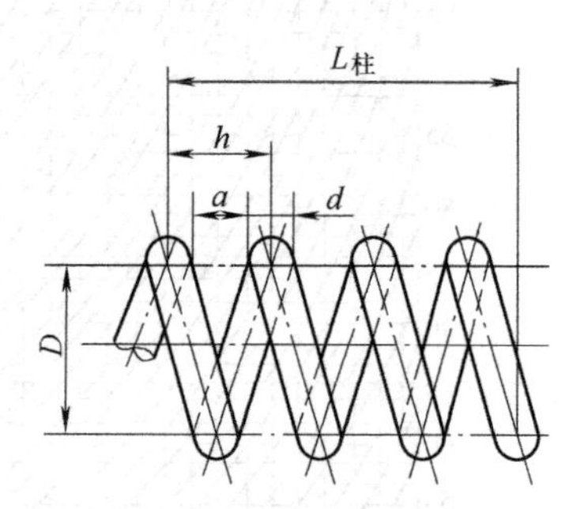

图 2-17　螺旋形线状电热元件结构尺寸图

【例 2-3】　设计一台箱式中温电阻炉，已知：

1）工件的材料及类型：碳钢及低合金钢的中小型毛坯或工件。

2）热处理工艺：淬火、正火及调质。

3）实际生产率：$G=170\text{kg/h}$。

4）最高工作温度：950℃。

5）生产特点：周期式成批装料，长时间连续生产，处理批量为多品种小批量。

解　根据已知条件设计过程如下：

步骤一、炉膛尺寸的确定

表 2-13　线状电热元件的螺旋直径 D

项　目	铁铬铝电热元件		铬镍电热元件		
工作温度/℃	>1000	<1000	>950	750~950	<750
螺旋直径 D/mm	$(4\sim6)d$	$(6\sim8)d$	$(5\sim6)d$	$(6\sim8)d$	$(8\sim12)d$

（1）计算炉底面积　因无典型工件，无法按排料法确定，只能依炉子的生产率和生产能力计算。查表 2-7 得，用于淬火、正火的箱式炉的生产能力为 $120\text{kg/(m}^2\cdot\text{h)}$，故炉底有效面积 $S_{效}$ 为

$$S_{效}=\frac{G}{\rho_0}=\frac{170}{120}\text{m}^2=1.42\text{m}^2$$

按式（2-1）确定 $S_{实}$，k 取 0.85，则

$$S_{实}=\frac{S_{效}}{k}=\frac{1.42}{0.85}\text{m}^2=1.67\text{m}^2$$

（2）计算炉底长度和宽度　炉底的长宽比 $L:B=2:1$，而 $L\times B=1.67\text{m}^2$，解此联立方程组，并考虑到砌砖的方便，取 $B=900\text{mm}$，$L=1856\text{mm}$。

（3）确定炉膛高度　炉膛高与宽之比 $H/B=0.5\sim0.85$，现确定炉膛高度为 640mm。

步骤二、炉衬材料及尺寸的确定

耐火层采用体积密度为 1.0g/cm^3 的轻质耐火粘土砖，保温层为硅藻土骨架添加蛭石粉，各层厚度按表 2-8 定为：炉侧墙、前后墙、炉顶的耐火层厚度 113mm，保温层厚度 232mm，石棉板厚 10mm，炉底耐火层厚 314mm，硅藻土砖和蛭石粉厚 180mm。

炉衬的尺寸确定一定要参考标准耐火砖的尺寸（表 1-2）并考虑砖缝等因素后再作最后的确定。

步骤三、功率的确定

按炉膛容积确定功率为 80～100kW，若按理论计算法约是 80kW，为了减少加热时间、节约能源，可提高系数来提高炉子功率，综合考虑将炉子功率确定为 90kW。

步骤四、功率分布与接线方法

90kW 的功率均匀分布在炉膛两侧及炉底，采用三相星形联结，供电电压为 380V。

步骤五、金属电热元件的计算

采用 0Cr25Al5 线状电热元件，$W_{允}$ 取 $16kW/m^2$，从表 2-10 中查出电热元件于 1100℃时

$$\rho_t = \rho_{20}(1+\alpha t) = 1.4\times10^{-6}\times(1+4\times10^{-5}\times1100)\Omega\cdot m = 1.5\times10^{-6}\Omega\cdot m$$

每相电热元件功率 P 为 90kW/3，采用三相星形联结，$U_{相}$ 为 220V，按式（2-3）计算电热元件直径 d，即

$$d = \sqrt[3]{\frac{4\times10^{12}P^2\rho_t}{\pi^2U^2W_{允}}} = \sqrt[3]{\frac{4\times10^{12}\times30^2\times1.5\times10^{-6}}{3.14^2\times220^2\times16}}\text{mm}\approx 9\text{mm}$$

每相电热元件长度 L 和总长度 $L_{总}$ 为

$$L = \frac{U^2S}{P\rho_t}\times10^{-9} = \frac{220^2\times3.14\times9^2}{30\times1.5\times10^{-6}\times4}\times10^{-9}\text{m} = 69\text{m}$$

$$L_{总} = 69\times3\text{m} = 207\text{m}$$

步骤六、电热元件的安装尺寸

电热元件安排在炉内两侧和炉底上，各有 8 排，共计 24 排。

每排电热元件的长度 L_1 为

$$L_1 = \frac{69}{8}\text{m} = 8.63\text{m}$$

考虑炉膛长度两端各留 20mm 不布置电热元件，则布置电热元件在炉墙一侧的长度 L_2 为

$$L_2 = (1856-40)\text{mm} = 1816\text{mm}$$

将电热元件绕成螺旋形，按表 2-13 计算其螺旋直径 D，即

$$D = 5d = 5\times9\text{mm} = 45\text{mm}$$

螺旋节距 h 为

$$h = \frac{L_2\pi D}{L_1} = \frac{1816\times3.14\times45}{8630}\text{mm} = 29.7\text{mm}$$

按 $h=(2\sim4)d$ 校验 h，即

$$\frac{h}{d} = \frac{29.7}{9} = 3.3$$

经校验表明计算结果正确。否则应按表 2-13 重新取电阻丝螺旋直径 D 与电阻丝直径 d 之间的系数，以保证 $h=(2\sim4)d$。

（六）电热元件的安装

1. 电热元件的安装方式

电热元件的安装方式应有利于提高炉子的加热能力、元件的使用寿命并便于炉子的操作和电热元件的维修。金属线状和带状电热元件在炉内的安装方式分别如图 2-18 和图 2-19 所示。

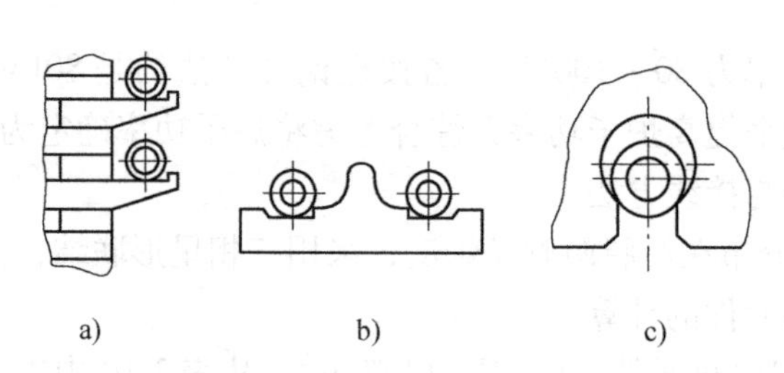

a)　　b)　　c)

图 2-18　线状电热元件在炉内的安装方式

a）侧墙安装法　b）炉底安装法　c）炉顶安装法

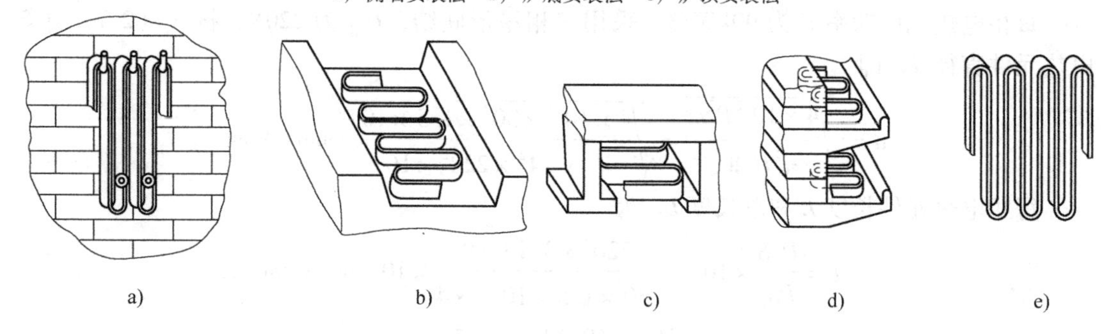

a)　　b)　　c)　　d)　　e)

图 2-19　带状电热元件在炉内的安装方式

a）在炉墙上　b）在炉底上　c）在炉槽内　d）在侧墙搁砖上　e）带状电热元件外形

2. 电热元件引出端的结构

金属电热元件通过引出棒穿过炉墙引出，引出棒的材料一般为不锈钢，其与电热元件端部焊接在一起。由于引出棒散热条件较差，为防止引出棒温度过高，其截面积应为元件截面积的三倍以上。电热元件引出端应与金属壳绝缘。另外，应保证炉体密封和拆装方便。常用的结构方式如图 2-20 所示。

3. 电热元件的焊接

电热元件之间、电热元件与引出棒之间采用直接焊接连接。铁铬铝合金焊接性较差，焊接时易形成不易消除的粗大晶粒，因此，要快速焊接，以限制受热范围及过热程度，一般采用电弧焊，最好采用氩弧焊。镍铬合金的焊接性能好，可采用电弧焊或氧乙炔焊，焊接时所用焊条应与电热元件材料相同，但对铁铬铝合金元件，炉温低于950℃时，可用镍铬合金焊条。

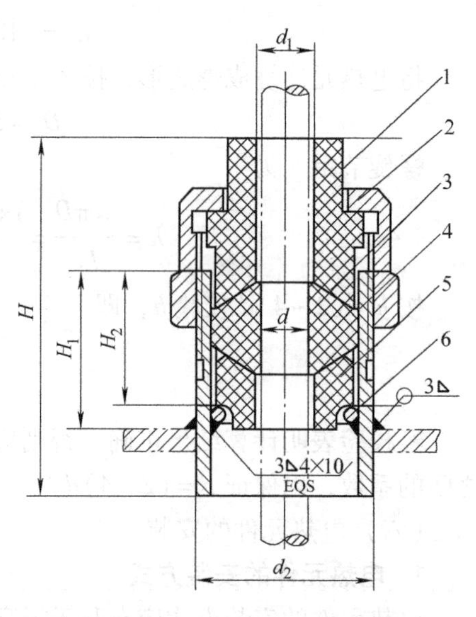

图 2-20　引出棒连接装置

1、5—绝缘子　2—挡螺母　3—圆填料

4—管座　6—挡圈

线状铁铬铝元件间的焊接一般采用钻孔焊，如图 2-21a 所示，也可采用铣槽焊，如图 2-21b 所示。线状镍铬元件之间的焊接采用搭焊（或对焊），如图 2-21c 所示。带状镍铬元件及铁铬铝元件间多采用搭焊，如图 2-21d 所示。

电热元件与引出棒的焊接与引出棒的材料有关：当采用不锈钢材料的引出棒时，线状铁铬铝元件与

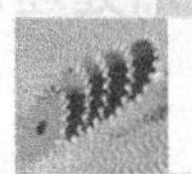

引出棒一般采用钻孔焊，也可采用铣槽焊；带状铁铬铝元件与引出棒之间的焊接一般采用铣槽焊，线状及带状镍铬元件与引出棒多采用搭焊。为保证焊接区电热元件强度，搭焊时端部应留有 5 ~ 10mm 的不焊接区；采用低碳钢引出棒焊接时如图 2-22 所示。

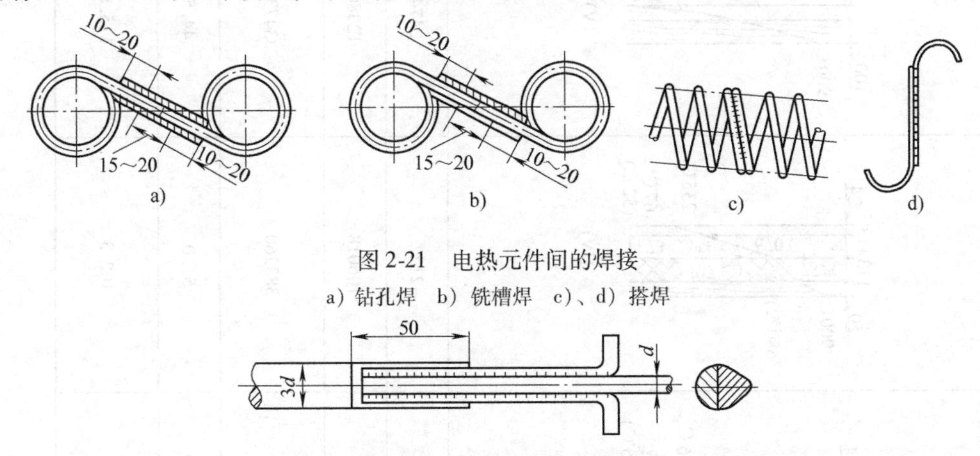

图 2-21　电热元件间的焊接

a）钻孔焊　b）铣槽焊　c）、d）搭焊

图 2-22　线状元件（镍铬、铁铬铝）与低碳钢引出棒的焊接

第四节　电阻炉的节能及炉温的均匀度

综上所述，炉子的节能离不开三种基本的传热方式，即通过一增一减来实现节能。同时，炉子的节能方法很多也是提高温度均匀性的方法。

一、增强保温，减少传导

1）增加保温层的厚度是最常用的方法，增加保温层的界面也是很好的办法。例如，用三层 10mm 的硅酸铝纤维板叠放就比一层 30mm 的同质量的硅酸铝纤维板保温性能好，因此，对于使用温度比较高而炉墙又需要设计得比较薄的场合，经常采用多层结构，即炉膛内壁采用密封度高、耐高温的纤维板，依次向外逐层降低密度，增加保温性能；在炉底的砌砖中，由于炉底需要承受较大的负荷，不便于使用低强度的轻质材料，所以可以在每层重质砖中间铺垫一层 5 ~ 10mm 的纤维，减少热量的传导；在炉壳内壁衬一层薄石棉板或岩棉板，既可吸收耐火材料散发出来的水蒸气，以免炉壳内壁发生锈蚀，又可降低热损失。

2）减少炉体的蓄热也是一个重要的方面，如采用高强度的轻质砖代替重质砖；采用非金属的 SiC 制品替代耐热钢，在相同重量的情况下可以减少 20% 的蓄热量；尽可能地使用耐火纤维作炉衬，耐火纤维可用在炉膛内表面、炉体的外表面和炉衬材料的内部，耐火纤维（陶瓷纤维毡）的使用见表 2-14。

减少工装的蓄热，尽可能使用高质量的耐热钢制作轻便、结构强度大的工装夹具。

3）改变纤维的铺设方向，增长传导路径，增加保温性能，例如，将纤维方向与热量传递方向垂直铺设就比顺着热量传递方向铺设的保温性能要好。

4）采用静态空气夹层也是很好的保温方法，静态的空气几乎比所有保温材料的热导率都低，有些难以用保温材料方式设计和处理的结构，可以采用设计静态空气夹层的方式，达到保温的目的。

表 2-14 各种炉衬结构和性能的比较[1]

		(I)	(II)	(III)	(IV)	(V)
图例及密度/(kg/m³) 耐火粘土砖(2100) 轻质粘土砖(1000) 硅藻土砖(500) 陶瓷纤维毡(150) 矿渣棉(200)		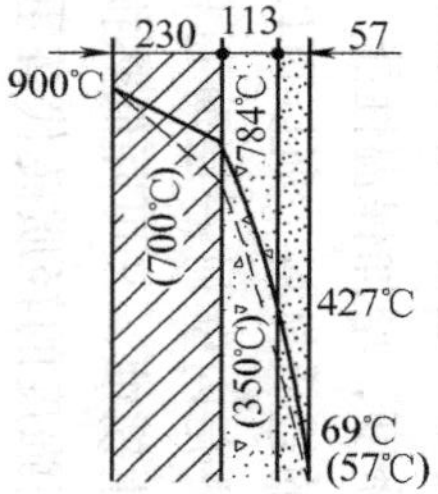 230 113 57 900℃ (700℃) 784℃ (350℃) 427℃ 69℃ (57℃)	230 113 57 900℃ (540℃) 667℃ (265℃) 363℃ 61℃ (48℃)	50 113 113 24 900℃ (638℃) 735℃ (556℃) 670℃ (173℃) 256℃ 71℃ (56℃)	50 113 113 24 900℃ (680℃) 757℃ (507℃) 670℃ (173℃) 235℃ 67℃ (52℃)	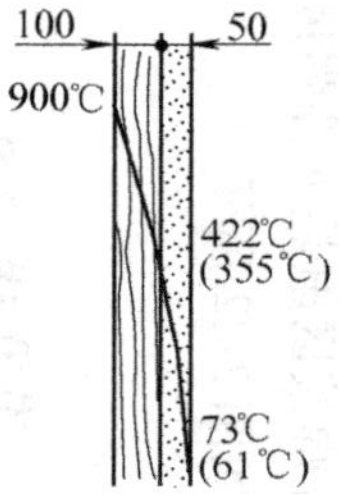 100 50 900℃ 422℃ (355℃) 73℃ (61℃)
外壁散热损失 q_w/[kJ/(m² · h)]		2236	1792	2353	2127	2474
$q_x^{③}$/(kJ/m²)		460234	213786	196880	106018	12380
连续作业一周(144h)	全热损失[2]/[kJ/(m² · 周)]	751698	447610	504258	383260	334735
	比例(%)	100	59.5	67.1	51.0	44.5
	电能节约/[kW · h/(m² · 周)]		84.5	68.7	102.3	115.8

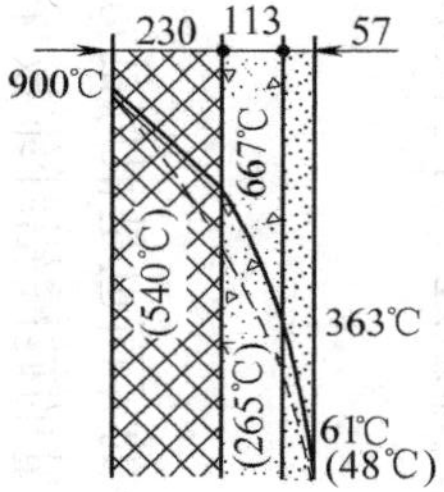

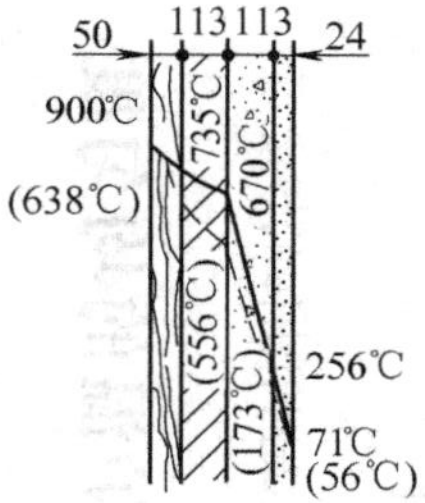

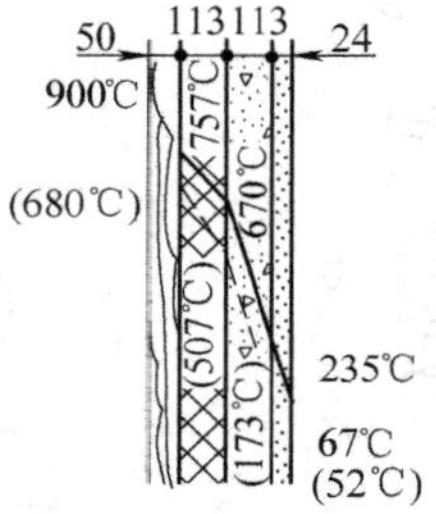

① 表中数据按大平壁计算；表图中虚线部分及括号内数据，按内壁全面积为 6m² 的中小平壁计算得出。

② 全热损失中的外壁散热损失 q_w 部分，按外壁 24h 到达平衡温度加 120h 平衡温度计算得出。

③ q_x 为单位面积蓄热量。

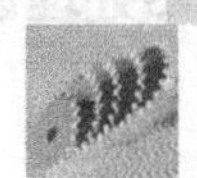

5）加强炉子密封，减少热量散失。1cm^2 小孔的热损失比炉壳表面的热损失大 50 倍左右，大孔可使热损失增大到 100 倍以上。因井式电阻炉的密封性大于箱式电阻炉，故其热效率也高于箱式电阻炉。

6）减少热短路点，增加保温性。如观察孔、热电偶插入孔等要尽可能减少。

二、增强对流效果，加强对流传热

1）尽量加装风扇，加强炉气的对流传热，特别是化学热处理炉。增强炉子的对流循环，有利于热量向工件的传递，同时减少蓄积在加热器表面的热量，提高加热元件的使用寿命。例如，在真空加热的低温阶段，由于辐射加热弱，故充入略低于大气压力的氮气，采用低温对流加热就是一个很好的办法。

2）配置良好的导流装置。如低温井式炉导风屏蔽筒具有增加对流传热、温度均匀性及避免工件因辐射而局部过热的作用，井式气体渗碳炉料筐具有增加渗碳均匀性的作用等。

3）吊挂的带状电热元件比放置在搁砖上螺旋电阻丝的对流传热效果好。

三、增强对工件的热辐射，减少对外界的热辐射

1）炉衬内壁上及工件表面喷涂高红外辐射率（黑度）的涂料，以强化内壁的吸收，以及辐射性能和工件吸收内壁辐射的能力，可缩短炉子和工件的升温时间，一般可节能 5% ~ 10%；预氧化后呈蓝黑色的工件吸收热量更快。

2）炉子外壳刷银粉漆时向空间的散热量比不涂银粉漆下降约 2%。

3）电阻炉内安装强辐射元件如图 2-23 所示。这种结构既提高了炉子内壁辐射面积，又提高了辐射率，可提高 16% ~36%。

4）在电阻丝布置允许的条件下，尽量降低箱式电阻炉炉膛高度，加强热辐射，缩短空炉升温时间和提高工件加热速度。

5）圆形炉膛的炉外壁表面积、散热量、温度及能耗比箱式炉膛降低 7% 左右，有一定的节能作用。另外，圆形炉膛可强化炉膛对工件的均匀传热效果，不加风扇时，温度均匀性可达 ±5℃，加风扇和导风系统时，温度均匀性可达 ±1.5℃。

四、其他方面

1）采用辐射管加热元件，更换、维修方便，也便于功率及炉温均匀性的调整。

2）图 2-24 所示为位式控制状态，炉子温度和供电总在一个范围内变动，造成误差和电能损失，特别是工件较多会使控制滞后、波动更大。

3）采用可控硅（即晶闸管调功器、晶闸管调压器）、固态继电器、磁性调压器等先进的控制技术。

4）提高设备的功率因数也是节能的重要方面。

5）采用连续式作业炉和无料盘加热。

6）其他方面，如采用新型的远红外加热元件，在炉门上安装电热元件，实施热装炉及提高炉温进行快速加热，炉底不与地基接触。电热元件（功率）合理分布，在炉膛顶部、炉底板下部布置电热元件，或电热元件置于炉墙内部，均能达到均匀加热的目的。

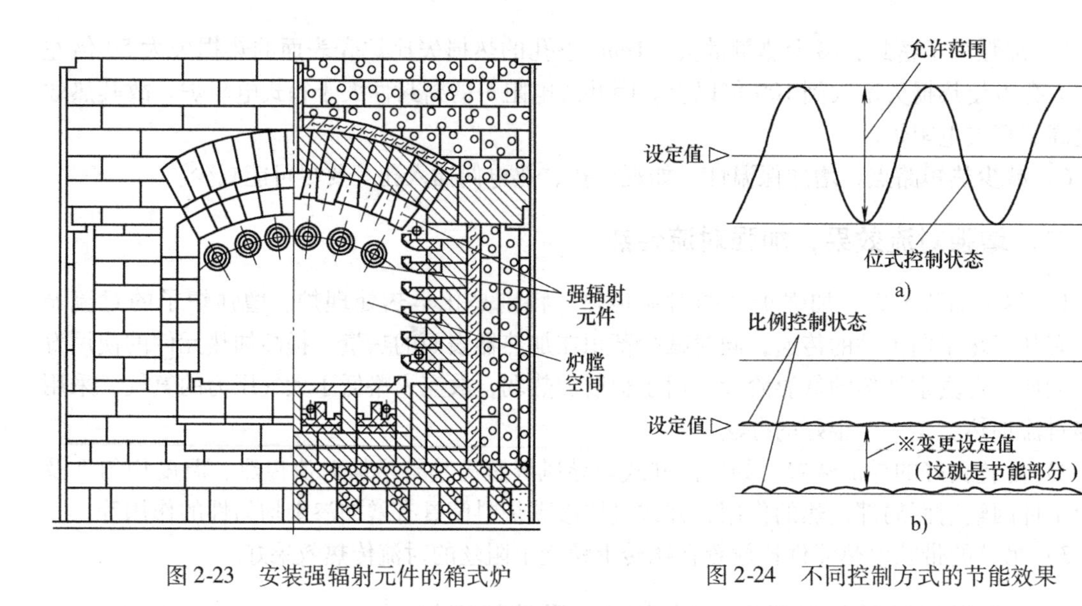

图 2-23　安装强辐射元件的箱式炉　　　图 2-24　不同控制方式的节能效果

训练题

一、填空（选择）题

1. 电阻炉功率理论计算法中热量支出项目有______、______、______、______、______、______、______、______，连续加热炉不考虑哪项热量支出______，炉子热效率表达公式为______。

2. 金属电热元件加热的高温电阻炉的最高工作温度一般是______，非金属电热元件加热的高温电阻炉的最高工作温度是______。

3. 电热元件数目及元件电阻值相同，相电压相同时，三角形接法的功率是星形接法的______。

A. 3 倍　B. 1/3　C. 1 倍

4. 电阻炉低、中、高温度的划分区间分别是______、______、______，对应炉型号表示方式为______、______、______。

A. >1000℃　B. 650～1000℃　C. ≤650℃　D. ≤550℃　E. 12　F. 13　G. 6　H. 9　I. 12 或 13

5. 电阻炉中常用的电热元件材料有______，0Cr25Al5 优于 Cr20Ni80 的原因有______。

A. 铁铬铝系　B. 镍铬系　C. 石墨　D. 碳化硅　E. 二硅化钼　F. 合金及贵重合金质量分数低　G. 电阻率高　H. 电阻率低　I. $W_{允}$ 高　J. $W_{允}$ 低　K. 工作温度高　L. 工作温度低　M. 电热元件长，方便布置　N. 电热元件短，便于布置

6. 高温电阻炉使用的电热元件材料有______。

A. 铁铬铝系　B. 镍铬系　C. 石墨　D. 碳化硅　E. 二硅化钼　F. 钨或钼　G. 高温、高电阻合金

二、判断题（对✓、错×、不一定一、优或常用★、弱或不常用\、长空可分情况判断）

1. 普通电阻炉主要缺点是高温性较差（　），常用电阻炉的额定温度最高为 1200℃（　）、1350℃（　）；大功率受到供电的限制（　）；热效率低、控温精度低也是其缺点（　）；但其结构简单紧凑，便于采用可控气氛，自动化，生产效率高，劳动条件好，对环境污染较小（　）；生产质量好（　）；可进行扩散退火（碳钢　合金钢　）；完全退火（　）；不完全退火（　）；

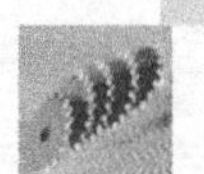

等温退火（　　）；球化退火（　　）；索氏体退火（　　）；再结晶退火（　　）；去应力退火（　　）；正火（　　）；高速钢淬火加热（　　　　　）；淬火加热（　　）；光亮热处理（　　）；局部淬火（局部淬火加热　局部淬火　整体加热淬硬部分淬火　隔热材料保护整体加热淬火　）；分区段热处理（　　）；表面淬火加热（　　）；短时加热淬火（　　）；分级淬火（　　）；等温淬火（　　）；特大工件热处理（　　）；渗碳热处理（　　）；复碳热处理（　　）；高温回火（箱式　井式　台车式）；中温回火（箱式　井式　台车式）；低温回火（箱式　井式　台车式）；局部回火（　　）。

2. 低温井式电阻炉炉顶安装有电风扇，而中温井式电阻炉炉顶一般不安装电风扇（　　）。一般箱式电阻炉顶部安装电风扇（　　），台车式电阻炉炉顶安装电风扇（　　）。

3. 电热元件表面温度越高，$W_{允}$ 越高（　　）；炉侧 $W_{允}$ 比炉底高（　　）；加装风扇 $W_{允}$ 高（　）；维修困难的位置（炉底、炉罐）$W_{允}$ 越高（　　）；带状电热元件的散热条件好于螺旋形线状电热元件（　　）。

4. 与三角形接法相比，当功率、电热元件材料相同时，星形接法电阻丝直径大、寿命长、长度短、易于安装和布置（　　），电热元件用量（质量）也少（　　），实际应用中多使用星形接法（　　）。

5. 铁铬铝系材料的主要缺点是塑性较差，且高温加热后晶粒粗大，性脆，维修困难。但是其电阻率大，电阻温度系数小，使用温度高，镍铬合金用量少，价格便宜（　　）。

6. 镍铬系合金塑性、韧性好，具有良好的加工性能，维修方便，高温结构强度高，电热元件易于保持要求的形状和尺寸，易于安装和维修，适用于安装和维修电热元件困难的电阻炉中（　　）。

7. 渗碳废气火苗短且外缘呈淡蓝色，有透明感，表明渗碳剂供量不足或炉子漏气（　　）。

8. 圆形炉膛的炉外壁表面积、散热量、温度及能耗均比箱式炉膛降低（　　），但圆形炉膛对工件均匀传热效果不如箱式炉膛（　　）。

三、名词解释、简答题、设计题

1. $W_{允}$、敞露型、封闭型。

2. 举例说明影响 $W_{允}$ 的三个主要因素并解释之。

3. 说明低温井式电阻炉的结构特点、结构的作用及选用，比较低温井式电阻炉与中温井式电阻炉的结构。

4. 比较井式气体渗碳炉与中温井式电阻炉结构的异同，比较两者电风扇、导流装置作用的主次。

5. 比较带状电热元件、线状电热元件的辐射传热、对流传热、使用寿命等性能。辐射管电热元件有何优缺点？

6. 设计一台炉膛尺寸为1000mm×500mm×400mm，最高工作温度为1200℃的箱式电阻炉。设计出该炉的功率、炉体结构、电热元件尺寸及电热元件在炉门、炉底、炉侧墙、炉后墙的布置。当电阻丝的功率、位置一定时，说明影响电阻丝长度的四个因素及原因。

四、应知应会

1. 说明电阻炉温度的划分、表示方法及对应电热元件。常用电阻炉（无保护气氛）弱或不能完成什么热处理工艺？为什么？如何解决？

2. 哪种电阻炉应加装风扇？哪种电阻炉不装风扇？为什么？

3. 低温井式电阻炉中料筐的作用有哪些？中温炉、高温炉（≤1200℃）、渗碳炉、渗氮炉有此作用或其他作用吗？为什么？料筐的其他名称还有什么？何时可以不使用料筐？

4. 写出热效率计算式。根据热平衡计算法，说明如何提高电阻炉的热效率。试提出改造、维修、提高电阻炉性能的节能措施。

5. 训练题二、3~7。

6. 如何保证或提高工件加热温度的均匀性？

第三章 热处理浴炉

发热体；熔盐密度；热容量；热交换量；局部加热；局部冷却；QPQ 与浴炉；电阻加热浴炉；电极盐浴炉；维护及安全生产

热处理浴炉的加热介质为液态物质，浴炉的几种不同结构如图 3-1 所示，电阻加热浴炉与电极盐浴炉性能比较见表 0-1。

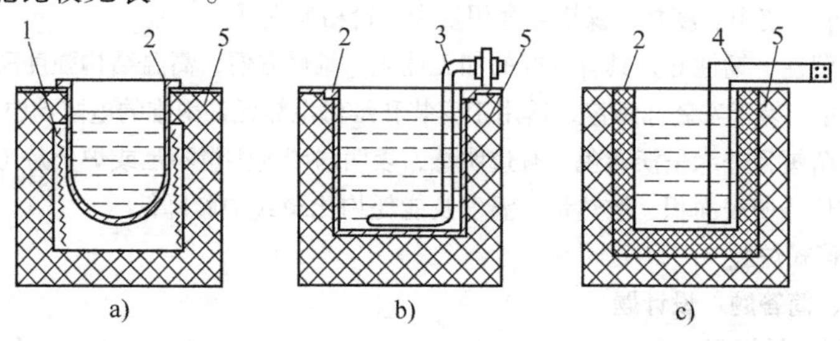

图 3-1 几种不同结构的浴炉简图

a）外热式浴炉 b）管状电热元件加热的内热式浴炉 c）电极盐浴炉（内热式）

1—电热元件 2—坩埚 3—管状电热元件 4—电极 5—炉衬

与空气电阻炉比较，热处理浴炉突出的优点有：

1）工件的氧化脱碳少，小于或等于 0. 05mm，工件加热始终处在盐浴中，且出炉时表面又附有一层盐膜，有效地防止了工件的氧化和脱碳。热处理浴炉适用于要求表面光洁且不再加工的构件。如弹簧、成形模、夹具体、风动工具等。

2）高温加热性能突出，高速钢高温加热常采用电极盐浴炉。中、低温加热性能好，低温回火用于大件（如大型齿圈）感应淬火后的回火处理，效果好。

3）加热保温速度快，工件在密度大的熔盐等介质内以较强对流和传导方式进行加热，热交换量大，为空气加热炉的 2～5 倍（经预热高速钢淬火加热时间 8～12s/mm。同理，冷却速度也快，是目前热处理工艺中等温淬火及分级淬火效果最好的唯一常规冷却设备，也可以作为缓冷设备对小型工件进行等温退火、球化退火、索氏体等温处理。

4）炉温均匀性较好，电极盐浴炉有电磁力的搅拌作用，热容大使得温度的波动小，易实现恒温加热。适用于同一种材料要求表面与心部热处理质量无差别的构件。如扭杆、碟形弹簧、缸体、量具、夹具、模具等。盐浴炉热处理的工件，热处理质量离散度小，畸变小，后续加工量小或不加工。

5）可对工件进行局部加热及冷却，或盐浴淬火、分段回火。适用于同一工件有几个热处理硬度值要求的构件，如弹簧夹头、拉刀、铣刀体等。

6）可进行渗碳、渗硼、渗金属、渗硫等化学热处理。

7）浴炉与感应加热比较，均能进行短时加热淬火。因浴炉的加热速度慢，故淬硬层较深，但冷却速度不如喷射冷却强烈，淬火后硬度略低。

8）热处理浴炉是进行QPQ处理的首选设备及主要设备。

【视野拓展与导入案例】 QPQ技术泛指渗氮加氧化的复合工艺，包括中间抛光或无抛光的复合工艺。其中渗氮包括盐浴炉设备（盐浴渗氮、盐浴氮碳共渗、盐浴硫氰共渗）、气体软氮化设备等，氧化工序包括盐浴氧化和蒸汽氧化。

QPQ技术解决了ϕ200mm建筑齿轮的渗碳淬火变形问题、汽车变速器1档、2档同步齿轮热处理变形超差问题。普通碳钢进行QPQ处理后，耐磨性达到常规热处理的10倍以上，同时耐蚀性达到镀硬铬的20倍以上，而且工件变形小。QPQ处理后进行抛光再加氧化处理，工件表面赏心悦目。

电极盐浴炉的主要缺点有：炉膛尺寸小，中、高温炉主要处理小型工件；炉体寿命低，需经常修炉；工件表面残盐需清理（特别是硝盐腐蚀性强，必须及时清洗），盐蒸气及残盐对环境有污染；由于盐熔液容易飞溅（特别是工件带水分时），所以易烫伤人；需定期脱氧和捞渣（需消耗SiO_2、TiO_2、硼砂、木炭等脱氧剂或校正剂）；辅助设施复杂，对于排放物的处理难度较高；盐浴炉热处理生产准备时间较长；对工件的表面质量要求较高；产品热处理成本较高。

热处理浴炉的种类很多，其中以电极盐浴炉效果最好，应用也最为广泛，因此电极盐浴的性能、特点及设计是本章介绍的主要内容。

第一节　热处理浴炉的分类及电阻加热浴炉

一、热处理浴炉的分类

1. 按热源及发热体分类

按热源的不同，热处理浴炉可划分为燃料炉和电炉两大类。电炉又可分为电阻加热浴炉和电极加热浴炉两种。对应发热体，分别为金属电热元件和非金属熔融液体盐。

2. 按工作温度分类

按工作温度不同，热处理浴炉可分为低温炉（工作温度为150～550℃）、中温炉（工作温度为550～1000℃）和高温炉（工作温度为1000～1350℃）三类。

3. 按加热方式分类

按加热方式不同，热处理浴炉可划分为外热式浴炉和内热式浴炉两大类。内热式浴炉又分为电阻加热式浴炉和电极加热式浴炉，在各种热处理浴炉分类中，以内热式电极加热浴炉（即电极盐浴炉）应用最广。

4. 按浴剂种类分类

按浴剂种类不同，热处理浴炉可划分为盐浴炉、碱浴炉、油浴炉和铅浴炉等。

常见盐浴、碱浴介质使用温度见表3-1。

表 3-1　常见盐浴、碱浴介质使用温度

浴剂成分(质量分数)	熔点/℃	使用温度/℃	浴剂成分(质量分数)	熔点/℃	使用温度/℃
46% $NaNO_3$ + 27% $NaNO_2$ + 27% KNO_3	120	140 ~ 260	100% KOH	260	400 ~ 650
55% KNO_3 + 45% $NaNO_2$	137	150 ~ 500	50% KOH + 50% NaOH	450	300 ~ 500
55% $NaNO_3$ + 45% $NaNO_2$	220	230 ~ 550	100% NaCl	810	850 ~ 1100
45% $NaNO_3$ + 55% KNO_3	218	230 ~ 550	100% $BaCl_2$	960	1100 ~ 1350
100% $NaNO_3$	317	325 ~ 600	100% $CaCl_2$	774	800 ~ 1000
100% KNO_3	337	350 ~ 600	100% KCl	772	800 ~ 1000
100% $NaNO_2$	271	300 ~ 550	50% NaCl + 50% $BaCl_2$	600	650 ~ 900
100% NaOH	322	350 ~ 700	35% NaCl + 65% Na_2CO_3	620	650 ~ 820

二、电阻加热浴炉

电阻加热浴炉用电热元件加热浴剂，多为低温炉和中温炉。根据电热元件安装和加热方式不同，电阻加热浴炉可分为内热式和外热式两类。内热式与外热式相比具有炉膛尺寸范围大、温度均匀性好、可自行设计等优点，但外热式可直接购买。

电阻加热浴炉是回火、等温淬火、分级淬火、等温退火、球化退火热处理的主要设备。

1. 外热式电阻加热浴炉

外热式电阻加热浴炉的基本结构如图 3-2 所示，它主要由炉体、坩埚和炉罩组成。坩埚4支撑在炉面板上，上口安有两扇可旋开的半圆炉盖3，炉膛底部一侧有一开口，供清扫和坩埚破裂时浴液流出用，平时应用硬纤维板等堵塞，以防冷空气侵入炉膛中。炉罩2支撑在炉盖上，炉前操作口处安有两扇炉门，或悬挂一排铁索，以防盐液飞溅伤人。因浴渣沉积坩埚底部，不利于导热，故电热元件仅布置在坩埚四周，不布置在坩埚下方，以免烧毁坩埚。

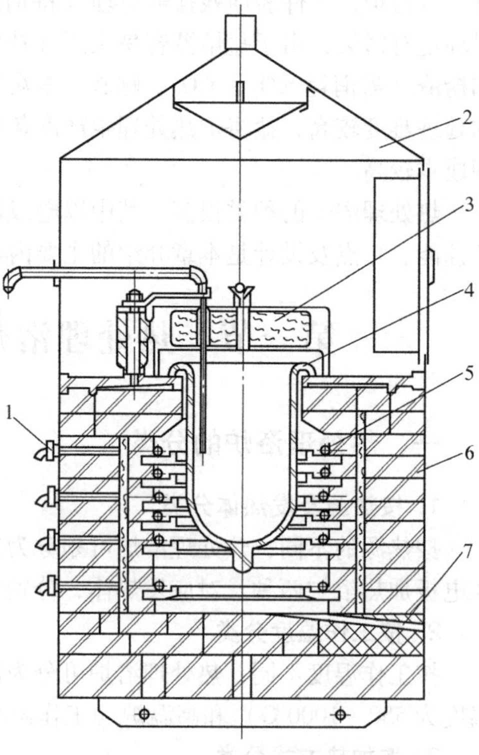

这类浴炉的尺寸一般较小，抽风效果好，适于进行液体渗硫、渗氮等化学热处理操作，也可用作等温淬火槽以及回火炉等，另外起动比较容易，适于间歇操作。

图 3-2　外热式电阻加热浴炉

1—接线柱　2—炉罩　3—炉盖　4—坩埚
5—电热元件　6—炉衬　7—清理孔

坩埚虽然采用耐热钢材料，但使用寿命较低，坩埚内外温差较大，可达 100 ~ 150℃，因此使用受到一定的限制，使用温度低于 850℃（最高工作温度为 850℃）。

外热式电阻加热浴炉的设计计算与一般电阻炉基本类似，所不同之处是：把坩埚和浴剂

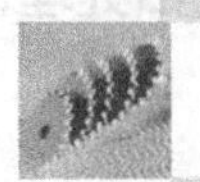

也作为加热对象；盐量与工件质量应有一定的比例，对中温炉，盐量为每小时处理工件质量的2～3倍；另外，电热元件应布置在液面以下，以防损坏坩埚。

该型号的炉子有RYG10-8、RYG20-8、RYG30-8，它们所对应坩埚尺寸分别为ϕ200mm×350mm、ϕ300mm×555mm、ϕ400mm×575mm，生产率分别为30kg/h、80kg/h、130kg/h。

2. 内热式电阻加热浴炉

内热式电阻加热浴炉利用管状电热元件浸入浴剂中加热，故又称为管状电热元件加热的内热式浴炉。管状电热元件如图3-3所示。

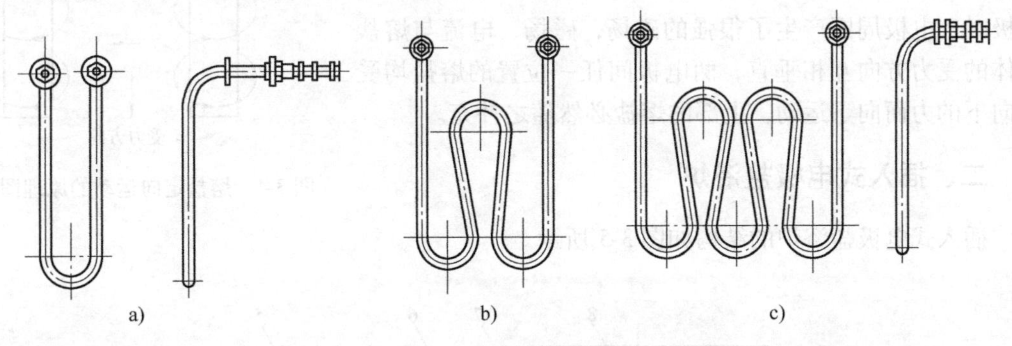

图3-3 管状电热元件

管状电热元件通常是在金属管内装入金属电热丝，电热管的发热段要低于液面80～100mm，并用绝缘的、导热性较好的耐火材料（如结晶氧化镁）填充，制成直形、U形和W形等，如图3-4所示：图a为GYQ1型，单管功率0.5～0.75kW，电源接头间距80mm，管子发热高度330～530mm；图b为GYQ2型，单管功率1～2kW，电源接头间距240mm，管子发热高度330～530mm；图c为GYQ3型，单管功率2～3kW，电源接头间距400mm，管子发热高度430～630mm；管径相同，均为ϕ16mm。依使用条件不同，金属管可采用低碳钢管和耐热钢管，但也有端部做成插头或插座形式，或用软电缆直接引出的。

这种炉子的优点是:因管状电热元件可在坩埚内任意布置,故坩埚尺寸不受限制;炉体结构简单,坩埚寿命较长;电热元件维修和更换方便;常用硝酸盐、碱类和油类作为浴剂,加热和冷却都较快。它主要用于回火、等温淬火等低温加热和冷却,工作温度为120～550℃。

第二节 电极盐浴炉

当电热元件不是金属电阻丝，而是液态的各种盐类，这就是电极盐浴炉，其在热处理浴炉中应用最广。电极盐浴炉的基本类型有插入式电极盐浴炉和埋入式电极盐浴炉两种，它们的工作原理相同。

电极盐浴炉主要用于中温特别是小型工件的高温淬火加热，是低温回火、等温淬火、分级淬火，小型工件的等温退火、球化退火及索氏体等温热处理设备。

一、电极盐浴炉的工作原理及特点

1. 具有优异的高温加热性能

电极盐浴炉用某些盐类作为浴剂，电源电压经盐浴炉变压器降压后，经电极，流经熔盐形成电流回路。由于流经熔盐的电流很大，使得熔盐作为发热体而产生很大的热量，工件得以加热，电极盐浴炉的高温加热性能明显优于其他加热炉。

2. 加热速度快，炉温均匀性好

在电极盐浴炉的坩埚内，熔盐作定向运动，这有利于盐液温度的均匀并提高加热速度。熔盐定向运动的原因是交流电通过电极和电极间熔盐时产生较强的电磁力，驱使熔盐在电极附近作定向运动。如图 3-4 所示，当电流通过电极时，电极周围产生了很强的磁场，磁场、电流与熔盐导体的受力方向互相垂直，两电极间任一位置的熔盐均受一向下的力而向下运动，上部的熔盐必然随之补充。

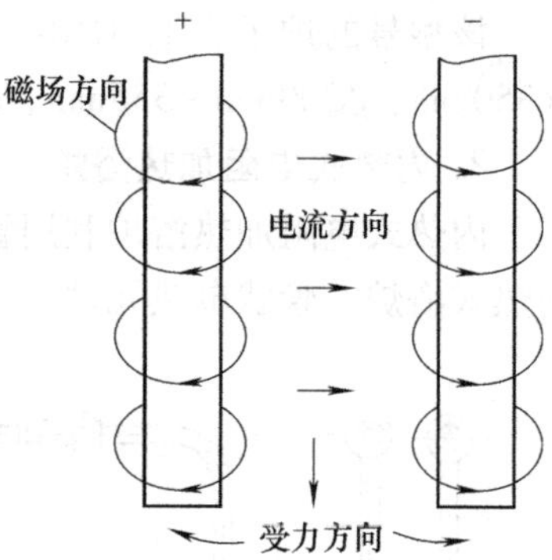

+
−
磁场方向
电流方向
受力方向

图 3-4　熔盐定向运动的原理图

二、插入式电极盐浴炉

插入式电极盐浴炉的结构如图 3-5 所示。

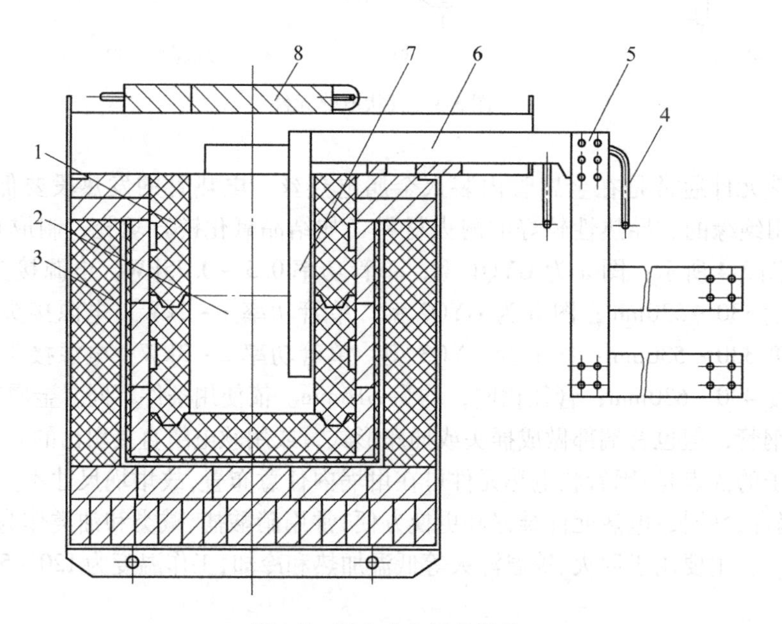

图 3-5　插入式电极盐浴炉

1—坩埚　2—炉膛　3—炉胆　4—冷却水管　5—汇流排　6—电极柄　7—电极　8—炉盖

插入式电极盐浴炉结构简单，砌筑方便，电极更换容易，电极间距可随意调节（有利于调整炉子输出功率）。其主要缺点是电极占据坩埚较大空间，使坩埚有效空间和利用率大幅减小，还增加了热能损失，坩埚内熔盐温度也不均匀，远离电极处的熔盐温度偏低，电极对面炉底的盐不易熔化而形成固态盐斜坡，同时由于电极强大的磁力，将吸引刚进炉还有磁性的工件，工件必须远离电极。此外，处在液面处的电极易受到空气和盐蒸气氧化腐蚀，出现缩颈现象，使寿命降低，如图 3-6 所示。

插入式电极盐浴炉型号及技术规格见表 3-2。

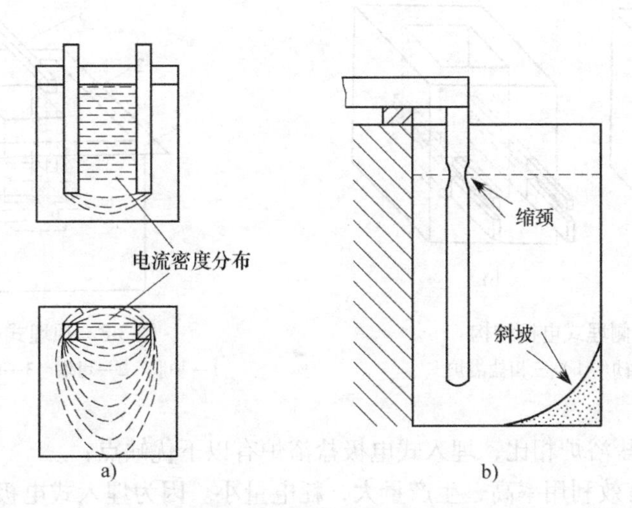

图 3-6　插入式电极盐浴炉坩埚内电流密度分布及电极烧损示意图

a）坩埚内电流密度分布　b）电极烧损示意图

表 3-2　插入式电极盐浴炉型号及技术规格

规格 \ 型号		RYD-20-13	RYD-35-13	RYD-45-13	RYD-75-13	RYD-25-8	RYD-50-6	RYD-100-8
额定功率/kW		20	35	45	75	25	50	100
最高工作温度/°C		1300	1300	1300	1300	850	600	850
电源电压/V		380	380	380	380	380	380	380
电极电压/V		5.5 ~ 17.5	6.5 ~ 17.2	5.5 ~ 17.5	5.5 ~ 17.5	6.5 ~ 16.6	5.5 ~ 17.5	5.5 ~ 17.5
相数		1	3	1	3	1	3	3
炉膛尺寸/mm	长	245	200	340	350	$\phi340$	920	920
	宽	180	200	260	350		600	600
	高	430	430	600	600	472	540	540
空载运行功率/kW		11	16.5	22	27.5	15	11	27.5
最大生产率/(kg/h)		90	100	200	250	90	100	160
外形尺寸/mm	长	1280	1320	1540	1580	$\phi1100$	1940	1940
	宽	1010	1050	1075	1195		1880	1880
	高	1110	1110	1320	1340	1190	1370	1370
质量/kg		1000	900	1150	1700	850	3000	3000

三、埋入式电极盐浴炉

埋入式电极盐浴炉的结构如图 3-7 和图 3-8 所示。插入式、埋入式电极盐浴炉的工作原理相同，所不同的是埋入式电极盐浴炉比插入式电极盐浴炉工作电压高。插入式盐浴炉电压为 5.5 ~ 17.4V，而埋入式电极盐浴炉的工作电压为 14 ~ 36V，再就是埋入式电极盐浴炉的电极几乎都安设在坩埚的侧壁内，只有一个面与盐浴接触。

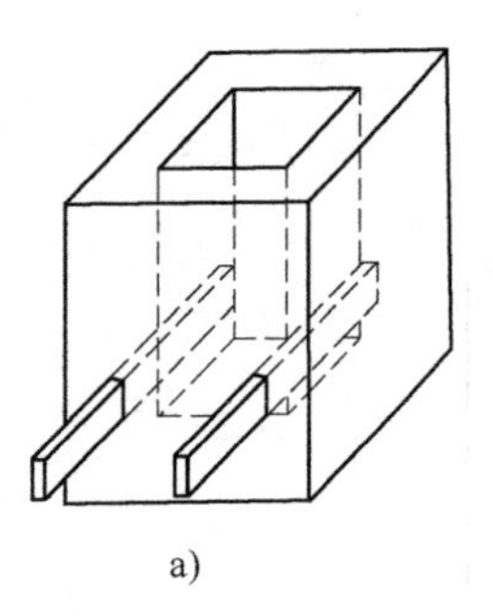

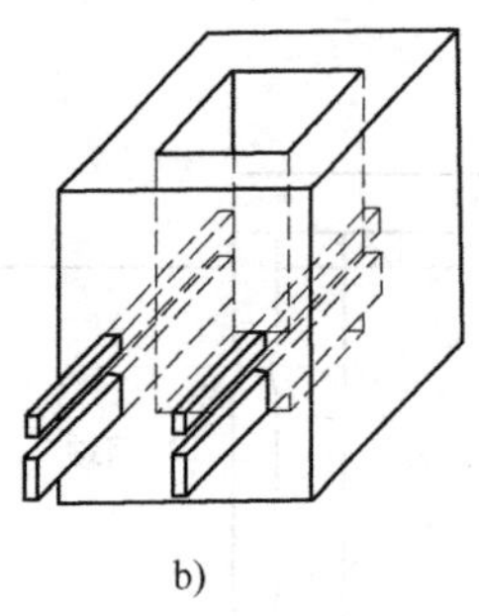

图 3-7　侧埋式电极结构
a）单相盐浴炉　b）三相盐浴炉

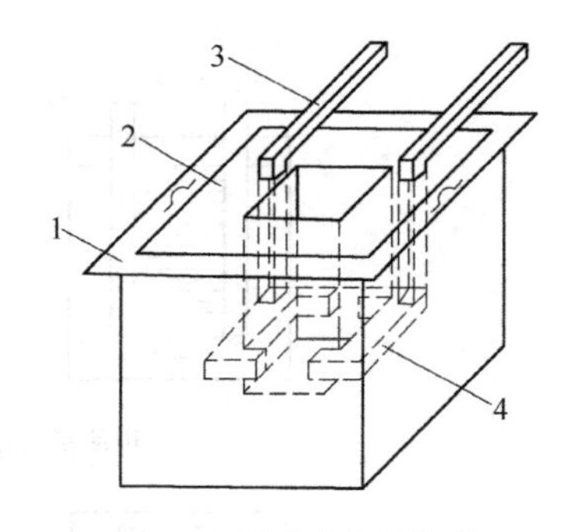

图 3-8　顶埋式电极结构
1—炉胆　2—坩埚　3—电极柄　4—电极

与插入式电极盐浴炉相比，埋入式电极盐浴炉有以下优缺点：

1）炉膛容积有效利用率高，生产量大，耗电量小。因为埋入式电极盐浴炉没有插入式电极盐浴炉那三分之一无用的熔盐表面及散热面积，故装炉量可提高 20% ~30%，耗电量也可节约 20% ~30%。

2）炉温均匀，加热质量好。插入式电极盐浴炉，在同一水平截面上的温差一般最大可达 10 ~15℃，深度方向的温差达 15 ~25℃。尽管埋入式电极盐浴炉熔盐的强迫循环不如插入式电极盐浴炉好，但由于电极位于炉膛下部的侧壁，靠下部的熔盐导电发热，有利于自然对流，且工件一般位于电极区以上，不会因电流通过工件而引起过热。因此，埋入式电极盐浴炉的炉温均匀性较好，一般在深度方向的温差在 10℃以内，在同一水平截面上温差则更小。

3）电极不与空气接触，使用寿命较长。

4）操作方便。由于炉膛中没有电极柄，故工件装、出炉方便。埋入式电极盐浴炉起动时，是先从下部逐渐向上熔化的，所以散热损失少。起动快，且炉底平整，捞渣方便。

5）埋入式电极盐浴炉的缺点是：电极与坩埚固为一体，制造维修困难，不能像插入式电极盐浴炉那样单独调换电极或坩埚；侧埋式电极盐浴炉的金属电极与耐火材料膨胀系数不同，易漏盐、短路等。

尽管埋入式电极盐浴炉优点很多，但由于电极盐浴炉，特别是高温、中温电极盐浴炉共同的问题是寿命短，尤其是埋入式电极盐浴炉，因炉体复杂而使寿命更短、电极与炉体固为一体而不能维修更换。与之相反，插入式电极盐浴炉炉体简单，便于维修更换，故实际生产常使用插入式电极盐浴炉。

第三节　电极盐浴炉的设计与使用

一、电极盐浴炉炉膛尺寸及功率的确定

1. 炉膛尺寸的确定

炉膛尺寸与熔盐体积、工件的形状和尺寸、一次装炉量以及工件在炉膛内的放置位置有关，可参考图 3-9 所示的经验数据来确定。

如果未知料筐尺寸或工件尺寸，可根据前面已确定炉子的功率，按照表 3-2 进行类比，从而确定炉膛的尺寸。

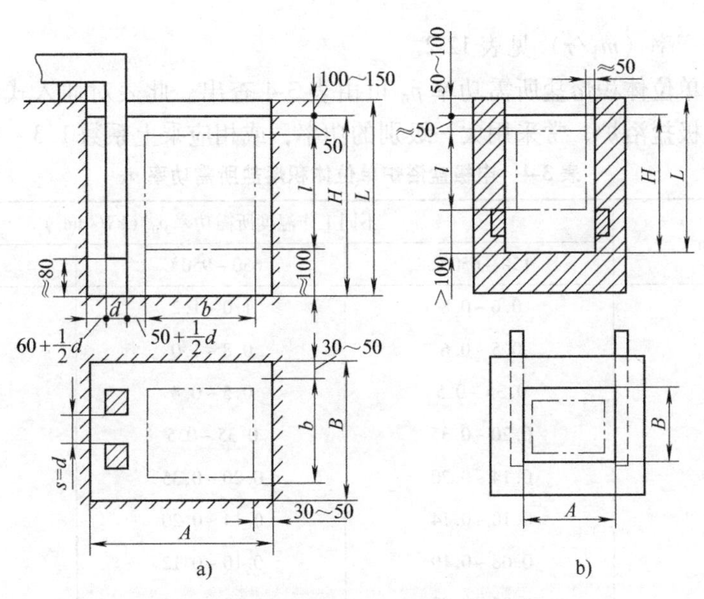

图 3-9　确定坩埚尺寸的参考图

a）插入式　b）埋入式

2. 电极盐浴炉功率的确定

电极盐浴炉所需功率可由热平衡计算得到，但计算过程比较复杂，实际设计中多采用经验公式进行计算。盐浴炉所需功率与熔盐的体积存在一定的关系，即

$$P = V_y p_0$$

式中　P——电极盐浴炉所需功率（kW）；

V_y——熔盐体积（dm^3）；

p_0——电极盐浴炉单位体积熔盐所需功率（kW/dm^3）。

设 m_1 为工件一次装炉量（kg），τ 为包括加热和保温时间在内的加热周期（h），则炉子用盐量 $m_2 = (m_1/\tau)g$，g 值的选取为：低温炉按 5 ~ 10 倍确定；中温炉按 2 ~ 3 倍确定；高温炉按 1.5 倍确定。由表 3-3 查得所需熔盐的密度，300°C 亚硝酸盐和硝酸盐的混合盐、430°C硝酸盐混合盐密度分别为 $1850kg/m^3$ 和 $1800kg/m^3$，即可求得熔盐的体积 V_y。

表 3-3　各种盐在不同温度下的密度　　　（单位：kg/m^3）

盐类质量分数 \ 密度/(kg/m^3) \ 温度/°C	固态（室温）	熔盐 800	熔盐 900	熔盐 1000	熔盐 1100	熔盐 1200	熔盐 1300
NaCl 28% + $CaCl_2$ 72%	2410	1900	1800	—	—	—	—
NaCl 50% + KCl 50%	2080	1520	1460	—	—	—	—
KCl 100%	1990	1520	1460	1400	1340	—	—
$CaCl_2$ 100%	2510	2020	1980	1940	1900	—	—
NaCl 100%	2170	—	1440	1380	1320	—	—
$BaCl_2$ 100%	3860	—	—	3120	3030	2980	2820

盐浴炉的生产率（m_1/τ）见表12-2。

电极盐浴炉单位体积熔盐所需功率 p_0 可由表3-4查出。此表对插入式电极盐浴炉较适合，对埋入式电极盐浴炉，常采用大一级别的功率，或相应乘上系数1.3～1.5。

表3-4　电极盐浴炉单位体积熔盐所需功率 p_0

熔盐体积/dm^3	不同工作温度所需功率 p_0/(kW/dm^3)		
	150～650℃	650～950℃	1000～1300℃
<10	0.6～0.8	1.0～1.2	1.6～2.0
10～20	0.5～0.6	0.8～1.0	1.2～1.6
20～50	0.35～0.5	0.5～0.8	1.0～1.2
50～100	0.20～0.35	0.35～0.5	0.7～1.0
100～300	0.14～0.20	0.20～0.35	0.5～0.7
300～500	0.10～0.14	0.14～0.20	0.4～0.5
500～1000	0.08～0.10	0.10～0.12	0.3～0.4
1000～2000	0.04～0.08	0.08～0.10	—
2000～3000	0.02～0.04	—	—

二、电极盐浴炉炉体结构及电极设计

（一）炉体结构设计

电极盐浴炉的炉体结构由耐火材料坩埚、炉胆、隔热层、炉壳等组成。

1. 耐火材料坩埚

（1）耐火材料坩埚的种类　耐火材料坩埚有两种，即砖砌坩埚和耐火混凝土坩埚。

1）砖砌坩埚。中温炉一般采用耐火粘土砖进行砌筑，高温炉采用高铝砖进行砌筑，砖型为标准砖或异型砖。标准型砖砌的坩埚一般分立砌与平砌两种，立砌虽然较麻烦，但比平砌好，炉面不易鼓起。修砌时砖缝要错开，砖缝尺寸为1mm左右。中温炉可采用水玻璃与耐火土调和的泥浆。高温炉可采用磷酸耐火泥浆。其配比（指质量分数）为：质量分数为85%的工业磷酸占16%～18%，水占20%～40%，其余为高铝细粉。

采用专门设计的异型砖砌筑是比较好的办法，一般设计成圆形或方形炉膛的异型砖，将电极镶嵌其中，砖结合边沿有榫卯结构的凸缘或凹槽，这样炉膛的砖缝隙小，不容易漏盐。

砖砌坩埚砌好后，必须自然干燥2～3天，并经缓慢烘炉后方能使用。

2）耐火混凝土坩埚。中温炉采用矾土水泥耐火混凝土捣制，高温炉可采用磷酸盐耐火混凝土捣制。

耐火混凝土坩埚的捣制过程如下：

根据坩埚的形状尺寸制造筑炉用的模芯，模芯应有起模斜度和较大的圆角。为便于脱模，模芯表面可涂一层润滑脂，再盖厚纸。对侧埋式电极，电极与混凝土接触面间应留有膨胀缝，其方法是在电极表面包几层厚纸。当坩埚底部厚度达到要求后，即可将模芯、电极放入炉胆中分层进行捣实。成形时每层料的厚度以150～200mm为宜，避免形成明显的分层界面，以使坩埚成为一个完整的整体。然后分段（150℃、350℃、600℃、800℃）升温烘炉

并保温，对应升温速度为15~50℃/h。

（2）坩埚的厚度　坩埚的厚度与炉子的工作温度和所用耐火材料的种类有关，见表3-5。

2. 炉胆

盐浴炉工作时，坩埚易因热胀冷缩而开裂，故常用炉胆围护加固，也可防止盐液外漏。炉胆由6~12mm的钢板焊接而成。大型的高温炉炉胆四周还要包焊角钢进行加固。

炉胆与耐火层之间有一层厚度为5~8mm的石棉板，也可以填充厚度不小于30mm的耐火粘土捣固层或类似的隔层，用以防渗、防胀和保温。

表3-5　电极盐浴炉坩埚厚度

最高工作温度/°C	坩埚厚度/mm		隔热层的厚度/mm
	耐火混凝土	耐　火　砖	
150~650	150~180	180~230	100~150
650~1000	160~200	180~200	120~160
1000~1350	180~250	220~270	140~200

3. 隔热层

炉胆与炉壳之间为隔热层，在炉壳底部先侧砌一层硅藻土砖格，然后在砖格中填满蛭石粉。在砖格上面再平砌一层硅藻土砖，在其上按设计要求安置好炉胆和坩埚，然后在炉胆和炉壳之间用硅藻土砖和蛭石粉填充。但要注意，在安装电极的部位不得有蛭石粉填充，而应采用硅藻土砖砌筑。

隔热层采用干砌，其尺寸见表3-5。

4. 炉壳

炉壳由炉架和钢板组成。先根据设计图样的要求，用角钢焊成炉架。炉架的内侧应为一平面，在炉架底部及四周焊上钢板即得到炉壳。炉底钢板承受的负荷较大，一般用5~8mm厚的钢板，四周钢板的厚度为3~4mm。炉壳底部连有两段工字钢或槽钢，高度为50~80mm，它起到支撑炉体的作用，并防止炉体直接对地面传热。炉壳内应涂防锈漆，炉壳外应再涂银粉。

（二）电极盐浴炉的电极设计

1. 电极的材料与制造

常用的电极材料有低碳钢、不锈钢、耐热钢、石墨等。由于低碳钢价格较低，故实际上大多采用低碳钢电极，在硝盐炉中常用不锈钢电极，高温埋入式电极盐浴炉有时用耐热钢或石墨电极。

形状简单的电极一般经锻打成形，形状复杂的电极需经高质量焊接而成，电极截面有圆形、方形和长方形。

电极柄大多用低碳钢制造，电极柄一端应与电极焊接为一整体，接触面要完全焊透。另一端应加工成平面，其面积应大于电极柄截面。电极柄应尽量焊在电极端面的中央部位，以减小电极翘曲和各部电位差。

2. 电极的布置与参数确定

1）电极截面尺寸可由表3-6选取。

表 3-6　插入式电极盐浴炉电极截面尺寸与炉子功率的关系

炉子功率/kW	10	15	20	25	30	35	50	60	75	100
相数	1	1	1	1	1	3	1	3	3	3
电极数目	2	2	2	2	2	3	2	3	3	3
电极截面边长或直径/mm	35	40	45	50	55	45	75	60	80	80～90

2）插入式电极间距一般为 50～100mm。插入式电极的间距越大，电极在盐浴里上端与下端的电压值和电流值相差得就越大。要使盐浴上下温度均匀，插入式电极的间距就不能取得过大。

3）为保证熔盐的循环流动并防止因氧化皮沉积而引起极间短路，电极下端至坩埚底的距离一般为 50～100mm，深井式盐浴炉可达 150mm 以上。

三、变压器的选择及汇流排尺寸的确定

（一）变压器的选择

1. 变压器容量的确定

变压器额定容量与盐浴炉功率有一定的关系，为保证盐浴炉能正常工作，一般认为该关系为

$$C=(1.1\sim1.2)P$$

式中　C——变压器额定容量（kV·A）；

　　　P——电极盐浴炉功率（kW）。

2. 变压器类型的选择

常用的盐浴炉变压器有空气变压器、双水内冷变压器、磁性调压器和油浸式带电抗器的变压器等。

1）插入式盐浴炉的变压器。插入式盐浴炉常用空气变压器，即 ZUDG 系列和 ZUSG 系列（型号含义是：ZU—盐浴电阻；D—单相；S—三相；G—干式，数字表示容量及一次电压序号），其技术数据见表 3-7。

表 3-7　ZUDG、ZUSG 型变压器技术数据

型　号	额定容量/kV·A	相数	电压/V		电流/A		型　号	额定容量/kV·A	相数	电压/V		电流/A	
			高压	低压	一次	二次				高压	低压	一次	二次
ZUDG—253	25	1	380	6.38 8 10 12.77 17.63	42 52.6 65.8 84.1 92.9	2500 2500 2500 2500 2500	ZUDG—503	50	1	380	5.4 6.2 7.2 8.65 10.3 12.4 14.4 17.3	32 51.5 59.7 105 132 151 175.5 210	2250 3150 3150 4630 4630 4630 4630 4630
ZUSG—353	35	3	380	6.87 8.98 11.87 14.07 15.61 17.27	31.25 32.9 45.6 53.2 53.9 64.1	1730 1390 1460 1436 1313 1412	ZUSG—753	75	3	380	5.6 6.5 8 9.6 11.3 13.7 17.6	55.9 65.7 80.7 96.8 114 135.2 159.4	3790 3830 3830 3830 3830 3750 3445

（续）

型号	额定容量/kV·A	相数	电压/V 高压	电压/V 低压	电流/A 一次	电流/A 二次	型号	额定容量/kV·A	相数	电压/V 高压	电压/V 低压	电流/A 一次	电流/A 二次
ZUSG—1003	100	3	380	5.6 6.5 8 9.6 11.3 13.7 17.6	74.6 84.7 107.6 129.1 151.9 180 212.7	5060 5110 5110 5110 5110 4990 4990	ZUSG—150	150	3	380	5.6 7.8 10 11.2 12.7 14.7 17.4	91 135 205 228 250 284 318	6300 6600 7800 7740 7500 7370 6970
ZUSG—140	140	3	380	6.5 7.3 8.5 11.2 13.7 14.7 17.4	85 127.5 191 212.5 233.5 265.4 297	5020 6650 8600 7220 7000 6800 6500	ZUSG—60	60	3	380	6.48 7.34 8.16 11.2 12.7 14.7 17.4	47.7 60.3 69.5 92 104 119.8 130.5	2800 3120 3120 3120 3120 3120 3000

ZUDG系列和ZUSG系列的变压器冷却效果好，绝缘可靠，结构坚固，运行安全，并且可过负荷使用，但一般不能超过额定容量的40%，每8h内的过负荷运行时间不能大于1.5h，有的采用强制通风冷却或超声波冷却，可进一步提高效率；主要缺点是调压级数较少，不易精确控制温度，而且调级时要断电，故炉温易波动，对刀具、刃具等产品不能保证质量。埋入式电极盐浴炉采用此种变压器时，发现输出功率常偏低，将其二次绕组改接，可以提高二次电压（单相提高1倍，三相提高1.732倍）。

2）采用新系列埋入式电极盐浴炉变压器。油浸式带电抗器的盐浴炉变压器利用油浸提高绕组冷却效果，装有电抗器可带电调级而且改为13级调节，可严格保持炉温稳定。

磁性调压器借改变励磁线圈的电流来控制铁心的磁导率及一次线圈的感应阻抗，可使电流变化平滑，盐浴温度稳定，还可自动控制。

（二）汇流排尺寸的确定及安装

1. 汇流排尺寸的确定

汇流排是盐浴炉变压器与电极柄之间的连接装置，由一根或多根导线组成，所用导线多为矩形铝条或铜条，导线允许的载流量见表3-8。根据变压器二次电流的数值和表3-8所给出的不同尺寸的截面所允许的载流量，即可选择出合适的汇流排尺寸。为减少汇流排上的热量损失和节约金属材料，变压器与炉子之间的距离应尽量小，一般为1～1.5m。

表3-8　铜排允许的载流量

铜排截面尺寸/mm(宽×厚)		60×8	80×8	100×8	120×8	100×10	120×10
每相铜排数的安全电流/A	1	1320	1690	2080	2400	2310	2650
	2	2160	2620	3060	3400	3610	4100

2. 汇流排的安装

汇流排的导线之间用绝缘的瓷器、石棉板、夹布胶木板支撑并固定，汇流排还应与炉壳绝缘，其与电极柄的连接必须接触良好。电极柄上该处要刨平、镀铜或涂锡，有的还焊上一块铜板。

四、电极盐浴炉的排气装置及起动

（一）电极盐浴炉的排气装置

为防止和减少熔盐蒸气对环境的污染，保证生产人员的身体健康，盐浴炉通常装设排气装置，不仅是盐浴炉，各种浴炉都应装设排气装置。

盐浴炉的排气装置一般有两种形式：一种是在炉体上部装设排气罩，另一种是在炉口侧面装设排气口。

排气罩出口与通风机相连。

排气量按下式计算，即

$$q_V = 3600 S v_1$$

式中　q_V——排气量（m^3/h）；

S——炉口面积（m^2）；

v_1——操作口吸入气体流速（m/s），查表3-9。

排气罩出口直径按下式计算，即

$$d = \sqrt{\frac{q_V}{900\pi v_2}}$$

式中　d——排气罩出口直径（m）；

v_2——排气口气体流速（m/s），为6～8m/s。

若采用排气口装置排气时，排气口的宽度等于坩埚口的宽度，高度为100mm左右，排气量也可按下式计算，即

$$q_V' = 3 v_3 L B \left(\frac{B}{2L}\right)^{0.2}$$

式中　q_V'——估算排气量（m^3/s）；

v_3——盐液面蒸气流动速度（m/s），通常取0.4～0.5m/s；

L——坩埚口的长度（m）；

B——坩埚口的宽度（m）。

排气口的面积 S_k 为　　$S_k = q_V'/v_4$

式中　v_4——排气口气体流动速度（m/s），常在5～15m/s范围内。

排气口通常为长方形，宽长比为1～4。长方形排气口可分成几段，小型盐浴炉常采用单侧排气，大型盐浴炉用双侧排气。

表3-9　操作口吸入气体流速

炉子类型	有害挥发物	吸入气体流速 v_1/(m/s)	炉子类型	有害挥发物	吸入气体流速 v_1/(m/s)
氰盐浴炉	氰盐蒸气	1.5	≤650℃盐浴炉	盐蒸气	0.7
1300℃盐浴炉	盐蒸气	1.2	铅浴炉	铅蒸气	1.5
650～950℃盐浴炉	盐蒸气	1.0			

（二）排气装置过滤系统

为了减少和防止熔盐蒸气和其高温分解物，改善生产条件，减少有害物对环境的污染，抽风装置应加熔盐蒸气和高温分解物的过滤系统。根据熔盐蒸气和高温分解物的物理、化学

性能进行清除。同时务必考虑易于更换和便于集中处理的问题。

抽风装置和附加的过滤系统，一定要考虑当地的自然环境和气候变化，如风向、温差、小气候的变化等。

抽风装置和附加的过滤系统，要考虑防腐放电的问题。在潮湿的南方，附着在抽风设备上凝固的盐，在潮湿的空气中易形成原电池，腐蚀设备。露出厂房的抽风装置和附加的过滤系统，由于有盐吸附了大量的水，易导电，这样厂房的地面与云层间可能产生放电现象。

（三）电极盐浴炉的起动

1. 起动电阻法

（1）起动功率　起动电阻体发出的功率，主要是将电极之间的那部分盐加热到该盐熔点以上 100~250℃，然后再利用电极继续加热，使坩埚内的盐全部熔化。起动所需功率可按熔化 1/3 盐量计算。

（2）起动电阻的形状和尺寸　起动电阻通常用低碳钢制造，可为方形、圆形或扁带形。前两种做成螺旋形，扁带弯成“之”字形。螺旋形的热量集中，强度较高，制造较方便。

螺旋形多采用 ϕ(14~20)mm 的圆钢，螺旋线圈的直径为 ϕ(80~120)mm。起动电阻体引出棒的截面积应较起动电阻体截面积大一倍左右，以免温度过高。通常采用一个起动电阻体，两端经引出棒连接到电极或铜排上。三相盐浴炉也有采用三个电阻体成星形或三角形联结的。

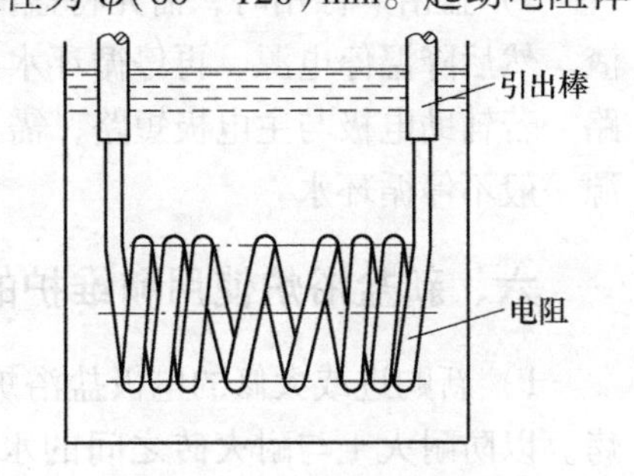

图 3-10　起动电阻体

起动电阻体应放置在电极区，如图 3-10 所示，也可做成中间螺距较大、两头螺距较小的形式，这样两端热量较集中，电极易被较快地通电加热。

（3）起动电阻体的固定方法　起动电阻体引出棒的连接处常因接触不良而发热、打火甚至烧损，为此，应设法使电极柄与电极连接处夹紧。简便的方法是，在炉面上的电极表面焊两块间距可容下电极柄和楔铁的钢块，只要垂直给楔铁加力，就可使电极柄与电极夹紧，且横向给楔铁加力可使电极柄卸出电极，从而将起动电阻体取出炉体。

（4）起动方法　空炉起动时，将起动电阻体放在炉膛底部电极区内，加入能将起动电阻体覆盖的盐并使其熔化，然后，将起动电阻体取出，再使用高挡电极通电加热，将陆续加入的盐熔化。二次起动时，由于开始起动时的起动电阻处于冷态，其电阻值比热态时小得多。为使起动电流不过载，应用低挡起动，当起动电阻体的温度升高后，再调至高挡，以加快盐的熔化速度，缩短升温时间，待盐基本熔化后，就可脱开起动电阻，直接由电极通电加热。

2. 起动盐法

在坩埚底上或凝固盐的表面上（主电极间）加一层可导电的起动盐，即可由主电极导通加热，将起动盐和基体盐一起熔化。起动盐应具有适当的电导率，而且熔化后不影响基体盐的性能。目前常用的起动盐是 654 渗碳盐（各成分及其质量分数分别为：纯净炭粉 60%、KCl 10%、NaCl 10%、水分 20%），在盐面上加上“654”，经充分搅拌并在 900℃下烧炼，使其中的炭能吸附在盐浴中密度较大的金属氧化物及杂质上，停电后即一同沉积炉底成为电阻率较低的炉渣，有时，还可加入适量铁粉以减小电阻，铁粉量以盐浴炉工作时不超过变压器额定电流值为准。

"654"因含有木炭粉，故不能用于硝盐炉。

五、盐浴炉使用注意事项

1）盐浴炉起动时务必先打开变压器的冷却循环装置和通风装置，辅助电极用楔铁打紧，然后合上空气开关，打开控制柜开关，调节变压器为低挡位并打开。

2）盐浴炉熔化后，及时取出辅助电极，并放入热电偶，同时观察熔盐面的高低。若熔盐面太低，需加新盐，此时炉温应设定在额定炉温以下50℃。待盐熔化后，加入脱氧剂进行脱氧，然后捞渣并放入指定的容器内。

3）盐浴炉旁要求准备储熔盐的储盐箱，用来储放多余的熔盐，预备发生事故时备用。同时把捞出的盐渣放入另一个储盐箱，严禁随便排污。

4）盐炉发生烧塌或跑熔盐时，应用石棉绳或石棉板堵充，严禁用有机物或碳化物填充。

5）盐浴炉停用时，需先将盐浴炉的炉温升高到额定温度以下20~30℃，进行脱氧、捞渣。然后降温停电源，再停循环水，接着放入辅助电极，同时观察辅助电极与主电极是否短路。若辅助电极与主电极短路，需及时调整，严禁先停循环水再停电源。维修设备时，停电源一般不停循环水。

六、新盐浴炉使用和维护的技术要点

1）新购进或大修的电极盐浴炉应烘炉。辅助电极用楔铁打紧，分段升温和保温进行烘烤。以防耐火土与耐火砖之间的水分由于升温速度快，水分向炉体内部跑进去，造成新炉"鼓包"的发生。

2）盐浴炉升温时要开启排风装置，停止作业时，炉口加盖。

3）炉壳与变压器接地，清理炉子各部位的熔盐、多余导电体和氧化皮等污物、杂物、多余物。

4）盐液面应保持一定高度，以保证能均匀、快速加热，应及时脱氧、捞渣、加足够新盐。

5）因其他原因暂时停止工作时，可在炉口加盖并在低挡位供电下保温。长时间停电或停止工作时，可安放辅助电极。

6）应避免工件落入浴槽，使电极短路。一旦工件落入炉中，应及时断电，用钳子捞出。装炉的工件应与电极、浴槽侧壁、炉底及液面保持一定距离。

7）应采用精度较高的控温系统，外热式浴炉使用两只热电偶，分别测定盐浴及加热元件附近的炉膛温度。

七、盐浴炉的安全操作要求

1）必须安装排风装置，排除盐蒸气及其他有毒气体，操作者应戴防护眼镜、手套和穿工作服。

2）向浴槽内加入新盐和脱氧剂时，应完全干燥分批少量逐步加入。工件与夹具装炉前应充分烘干。向硝盐内加入工件应先去除油污。

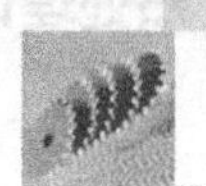

3）前后工序所用盐浴成分应能兼容，上道工序少量用盐带入下道工序盐浴中时，应不致引起盐浴变质或爆炸。严禁将硝盐带入高温盐浴炉中。在高温盐浴硝盐中作业时，应分别使用专业工具、夹具或吊筐。

4）毒性大、易爆炸、腐蚀性强或易潮解的浴剂，如硝盐、氯化钡、亚硝酸钠和碱等，应按规定放置在专门的仓库，用专用容器包装，分开存放，并由专人保管。

5）浴炉附近应备有灭火装置和急救药品。操作人员应经过训练。浴炉起火时，应用干砂灭火，不能用水及溶液扑救，以避免熔盐飞溅或造成火势蔓延。

6）接触盐浴溶剂的工具、夹具、工装、容器、工作服及手套均应进行浸泡、搅拌、再浸泡、再搅拌。碱液体废料通常用硫酸中和消毒。

7）应注意变压器运行情况，不应过载，不得使铁心过热或温度过高。如发现跳闸，应及时检查电器冷却循环系统、可控硅是否击穿、炉膛内是否由于工件的掉入而使电极短路；待不跳闸时，保温一段时间方可进行正常生产。

第四节　热处理浴炉的节能措施

热处理浴炉在工作时要消耗大量的热能，其中热损失又占了较大的比重，因此，采取某些有效的节能措施，减少热量损失，对节约能源、降低成本、提高企业经济效益等都具有十分重要的意义。

热处理浴炉的热量消耗项目见表3-10，表3-10所列为某功率是100kW、坩埚上口尺寸为600mm×900mm的插入式电极盐浴炉在800℃时的各项热量消耗，表中的其他热损失是盐熔化和蒸发所需的热量及变压器、汇流排消耗的热量损失等。由表可见，在各项热损失中，以浴面热辐射损失为最大，而这项热损失又与浴面绝对温度的四次方成正比。由此可知，高温炉这项热损失更大，所以，减少浴面热辐射损失是浴炉节能的最有效措施。

表3-10　热处理浴炉的热量消耗项目

项　　目	加热工件	加热料筐	浴面热辐射	浴面对流	电极辐射	电极对流	炉墙散热	其　　他
热损失	25.1%	14.7%	28.4%	5.7%	17.1%	5.2%	2.1%	1.7%

常用浴炉的节能措施有以下几个方面：

1）在炉型选择方面，要优先采用内热式浴炉，以使热量得到充分的利用。

2）在设计坩埚尺寸时，在保证工件加热要求的前提下，应尽量减小坩埚上口面积，以减少浴面的热辐射，也有利于盐浴的快速加热和升温。

3）盐浴表面覆盖石墨粉、木炭、Al_2O_3 颗粒等其他隔热物质，以减少热辐射损失。

4）坩埚上口处加一活动盖，减少热辐射损失和缩短起动过程时间。

5）采用快速起动法。

6）减少操作辅助时间，如脱氧、捞渣等，以减少热损失。

7）制订合理的操作工艺、合理的装炉量，采用正确的加热温度和保温时间，保证工件的加热质量，减少返工等都可以有效减少热损失。

8）按时维修炉子设备，防止变压器发热及电极与汇流排连接处的发热。浴剂应选用恰当，避免熔点过低而使蒸发量过大，以减少热损失。

训练题

一、填空（选择）题

1. 盐浴炉对环境污染的形式有________，________，残盐对工件表面有________作用，特别是________盐，需对残盐进行________。

2. 浴炉中加热速度最快的是________浴炉，其次是________浴炉或________浴炉，最慢的是________浴炉，原因是____。

3. 电极盐浴炉的发热体是________，电极材料是________；外热式浴炉的发热体是________。

A. 固态的盐 B. 合金电阻丝 C. 燃料 D. 低碳钢 E. 不锈钢 F. 液态的盐 G. 石墨 H. 熔盐

4. 高温浴炉用盐主要是________，中温浴炉用盐主要是________，低温浴炉用盐主要是________，三硝、二硝、NaCl、$BaCl_2$、NaOH 使用温度（℃）范围分别是________、________、________、________、________。

A. 硝盐 B. 钡盐 C. 钠盐 D. 150～550 E. 140～260 F. 1100～1350 G. 850～1100 H. 350～700

二、判断题（对✓、错×、不一定—、优或常用★、弱或不常用\、长空可分情况判断）

1. 电极盐浴炉热容量大，以及电磁搅拌作用，可使温度的波动小，容易实现恒温加热(　　)。

2. 浴炉是分级淬火、等温淬火的唯一常规设备(　　)，原因是浴剂密度大、热容量大，热交换量大、换热速度快，工件易获得恒温(　　)；浴炉不能进行等温淬火、分级淬火(　　)，原因是浴剂热容量小，热交换量小，换热速度慢，工件恒温性差(　　)；可对工件进行局部加热(　　)；炉温均匀性较好（电极盐浴炉有电磁力的搅拌作用　　），热容量大(　　)；盐浴炉既适合小工件的等温退火、球化退火或索氏体处理(　　)，也适合大工件的等温退火、球化退火或索氏体处理(　　)，是局部加热的唯一设备(　　)，是局部冷却的唯一设备(　　)。

3. 电阻加热浴炉可以完成扩散退火（碳钢　　合金钢　　）；完全退火(　　)；不完全退火(　　)；等温退火(　　)；球化退火(　　)；索氏体退火(　　)；再结晶退火(　　)；去应力退火(　　)；正火(　　)；淬火加热(　　)；光亮热处理(　　)；局部淬火加热(　　)；局部淬火(　　)；表面淬火加热(　　)；短时加热淬火(　　)；分级淬火(　　)；等温淬火(　　)；渗碳热处理(　　)；复碳热处理(　　)；高温回火(　　)；中温回火(　　)；低温回火(　　)；局部回火(　　)。

4. 电极盐浴炉可以完成扩散退火（碳钢　　合金钢　　）；完全退火(　　)；不完全退火(　　)；等温退火(　　)；球化退火(　　)；索氏体退火(　　)；再结晶退火(　　)；去应力退火(　　)；正火(　　)；高速钢淬火加热(　　)；淬火加热(　　)；光亮热处理(　　)；局部淬火（局部淬火加热　　局部淬火　　整体加热淬硬部分淬火　　隔热材料保护整体加热淬火　　）；表面淬火加热(　　)；短时加热淬火(　　)；分级淬火(　　)；等温淬火(　　)；渗碳热处理(　　)；复碳热处理(　　)；高温回火(　　)；中温回火(　　)；低温回火(　　)；局部回火(　　)。

5. 浴剂选用恰当，可避免熔点过低而使浴剂的蒸发量过大，并减少热损失(　　)，同时需要注意浴剂的毒性作用(　　)。

三、设计题

1. 设计一台内热式低温电阻加热浴炉，其生产率为200kg/h。

2. 设计一台高温插入式电极盐浴炉，其一次装炉量为50kg。设计出该炉的功率、坩埚尺寸、炉体尺寸、电极尺寸和布置，绘出结构草图。

3. 根据上题的计算结果，确定坩埚尺寸及炉体结构，确定起动电阻体的形状和尺寸。

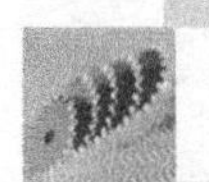

四、应知应会

1. 说明并解释浴炉的加热及冷却特点。浴炉是分级淬火、等温淬火、高速钢淬火加热、QPQ处理的主要设备吗？为什么？盐浴与油浴具体有什么差别？

2. 说明电阻加热浴炉的应用情况。电阻加热浴炉弱或不能完成哪些热处理工艺？说明原因，并提出解决办法。

3. 电极盐浴炉有哪些突出优点及应用？电极盐浴炉弱或不能完成哪些热处理工艺？说明原因，并提出解决办法。

4. 如何保证浴炉的安全生产？

电极盐浴炉设计训练

一、额定生产率为120kg/h，设计内容如下：

1. 炉膛、坩埚（包括炉胆）结构及尺寸的确定。
2. 炉子功率的确定。
3. 电极尺寸的确定。
4. 炉体、炉壳结构及尺寸的确定。
5. 变压器、汇流排的确定。
6. 抽风装置的确定。
7. 起动装置的确定。
8. 图样中技术要求的确定。

二、填写设计说明书一份，字数约2000字

三、绘制结构图一张，图纸为一号图纸

四、题目类型分组

第一组：插入式低温电极盐浴炉。

第二组：插入式中温电极盐浴炉。

第三组：插入式高温电极盐浴炉。

第四组：插入式（电极凹插在坩埚内侧）低温电极盐浴炉。

第五组：插入式（电极凹插在坩埚内侧）中温电极盐浴炉。

第六组：插入式（电极凹插在坩埚内侧）高温电极盐浴炉。

第四章　钢的表面淬火设备

感应加热四效应；电流透入深度；透热（入）式加热；传导式加热；高频加热；中频加热；晶体管（IGBT）超音频加热；比功率；感应器；移动速度

常用表面淬火的方法有感应淬火、火焰淬火、接触电阻加热淬火、激光表面淬火等。本单元主要介绍感应淬火，其性能比较见表4-1。

表4-1　感应加热装置的一些性能比较

	超音频、高频感应加热装置		中频感应加热装置		
	电子管式	晶体管式	机械式		晶闸管式
频率/kHz	20～500	10～200	2.5	8	0.5～10
硬化层深度/mm	1～3	1～3	10	5.8	3～10
频率变动	因自激振荡变动	恒定；变动	恒定		恒定；变动
功率调整	阳极电压	直流电压；直流电流	励磁电压；输出电压		直流电压；频率
频率转化率（%）	65～70	75～92	70～83		75～92
易损件	真空管	没有	轴承		没有
冷却水及占地面积	多	少	多		少
修理时间	短	短	长		短

注：1. 10～100kHz范围内的电流称为超音频，100～1000kHz范围电流称为高频电流。

2. 工频感应加热装置直接使用50Hz工业频率，通过感应器来加热零件。可用于150mm以上零件的穿透加热，大截面零件可获得15mm以上的淬硬层。工频加热速度远低于高中频，表面淬火及透入式加热多采用中频。

第一节　感应加热概述

感应加热装置是产生感应加热电流的电源设备。感应加热具有很多优点，如加热速度快，热效率高，产品质量好，易实现表面加热、穿透加热、局部加热和连续加热，回火炉装不下的感应淬火大件、长件可进行局部感应回火，工作环境清洁，易于实现自动化等，尤其因为感应加热表面淬火工件有表面硬度高、耐磨、抗疲劳、淬火变形小和表面氧化脱碳少等优点，所以感应淬火技术在现代化热处理生产中占有重要的地位，感应加热装置则成为热处理生产上重要加热设备之一。

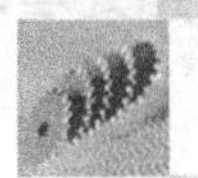

一、感应加热淬火的基本原理

把工件放在感应器中，当一定频率的交流电通过感应器时，由于电磁感应，在工件表面层产生了与感应器中交变频率相同、电流方向相反的感应电流。感应电流沿零件表面形成封闭回路，称为涡流。在涡流及零件本身电阻的作用下，电能在零件表面层转化为热能，将工件表层加热，根据焦耳—楞次定律，其热量为

$$Q = I^2RT$$

式中 I——感应电流；

R——工件电阻；

T——加热时间。

电流频率越高，磁通变化率越大，感应电动势越大，感应电流（I）越大。同时频率越高，硬化层越浅（Q 值越小），故电流频率越高，感应加热时间（T）越短。

涡流能实现表面加热是由交变电流在导体中的分布特点所决定的。其特点为：

1. 集肤效应

（1）电流透入深度　当导体中通过直流电时，导体截面上各处的电流密度是相同的，然而通过交流电时，其电流在截面上的分布是不均匀的，即总是在导体表面的电流密度最大，中心的电流密度最小，而且，交变电流的频率越高，表层的电流密度越大，这种现象称为交变电流的集肤效应。感应淬火就是利用了这一特性。

感应电流自工件表面向心部呈指数规律衰减，通常规定从表面到电流为$\frac{1}{e}I_0$（I_0 为表面最大电流；e = 2.618）处的深度为“电流透入深度”，用 Δ 表示，其值可由下式求出，即

$$\Delta = 5.03 \times 10^4 \sqrt{\frac{\rho}{\mu f}}$$

式中 ρ——工件的电阻率（$\Omega \cdot cm$）；

μ——工件的磁导率（Gs/Oe），在居里点以上，其失磁层 μ 为 1；

f——电流频率（Hz）。

由上式可知，电流频率越高，电流透入深度越浅，集肤效应越显著。

（2）淬火加热电流透入深度　在居里点以上时，其失磁层 μ 值降低为 1，在居里点以上的透入深度，称为热透入深度，用 $\Delta_{热}$ 表示，$\Delta_{热} \approx 500/\sqrt{f}$。因淬火加热可获得需要的淬硬层深度，故感应加热设备是局部热处理的主要设备。

深层透热式加热（即 $\Delta \geqslant \delta$，δ 为淬硬层深度）与传导式加热（即 $\Delta < \delta$）比较，透热式加热时间短，淬火马氏体组织较细，过渡层较薄，表面硬度高以及残余应力大，热效率高，过热倾向小（频率高，表面电流大，过热倾向大）。所以在选择频率时，一般力求采用较低频率，易实现深层加热。

通常 δ 的技术要求范围在 1 ~ 10mm，为零件直径的 10% 左右。在实际操作中，常采用较大的比功率（即较小的感应圈高度 h_i），则很短时间达到淬火温度，使 δ 变浅，属于透热式加热，热传导作用可以忽略。增加加热时间，造成 δ 增大，属于传导式加热，如高频设备通过增加加热时间以使 $\delta > \Delta$。

（3）回火加热电流透入深度　磁导率 μ 值在低温时很大，在居里点以下的透入深度称

为冷透入深度，用$\Delta_{冷}$表示，$\Delta_{冷} \approx 40/\sqrt{f}$。因回火电流透入深度远小于淬火，故不采用感应加热回火。

当特大、长工件不能装入回火炉，可采用感应加热回火。频率在1～8kHz，直径大于ϕ50mm，频率小于1kHz，比功率及电压为淬火的1/6～1/5，加热时间在5～15min之间调节。回火感应器一般采用多匝，有效圈与工件间隙加大，回火部分的面积常比淬火区域大。

（4）透入式加热（过渡态薄层逐层加热）与传导加热　感应加热开始瞬间，电流密度及温度分布为冷态（图4-1）。短时温度升高至居里点时，涡流突然急剧下降，紧邻薄层温度尚位于居里点下，其电流骤增（居里点过渡态）。因而表层加热速度降低，交界薄层则快速升温。待该薄层温度超过居里点后，其电流也突然降低，电流最大值再次向内移至新的薄层。不断重复此过程，直到超过居里点的厚度达到热态电流透入深度为止。这种过渡态薄层逐层加热的方式称为“透入式加热”。逐层加热不易发生过热，若继续加热，则内层主要靠表层热量向内层传递，称为传导加热，传导加热易引起过热。

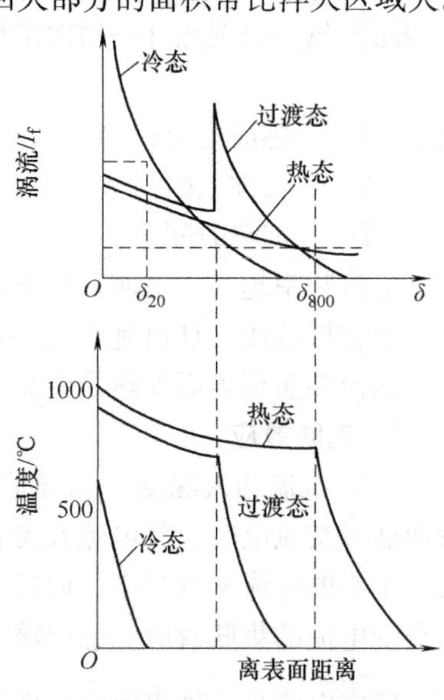

图4-1　工件表面涡流与温度的分布

2. 环流效应

当交流电通过圆环状或螺旋状导体时，由于交变磁场的作用，其外表面电流密度因自感反电动势增大而降低，而在圆环内侧表面获得最大的电流密度，这种现象称作环流效应。感应器上的环流效应对于加热零件外表面是有利的，因为其加热效率高，加热速度快。而对加热内孔是不利的，因为环流效应使感应器上电流远离工件表面，导致加热效率显著降低，加热速度减慢。为了提高内孔感应器和平面感应器的效率，一般都要在感应器上安装磁导率很高的导磁体，将电流“驱”向感应器上靠近工件的一侧，以减小间隙，提高加热效率。

当感应器轴向高度与圆环直径的比值越大时，环流效应越显著，故长方形感应器截面比正方形好，而圆形最差，应尽量少用。

3. 尖角效应

把外形带有尖角、棱边及曲率半径较小的凸起的工件置于感应器中加热时，即使感应器与工件之间的间隙相等，由于在工件的尖角处和凸出部分通过的磁力线密集，感应电流密度大，加热速度快，热量集中，也会使这些部位产生过热，甚至烧熔，这种现象称为尖角效应。在感应淬火时，由于尖角效应而产生过热，从而造成开裂的现象是常见的，例如，齿轮以及轴的端部在进行高频淬火时，尖角及轴端部分往往容易过热而开裂。

为了避免尖角效应，设计时应将感应器与工件尖角和凸起的间隙适当增大，以减少该处磁力线的集中程度，这样工件各处的加热速度和温度才能比较均匀一致，如图4-2所示。或将凸轮高频仿形感应器改为中频普

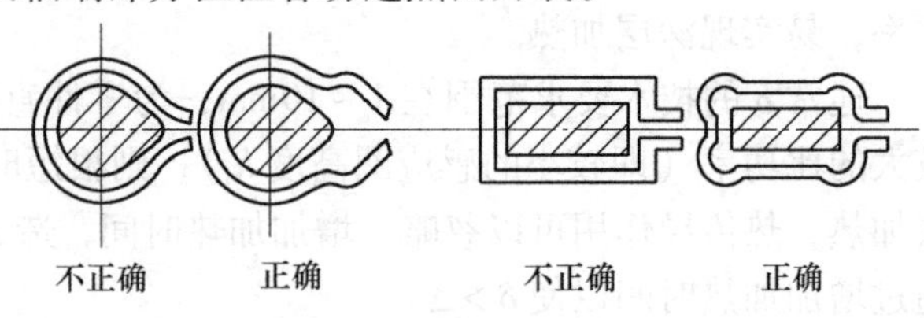

图4-2　考虑尖角效应的感应器形状

通圆形感应器。

4. 邻近效应

感应圈与零件的间距越小，在零件表面的感应电流就越大，这种现象称作邻近效应。因此，轴齿类零件在感应加热时应不断地旋转，以获得均匀的加热层。

1）邻近效应与齿轮齿部硬化层分布的关系。对于齿轮类工件的旋转加热，常得到图4-3b所示硬化层，不能实现硬化层沿齿廓分布，如图4-3c、d、e所示。

对于模数较小的齿轮，可以整齿穿透淬硬，并在齿沟有一定深度的淬硬层（0.5～1.5mm），如图4-3a所示。由于表面淬硬层处于压应力状态，所以其疲劳强度比齿部淬透而齿沟没有淬硬的好。

对于模数较大的重负荷齿轮，希望硬化层沿齿廓分布，齿根及齿底均应硬化，这样齿轮具有很高的疲劳强度和冲击韧性，因此采用单齿感应加热淬火。

对于模数较大，载荷较轻的齿轮，可以只将齿面淬硬，而齿根处允许有齿高的约三分之一不淬硬。图4-3所示为齿轮齿面淬硬层分布形状，表4-2为常见齿轮齿部淬硬层分布形状。

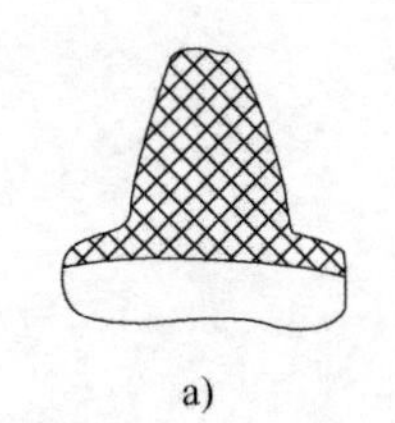
a)
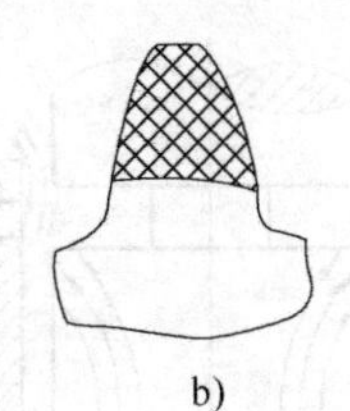
b)
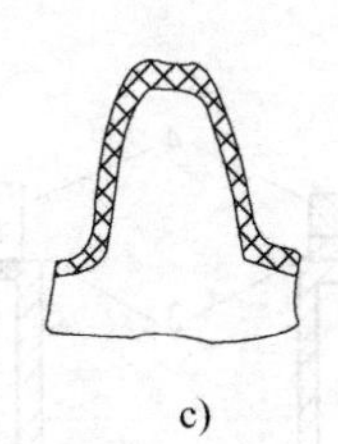
c)
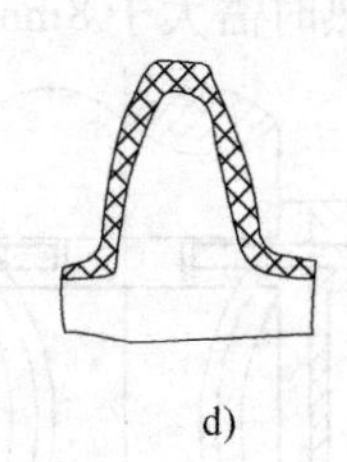
d)
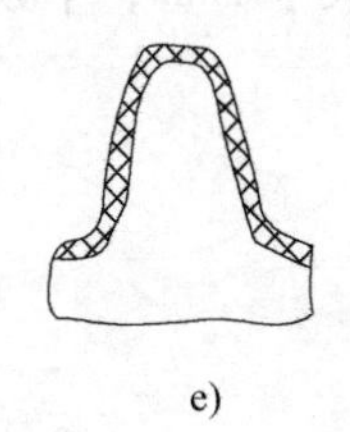
e)

图4-3 齿轮齿面淬硬层分布形状

表4-2 常见齿轮齿部淬硬层分布形状

淬硬层分布形状	齿轮模数 m /mm	加热用电流频率/kHz	说明
全齿穿透分布（图4-3a）	≤2.5 ≤8	250 8	当延长加热时间时，若 $m=3\sim5$，用250kHz也能得到
半穿透分布（图4-3b）	2.5～6	<250	最为常见，但质量最差
沿齿面分布（图4-3c）	>8	250	沿齿面，单齿加热淬火时得到
沿齿廓分布（图4-3d）	3～8 2～8	250或8 250或8	低淬透性钢或渗碳钢渗碳后的工件，最宜选用8kHz
沿齿面与齿沟分布（图4-3e）	>8	250或8	沿齿沟连续加热淬火，最宜用中频加热

【视野拓展】 1. 超音频（5～80kHz）电源，用于模数为3～7（最佳模数3～4）、硬化深度3mm左右的齿轮、链轮、花键轴等工件感应加热，获得良好淬硬层分布，基本上是轮廓淬火。

2. 双频感应加热，先中频加热齿沟，后高频加热齿顶，得到沿齿廓分布硬化层，但投资较高。

3. 渗碳感应淬火，硬化层沿齿廓分布，不但显著减少变形，而且可以免除非渗碳表面的防护措施，省去繁琐的镀铜或其他防渗工作。

4. 超高频（27.12MHz）感应淬火，使0.05～0.5mm厚工件在极短时间（1～500ms）升温至千度，能量密度达100～1000W/mm²（仅次于激光和电子束），加热速度、自冷淬火速度均达106℃/s，畸变量小，不必回火，主要用于纺织钩针、打印机、照相机械等小薄工件，可显著提高淬火质量，降低成本。

2）邻近效应与感应器的设计。对某些零件（如双联齿轮）进行感应加热淬火时，为了保证已淬火的部位不致因相邻部位被感应器加热而回火软化，在设计制造感应器时，需考虑将感应器制造成三角形（图4-14中4、表4-11中4）或采取屏蔽磁场的措施。

屏蔽的方法有两种：一种是利用铁磁材料（硅钢片或低碳钢片），做成屏蔽环（图4-4a）。由于钢环的磁导率高，使漏磁经过它而短路，从而减少了逸散的磁力线的影响。为了减少额外功率消耗，应将屏蔽环上开许多格，以割断涡流路程。另一种是利用非铁磁性金属（纯铜管或铜板）做成磁短路环，如图4-4b所示，当磁力线穿过铜环时，便在铜环中产生感应的涡流，涡流产生的磁场方向与感应器的刚好相反，这样就抵消和削弱了逸散的磁力线，达到了屏蔽的目的。铜环的厚度应大于高频电流的穿入深度（高频加热时屏蔽铜环厚度需大于1mm，中频加热时需大于8mm）。

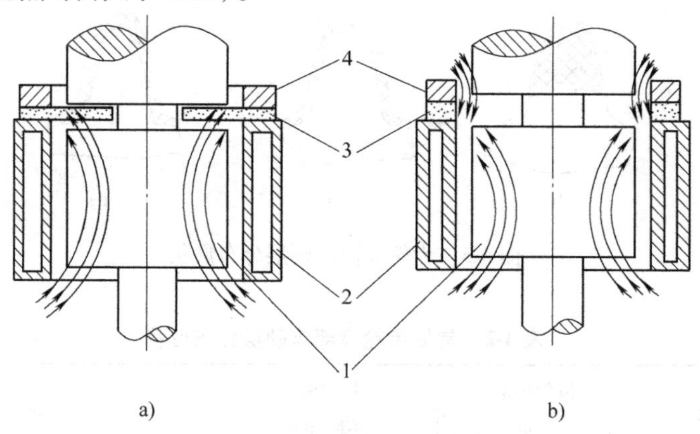

图4-4　屏蔽原理示意图

1—工件（轴）　2—感应器　3—绝缘垫　4—屏蔽环

二、感应加热淬火方法

感应淬火方法一般有两种，即同时加热淬火法和连续加热淬火法。

1. 同时加热淬火法

同时加热淬火法是将工件上需要加热表面的整个部位置于感应器内，一次完成加热，然后直接喷水冷却或将工件迅速降落到淬火槽中冷却。这种方法适用于小型零件或淬火面积较小而尺寸较大的零件，如曲轴、齿轮等，并且生产率高，有利于大批生产。

2. 连续加热淬火法

连续加热淬火法是加热和冷却同时进行，前边加热，后边冷却。零件不仅转动而且沿轴向移动，使需要淬火部位连续均匀地进行淬火。此法适用于轴类等长形工件的表面淬火，如轴、齿条、机床导轨、大型齿轮等，当设备容量较小、工件较大时，也采用此法。这种方法

淬火冷却水可直接由感应器喷射，也可另装一个喷水套，随感应器一起移动，边加热边喷水淬火冷却。

第二节　高频感应加热装置

一、电子管式高频感应加热装置组成

高频感应加热装置实质上是一个通过电子管振荡器的大功率变频器，其组成方框图和各环节的电压波形如图 4-5 所示。高频感应加热装置外观如图 4-6 所示。

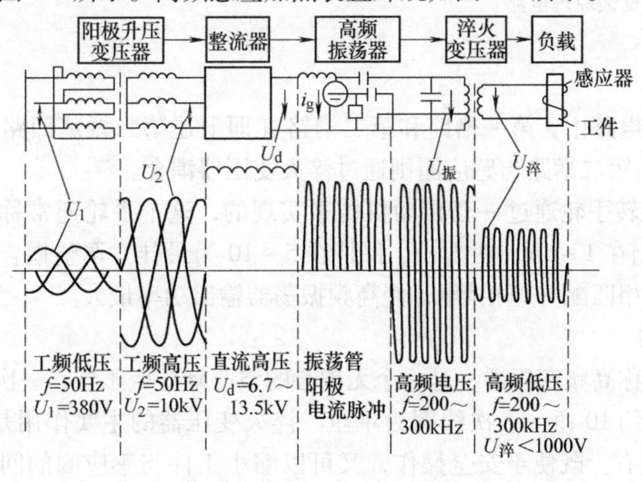

图 4-5　高频加热装置组成方框图和电压波形

（一）高频感应加热装置的结构

1. 电子管振荡器

电子管振荡器的作用是将整流器输出的直流电变换为高频交流电。振荡管又叫发射管，是高频振荡器的核心元件。

（1）自激振荡器　图 4-7 所示为电子管自激振荡器的混合反馈原理电路。反馈线圈 L_g 接在栅极回路中，L_g 的转动是通过手轮的旋转实现的，此手轮叫反馈手轮。一般通过调节反馈手轮调节 $I_栅$ 保持在 0.2～0.65A 范围内。

图 4-6　高频感应加热装置外观

（2）双回路振荡器　大功率的高频振荡器多采用双回路自激振荡器，其交流等效电路如图 4-8 所示。图中 L_1、L_2 和 C_1、C_2 构成第一振荡回路或称第一槽路；C_3 和淬火变压器一次（侧）L_B 构成第二振荡回路，或称加热槽路、输出槽路，淬火感应圈接淬火变压器低压侧，加热工件置于感

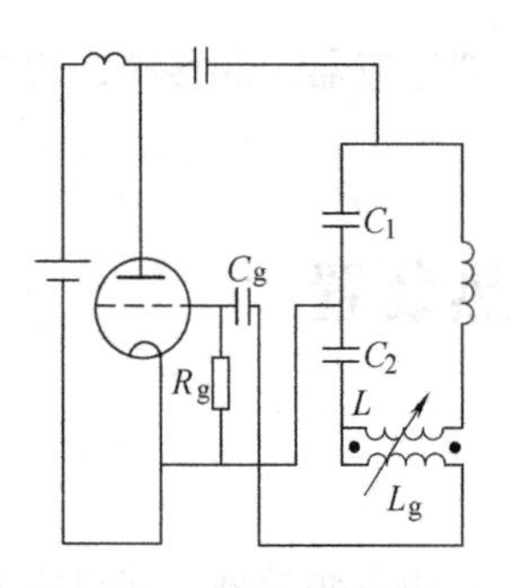

图 4-7　电子管自激振荡器的混合反馈原理电路

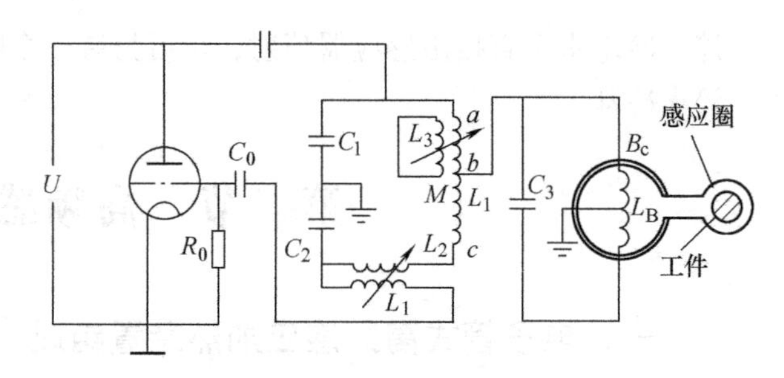

图 4-8　双回路自激振荡器交流等效电路

应圈内。

在双回路振荡电路中，第一槽路和第二槽路（即上述第二振荡回路）之间耦合程度借助于 L_3 来调节，而第二槽路与感应圈则通过淬火变压器耦合。

L_3 的移动靠旋转手轮通过一套传动机构来实现的，这个手轮通常称为耦合手轮。由耦合手轮调节 $I_{阳}$ 控制在 1～6A，使 $I_{阳}/I_{栅}$ 保持在 5～10 为最佳。调整耦合是为了调整负载电阻与振荡管内阻抗相匹配（即相等），使高频振荡器输出功率最大。

2. 淬火变压器

淬火变压器又称高频变压器，是一个无铁心的空心降压变压器，一次线圈就是第二振荡回路的电感线圈，约 10 匝，二次线圈为单匝。淬火变压器的主要作用是将 10kV 左右的高频电压降到 1kV 左右。既便于安全操作，又可以缩小工件与感应圈的间隙，增加了感应圈与工件间的耦合程度，提高了电能利用率。

（二）高频感应加热装置的规格型号及其选择

高频感应加热装置的型号表示方法如下：

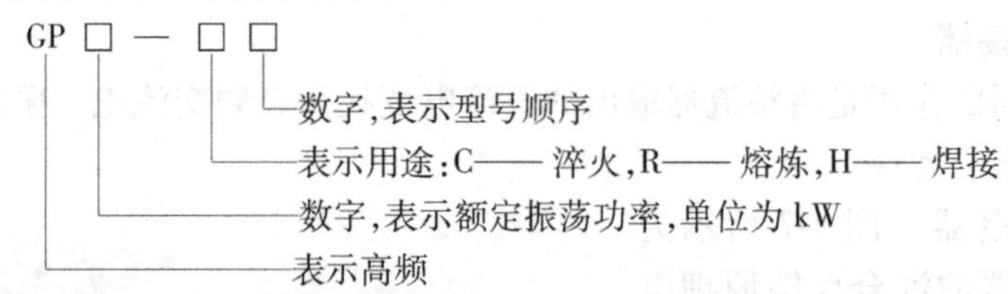

常用高频变频装置的型号及主要技术数据见表 4-3。

表 4-3　常用高频变频装置的型号及主要技术数据

型　号	输入容量 /kV·A	振荡功率 /kW	输出功率 /kW	振荡频率 /kHz	冷却水耗量 /(L/h)	主要用途	设备组成	设备外形尺寸 /mm(长×宽×高)
GP10-C2	15	10	8	500～1000	8000	淬火、焊接	振荡柜	800×900×1500
GP30A-C2	50	30	25	200～300	1500	淬火、焊接	振荡柜 整流柜 变压器	2200×900×2000 1200×900×1200 1150×800×1050
GP60-CR13-2	100	60	50	200～300	3000	熔炼、淬火	振荡柜 整流柜 调压柜	2200×900×2000 1600×1050×2000 800×500×1400

（续）

型　号	输入容量/kV·A	振荡功率/kW	输出功率/kW	振荡频率/kHz	冷却水耗量/(L/h)	主要用途	设备组成	设备外形尺寸/mm(长×宽×高)
GP100-CM	180	100	85	200~300	3200	淬火、焊接	振荡柜 整流柜 调压柜	2200×900×2000 1600×1050×2000 600×400×1300
GP200-C2	400	200	160	150 50	800	淬火、焊接	振荡柜 整流柜 输出柜	1600×2000×2200 1600×2000×1800 600×660×1500

表4-3列出了几种常用的感应加热装置的型号及主要技术参数，供选用参考。但对一定规格型号的感应加热装置来说，其频率可认为基本固定不变。虽然在调节耦合时，频率有所变动，但这种变动对淬火硬化层深度几乎不产生影响。

二、感应加热单位表面功率及总功率的确定

（一）加热零件单位表面功率的确定

零件单位表面功率又称比功率，是指被加热零件单位面积上所需要的功率。比功率是计算零件需要的总功率，进而选择感应装置功率的最基本依据。

比功率与淬火层深度、零件大小、加热时间、电流频率以及加热方法有关。比功率大小直接影响加热速度的快慢，比功率越大，加热越快，在较短时间内获得较薄的淬火层。

准确确定比功率较困难，生产上常采用近似估算、查图表或取经验数据等方法确定。表4-4为比功率的使用范围。

表4-4　比功率 p_b 的使用范围

频　率	一次淬火 p_b/(kW/cm²)		连续淬火 p_b/(kW/cm²)	
	范围	常用范围	范围	常用范围
中频淬火	0.5~2.0	0.8~1.5	1.0~4.0	2~3.5
高频淬火	0.5~4.0	0.8~2.0	1.0~4.0	2~3.5

一般来讲，零件淬火面积越小，或零件尺寸越小（感应效果差），形状越简单，淬火层要求越浅，材料原始组织越细密。材料为中碳钢或中碳低合金钢时，宜选用比功率使用范围的上限，以获得较快的加热速度，在较短的加热时间内获得较薄的淬火层。反之，应取比功率使用范围的下限。如铸铁零件，原始组织中有带状组织或大块铁素体、形状复杂的零件（如齿轮、花键轴及油孔、键槽），大尺寸工件感应加热效果好，应选用较小的比功率。

（二）感应加热装置所需要的总功率

1. 一次淬火（一次加热）

将确定的比功率 p_b 乘以一次淬火面积 S（一次加热面积）得零件加热所需的总功率 $P_{总}$，即

$$P_{总}=p_bS$$

式中 p_b——比功率（kW/mm^2）；

S——一次加热面积（mm^2）。

2. 连续淬火（连续加热）

连续淬火时，其总功率的计算应考虑感应圈高度，即

$$P_{总} = \pi D h_i p_b$$

式中 D——零件直径（mm）；

h_i——感应圈高度（mm），$h_i = \tau v$，τ 是加热时间，v 是加热时零件与感应圈相对运动速度。

【例4-1】 活塞件淬火硬化区长度 $l = 500mm$，用 $h_i = 7mm$ 的感应圈连续预热和加热，时间分别为23s和61s，求工件表面任一点的预热时间和加热时间。

解 预热移动速度 $v = 500mm/23s = 21.7mm/s$

预热时间 $\tau = (7mm \times 23s)/500mm = 0.3s$

加热移动速度 $v = 500mm/61s = 8.2mm/s$

加热时间 $\tau = (7mm \times 61s)/500mm = 0.85s$

3. 最大加热面积

加热一般轴类工件时，常用感应加热设备最大加热面积及同时一次加热最大尺寸的经验数据见表4-5。

表4-5 常用感应加热最大加热面积及同时一次加热最大尺寸

设备型号	额定功率/(kW/cm²)	频率/kHz	同时加热法				连续加热法	
			比功率/(kW/cm²)	最大加热面积/cm²	比功率/(kW/cm²)	一次加热最大尺寸/(mm×mm)	比功率/(kW/cm²)	最大加热面积/cm²
GP60-C	60	200~300	1.1	55			2.2	28
GP100-C	100	200~300	1.1	90	<0.3	φ300×40	2.2	45
CYP200-C(超音频)	≥150	30~40			≥0.2	φ400×60		
KGPS100/2.5、8	100	2.5、8	0.8	125	<0.3	φ350×40	1.25	80
KGPS200/2.5	100	2.5	0.8	250			1.25	100
KGPS250/2.5	250	2.5			<0.3	φ400×80		

注：工件尺寸大（主要指直径），电磁感应加热效率高，比功率取值低，反之亦然。

4. 感应加热装置的振荡功率及输出功率

在加热总功率的基础上，将淬火变压器效率、感应圈效率、回路传输效率考虑进去，可得出感应加热装置所需要的额定振荡功率，即

$$P_{振荡} = \frac{P_{输出}}{\eta_{总}} = \frac{P_{总}}{\eta_{总}}$$

式中 $\eta_{总}$——包括变压器效率、感应器效率、回路传输效率。

根据 $P_{振荡}$ 再考虑留必要的功率余量，就可查阅有关频率范围内的感应加热装置规格，选取满足功率要求的型号。如果功率满足不了要求时，则应考虑改变淬火方式，如改为连续淬火法，用较小功率的设备处理较大的零件等。

第三节 晶体管（IGBT）式超音频变频装置

自20世纪80年代绝缘栅双极晶体管（IGBT）出现以来，其已成为10～50kHz频段感应加热电源的首选器件。超音频电源的逆变电路采用新型大功率电力电子器件IGBT，可完全替代高耗能的电子管超音频电源、中频机组和晶闸管中频电源。电子控制和监控保护系统完备可靠。独特的相位保护技术，对感应器短路和开路提供快速保护，具有安全可靠、开关速度快、输入阻抗高、驱动功率小、容易驱动和通态压降低、可频繁起动等优点。输出可实现恒电压、限电流控制。提供远控接口，可由机床实现自动控制，负载适应范围广，调整方便。晶体管超音频变频装置的主要型号和技术参数见表4-6。

表4-6 晶体管（IGBT）超音频变频装置的主要型号和技术参数

型　号	输出功率/kW	工作频率/kHz	冷却水量/（kg/h）	冷却水压/MPa	外形尺寸/mm（长×宽×高）
HKTP50kW/1-100kHz	50	1～100	2000	0.4	750×850×1700
HKTP800kW/1-50kHz	800	1～50	20000	0.4	3600×850×2200
GGC25-0.3	25	30～50			800×1000×1700
GCYP1000-10	1000	20			2100×1500×2100

【导入案例】 超音频变频装置在武钢集团公司使用的高强度预应力钢筋生产线，运行良好。鞍钢集团公司、无锡方正捆带公司使用的超音频感应装置用于钢带连续生产线，运行良好。

第四节 中频感应加热装置

中频感应加热装置的电流频率一般在1000～8000Hz，适用于加热深度大于3mm，直径为20～500mm工件的感应加热，多用于钢铁零件的表面淬火，也可用于回火、正火及熔炼金属等。在汽车、拖拉机等制造业中，曲轴和凸轮轴等零件的表面淬火多采用中频感应加热装置。中频感应加热装置的频率有1000Hz、2500Hz、4000Hz、8000Hz等，其中2500Hz和8000Hz两种应用最多，功率从数十千瓦至数百千瓦不等。

中频感应加热装置的中频电源有中频发电机组和晶闸管中频电源两种，应用最广而又较早问世的是中频发电机组，它早在20世纪20年代初期就已应用于感应加热，自1966年研制成较中频发电机组优异的晶闸管变频器（即晶闸管中频电源装置）后，就逐渐被晶闸管中频电源装置所取代。

一、晶闸管中频感应加热装置

应用于感应加热的晶闸管中频电源装置是一种将三相工频电源转变为单相中频电源的晶闸管静止式变频器。晶闸管中频电源装置与中频发电机组比较，具有以下优点：

1）产品设计简单，制造方便，不需大量的加工设备，生产周期较短。

2）体积小，重量轻，节省硅钢片、铜材和钢材。

3）电效率高，感应加热用的晶闸管中频电源装置电效率一般在 90% 以上。

4）由于晶闸管中频电源没有旋转部分，故运行可靠，维护简单，运行中噪声和振动较小。

5）晶闸管中频电源装置在运行中，能根据负载变化自动调整频率，无须频繁切换补偿电容器（机械式中频装置需根据工件大小、感应器高低，先确定变压器匝比，再调节补偿电容器，以提高设备的电效率），使设备的功率因数在工作过程中基本上保持不变。系统的输出功率一直保持在额定值上，从而能在较短时间内完成对工件的感应加热。易于实现自动控制，适用于加热过程自动化。

6）安装简单，不需特殊的基础，运输移动方便。

晶闸管中频电源与中频发电机组相比，也存在一定的缺点，主要是由于受晶闸管元件过电流和过电压能力的限制，晶闸管中频电源的过载能力较差，因此整个设备的保护系统较复杂。

晶闸管中频装置的结构框图如图 4-9 所示，它主要由可控（或不控）整流器、滤波器、逆变器和一些控制及保护电路组成。工作时，三相工频电流经整流器整流后成为脉动直流，经滤波器滤波成平滑的直流电，送至晶闸管逆变器，逆变器再将直流电转变成频率较高的交流电加热负载。由于感应加热的中频电流是通过感应器把能量输送给负载的，因而感应器往往就是逆变器中的一个部件。图 4-9 中除了逆变器外，其他各部分电路都是一些基本电路。

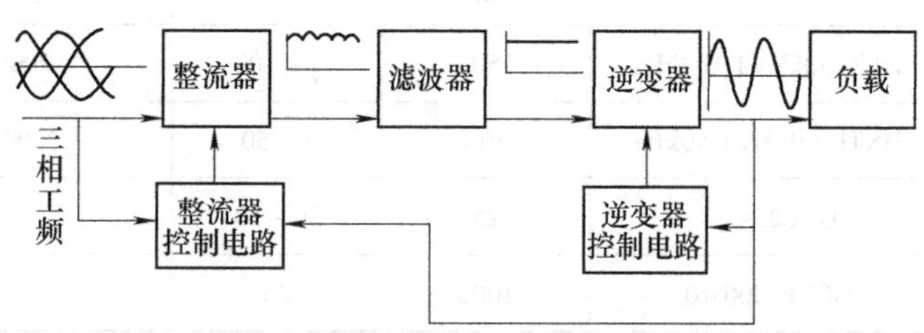

图 4-9　晶闸管中频装置的结构框图

感应器的电感量很大，因而它和工件一起显示的功率因数很低，为了提高功率因数，需要由补偿电容器向感应加热负载提供无功功率。

二、晶闸管中频加热装置的规格及选用

晶闸管中频电源的命名如下：

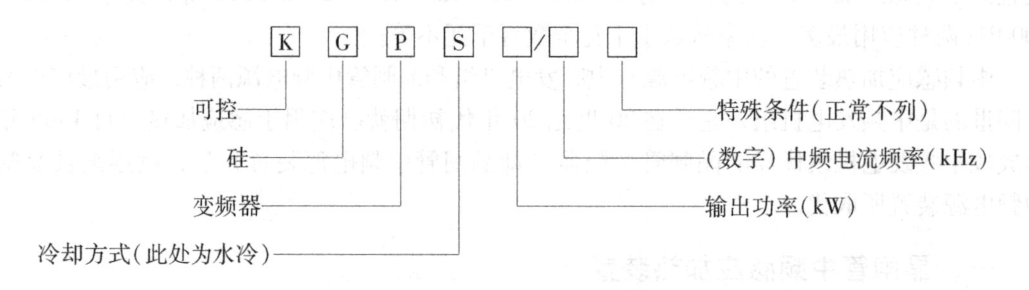

例如，KGPS100/1.0 表示输出功率为 100kW，电流频率为 1000Hz 的晶闸管中频电源装置。

表 4-7 为晶闸管式中频加热装置的主要技术数据。

表 4-7　几种晶闸管式中频加热装置的主要技术数据

主要参数		型号						
		KGPS100/1.0、2.5、4.0、8.0	KGPS200/1.0、2.5、4.0、8.0	KGPS250/1.0、2.5、4.0、8.0	KGPS350/0.5、1.0、2.5、4.0、8.0	KGPS500/0.5、1.0、2.5、4.0	KGPS650/0.5、1.0、2.5、4.0	KGPS1000/0.5、1.0、2.5
输入电源		三相、380V、50Hz						
输入最大电流/A		200	390	480	680	960	1400	1900
额定输出功率/kW		100	160	250	350	500	650	1000
额定输出电压/V		600	600	600	600	600	600	600
最高输出电压/V		650	650	650	650	650	650	650
标准输出频率/Hz		—	—	—	500	500	500	500
		1000	1000	1000	1000	1000	1000	1000
		2500	2500	2500	2500	2500	2500	2500
		4000	4000	4000	4000	4000	—	—
		8000	8000	8000	8000	—	—	—
额定直流电压/V		500	500	500	500	500	500	500
额定直流电流/A		200	400	500	600	1000	1500	2000
变频效率		$f \leqslant 2500\text{Hz}, \eta \geqslant 92\%$；$f \leqslant 4000\text{Hz}, \eta \geqslant 90\%$；$f \leqslant 8000\text{Hz}, \eta \geqslant 85\%$						
外形尺寸	长/m	1.60	1.60	1.60	2.60	2.60	2.60	3.20
	宽/m	0.90	0.90	0.90	0.90	0.90	0.90	0.90
	高/m	2.20	2.20	2.20	2.20	2.20	2.20	2.20

根据不同的工艺，感应加热用中频装置也有不同的频率和功率。一般中频熔炼炉有1.0kHz和2.5kHz两种，功率从数十千瓦至数千千瓦不等，透热用中频装置频率多数为1.0kHz和2.5kHz，功率为数百千瓦，淬火用中频装置的频率为2.5～8kHz，功率为数百千瓦。

第五节　感应热处理辅助设备

感应热处理的优点是机械化、自动化程度较高，产品热处理质量的均匀性和一致性好，同时减轻体力劳动并改善劳动条件。感应加热用热处理设备主要指淬火机床、感应器以及各种专用的感应加热调质、退火、淬火生产流水线等。

一、淬火机床

淬火机床由机架、升降部件、零件装卡及转动部件、传动机构组成，由于移动和转动需要变速，一般采用直流无级变速，易实现自动控制。图4-10所示为立式中频淬火机床结构示意图。图4-11所示为卧式数控淬火机床—V形导轨淬火线，大齿圈淬火机床如文前彩图4-1所示。

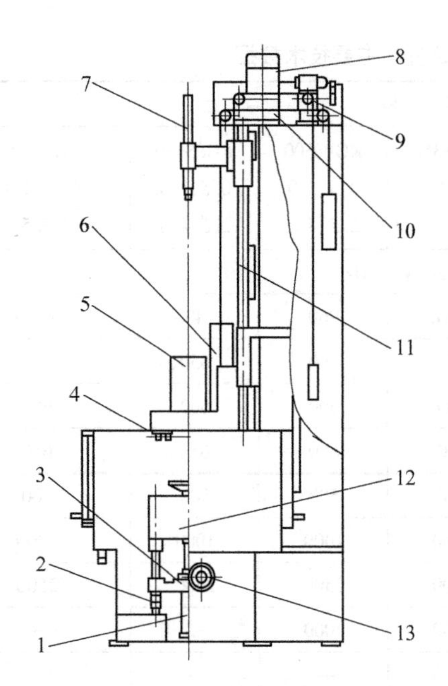

图4-10　立式中频淬火机床结构示意图
1—底座　2—导轨　3—滑座　4—分度开关
5—中频变压器　6—水路支架　7—上顶尖
8—电动机　9—链轮　10—减速器
11—导轨　12—主轴箱　13—手柄

图4-11　卧式数控淬火机床—V形导轨淬火线

二、感应加热热处理生产线

高强度预应力钢棒热处理生产线，主要供轴类（如直轴、变径轴、凸轮轴、齿轮轴等），齿轮类，套、圈、盘类，机床丝杠类，导轨平面，球头等多种机械零件表面热处理。

低松弛预应力混凝土钢棒热处理生产线，主要用于生产各种规格和级别、高速、高强度、低松弛预应力的光面钢丝、刻痕钢丝、阴螺纹钢丝和钢绞索。这些线材广泛应用于铁路轨枕、高速公路、桥梁、大型水泥输水管、高层抗震建筑、矿山支护等领域。感应加热热处理生产线如文前彩图4-2所示。

三、感应器的结构设计与制造

感应器是通过感应作用将高、中频电能输送到工件表面上的一种器具，能直接影响到感应加热的质量和效率，因此，感应器的正确设计、制造和选用是获得良好淬火质量的关键因素。

（一）感应器的基本结构及使用要求

1. 感应器的基本结构

感应器主要由冷却水管1、连接板2、感应圈4及汇流板5组成，如图4-12所示。感应圈是感应器的主要部分，通过感应圈产生的交变磁场使工件加热。汇流板连接了感应圈和连接板，将电流输入感应圈。连接板用于连接汇流板和淬火变压器的输出端接头。冷却水管内通水用来

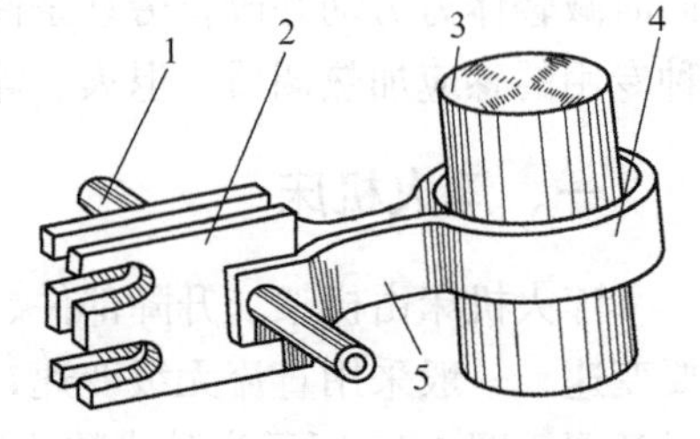

图4-12　感应器基本结构示意图
1—冷却水管　2—连接板　3—工件
4—感应圈　5—汇流板

冷却感应器并提供工件淬火用冷却用水。

2. 感应器的使用要求

由于零件尺寸和形状不同，感应器形式及结构也较多，对感应器的基本要求是：

1）感应圈应与工件表面加热区的形状和尺寸相适应，使工件能够迅速获得所需要的加热区和加热层，加热时温度的分布要均匀。感应圈与工件的间隙选择要适当，使感应器既有高的电效率，又不至于引起空气击穿短路而烧坏感应器和工件。

2）感应器的电效率应尽可能高，尽量减少感应器本身的电能损耗。要注意保持感应器两汇流板的间隙不能太大（一般为1.5～3mm）。

3）感应器工作时，由于涡流损失而发热，所以冷却应该良好。一定要使感应器内冷却水畅通，以免感应器温度过高而损坏。

4）感应器应制造简单，具有一定的强度和使用寿命。使用感应器时必须轻拿轻放，不得随意敲打，以防止感应器变形，影响使用。用毕要清理，揩平，摆放整齐。

5）使用装有导磁体的感应器时，要注意导磁体的冷却，避免急冷急热，以免使导磁体脆断或因温度过高而失去作用。

（二）感应器的分类及结构

感应器的种类很多，按加热方法的不同可分为同时加热感应器和连续加热感应器。按零件加热部位形状的不同，感应器又可分为外表面加热感应器、内表面加热感应器、平面加热感应器和特殊形状加热感应器，而按电源频率的不同，感应器还可分为高频、中频加热感应器两种。

感应器的结构类型如图4-13～图4-15所示，感应器实物如文前彩图4-3所示。

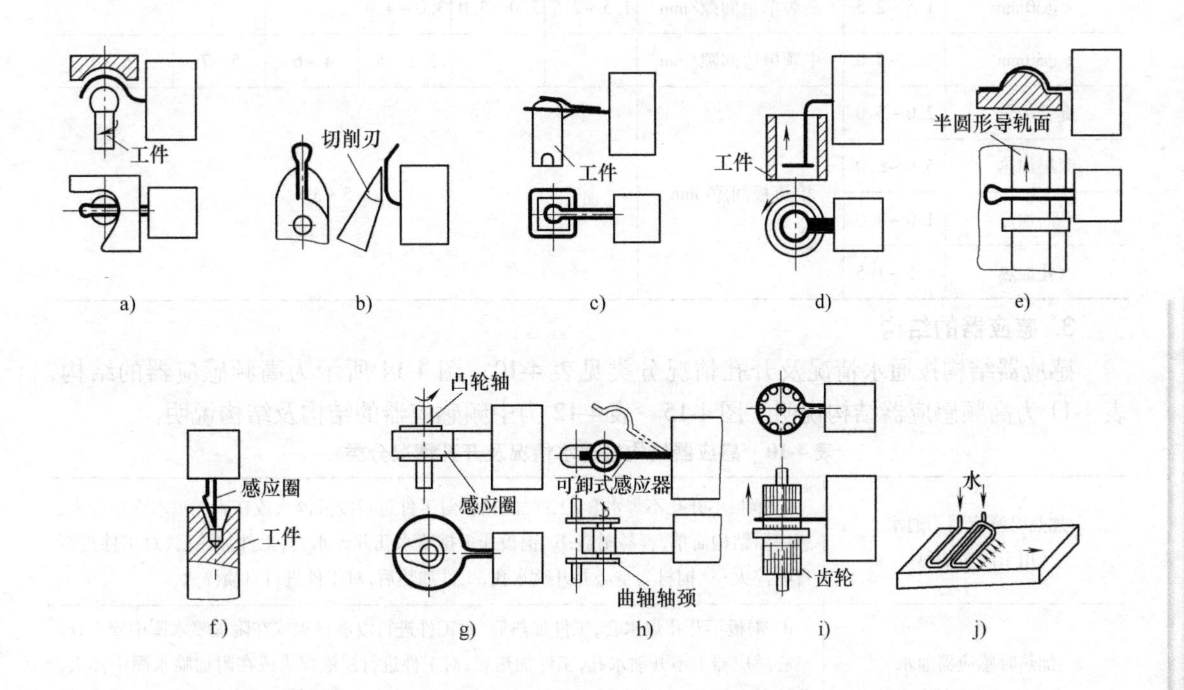

图4-13　常用感应器几何形状与工件表面加热部位对应关系

1. 制造感应器用纯铜厚度及成形

制造感应器用纯铜厚度应稍大于感应电流冷态透入深度。高频电流较小，不需要很高的机械强度，高频感应器可用薄壁纯铜管绕制而成，也可用薄铜片焊接而成。中频电压较低，电流大，为使线圈有足够的强度抵抗电磁力的作用，中频感应器要用厚的铜板和铜管制造。制造感应器的铜材厚度见表4-8。

表4-8　制造感应器的铜材厚度

感应器工作条件	不同频率感应器所用纯铜材的厚度/mm		
	2500Hz	8000Hz	200～300kHz
短时加热不通水冷却	10～12	6～8	1.5～2.5
加热时通水冷却	2～3(空心壁厚)	1.5～2(空心壁厚)	0.5～1.5(空心壁厚)

制造成形铜管的步骤如下：先将铜管退火软化（加热至650～700℃，然后水冷），其中灌注砂子、松香、石蜡或铅锡等低熔点合金作填充物，然后用锤子敲击成长方形或方形截面；ϕ10mm 铜管经过三道模拉制后，可制成6mm×9mm 的方管；在弯制之前，需要重新退火软化，否则容易产生裂纹。铜管弯制时，也应填充砂子、松香等，选用相应胎具弯制成形。

2. 感应器与工件之间的间隙

尽量减少感应器与工件之间的间隙，间隙越大，漏磁损耗越大，感应器效率越低。但间隙过小易使感应器和工件接触而造成短路。其间隙数据见表4-9。

表4-9　感应器与工件之间的间隙

工件直径及加热面	间隙/mm	齿轮模数	<2.5	2.5～3.5	4～4.5	5～6	7～8	9～10
<ϕ30mm	1.5～2.5	高频单边间隙/mm	1.5～2.5	2.0～3.0	3.0～4.0			
>ϕ30mm	2.5～5.0	中频单边间隙/mm			3.5～5	4～6	5～7	6～8
旋转加热	2.0～5.0	汇流板间隙/mm	1.5～3					
深层加热	5.0～6.0							
平面加热	1.0～4.0							
内孔加热	0.5～1.5							

3. 感应器的结构

感应器结构按通水情况及开孔情况分类见表4-10，图4-14所示为高频感应器的结构，表4-11为高频感应器结构说明。图4-15、表4-12为中频感应器的结构及结构说明。

表4-10　感应器结构按通水情况及开孔情况分类

加热时感应器不通水 (用于同时加热)	a. 铜板不开孔不焊水套，工件加热后，对工件进行浸液淬火或在附加喷水圈中淬火，感应器结构简单，容易制造；b. 铜板开多排喷水孔并焊水套，工件加热后，对工件进行自喷淬火；c. 铜材为空心并开喷水孔，工件加热后，对工件进行自喷淬火
加热时感应器通水 (同时加热、连续加热)	d. 铜板不开孔焊水套，工件加热后，对工件进行浸液淬火或在附加喷水圈中淬火；e. 空心感应器上不开喷水孔，工件加热后，对工件进行浸液淬火或在附加喷水圈中淬火，此法最常用；f. 在感应器下边斜面处开一排喷水孔，或在多匝感应器下面一匝开一排或多排喷水孔，工件连续加热后自喷淬火

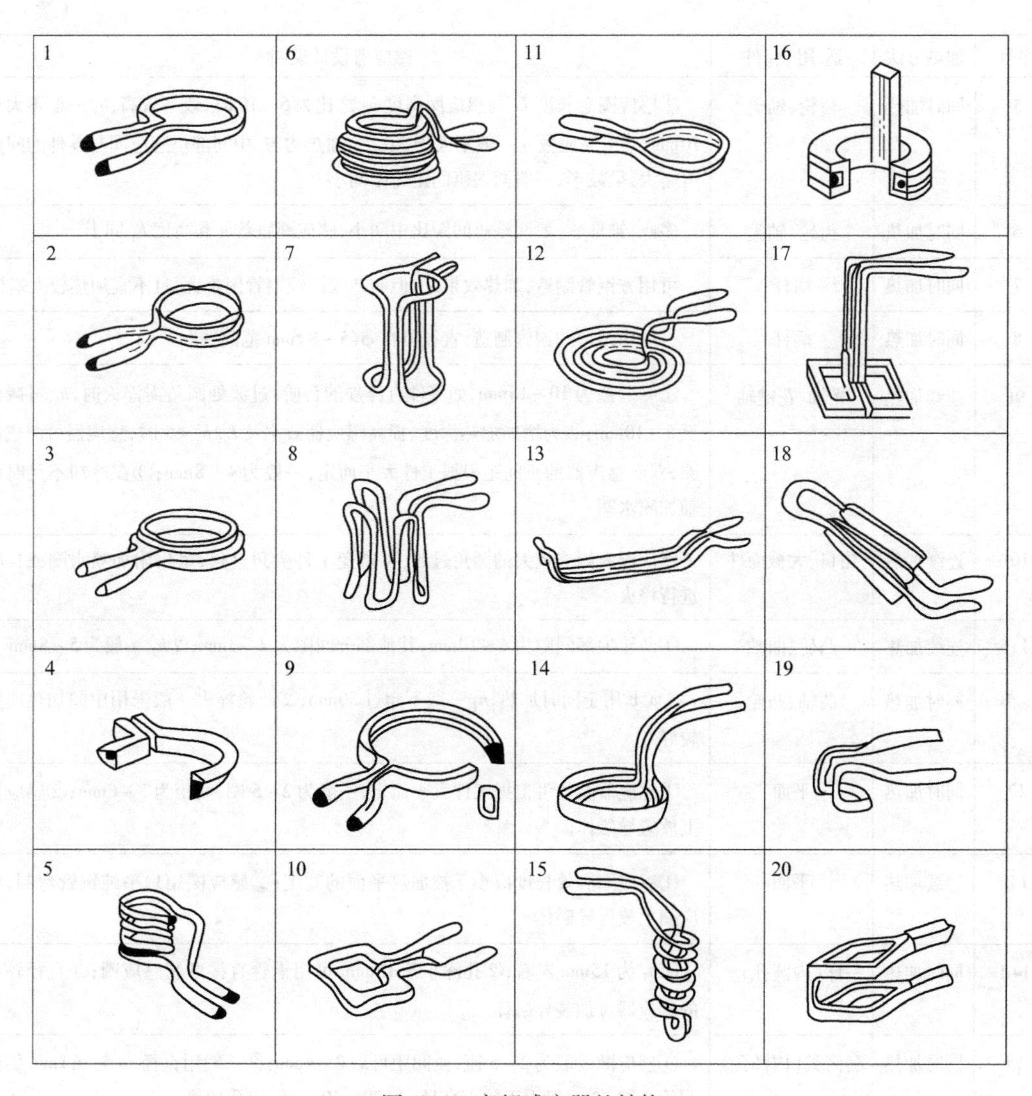

图 4-14　高频感应器的结构

表 4-11　高频感应器结构说明

序号	加热方法	适 用 零 件	感应器设计说明
1	同时加热	齿轮、短柱体	单匝，感应器高度 h_i 一般小于 15mm，感应圈可用方截面纯铜弯制，也可用圆纯铜管拉方后弯制
2d	同时加热	齿轮、短柱体	①单匝，h_i 一般为 15～20mm、20～25mm、25～30mm（对应工件直径 25～50mm、50～100mm、100～200mm），感应圈冷却管截面应呈半圆形，用黄铜与感应圈焊接；②若淬火部位必须超过上述数据，则选多匝
3d	同时加热	齿轮、斜齿轮等	单匝，锥形
4	同时加热	双联齿轮的小轮	在加热多联齿轮的小轮时，为防止大轮端面被加热，可把感应圈的截面设计成三角形

（续）

序号	加热方法	适用零件	感应器设计说明
5	同时加热	齿轮、轴类	①感应圈总长度 L_i 与感应圈高度 h_i 之比为5～10时，效率较高，h_i 一般不大于10mm，感应圈匝数 n 一般不大于5；②为加热均匀，中间部位感应圈与零件的间隙可略大，呈鼓形，一般两端匝间距比中间小
6	同时加热	齿轮、轴类	多匝，锥形，一般两端匝间距比中间小，感应圈匝数 n 和高度 h_i 同上
7	同时加热	蜗杆	可用方铜管制造，加热效果好，但制造较圆纯铜管困难，而且不宜加热较大蜗杆
8	同时加热	蜗杆	一般用圆形纯铜管制造，直径可在 $\phi(5\sim8)$mm 范围选取
9f	连续加热	光轴、花键轴	①h_i 一般为10～15mm，如零件有淬硬的台阶、过渡处圆角需淬火时，h_i 可减少至5～10mm；②为增加加热深度、提高感应器效率及 $L_i/h_i<5$ 时，感应器可制成双圈，双圈感应器的匝间距根据工件大小而定，一般为4～8mm；③在冷却不足时可辅加喷水圈
10f	连续加热	钳口、大截面件	感应圈内侧有较大的圆角过渡，可避免工件尖角过热，采用附加喷水圈或自喷进行淬火
11f	连续加热	凸轮、曲轴	①凸轮尖部间隙为4～10mm，其他部分间隙为2～3mm；②h_i 一般为5～8mm
a、b	同时加热	曲轴、凸轮	①a、b用于同时加热，h_i 一般不超过30mm；②凸轮淬火一般采用中频加热质量较好
12	同时加热	平面	①感应器圈数可根据工件大小而定，一般为2～5圈，间距为3～6mm；②感应器上放置导磁体
13f	连续加热	平面	①感应圈有效长度应小于被加热平面的宽度；②感应圈用扁平纯铜管弯制，感应圈上放置导磁体
14d	同时加热	环(内圆孔)	①h_i 为15mm左右；②孔深小于15mm，可用铜管直接弯制感应圈；③直径较小的感应器应加装导磁体
15	同时加热	套筒类(内圆孔)	①感应圈一般为2～5匝，匝间距可取2～4mm；②一般用直径 $\phi(4\sim6)$mm 的纯铜管弯制；③一般用于较小直径[$\phi(20\sim40)$mm]内孔加热
16f	连续加热	套筒类(内圆)	①$h_i=6\sim12$mm，感应器宽度 $b_i=4\sim8$mm，一般用于直径大于 $\phi50$mm 的内孔加热；②一般用0.7～1mm的方截面纯铜管弯制；③汇流板的间隙应尽可能小(可将云母片等绝缘物夹在汇流板之间，外用黄蜡布缠紧)；④为增加加热深度、提高效率，感应器可制成双圈
17f	连续加热	方孔	
18a	同时加热	大模数锥齿轮	①单齿，铜板长度每边比齿宽短2～3mm；②齿根不能得到淬硬
19f	连续加热	大模数锥齿轮	①齿轮模数 $m=5\sim14$；②单齿沿齿面连续加热，自喷淬火；③齿根不能得到淬硬
20f	连续加热	大模数锥齿轮	①齿轮模数 $m=5\sim12$；②双菱角形沿齿沟连续加热，自喷淬火

注：序号中未注明字母者均为e（表4-10），即空心感应器通水但不开孔，工件加热后浸液淬火或在附加喷水圈中淬火，此方法应用最广。

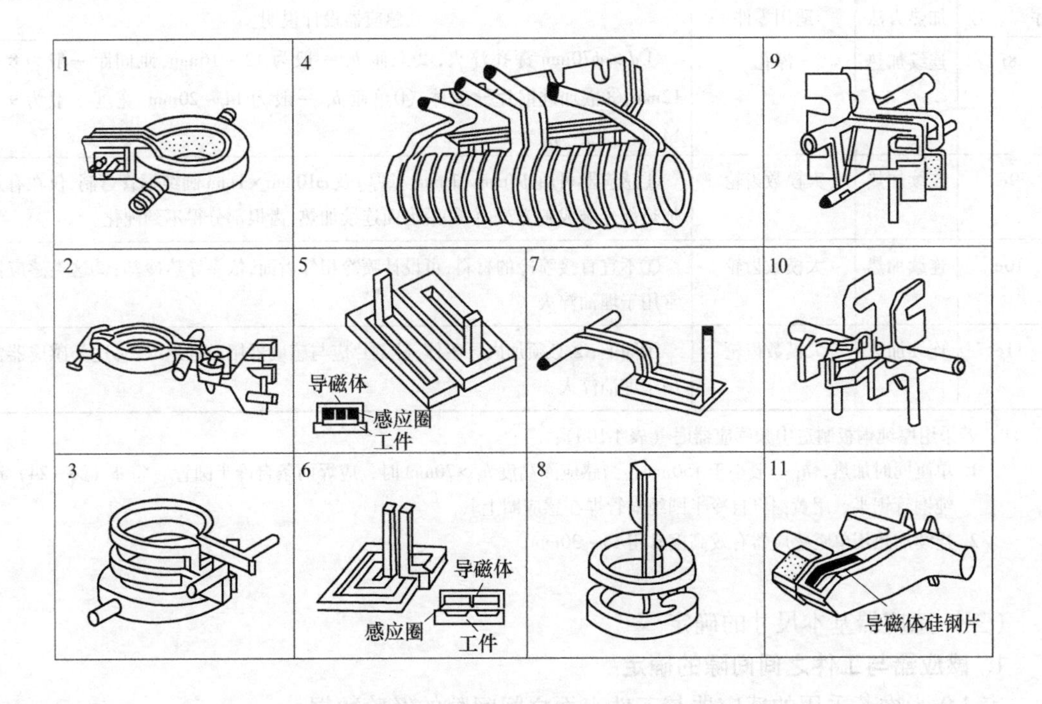

图4-15　中频感应器的结构

表4-12　中频感应器的结构说明

序　　号	加热方法	适用零件	感应器设计说明
1b、c	同时加热	齿轮轴	加热圆柱体(及齿轮)时，h_i 等于或稍大于零件高度；加热凸轮时，h_i 比凸轮高度大3～6mm
2b、c	同时加热	曲轴颈	同时加热时，h_i = 曲轴颈长 $B-2\times$ 曲轴圆角半径；当 $25<$ 轴颈长度 $B<35$ 时，采用双匝，其单匝 h_i 一般为10～15mm
f	连续加热		轴颈长度 $B\geqslant 70$mm，选用连续加热淬火，h_i 一般为5～8mm
3e	连续加热双匝	光轴、花键轴	①$h_i=14\sim20$mm，感应器宽度 $b_i=9\sim15$mm，匝间距一般为8～12mm；②选用喷油或喷聚乙烯醇水溶液时，必须用附带喷水圈淬火；③也可制成单匝自喷式，其淬火深度比双匝要浅，其 $h_i=14\sim30$mm、$b_i=9\sim20$mm
4	连续加热	轴、棒类	用于调质处理的穿透加热连续淬火
5e	同时加热	平面	①感应器有效部分(中间三根导线)应略大于被加热平面，每边大3～6mm；②中间三根导线间距为2～4mm；③最外侧两根导线与相邻导线间距应大于15mm
6e	同时加热	平面	
7f	连续加热	导轨	①感应圈两回线间距不能太小，一般为12～20mm；②感应圈内侧直角要认真修正，不宜以圆角过渡

（续）

序　号	加热方法	适用零件	感应器设计说明
8f	连续加热	深孔	①$d>\phi70$mm 深孔淬火；②双匝 h_i 一般为 12～16mm，匝间距一般为 8～12mm；③嵌加硅钢片导磁体；④单匝 h_i 一般为 14～20mm，宽度一般为 9～14mm，间隙一般为 2～3mm
9e	连续加热	大模数齿轮	①感应器可由 $\phi8$mm×1mm（壁厚）及 $\phi10$mm×1mm 圆纯铜管弯制，仅在有效加热部分敲成扁方截面；②沿齿面连续加热，齿根部分得不到硬化
10e	连续加热	大模数齿轮	①不宜直接喷冷的材料，可设计喷冷相邻齿面，依靠导热冷却；②这类感应器常用于埋油淬火
11e	连续加热	大模数齿轮	①同上；②必须加嵌导磁体，硅钢片应与感应器用云母绝缘；②这类感应器常用于埋油淬火

注：若采用厚纯铜板制造中频感应器时（表 4-10d）：

1. 单匝同时加热，h_i 一般小于 150mm，当感应圈高度 $h_i>70$mm 时，应焊两条自冷半圆管［将 ϕ（20～24）mm 纯铜管锯半，用黄铜将自冷半圆纯铜管焊在感应圈上］。
2. 连续加热用单匝感应器有效高度常用 14～30mm。

（三）感应器基本尺寸的确定

1. 感应器与工件之间间隙的确定

表 4-9 为推荐采用的感应器与工件表面之间间隙的经验数据。

2. 感应器尺寸的确定

（1）感应器直径的确定　加热外圆表面时，感应器的内径可由下式计算，即

$$D=D_0+2a$$

式中　D——感应器内径（mm）；

D_0——工件外径（mm）；

a——间隙（mm）。

加热圆孔表面时，感应器的外径可由下式计算，即

$$D=D_0-2a$$

（2）感应器高度的确定　感应器高度 h_i 的确定可参考表 4-11、表 4-12 中有关的经验数据。感应器高度与工件直径、比功率、高频设备的输出功率有如下关系，即

$$h_i=\eta\frac{P_{输}}{p_b\pi D_0}$$

式中　h_i——感应器高度（mm）；

η——设备总效率，高频设备 $\eta=0.55$，中频发电机 $\eta=0.65$，中频晶闸管 $\eta=0.9$；

$P_{输}$——中频设备输出功率，高频设备为振荡功率 $P_{振荡}$（kW）；

p_b——比功率（kW/cm^2）；

D_0——工件直径（mm）。

轴的硬化层应沿截面圆周均匀分布，轴端应保留 2～8mm 的不淬硬区，以免产生轴端裂纹，在同一轴上若有两个淬硬区，则相邻淬硬区应保持足够距离，这样可避免产生交接裂

纹。相邻淬硬区之间的最小距离，高频为10mm，中频为20～30mm。花键轴淬火时，淬硬区应超出花键全长的10～15mm。

齿轮感应器高度主要取决于齿宽，高频电流尖角效应明显，易造成尖角过热，应使感应器高度略低于齿轮宽度。中频加热时，因尖角散热速度较快，则感应器高度应略大于齿轮宽度，见表4-13，中频同时加热的单匝感应器高度可等于或稍大于工件淬火区的长度。

表4-13　高、中频不同齿轮的感应器高度 h_i

设　备	固定齿轮	倒角齿轮	内　齿　轮
高频	$h_i = b - (1 \sim 2)$ mm	$h_i = b + (2 \sim 4)$ mm	$h_i = b + (3 \sim 5)$ mm
中频	$h_i = b + (2 \sim 3)$ mm	$h_i = b + (4 \sim 8)$ mm	

注：b 为齿宽。

【例4-2】　编制感应淬火参数。

零件名称：阶梯轴，材料：40Cr，技术要求：ϕ50mm×150mm 端高频淬火，硬度要求50～55HRC。

解　1）确定最佳硬化层深度 δ。按经验 δ 取零件直径的10%左右，则 δ 为2.5～3.75mm（ϕ>40mm 时取下限，零件尺寸小者取上限）。

2）决定加热方式。对硬化层深度要求2.5mm，加热形式以传导为主、透热加热为辅。零件硬化部位较长，可采用连续式加热，喷射冷却的淬火方式。

3）确定表面比功率 p_b。根据表4-4，高频连续加热可选 $p_b = 1.5 \sim 2\text{kW/cm}^2$。

4）感应器尺寸初步估算。感应器内径 $D = 5.5$cm（间隙2.5mm），纯铜管通水冷却，可取壁厚1mm、ϕ12mm 铜管压方，感应器高度 h_i 可根据 $P_{输} = \pi D h_i p_b$ 和 $P_{输} = P_{振荡}\eta_{总}$ 公式得出，即

$$P_{振荡} = \pi D h_i p_b / \eta_{总} \quad 或 \quad h_i = P_{振荡}\eta_{总} / (\pi D p_b)$$

当 $\eta_{总}$ 取0.5、$P_{振荡}$ 取60kW（所选高频设备型号为GP-60）时，

$$h_i = 60 \times 0.5 / (3.14 \times 5.5 \times 1.5)\text{cm} \approx 1.2\text{cm}$$

5）电参数计算。GP-60由两个振荡管承担功率输出，每管承担30kW，一般 $U_{阳}$ < 13kV，根据公式 $P_{输} = I_{阳} U_{阳} \approx 20$kW 估算，若 $U_{阳}$ 取12kV，则 $I_{阳} = 1.66$A，取2A（<3.5A 合理）。根据 $I_{阳}/I_{栅} = 8$ 的关系，则 $I_{栅} = 0.3$A（<0.75A 合理）。槽路电压一般取阳极电压的60%～70%，可估算为7.2～8.4kV。

6）加热时间及进给速度。加热时间可根据经验公式 $p_b = 5\delta/\tau$ 计算，一次加热所需的时间 $\tau = 8 \sim 9$s。以此估算进给速度，$v = h_i/\tau = 1 \sim 1.5$mm/s。

高中频进给速度也可按经验公式计算，$v = (0.2 \sim 0.5) p_b h_i / \delta$，设备的频率越高，钢中碳的质量分数越低，进行平面感应加热时，公式中的系数取下限。

3. 感应器匝数的选择

大多数情况下均采用单匝，当零件淬火区宽度较大或感应器高度超过其直径3倍时，可采用双匝或多匝感应器。如采用多匝时，则匝间距不超过零件与感应器之间的间隙，以提高效率，一般匝间距为3～6mm。直径不大的感应器制成双匝或多匝，可以提高感应器的效率，即改善汇流排与感应导体之间的电压分配，增加感应导体上的电压输出，但匝数不宜过多。

4. 感应器冷却水路与喷水孔的确定

感应器多用纯铜管制造，以便可以通水把由于损耗引起的热量带走。采用同时加热淬火时，感应器上可不设喷水孔。对连续加热淬火的感应器，则需在感应导体的端部钻喷水孔，孔的中心线与感应器的夹角一般为45°。

自喷感应器喷孔直径及喷孔间距见表4-14。

表4-14　自喷感应器喷孔直径及间距　（单位：mm）

冷却剂	水	聚乙烯醇水溶液	喷孔间距	备　注
高频	0.70~0.85	0.8~1.0	1.5~3.0	通常为一列孔
中频	1.0~1.2	1.2~1.5	2.5~3.5	一列或两列孔

同时加热感应器喷水孔为多排孔，同排（或同列）喷孔间距一般为7~8mm。双排或多排喷水孔的排列形状应错开排列，排列成棋盘形状。

第六节　火焰加热表面淬火

一、火焰淬火的基本原理和特点

火焰加热表面淬火是将高温火焰喷向工件表面，使工件表面层迅速加热到淬火温度，然后快速冷却的一种表面淬火方法。缺点是火焰传导式加热容易过热，过热程度大于感应透热式加热，淬火质量不易控制，淬火质量稳定性差，影响因素较多。

火焰淬火最常用的是氧—乙炔、天然气、煤气或其他可燃气体的混合气体，其中氧—乙炔燃烧温度最高（可达3150℃）。氧—乙炔火焰分为焰心、还原区和全燃区三部分，其中还原区的温度最高（一般距焰心顶端2~4mm处温度最高），在操作时应尽量利用这个高温区加热工件。

乙炔与氧的混合比例对火焰的燃烧温度影响很大，一般可分三种情况：

（1）还原焰　乙炔比氧气多，火焰长（有微量冒烟，核心高长，整个火焰显得没有力），略有渗碳作用，如图4-16a所示。

（2）中性焰　乙炔与氧气混合适当（呈紫色），如图4-16b所示。最高温度约3200℃。

（3）氧化焰　氧气比乙炔多，核心较淡、短，呈尖形，火焰形状缩短，光度显得白亮耀眼，整个火焰由淡红色变紫色，如图4-16c所示，氧化焰最高温度可达2300℃。

在火焰表面淬火时，一般采用中性焰为主，但也可采用氧化焰加热，如果火焰调整适当，氧化焰也不会引起工件表面的氧化或脱碳，乙炔的消耗量可减少20%，并能使产品质量均匀。

火焰淬火设备简单，成本低，使用方便灵活，适用于各种形状零件，特别是大尺寸工件的局部淬火或表面淬火。

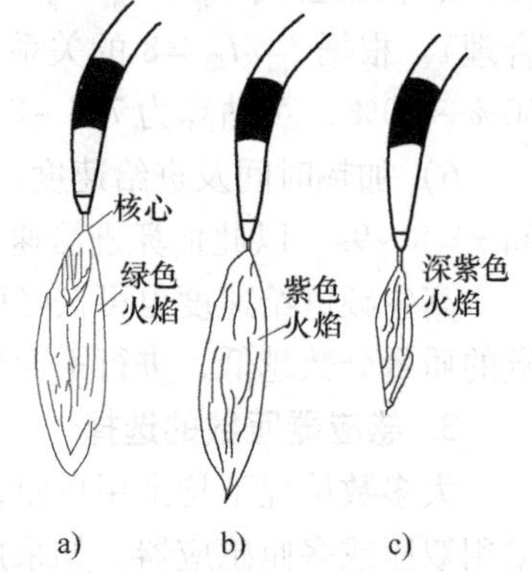

图4-16　火焰分类示意图
a）还原焰　b）中性焰　c）氧化焰

二、火焰淬火的方法

根据喷嘴与零件相对运动情况，火焰淬火的方法可以分为四种：

1. 固定法

固定法是淬火零件和喷嘴都不动，用火焰喷嘴直接加热淬火部分。当零件加热到淬火温度后立即喷水冷却（图4-17a），这种方法适用于淬硬面积不大的零件（如气阀顶杆、杆件端部、导轨接头、离合器的卡牙部分等）。

2. 旋转法

旋转法是用一个或几个固定火焰喷嘴对旋转（100～200r/min）工件表面进行加热，使其表面加热到淬火温度，然后再进行冷却（图4-17b），这种方法适用于小直径的轴和模数小于5的齿轮。

3. 前进法

前进法是火焰喷嘴和冷却装置沿淬火零件表面作平行移动，一边加热，一边冷却，淬火零件可缓慢移动和不动（图4-17c）。这种方法可以使很长的工件进行表面淬火（如长轴、机床床身、导轨等），也适用于大模数齿轮进行逐齿的淬火。

4. 联合法

联合法是指淬火零件绕其轴线作迅速旋转，而喷嘴及喷水装置同时沿零件轴线平行移动（图4-17d）。该法加热比较均匀，可作冷轧辊的表面淬火用。

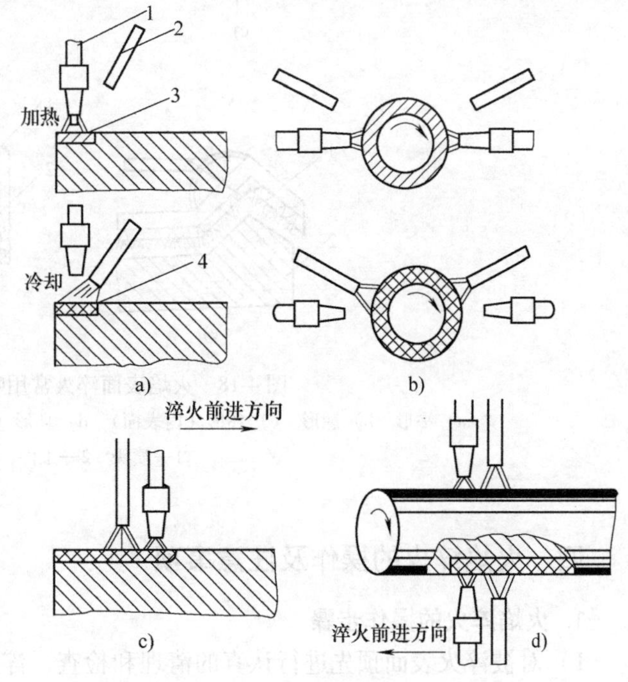

图4-17 火焰表面淬火法示意图

a）固定法 b）旋转法 c）前进法 d）联合法

1—火焰喷嘴 2—水冷喷嘴 3—加热的表面 4—淬火的表面

三、火焰淬火的设备

火焰淬火的主要设备有喷枪、喷嘴（或称烧嘴，喷头）、淬火机床、乙炔发生器和氧气瓶。

喷嘴的形状直接影响着火焰淬火的质量，为了加热均匀，要求火焰外形尺寸尽可能和淬火部位的形状尺寸一致，因而喷嘴的形状和尺寸取决于淬火加热部位的形状和尺寸。

常用喷嘴的形状（图4-18）有以下几种：

（1）平形 适用于不同尺寸零件的平面表面淬火加热用。

（2）翘形 适用于凹槽表面的淬火加热。

（3）环形 适用于滚轮、轴类及其他外圆表面淬火加热时用，另一种是内圆表面淬火加热用。

（4）角形 适用于机床、导轨等角形工件的表面淬火加热用。

（5）钳形 专门用于加热齿轮及类似形状的零件。

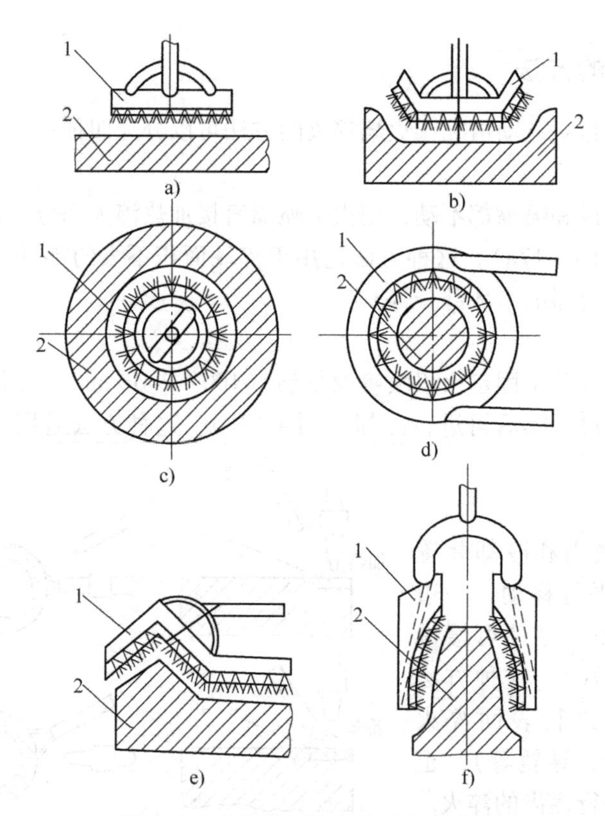

图 4-18　火焰表面淬火常用喷头形状

a）平形　b）翘形　c）环形（内表面）　d）环形（外表面）　e）角形　f）钳形

1—喷头　2—工件

四、火焰淬火的操作及注意事项

1. 火焰淬火的操作步骤

1）对被淬火表面预先进行认真的清理和检查，淬火部位不允许有脱碳层、氧化皮、砂眼、气孔、裂纹等缺陷。

2）根据工件淬火部位及技术要求选择合适的喷嘴。

3）淬火前应仔细检查氧气瓶、乙炔发生器、导管等是否正常。

4）确定氧气和乙炔的流量和工作压力（一般氧气压力为 0.12 ~ 0.4MPa；乙炔压力为 0.03 ~ 0.12MPa，氧气与乙炔的混合比为 1 ~ 1.2）。

5）确定喷嘴与工件的距离是控制淬火温度的方法之一。喷嘴和工件表面的距离一般为 6 ~ 15mm，工件直径大，则距离应适当减小；钢的含碳量较高时，喷嘴与表面间的距离应远一些。

6）使用前进法或联合法时，喷嘴移动速度由淬硬层深度、钢的成分及工件与喷嘴之间距离大小所决定。一般在 50 ~ 150mm/min 之间，具体可参见表 4-15。

7）选择冷却剂的种类。碳的质量分数在 0.6% 以下的碳钢可用水淬，碳的质量分数大于 0.6% 的碳钢或含铬及锰的低合金钢，可用 30 ~ 40℃ 水或者 0.1% ~ 0.5%（指质量分数）聚乙烯醇水溶液作为冷却介质。

8）工作时先开少量的乙炔气，点燃后再开大乙炔并调整氧气，当氧气与乙炔的混合比为1.2时，得到火焰为中性焰。

9）工作完后，先关氧气，再关乙炔，待熄灭后再开少量氧气吹出烧嘴中的剩余气体，最后再关掉氧气。

表4-15　喷嘴移动速度与淬硬层深度的关系

淬硬层深度/mm	2	3	4	5	6	7	8
移动速度/(mm/min)	166	145	125	110	100	90	80

2. 火焰淬火的注意事项

1）在火焰淬火前工件一般要进行预先热处理，通常是正火或调质处理，以保证心部的强度和韧性。

2）火焰淬火温度比普通淬火温度要高，在 Ac_3 以上80～100℃，一般取880～950℃。淬火时的加热温度通常凭经验掌握，并通过调整喷嘴移动速度来控制。

3）合金钢零件、铸钢件和铸铁件进行火焰表面淬火时，由于材料的导热性差，形成裂纹的可能性较大，必须在淬火前进行预热。

4）淬火后工件必须立即进行回火，以消除应力，防止开裂。回火温度根据硬度的要求而定，一般为180～200℃，回火保温时间为1～2h。

3. 火焰淬火适用范围

火焰加热表面淬火适用范围广，淬火表面部位几乎不受限制，因此在冶金、矿山、机车制造等重型机械中应用广泛，如滚轮、齿轮、偏心轮、凸轮轴等均可采用火焰淬火方法处理。

训练题

一、填空（选择）题

1. 高频感应加热装置常用频率为________，装置种类有________、________，适合热处理________；中频感应加热装置常用频率为________，装置种类有________、________，适合热处理工件________。

A. 2500Hz　B. 8000Hz　C. 30～40kHz　D. 200～300kHz　E. 机械式（发电机式）　F. 电子管式　G. 晶闸管式　H. 晶体管式　I. 小型工件　J. 中型工件　K. 大型工件

2. 感应加热的效应有________、________、________、________。

3. 零件表面过热度由大到小是________，原因是________________。

A. 高频感应加热、中频感应加热、火焰加热

B. 火焰加热、高频感应加热、中频感应加热

C. 火焰加热是传导加热，比透热式加热的速度慢，易过热

D. 透热式加热速度快，不易过热

E. 高频集肤效应大于中频集肤效应，易过热

F. 中频集肤效应大于高频集肤效应，易过热

4. 中频感应器最高输出电压为________，高频淬火变压器电压降到________。

A. 1000V左右　B. 10000V左右　C. 15~100V　D. 650V

5. 100kW，8kHz中频电源同时加热淬火的最大面积为________。

A. 50cm^2　B. 100cm^2　C. 125cm^2

6. 感应连续加热比功率为________同时加热比功率为________，连续感应加热淬火常用于________。

A. 0.8~2.0kW/m^2　B. 2.0~3.5kW/m^2　C. 长形工件　D. 小型工件　E. 设备容量小（工件大）　F. 设备容量大（工件小）

二、判断题（对✓、错×、不一定━、优或常用★、弱或不常用\、长空可分情况判断）

1. 冷态感应电流透入深度远低于热态感应电流透入深度(　　)，故感应加热不宜回火(　　)。高频感应电流透入深度大于低频(　　)，宜进行深层加热(　　)，低频深层透热式加热过热倾向小(　　)，淬火质量好(　　)。

2. 电子管式高频感应加热一般由滑动变压器调节$U_{阳}$控制在1kV左右(　　)，由耦合手轮调节$I_{阳}$控制在1~3A(　　)，由反馈手轮调节$I_{栅}$控制在0.2~0.65A(　　)，使$I_{阳}/I_{栅}$保持在5~10为最佳。调整耦合是为了调整负载电阻与振荡管内阻抗相匹配（即相等），使高频振荡器输出功率最大(　　)。

3. 晶闸管中频装置电效率低于机械中频发电机(　　)，电子管式高频装置电效率低于晶体管式(　　)。

4. 减小感应器高度可增大比功率，缩短加热时间(　　)，实际操作多选择低频率、大比功率进行生产(　　)。

5. 铸铁件，原始组织有大块铁素体或带状组织，设计有形状复杂的花键槽、油孔等的零件，宜采用较小的比功率(　　)。

6. 火焰加热也可以调整为中性焰(　　)，如果火焰调整适当，氧化焰也可用于表面加热淬火，不至于引起工件表面的氧化或脱碳(　　)。

三、名词解释、简答题

1. 冷透入深度，热透入深度，透热式加热，传导式加热，深层加热，导磁体。

2. 有一直径为40mm的钢制零件，要求表面淬火深度为0.5mm、2mm，若进行连续淬火，感应圈高度为1cm，应选用何种类型设备？设计并绘制出感应器结构图。

3. 晶闸管式中频与机械式中频相比有哪些主要优点？目前尚存在哪些问题？

4. 有一直径为40mm的轴，要求淬硬深度为4~6mm，采用同时加热淬火工艺，感应圈高度为100mm，其电源输出功率应为多少？选何种型号的感应加热设备为宜？设计并绘制出感应器结构图。

四、应知应会

1. 举例说明感应加热四效应对感应加热及感应器设计的影响。

2. 举例说明感应加热的频率、比功率确定的原则。

3. 感应器高度、感应器匝数、移动速度如何确定？

4. 为何感应加热不宜进行回火工艺？在什么情况下进行感应加热回火？参数有什么特点？

5. 感应加热设备（不包括工频设备）弱或不能完成什么热处理工艺？为什么？如何解决？

6. 在工件材料、尺寸大小、心部力学性能、热处理工艺种类、淬硬层深度、硬度等方面，比较浴炉与感应加热的热处理情况。

第五章 炉用仪表

仪表精确度；热电偶；补偿导线；冷端温度补偿；直流电位差计；电子电位差计；PID调节；炉温均匀度及稳定度；炉温准确性；一次、二次仪表校验；工件温度一致性

热处理炉用仪表是热处理生产中重要的检测和控制设备，热处理工艺参数的准确测量是正确执行热处理工艺、保证热处理质量的重要前提，特别是温度、碳势、氮势的准确测定，对热处理工艺质量具有重要的保证作用，因此，炉用仪表是热处理设备的重要组成部分。主要炉用仪表性能及应用特点见表5-1。

表5-1 主要炉用仪表性能及应用特点

	热电偶使用温度、材料、型号、700℃标准热电势/mV			测温仪表（二次仪表）			碳势测量仪表精度 w(C)(%)		
	高温	中温	低温	直流电位差计	电子电位差计	数字仪表	露点仪	CO_2 红外仪	氧探头
性能应用特点	铂铑10—铂 WRP 6.274	镍铬—镍硅 WRN 29.128	镍铬—铜镍 WRE 57.74	精度高，用于校验热电偶或电子电位差计	精度较高，有自动显示、记录、调节温度功能	精度高，灵敏度高，体积小，易与微机联机	间接测量，响应时间长，精度±1	间接测量，响应时间15s左右，精度±0.05	直接测量，响应时间为1s左右，精度±0.03，应用最广

注：1. 动圈式测温仪表有显示或调节功能（无记录功能），结构简单，价格低廉，测温精度低，有1.0级、1.5级。
2. 能发出电信号的热电偶、氧探头等称为传感器或一次仪表，二次仪表指能显示、记录、控制的仪表，如数字仪表等。

第一节 温度测量仪表

一、测量误差的有关术语及表示方法

测量者使用某些仪器是按照一定的操作方法，在一定的外界条件下进行的。由于感觉和视觉的限制、外界条件的变化以及测量仪器本身的精确度，使测量不可避免地存在误差。

1. 绝对误差

仪表的指示值与被测量的真实值之间的代数差称为绝对误差或指示误差，简称为误差。

用 ΔX 表示。即

$$\Delta X = X - A$$

式中 X——仪表指示值；

A——被测量的真值（校验仪表时，通常用比被校验仪表精度高的标准仪器的示值作为真值）。

2. 基本误差和基本误差限

基本误差是指仪表的绝对误差与仪表测量范围（即量程）的百分比。基本误差的最大允许值称为基本误差限，用 γ_0 表示。即

$$\gamma_0 = \frac{\Delta X_{max}}{A_{max} - A_{min}} \times 100\%$$

式中 ΔX_{max}——允许的最大绝对误差；

A_{max}——仪表测量上限，即标尺上限值；

A_{min}——仪表测量下限，即标尺下限值。

3. 精确度与精确度等级

精确度是指仪表测量的精确程度，它是测量仪表最基本的也是最重要的技术性能指标。精确度用仪表的基本误差限去掉“%”号并取绝对值来表示，精确度用字母 k 来代表。若基本误差限为 ±1.5% 的仪表，它的精确度即为 $k=1.5$。

已知仪表的精确度，就可以推算出仪表的允许最大绝对误差，即

$$\Delta X_{max} = \pm k\%(A_{max} - A_{min})$$

因此，仪表的精确度越高，k 越小，测量的误差越小。

仪表按精确度高低分成的等级称为精确度等级。国家标准规定的仪表精确度等级见表5-2。

表 5-2 国家标准规定的仪表精确度等级

精确度等级	0.005、0.01、0.02、0.04、0.05	0.1、0.2、0.5	1.0、1.5、2.5、4.0、5.0
仪表等级	Ⅰ级标准仪表	Ⅱ级标准仪表	一般工业用仪表

仪表的精确度等级通常都要标明在仪表面板上，等级数字写在圆圈或三角符号里面，例如1.5级用㊀或△表示。仪表精确度等级的标出，表明仪表制造厂家保证该仪表在规定的参比条件下，其测量误差不会超过相应等级所允许的最大误差。

仪表的精确度只取决于仪表本身的性能和质量，与读数的精确性无关，超过仪表精确度等级的读数毫无意义。因此，规定仪表刻度标尺的最小分格值不小于仪表允许的最大绝对误差。

二、感温元件——热电偶

（一）热电偶及其测温原理

热电偶是将温度转换成电势（热电势）的一种感温元件。利用热电现象制成的温度计称为热电偶高温计。热电偶高温计是工业上也是热处理生产上应用最广的测温元件。

1. 热电现象和热电势

把A、B两种材料的组合体称为热电偶，单根叫做热电极。热电偶被加热的一端称为热端，另一端一般要求恒定在某一较低的温度，称为冷端。热电偶回路电流称为热电流，引起热电流的电势称为热电势。热电势包括温差电势和接触电势。

（1）温差电势　在同一均质导体上，因两端温度有差异，高温端的电子能量大于低温端的电子能量，因此高温端的电子就流向低温端，导致高温端由于失去电子而带有正电荷，低温端由于获得电子而带有负电荷，结果在高低温端之间产生一个静电场，此时，在导体两端所形成的电动势即为温差电势。若导体A的两端温度分别为T和T_0，其温差电势用符号$e_A(T,T_0)$表示。

（2）接触电势　接触电势是指两种不同的导体互相接触时，由于在同一温度下，两种不同的导体自由电子密度不同，因而在接点处产生电动势$e_{AB}(T)$。

综上所述，在由A、B两导体组成的热电偶回路中，当两个接点的温度分别为热端T和冷端T_0时，回路将产生两个温差电势和两个接触电势，如图5-1所示，则回路总电势应为各温差电势和接触电势的代数和，按图5-1所示回路方向可知回路总电势为

$$E_{AB}(T,T_0)=e_{AB}(T)-e_{AB}(T_0)+e_B(T,T_0)-e_A(T,T_0)$$

由此可见，热电偶回路总电势$E_{AB}(T,T_0)$是两接点处温度的函数，即

$$E_{AB}(T,T_0)=f(T)-f(T_0)$$

冷端温度不同，热电势与热端温度的对应关系也不同。为了便于使用，国际上统一采用冷端温度为0℃，并把各种标准热电偶在不同热端温度时用标准仪器测得的热电势值列成彼此对应的表格，这种表格称为热电偶分度表，见附录A。

2. 中间温度定律

如图5-2所示，在热电偶回路上，假设热接点T和冷接点T_0之间某处具有中间温度T_n，列回路电势代数和方程式：

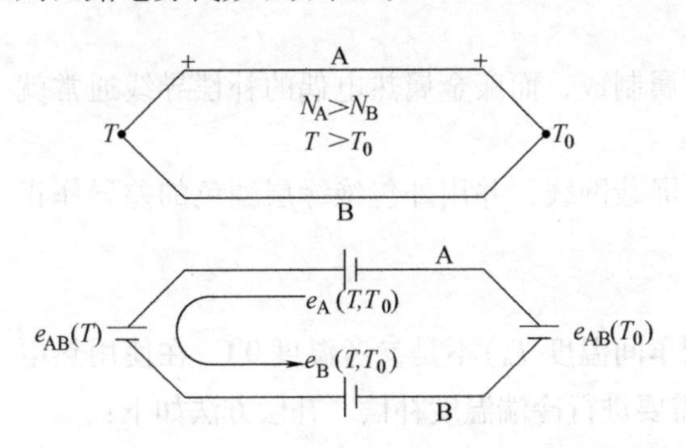

图5-1　热电偶回路电势

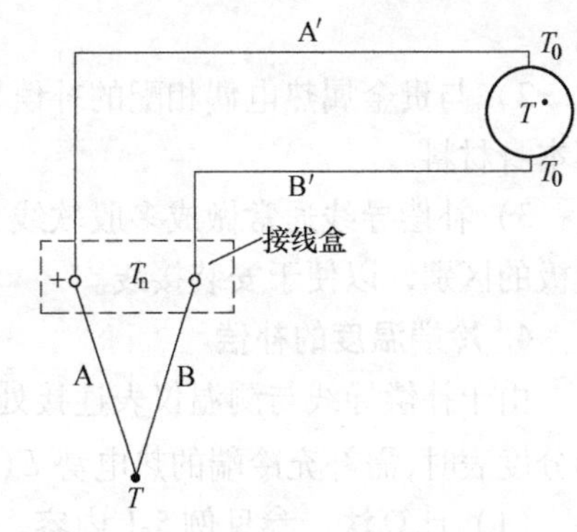

图5-2　补偿导线连接回路

$$E_{ABB'A'}(T,T_n,T_0)=E_{AB}(T,T_n)+E_{A'B'}(T_n,T_0)=E_{AB}(T,T_n)+E_{AB}(T_n,T_0)=E_{AB}(T,T_0)$$

此式表明，热电偶在接点温度为T、T_0时的热电势$E_{AB}(T,T_0)$等于热电偶热接点与中间温度点T_n间的热电势$E_{AB}(T,T_n)$及T_n点与冷接点间的热电势$E_{AB}(T_n,T_0)$之和，此为中间温度定律。

中间温度定律为热电偶分度表奠定了理论基础。根据该定律，只要有参考温度为0℃时的热电势与热端温度的对应值，则参考温度不等于0℃的热电势都可按上式计算求得。

【例5-1】　用WRN型热电偶测量某中温炉的炉温时，用直流电位差计测得热电势为33.91mV，用水银温度计测得热电偶冷端温度为25℃，求热电偶热端温度。

解　由分度表查得$E_{AB}(T_n,0℃)=E(25℃,0℃)=1.00\text{mV}$，而$E_{AB}(T,T_n)=E(T,25℃)=33.91\text{mV}$，$E(T,0℃)=E(T,25℃)+E(25℃,0℃)=33.91\text{mV}+1.00\text{mV}=34.91\text{mV}$，从分

度表中可查出，34.91mV 相对应的热端温度（即实际炉温）为 840℃。如果不补偿冷端热电势 E(25℃，0℃）而直接用 E(T，25℃)，33.91mV 相对应的热端温度为 815.5℃。

此外，中间温度定律也为热电偶实际测温中应用补偿导线提供了理论依据（即中间导体定律）。

3. 中间导体定律

在热电偶实际测温回路中，热电偶是通过连接导线与显示仪表相接的，而连接导线的材料往往与热电极材料不同，可以证明，连接导线接入热电偶回路后，只要连接导线两端温度相同，它对回路总电势没有影响。这就是中间导体定律，如图 5-2 所示，因

$$E_{ABB'A'}(T,T_n,T_0)=E_{AB}(T,T_n)+E_{A'B'}(T_n,T_0)=E_{AB}(T,T_0)$$

所以

$$E_{A'B'}(T_n,T_0)\approx E_{AB}(T_n,T_0)$$

例如，实际生产中用热电偶测温时，由于热电偶接线盒就在测温热源附近，热电偶冷端不仅温度偏高，而且波动很大，因此引入的测量误差不可忽视，必须采取措施消除。当然，可以把热电偶做得很长，使冷端远离热源。但此法安装使用不便，而且耗费贵重的热电偶材料，因而不实用。生产中最常用的补偿办法是接补偿导线。如图 5-2 所示，通过补偿导线 A′、B′在热电偶接线盒内与热电偶冷端连接，能把热电偶的冷端引伸到温度较低且波动较小的地方（测温仪表处）。

生产上应用的补偿线通常具有三个特点：

1）在 0～100℃(或 0～150℃）温度范围内具有与所配接的热电偶非常接近的热电性能。

2）与贵金属热电偶相配的补偿导线用廉金属制成，而廉金属热电偶的补偿导线通常就用本身材料。

3）补偿导线通常做成多股软线，有的带有屏蔽网线，并用外包绝缘层颜色的差异作正负极的区别，以便于安装接线。

4. 冷端温度的补偿

由于补偿导线与测温仪表连接处温度(冷端车间温度 T_0)不是参考温度 0℃，在使用热电偶分度表时，需补充冷端的热电势 $E(T_0,0)$，即需要进行冷端温度补偿。补偿方法如下：

（1）计算法　参见例 5-1 内容。

（2）调仪表机械零位法　在仪表接入热电偶之前，将直读式动圈仪表指针调到冷端车间温度 T_0 处，产生补偿热电势 $E(T_0,0)$，当接入热电偶后，仪表指针就反映了被测温度 T。此法不适用冷端温度急剧变化，或测量精度要求高的情况。

（3）温度补偿器法　温度补偿器是一个直流毫伏信号发生器，其直流信号能随车间冷端温度而变化，把它串联在热电偶测量线路中，能自动补偿冷端温度变化而引起的热电势变化。

（4）冰点槽法　如图 5-21 比较法校验热电偶装置中的冰点恒温器 3 所示。

（二）标准化热电偶

1. 铂铑 10—铂热电偶

铂铑 10—铂热电偶的分度表见附录 A，分度号为 S。此种热电偶用铂铑丝和铂丝制成，铂铑丝含铂 90%（指质量分数，下同），含铑 10%，为正极，铂丝为负极。长期使用的最高温度是 1300℃，短期使用可到 1600℃，是热处理生产中采用的高温热电偶。

由于容易得到高纯度的铂铑和铂，故复制性好，测温精度高，故铂铑 10—铂热电偶可

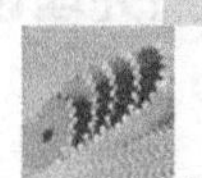

用于制作标准热电偶。铂铑10—铂热电偶在氧化性和中性气氛中有较高的物理化学稳定性，因此能够在这些气氛中较长时间地工作。其主要缺点是热电偶材料为贵金属，价格昂贵；材质软，力学强度低；热电势较小，需配用灵敏度较高的显示仪表；在高温下容易受还原性气氛以及含有金属或非金属蒸气的污染而变质，造成热电势下降，测量误差增大，故不宜在该气氛中使用；因铂易挥发，在真空中也只能短期使用。此外，高温下长期使用时，铂电极晶粒易粗化，导致电极变脆易折断。

2. 镍铬—镍硅热电偶

镍铬—镍硅热电偶用镍铬合金和镍硅合金分别作为正极和负极，主要是使用于测量中温的热电偶。它在氧化性和中性气氛中性能较稳定，长期使用的最高温度是900℃，短期使用温度可达1200℃。热电势比铂铑10—铂热电偶高4～5倍，而且热电势与温度的关系近似直线。此外，相对铂系金属属于廉价金属，所以是热处理生产中应用最多的一种热电偶。此种热电偶不宜在500℃以上的还原性气氛以及含有硫的气氛中工作，因铬易挥发而导致分度值改变，在真空中也只能短期使用。

3. 镍铬—康铜热电偶

镍铬—康铜热电偶用镍铬合金丝作为正极，负极是用称为康铜的铜镍合金制作，由于康铜在高温下容易氧化变质，镍铬—康铜热电偶的长期使用最高温度仅是600℃，短期使用温度只能到800℃，但测量低温可到－200℃。

此种热电偶的热电势非常大，在常用的热电偶中居首位，故灵敏度高。由于用镍量少，价格相当便宜。在热处理生产上，600℃以下的低温测量可用这种热电偶，是一种很有实用价值的低温热电偶。

几种标准化热电偶的主要技术数据列于表5-3中。

表5-3　标准化热电偶的主要技术数据

热电偶名称	分度号	型号	热电偶材料			100℃时电势/mV	使用温度/℃		温度范围/℃	级别	允差/℃
			极性	识别	化学成分及其质量分数(%)		长期	短期			
铂铑10—铂	S	WRP	正	亮白，较硬	Pt90，Rh10	0.645	1300	1600	0～1600	Ⅰ	±1℃或±[1+(t－1100)×0.003]
			负	亮白，柔软	Pt100					Ⅱ	±1.5℃或±0.25%t
			负	稍软	Pt94，Rh6						
镍铬—镍硅（镍铬—镍铝）	K	WRN	正	暗绿不亲磁	Cr9～10，Si0.4，Ni90	4.095	1100	1200	－40～1000	Ⅰ	±1.5℃或±0.4%t
			负	深灰稍亲磁	Si2.5～3.0，Ni97，Co≤0.6				－40～1200	Ⅱ	±2.5℃或±0.75%t
			负	亮黄不亲磁	Cu40～60，合金				－200～40	Ⅲ	±2.5℃或±1.5%t
镍铬—康铜	E	WRE	正	暗绿	Cr9～10，Si0.4，Ni90	6.317	750	850	－40～800	Ⅰ	±1.5℃或±0.4%t
									－40～900	Ⅱ	±2.5℃或±0.75%t
			负	亮黄	Cu40～60，合金				－200～40	Ⅲ	±2.5℃或±1.5%t

（三）热电偶的结构及类型

1. 普通型热电偶的组成

在实际测温中，仅有两个热电极的热电偶是很少见的。普通型热电偶通常由热电极、绝缘管、保护套管和接线盒四部分组成。图5-3所示为一种普通型热电偶的结构图。

常用热电偶保护管的材料、性能及用途见表5-4。

接线盒是连接热电偶冷端和连接导线的部件，一般用铝合金铸造而成。在接线盒内，热电偶冷端预先分别用螺钉将导线紧固在两个标注有正负极标记的接线柱上。

2. 铠装热电偶

随着生产和科学技术的发展，新型和特型热电偶不断出现。铠装热电偶是20世纪50年代初发展起来的一种热电偶，由于它具有能弯曲、耐高压、响应速度快和坚固耐用等特殊优点，已普遍应用于各工业部门，产品已标准化和系列化。

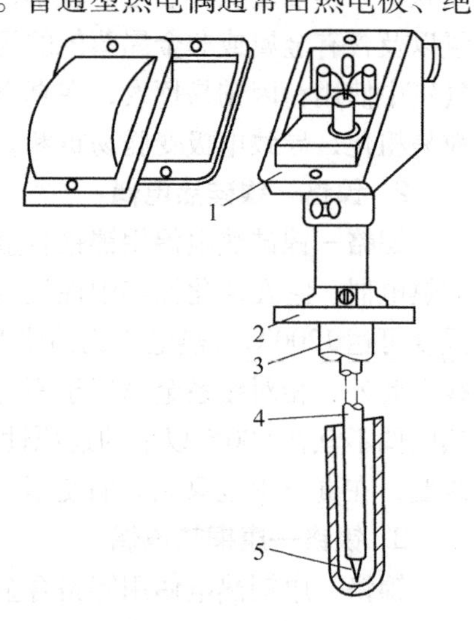

图5-3　热电偶结构图
1—接线盒　2—法兰　3—保护管
4—绝缘管　5—热电极

铠装热电偶是将金属保护管和装在里面的热电极与绝缘材料一起逐步拉制成坚实的整体型热电偶，其外形和断面结构如图5-4所示。套管材料可以是铜、不锈钢或镍基高温合金。绝缘材料用粉末状的电熔氧化镁或氧化铝，作标准热电偶的热电极同样可用作铠装热电偶的热电极，且分度特性不变。套管中热电极有双丝、单丝和四丝等几种形式。套管外径已显著减小到0.25～12mm范围，其长度根据需要来定，最长可达100m以上。

表5-4　常用热电偶保护管的材料、性能及用途

材料名称	长期使用温度/℃	短期使用温度/℃	性能及用途
铜及铜合金	400		为防止氧化，使用时在表面镀一层铬
无缝钢管	600		导热性好，常用来保护镍铬-康铜热电偶，渗铝、镀铬、镀镍后可在900～1000℃下应用
不锈钢管	900～1000	1250	常用来作镍铬-镍铝、镍铬-康铜热电偶的保护管
石英管	1300	1600	抗热振性好，能在氧化气氛中工作，高温下在还原气氛中易渗透，怕碱、盐腐蚀，常用作铂铑10—铂的保护管
瓷管	1400	1600	抗热振性差，热导率小，在氧化气氛中工作较好，在还原气氛中易渗透，怕碱、盐腐蚀，常用作铂铑10—铂的保护管

铠装热电偶的热端有如图5-4c所示的碰底型、不碰底型、露头型和帽型。它们的响应速度不一样，使用时，根据具体要求选择。铠装热电偶冷端（接线盒）形式有简易式、防溅式和防水式等；按固定方式不同有无固定装置、固定卡套螺纹、可动卡套螺纹、固定卡套法兰和可动长套法兰等几种。

铠装热电偶的主要优点如下：

1）动态响应速度快，以直径为1.6mm的热电偶为例，露头型的时间常数（指被测物理量发生阶跃变化，仪表开始响应至输出信号达到最终稳定示值的63%之间的反应时间）为0.06s，碰底型为0.6s，不碰底型也只有1.2s。直径越小，动态响应速度越快。

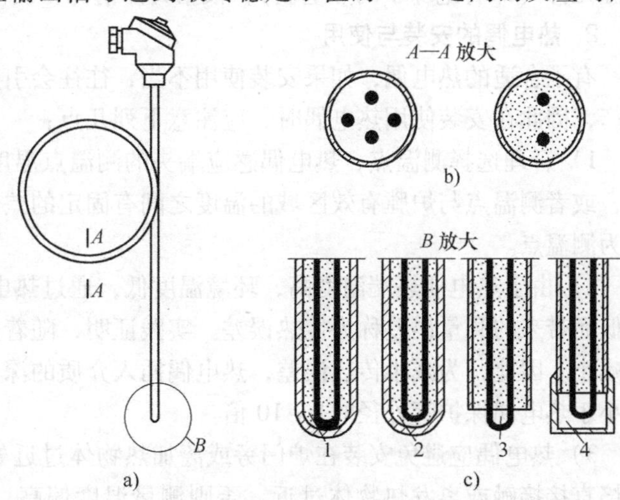

图5-4　铠装热电偶

a）外形　b）断面结构　c）热端形式

1—碰底型　2—不碰底型　3—露头型　4—帽型

2）测量端热容小。由于铠装热电偶外径可做得很细，因此热容小，在测量较小物体的温度时，精确度较高。

3）具有可挠性，由于管径很小且经过完全退火处理，具有一定的可挠性，符合复杂结构上的安装要求，如安装到狭小的、需要弯曲的测温部位。

4）结构坚实，耐压，不怕振动和冲击，适应在恶劣工作条件下使用。

（四）热电偶的选择、安装和使用

1. 热电偶的选择

选择热电偶包括确定热电偶的种类、保护管的材料、结构形式和有效长度等内容。

热电偶的种类主要根据要求的测温范围来确定。一般来讲，1000～1300℃的高温炉测温选用WRP型热电偶；600～1000℃的中温炉测温选用WRN型；600℃以下的低温炉用WRE型，否则，既不经济，又会带来较大的相对误差。

国产标准化WRP型热电偶的保护管材料一般都是高温瓷管，WRN型用不锈钢管，WRE型用普通钢管（非工作部分）和不锈钢管（工作部分）。

这些保护管材料分别适用于高、中、低温氧化性热处理空气电阻炉。为减小热惯性，有时可不用保护管，但在还原性介质（如渗碳可控气氛）中或真空下测温，则必须用保护管。在测量高、中温盐浴或碱浴的温度时，不宜使用抗热振性差的瓷管，用不锈钢管时，寿命又很短，在这种情况下，最好采用具有特殊性能的保护管或采取其他保护措施。

热电偶的结构形式根据测温对象不同而定。一般来讲，常压下氧化性气氛的热处理电阻炉因密封性要求不高，可采用活动法兰或无固定装置的直型热电偶；各种加热槽或盐浴炉则选用直角形或钝角形热电偶；用来测量具有正压或负压介质的温度时，因设备要求密封性高，应采用带固定螺纹装置的热电偶或采取其他的密封安装结构；对高压流动介质的测温，宜采用固定螺纹和锥形保护管的热电偶；测定变化较大的温度时，则应选用时间常数小的热电偶。

热电偶的长度一般是指它的工作部分（即插入部分）的长度。确定此长度时，应把热电偶插入被测介质的深度和炉壁厚度都考虑在内。确定热电偶总长时，还应考虑在接线盒和炉壁之间留一定的距离。

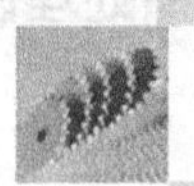

按上述原则确定了热电偶的类型、保护管材料、结构和主要尺寸以后，即可查阅有关热电偶的产品规格，在其中选取基本能满足要求的型号。如果不能满足要求时，可选购合适的测温元件（即有绝缘子的热电极），根据具体情况，设计制作专用热电偶。

2. 热电偶的安装与使用

有了合适的热电偶，如果安装使用不当，往往会引起测温不准，严重时造成事故，影响生产，因此在安装使用热电偶时，应注意下列几点：

1）合理选择测温点，热电偶感应端头的测温点温度必须能反映炉膛有效工作区域的温度，或者测温点与炉膛有效区域的温度之间有固定的差值，最好是将插入有效区域内的某点作为测温点。

2）由于热电偶热端温度高，环境温度低，通过热电极与保护管的热传导引起热端温度降低而带来的测量误差称为传热误差。实践证明，随着热电偶插入深度的增加，传热误差逐渐减小。因此，为减小传热误差，热电偶插入介质的深度要足够深。通常其最小插入深度不应小于热电偶保护管外径的8~10倍。

3）热电偶应避免安装在炉门旁或离加热物体过近处，以防止碰撞损坏。避免热电偶与火焰直接接触或离发热物体过近，否则测量温度偏高。接线盒与炉壁之间应留有一段距离（约200mm），以避免冷端温度超过规定值。

4）高温下工作的热电偶，应尽可能垂直安装，水平安装时保护管易弯曲（图5-5a）。倘若必须水平搁置时，插入较深的热电偶要用耐火粘土或耐热合金支架支撑（图5-5b），此时，接线盒出线孔应朝下，可防止因密封不良，灰尘落入而引起短路。

5）对于瓷质类保护套管的热电偶，安装位置要适当，不致因工件的移动而碰撞损坏，在插入或取出热电偶时，应避免激冷激热。

6）热电偶热端的位置应尽可能避开测温介质中强电场和强磁场，以免受到干扰。

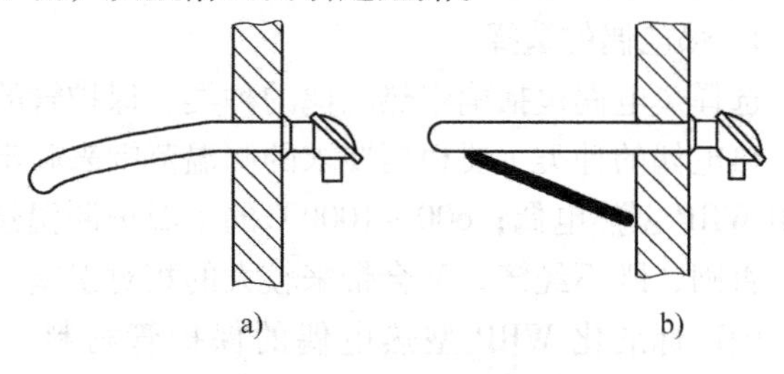

图5-5　热电偶水平安装情况

7）连接导线和补偿导线应尽量避免高温、潮湿、腐蚀性、爆炸性气体和灰尘的作用，禁止敷设在炉壁、烟道及热管道上。

8）为保护连接导线和补偿导线不受机械损伤，同时削弱外界磁场的干扰，导线应单独穿入钢管内予以保护和屏蔽，且不得和强电力线并排敷设。为避免地电位干扰的引入，钢管不应有两个或两个以上的搭铁点。管径可按导线截面积不超过管子截面积2/3的原则来确定，管壁厚不应小于1mm。

9）导线的电阻值是有要求的，安装时应按电阻值要求接线。

10）长期使用后，由于各种原因热电偶会变质老化，影响测温精度。为此，应定期对热电偶进行校验。

（五）热电偶的故障与维修

1. 常见故障及排除措施

表5-5所列为热电偶常见故障在仪表指示上所表现的常见现象、可能原因及排除措施（显示仪表本身正常时）。

表 5-5　热电偶常见的故障与维修

故障现象（仪表指示）	可能原因	排除措施
指针指向标尺起始端	热电偶“+”、“-”极接反	调换“+”、“-”极
	热电偶或导线断开（动圈式仪表）	修复热电偶，接好导线
	热电偶和仪表的型号不配套	更换热电偶或仪表
指针指向标尺上限	热电偶或回路导线断开（有断偶保护装置的动圈仪表）	修复热电偶，接好导线
	有直流干扰信号进入	排除直流干扰
	热电偶和仪表型号不配套	更换热电偶或仪表
指示温度偏低	热电偶与仪表不配套	更换热电偶或仪表
	补偿导线与热电偶不配套	更换补偿导线
	补偿导线与热电偶极性接反	重新改接
	热电极变质，测量端腐蚀严重	重新处理或更换热电极
	绝缘损坏，造成热电极或导线间漏电	修复或更换绝缘材料
	热电偶安装位置不当或插入深度不够（测量温度高于环境温度时）	按要求重新安装
	热电偶冷端温度偏高（测量温度高于环境温度时）	调整冷端温度或进行冷端温度补偿
指示温度偏高	热电偶与仪表不配套	更换热电偶
	补偿导线与热电偶不配套	更换补偿导线
	有直流干扰信号进入	排除直流干扰
	绝缘损坏，造成外电源进入热电偶测量线路	修复或更换绝缘材料

2. 热电偶的变质及其处理

（1）热电偶的变质和鉴别　热电偶的变质损坏程度可按其工作端部表面的颜色、发脆程度和断口特征予以鉴别，见表 5-6。

表 5-6　热电偶的变质损坏程度鉴别

变质程度	工作端特征	
	铂铑 10-铂、双铂铑	镍铬-镍硅、镍铬-康铜
轻度	灰白色，有少量光泽	有白色泡沫
中度	乳白色，无光泽	有黄色泡沫
轻严重	黄色、硬化	有绿色泡沫
较严重	黄色，有麻面，脆，易折	碳化成糟渣，断口晶粒粗大

（2）变质热电偶的处理　变质的热电偶可视变质程度不同进行处理。变质严重者，应予报废。变质不严重者，经过适当处理仍可使用，这一点对贵金属热电偶尤其重要，其方法是：

1）廉金属热电偶有轻度或中度损坏时，可将变质部分剪除，重新焊接，亦可将热端与冷端对调，把冷端焊接起来做热端用。变质较严重者，可将变质部分剪掉，重新焊接。凡焊接过的热电偶，应经检定合格后，方可使用。

2）贵金属热电偶有轻度或中度变质时，同样可采用廉金属热电偶的处理办法，不同点是贵金属热电偶焊接后，在检定之前要进行清洗和退火，以除去热电极表面的油污、有机物和部分氧化物，改善热电偶热电性能，延长使用寿命。

（3）热电偶的焊接　热电偶热端的焊接方法很多。对廉金属热电偶，常采用一般的电弧焊或气焊法；对于贵金属热电偶，可采用盐水焊接法，其装置如图5-6所示。在烧杯中盛有饱和的氯化氨或氯化钠水溶液，热电偶接电源的一端，其他金属丝接电源另一端，同时放入盐水中。焊前将热电极测量端绞成绳状，用带绝缘把的夹持器夹住热电偶，接通电源后，移动夹持器，使热电偶热端徐徐接触盐水面，产生弧光发热，即可得到光滑的焊点。电路中可装调压器调节电流，也可直接用220V电源。

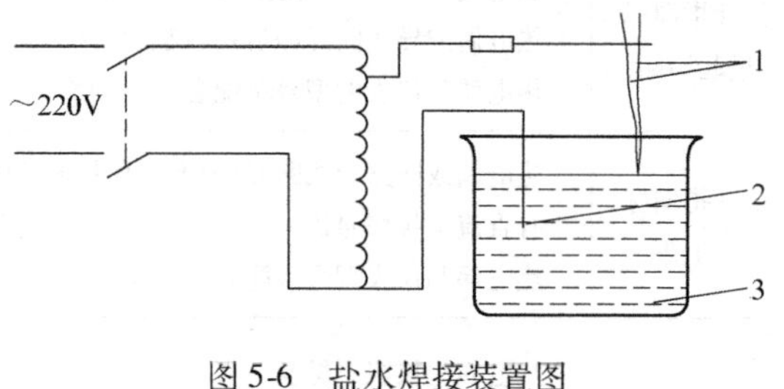

图5-6　盐水焊接装置图

1—热电极　2—铂丝　3—盐水

三、辐射式高温计简介

辐射式高温计是利用物体热辐射原理来测量温度的仪表，这种温度计和热电阻、热电偶及膨胀式温度计最显著的区别是不直接与测量对象接触，属于非接触式测温仪表，其主要特点是：

1）测温时不破坏被测介质的温度场，这对于测定小温度场的温度尤其具有特殊意义。

2）从理论上讲，仪表的测温上限不受限制，而接触式测温仪表，因受感温元件或保护管材料的限制，不能测量更高的高温。

3）由于是辐射传热，不存在感温元件和被测对象达到热平衡的问题，因而传热速度快，热惰性小。

4）输出信号可以很大，故仪表的灵敏度高。

5）因为与测量对象不直接接触，辐射式高温计适用于测量有强烈腐蚀性介质的温度和运动物体的温度，如盐浴炉、感应加热装置、离子氮化设备等的温度测量。

6）由于是非接触式仪表，影响测量结果的因素比较复杂，因此，辐射式高温计的测量误差一般比接触式温度计要大。

四、温度测量仪表

（一）直流电位差计

直流电位差计是测量直流微电势的精密仪器，在热处理生产中，常用于精密测量热电偶热电势和校验热电偶。

直流电位差计测量电势的原理是基于电压平衡法，即用已知电压去平衡未知电压的方法，图5-7所示为直流电位差计的基本电路。基本电路分为三个回路，由G、R、RP、R_s组成的工作电流回路；由G_s、R_s、P、S组成的标准工作电流回路；由E_x、S、

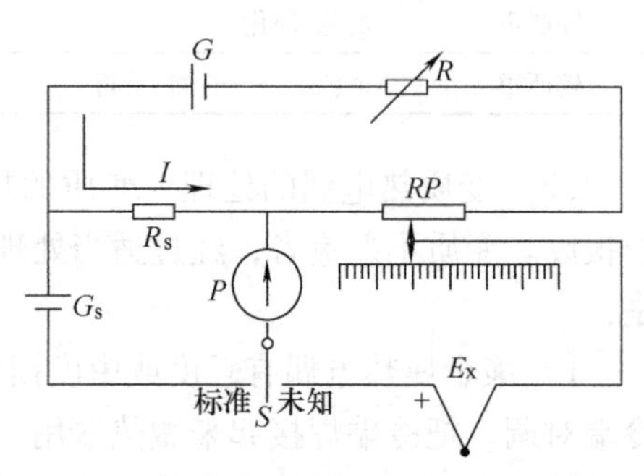

图5-7　直流电位差计的基本电路

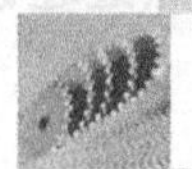

P、RP 组成的测量回路。

测量前必须先标定工作电流，即先将开关 S 移向“标准”位置，调整可变电阻 R，使检流计 P 指针指零，此时，工作电流 I 在 R_s 上产生的压降与标准电池电势 G_s 相平衡，由于 G_s 和 R_s 都是已知数，所以标定后的工作电流 I 必然是已知值，因而 I 在 RP 不同位置上所产生的电压降也是已知的。为读数方便，通常在 RP 长度方向配置有以毫伏为单位的刻度标尺，标尺上的读数对应于滑线电阻不同位置时的电压降。

工作电流标定以后，将开关扳向“测量”位置，移动滑线电阻上的滑接点，使 P 指零，这时工作电流在滑线电阻滑接点左段所产生的电压降与被测电势 E_x 相平衡，滑接点在刻度标尺上所指的毫伏值即为被测电势 E_x。

（二）电子自动平衡式显示仪表

电子自动平衡式显示仪表是一种测量精确度高、具有连续显示、自动记录和自助调节等多种功能的显示仪表，因而在自动化生产中获得广泛应用。

1. 电子电位差计的组成和工作原理

电子电位差计测量未知电势的原理和直流电位差计一样，也是利用电压平衡法。不同的是，已知电势与未知电势的平衡不是通过手动进行的，而是利用电子放大器、可逆电动机和一套传动机构自动进行的，其组成框图如图 5-8a 所示，图 5-8b 为电子电位差计工作原理图，图中 G 为测量线路中工作回路的直流电源，R_L 为限流电阻，RP 为滑线电阻，A 为滑接点。如果 G、R_L、RP 都是已知的，则工作回路电流也已知，因而 RP 上的直流电压降 E_V 就是一个随滑接点移动而电压大小可变的、与温度标尺对应的已知电压。热电偶输入的未知电势 E_x 与已知的电压降 E_V 极性相反地串联在测量线路中，两者比较后的差值电压 ΔU（即不平衡电压）进入电子放大器放大后，驱动可逆电动机旋转，可逆电动机通过一套传动装置，带动测量桥路中的滑接点移动，从而改变 E_V 值，直至 $E_x = E_V$，两者处于平衡。此时 $\Delta U = 0$，放大器因为无输入信号，可逆电动机就停止转动。在可逆电动机带动滑接点移动的同时，还带动指针和记录笔，沿着有温度刻度的标尺和记录纸滑行，标尺和记录纸上的温度刻度值对应于滑接点不同位置上的 E_V 值，因此能自动指示和记录对应于热电势 E_x 的温度值。

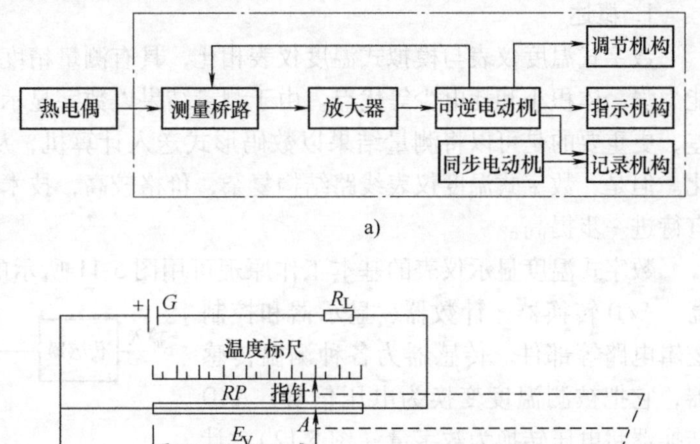

图 5-8　电子电位差计组成和原理图

a）组成框图　b）原理图

2. 圆图式、长图式电子电位差计

圆图式仪表的刻度标尺和记录纸呈圆形（图 5-9），它的特点是刻度标尺盘圆弧长、面板大、读数清晰易辨，记录纸每 24h 转动一圈，记录当天的炉温变化情况，因而特别适用于周期作业炉。圆图式仪表较长图式仪表结构简单，故价格便宜，也便于维修。

长图式仪表的标尺呈横式直条形，记录纸是长图状。图 5-10 所示为 XWC 型仪表的外形。

图 5-9　XWB 型圆图式仪表外形

图 5-10　XWC 型长图式仪表外形

（三）数字式温度显示仪表

1. 概述

数字式温度仪表与模拟式温度仪表相比，具有测量精度高、速度快、灵敏度高、抗干扰能力强、体积小和耗电少等优点。由于测量结果以数字显示，这不仅方便读数，免除读数误差，更重要的是可以将测量结果以数码形式送入计算机，从而实现生产过程中的高度自动化。但是，数字式温度仪表线路结构复杂，价格较高，技术要求也高，而且稳定性及可靠性有待进一步提高。

数字式温度显示仪表的基本工作原理可用图 5-11 所示的框图来说明。它主要包括传感器、A/D 转换器、计数器、显示器和控制逻辑电路等部件。传感器为各种测温传感器，它把被测温度变换为电压信号；A/D 转换器将电压转换为数字量（图 5-12）；计数器将数字量进行计数，并且将计数结果送往显示器进行数字显示，控制逻辑电路完成整机的控制，使各部件协调工作，并自动进行重复测量。

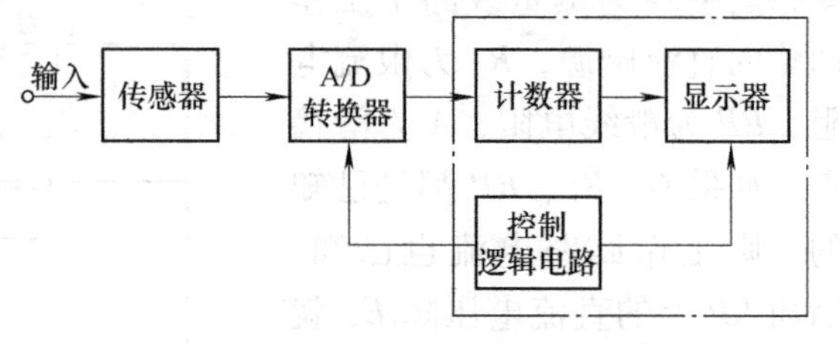

图 5-11　数字式温度显示仪表原理框图

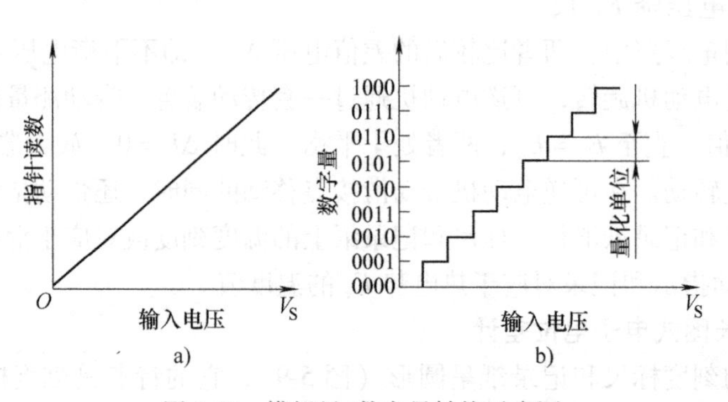

图 5-12　模拟量/数字量转换示意图

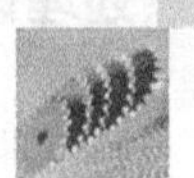

2. 数字式温度显示仪表的使用及维护

(1) 型号及测温范围 目前，国产数字式温度显示仪表种类很多，表5-7列出了PY23型（传感器为热电偶）数字式显示仪表的型号及测温范围。

表5-7 PY23型数字式显示仪表的型号及测温范围

型号	配用热电偶	测量范围	分辨力
PY23/1	EA—2	0～800℃	1℃
PY23/2	EU—2	0～1300℃	1℃
PY23/3	LB—2	100～1600℃	1℃
PY23/4	LL—2	800～1600℃	1℃

(2) 仪表的安装 仪表的安装应严格按仪表说明书进行，若检测元件为热电阻，为避免引线对测量结果的影响，应当采用三线连接方法。如果采用热电偶测量，则一定要进行冷端温度补偿，装补偿导线时要注意输入的高低端以及屏蔽线的接法。

(3) 仪表使用方法 使用过程中应注意以下几点：

1) 将采样控制开关指向“内”位置。

2) 接通电源后应该预热30min。

3) 预热之后，按下面板上的短路按钮，并调节调零电位器，使显示读数为0℃。

4) 松开短路按钮，若配热电阻的数字仪表，此时显示热电阻所处的环境温度；若配热电偶的数字式显示仪表，此时显示的读数即为被测温度值。有冷端温度补偿的仪表，将输入高、低端短接，仪表显示室温（即冷端温度）；没有冷端温度补偿的仪表，将高、低输入端短路时，仪表则显示0℃。

(4) 仪表的维护 仪表使用一段时间之后，为了保证其使用精度，要定期进行维护、保养和调整。如果仪表在使用中发生故障，要及时进行维修，维修后更应进行必要的调整。

3. 数字式温度显示仪表的应用

由于数字集成电路的发展，数字式温度显示仪表的应用日益广泛。不仅仪表质量不断提高，而且品种也不断增加。不少产品除了能够直接显示被测参量的数值和单位符号外，还可附加各种装置，实现调节、计算、报警和程序控制等多种功能。

第二节 碳势、氮势测量仪表

测量碳势的方法较多，有直接分析渗碳炉中钢（铁）箔片含碳量的箔片分析法，有利用钢的电阻随含碳量不同而变化的原理测定碳势的电阻法。

但是，也有很多碳势测量仪表是利用化学平衡时各气体组分浓度（体积分数，下同）确定的比例关系，测量其中某一代表性气体浓度来确定碳势。通过测量微量组分浓度的方法可制成碳势测量仪表，例如氯化锂露点仪、红外线CO_2分析仪和氧探头等。

一、氧探头

氧探头是测量气氛中氧气浓度的检测仪表。由于可控气氛的碳势与微量组分氧气浓度存在对应关系，氧含量越低，碳势越高，因此用氧探头可以测量碳势。

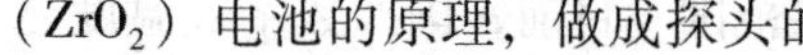

氧探头利用氧浓度差固体电解质（ZrO_2）电池的原理，做成探头的形式，其结构如图5-13所示。氧化锆是一种金属氧化物陶瓷，在高温下具有传导氧离子特性。在氧化锆内掺入一定量的氧化钇或氧化钙，可使其内部形成“氧空穴”成为传导氧离子的通道。在氧化锆固体电解质封闭端内外两侧涂一层多孔铂作电极。当氧化锆两侧氧浓度不同时，高浓度侧的氧分子夺取铂电极上的自由电子（$O_2+4e^-\rightarrow 2O^{2-}$），以离子的形式（$2O^{2-}$）通过“氧空穴”到达低浓度侧，经铂电极释放出多余电子（$2O^{2-}-4e^-\rightarrow O_2$），从而形成氧离子流，在氧化锆两侧产生氧浓度差电势E。

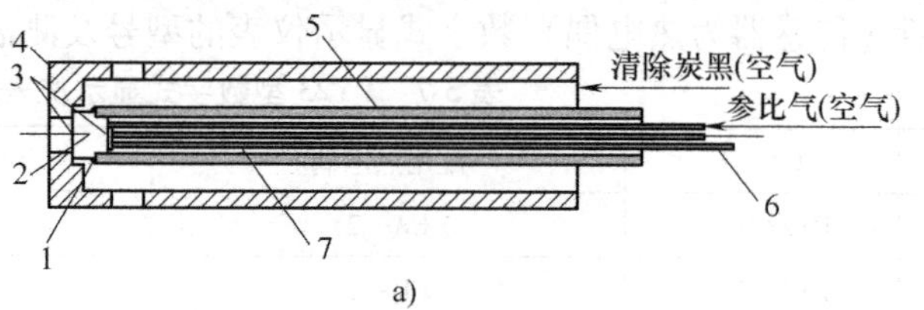

a)

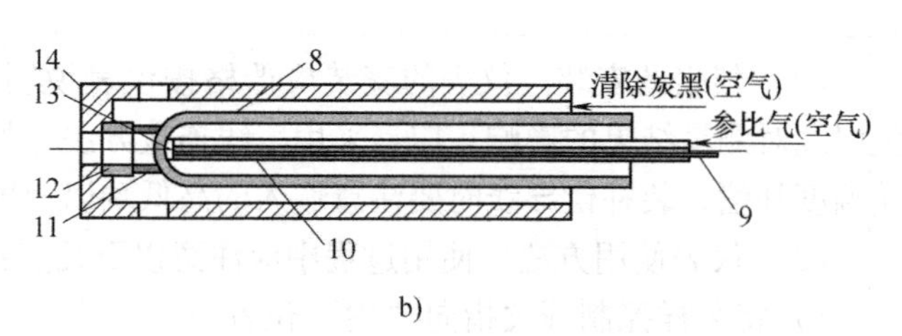

b)

图5-13　氧探头结构示意图

a）普通氧探头结构示意图　b）带补偿电解质的氧探头结构示意图

1—真空陶瓷烧结密封　2—柱状氧化锆头　3—铂涂层　4、14—外保护管（负极）　5—高铝陶瓷管　6、9—内电极丝（正极）　7、10—带4个孔的陶瓷管　8—氧化锆管　11—非金属补偿电解质　12—非金属气氛接触电极　13—铂电极

E大小可由以下公式确定，即

$$E=\frac{RT}{nF}\ln\frac{p_0}{p_x}$$

式中　R——气体常数；

T——绝对温度（氧化锆氧浓度差电池实际工作温度）；

F——法拉第常数；

n——参加反应的电子数，$n=4$；

p_0——参比气体（即空气）的氧浓度（体积分数为20.95%）；

p_x——待测气体的氧浓度。

用氧探头检测碳势的主要优点是：

1）像热电偶一样直接插入炉膛内进行测量，不需要红外线分析仪或露点仪那样的取样系统，从而避免了取样时因气氛冷却引起平衡关系改变所带来的测量误差。

2）反应非常快，在0.5~2s范围内可反映出碳势的变化。

3）测量精度高，一般可达±0.03%（C）。

4）结构简单，不需要维修，使用方便。

氧势与碳势对应关系见表5-8。

表5-8　氧探头输出电势与炉气碳势关系对照表［φ（CO）=20%］（单位：mV）

碳浓度 w（C）（%）	炉气温度/℃								
	800	825	850	875	900	925	950	975	1000
0.10				1016	1018	1020	1023	1026	1030
0.15			1032	1034	1037	1040	1044	1047	1051

（续）

碳浓度 w（C）（%）	炉气温度/℃								
	800	825	850	875	900	925	950	975	1000
0.20			1044	1047	1051	1054	1058	1062	1067
0.25		1051	1055	1058	1062	1066	1071	1075	1080
0.30		1060	1064	1067	1072	1076	1080	1085	1091
0.35	1063	1067	1071	1075	1079	1084	1089	1094	1100
0.40	1069	1074	1078	1082	1087	1092	1097	1102	1108
0.45	1075	1080	1085	1089	1094	1099	1104	1109	1115
0.50	1080	1085	1090	1095	1100	1105	1111	1116	1122
0.55	1085	1090	1096	1101	1106	1111	1117	1122	1128
0.60	1090	1095	1101	1106	1111	1116	1123	1128	1134
0.65	1094	1100	1105	1110	1116	1121	1127	1133	1139
0.70	1098	1104	1110	1115	1121	1126	1132	1138	1145
0.75	1102	1108	1114	1119	1125	1131	1137	1143	1149
0.80	1106	1112	1118	1124	1130	1135	1141	1147	1154
0.85	1110	1116	1122	1128	1134	1139	1145	1151	1158
0.90	1113	1119	1125	1131	1137	1143	1149	1155	1162
0.95	1117	1123	1129	1135	1141	1147	1153	1159	1166
1.00		1126	1133	1139	1145	1150	1157	1163	1170
1.05			1136	1142	1148	1154	1161	1167	1174
1.10			1139	1145	1152	1158	1164	1170	1178
1.15					1155	1161	1168	1174	1181
1.20						1164	1171	1177	1184
1.25						1167	1174	1180	1188

【视野拓展】 近年来，随着技术的发展，氧探头的结构和测量技术也有较大发展，如整体氧化锆管、带补偿电解质的氧探头等，如图5-13b所示。一般的氧探头氧化锆表面有一层镀铂层，铂对气氛的分解有催化作用，容易在此形成炭黑，影响测量稳定性。由于采用了补偿电解质（一种特殊的非金属材料），取消了外电极的镀铂层，使得测量精度更高，同时能用于气氛中 CH_4 含量较高的非平衡气氛。使用温度更高或更低的氧探头也是一个挑战，目前已经有使用温度最低到500℃的氧探头，这种氧探头可用于测量软氮化或氧氮化气氛中的氧含量。

二、红外线 CO_2 分析仪

可控气氛的碳势随微量组分 CO_2 含量的减少而升高，因此通过测量 CO_2 含量可反映气氛碳势。

红外线通过被测混合气体时，混合气体中 CO_2 将吸收红外线，因此，红外线能量减弱。被测气体的浓度越大，红外线能量减弱得也就越多。

红外线 CO_2 分析仪的原理结构如图 5-14 所示，红外线光源由同步电动机带动的切光片以低频速度（每秒几次至几十次）轮流遮断，调制成低频率的断续光束。断续红外线光束中的一束经由滤波室进入分析室，另一束经滤波室进入参比室。参比室内充有 N_2，因 N_2 不吸收红外线，进入的红外线全部通过。

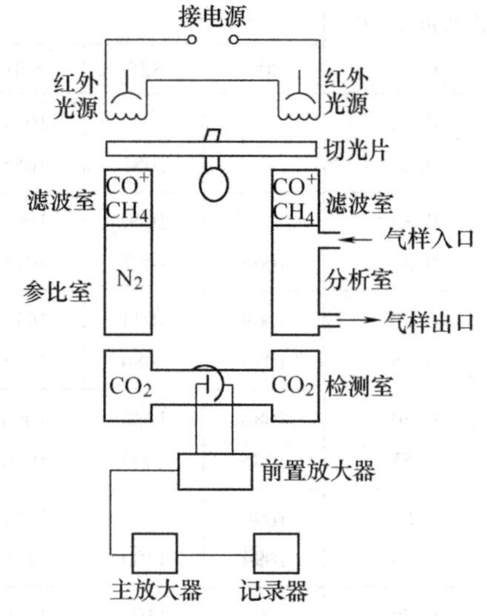

图 5-14　红外线 CO_2 分析仪的原理结构

检测室由两个几何形状相同的红外线辐射能量接收室组成，内充有 CO_2 气体。两检测室之间的结构实际上是一个可变电容器，电容器的可动极板为 5μm 的铝膜，将两室隔开。当两室吸收红外线辐射能转换成的热能不同时，两室的热膨胀量及压差也就不同，在压差和切光片的作用下，使铝膜产生低频振动，引起电容发生周期性变化，于是就有周期信号输出。输出信号与电容的变化成正比，因而也就反映了被测气体中 CO_2 浓度的高低。同样的方法也可以用于分析 CO、CH_4 等气体。

红外仪的优势在于能分析多种气体的成分，它是多因素控制中不可或缺的测量仪器。缺点是要求使用环境高，怕污染测量室；反应速度和精度不如氧探头；采样时间长，在处理气样的过程中容易因泄漏等原因产生误差。

图 5-15 所示为炉温与气氛中 CO_2 含量相平衡时气氛的碳势，图 5-16 所示为渗碳气氛中 CO_2 和 CO 量与渗碳后工件表面碳浓度。

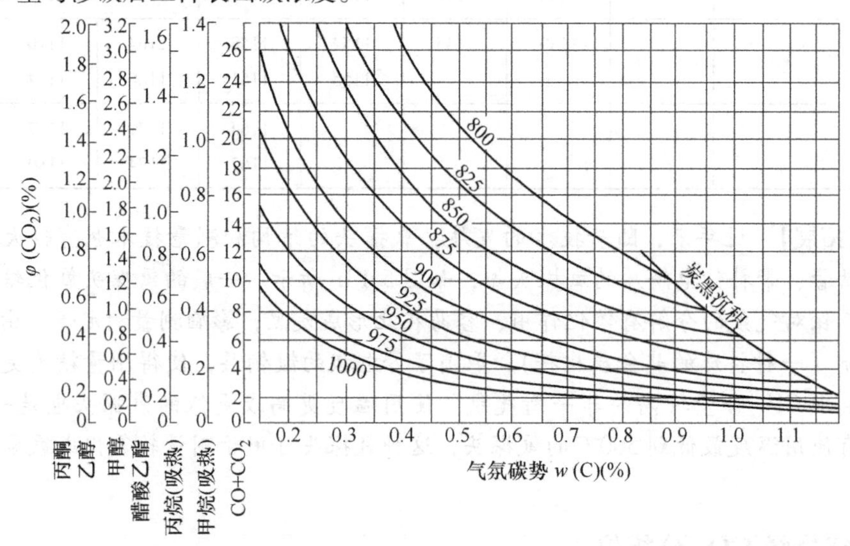

图 5-15　炉温和气氛中 CO_2 含量相平衡时气氛的碳势

三、其他碳势测量仪表——露点仪、电阻探头

（一）氯化锂露点仪

氯化锂露点仪是根据可控气氛碳势随水气含量的减少而升高的原理制成的碳势测量仪

表。由于直接测量水气含量较困难，通常用露点间接测定炉气的碳势。露点就是含水气的气氛开始结雾的温度，气氛露点越低，水气含量越少，说明气氛碳势就越高。

氯化锂是一种吸湿性盐，吸收水分的程度随温度升高而下降。干燥的氯化锂晶体不导电，但吸水后有导电性，并且随吸水量增加而增加。氯化锂露点仪的感湿元件就是利用氯化锂的吸湿性和导电性之间的关系制成的。其结构如图5-17所示。露点碳势见附表B。

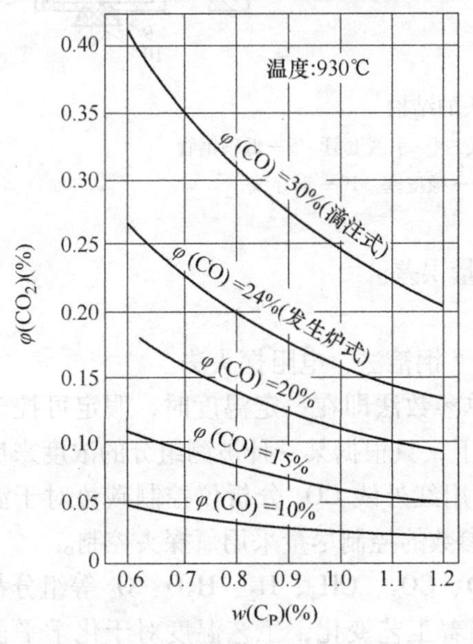

图5-16　渗碳气氛中 CO_2 和CO量与渗碳后工件表面碳浓度

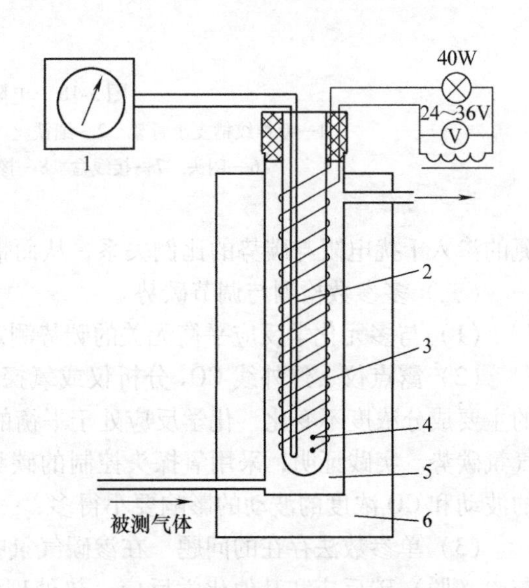

图5-17　氯化锂露点仪结构原理

1—露点控制仪　2—电阻温度计　3—涂有LiCl溶液的玻璃丝套　4—电极　5—玻璃气室　6—恒温箱

氯化锂露点仪表具有结构简单、使用维修方便、价格便宜等优点，是应用较早的碳势仪表。主要缺点有惰性大，当气氛露点改变时，经5~10min后才能显示出新的平衡温度；氯化锂露点仪不宜测量含有 NH_3（如碳氮共渗气氛）的碳势，因为 NH_3 可溶于氯化锂，改变其电气特性，增大测量误差，而且对电极丝有腐蚀作用。

（二）电阻探头

电阻法测量碳势是根据铁丝在高温奥氏体状态下的电阻随着碳含量的增大按比例增大的特点，通过测量铁丝的电阻来测量碳势的。电阻法探头的结构如图5-18所示。

电阻法碳势仪与露点仪、红外线和氧探头法相比，突出优点是能直接反映渗碳气氛活性碳原子的渗碳能力，测量结果与气氛组分及其相互间的化学反应没有直接关系。试验表明，该法对渗碳气氛及其炉子工况等因素的稳定性没有严格要求，即使在渗碳条件经常变化的周期性操作情况下，测量精度亦可达≤±0.03%（C），而且重现性好，结果稳定。由于探头结构简单，投资少，使用维修也较方便。

电阻法的缺点是：探头细铁丝寿命较短，25~35炉次之后需要更换，在常见渗碳温度下，碳的质量分数不能超过1.3%，否则有碳化物析出，干扰电阻与碳势的比例关系。炉内炭黑过多，易污染探头，造成失控；此外，不允许有腐蚀性气体，也不适用于碳氮共渗，因

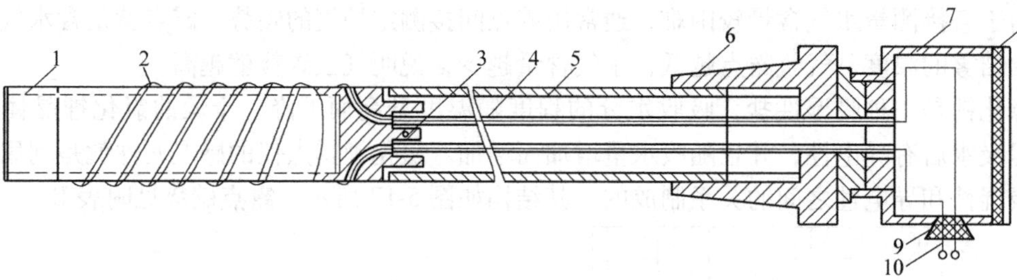

图 5-18　电阻法探头的结构

1—双螺纹槽支承骨架　2—细铁丝　3—引线　4—引线套管　5—低碳钢管

6—闷头　7—接线盒　8—橡皮圈　9—橡皮塞　10—铜导线

氮的渗入干扰电阻与碳势的比例关系，从而带来测量误差。

（三）多参数检测与调节碳势

（1）与多元化学反应平衡无关的碳势测定方法　钢箔法，电阻探头法。

（2）露点仪、红外线 CO_2 分析仪或氧探头　单参数法即在一定温度时，假定可控气氛的主要成分浓度不变化，化学反应处于平衡的条件下，只根据某一种被测组分的浓度来反映气氛碳势。实践证明，采用氧探头控制的碳势比采用红外线 CO_2 分析仪控制碳势对于温度的波动和 CO 浓度的波动的影响要小得多，一般单参数的控制尽量采用氧探头控制。

（3）单参数法存在的问题　在渗碳气氛中，CO、CO_2、CH_4、H_2、H_2O、O_2 等组分都参与渗（脱）碳反应和其他化学反应。热处理温度随着工艺变化，工艺温度对于化学平衡有显著的影响，原料气纯度和种类、炉子结构、炉子工况等很多因素都对气氛碳势有一定影响。因此，单参数测量和控制碳势的方法有其前提条件和具有较大的局限性。实践证明，单参数的碳势测量仪表误差大，重复性和稳定性差，如在工况多变的井式渗碳炉上比较突出。又如气氛中 CH_4 含量较高时，单独使用 O_2 探头易造成气氛碳势失控。为了减少 CH_4 对碳势控制的影响，可以加入一定量空气与 CH_4 反应，或采用多参数控制。

（4）多参数控制　在多元化学反应同时平衡中，只有 4 个是独立化学反应（氧化、还原、脱碳、增碳，见第六章），只要控制其中的 3 个成分，加 1 个温度就能控制这个系统的化学平衡。实际应用中，多参数一般包括两个独立气相组分和炉温的组合，如 O_2—CO_2 + t℃、O_2—CO + t℃（见文前彩图 6-3 蓝色、绿色、红色线条）等双参数检测与控制碳势，用于要求比较高的多用炉上。测量 CO_2—CO—CH_4 三参数的红外分析碳势测量仪器，又称三气分析仪，通过自身带有的三因素数学模型计算出更准确的碳势，用于校核炉子的碳势。

四、氮势测量仪表

氮化、氮碳共渗具有能得到硬度大、耐磨性能好、耐腐蚀性强、产品外观洁净的工件，生产过程中不消耗淬火油等污染环境的物质，热处理工序简单，变形量小，氮化后可以直接装配使用等优势，广泛用于精密产品的最后热处理工序。在发达国家，氮化零件在精密机械零件的比重占到 30% ~40%，特别是廉价的碳钢、低合金钢，通过氮化可获得优越的性能。

渗氮的化学反应为　$Fe + NH_3 = Fe(N) + 3/2\ H_2$

即氮势正比于 NH_3 的分压，而与 H_2 分压的 3/2 次方成反比。只要测出其中 NH_3 或 H_2 的分压或浓度，在已知炉气压力的情况下，氮势就成了 H_2 浓度的函数，就可以计算出氮

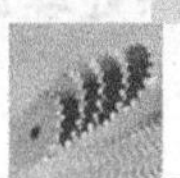

势。除了上面发生在工件表面的反应以外，NH_3 也发生分解反应，即

$$2NH_3 \rightleftharpoons N_2 + 3H_2$$

它实际上是合成氨的逆反应。合成氨必须在高温、高压、催化剂的条件下才能发生，它是一个非常艰难的过程，反之，它的逆反应——氨气的分解反应就很容易，由于它的反应速度太快，因此对他们气氛组分的测量和控制就变得困难，这就是氮势测量与控制技术发展缓慢的原因。

氨分解率测定仪俗称“泡泡瓶”，是一个玻璃仪器，它利用混合气体中 NH_3 易溶于水的原理，测量出混合气体中 H_2 和 N_2 的体积，这样就能计算出氨分解率。这种方法精度低，如在氮碳共渗（软氮化）气氛中由于有 CO 的存在，它就不可能依照 NH_3 体积准确推导出 H_2 的体积分数。

热导式氢分析仪在背景气体比较单一的情况下，可以获得较高的测量精度，基本误差为 ±2.5%，时间常数小于 20s。氢分析仪中有加热功能，可以保证被分析气体与炉内温度一致，热平衡时间小于或等于 30min。但是，实际使用中也有一些缺点不容忽视：

1）假定条件是背景气体的热导率相同，实际上气氛的其他组分随时都在变化。

2）氢分析仪对于气氛中的颗粒污染物密度要求小于或等于 $0.01g/m^3$，含水量小于或等于 $15g/m^3$，在氮化炉中，都很难满足，特别是软氮化工艺中，本身就会有 H_2O、碳酸氢氨生成，容易污染测量气路。

3）气体采集、过滤、干燥等前期处理过程也会发生氨气的分解，因此产生滞后。

4）使用中测量气体的流量、零点校验、满量程校验也是不可忽视的因素。

【导入案例】 氢探头结构工作原理图及实物图分别如图 5-19、图 5-20 所示，德国人发明的氢探头的核心部件是采用钯银（Pd-Ag）合金制成的毛细测量管，由于 H_2 在这种材料中有高的扩散能力，而且它只允许 H_2 通过扩散透过测量管，而其他的气体不能通过，所以当管内的 H_2 分压大于炉气的 H_2 分压平衡时，H_2 的扩散也就停止了。但是，当炉气的 H_2 浓度降低，管内的 H_2 也会扩散出来，两者的 H_2 分压始终保持动态平衡。测量管的一端是封闭的，另一端与一个微压传感器封接在一起，微压传感器能够直接测量出透过测量管壁的 H_2 分压。H_2 通过扩散透过测量管壁需要时间，而且受到温度的限制，在 300~400℃反应比较慢，在 400~600℃则显著加快，例如，在 570℃纯 H_2 的条件下，测量反应从 1%~99% 大约只要 15s，这个速度比氢分析仪的时间常数短得多。测量偏差 H_2 浓度从 1%~100%（体积分数）最大 0.8%。以下是氢探头的技术数据：

测量范围：0~100 Vol. % H_2

测量精度：绝对误差 <1%（体积分数）H_2

零点漂移：<每天 2%（体积分数）H_2

零点校正时间：<1min

反应时间：3~60s，视炉子温度和测量位置而有所不同

测量气体流量：0.3L/min

由于氢探头采用了特殊的材料，具有选择性，一次炉气的其他成分对 $\varphi(H_2)$ 的测量不构成干扰；同时由于是直接测量，减少了气体处理的中间环节引起的滞后和误差。为了保证测量管内的压力是 H_2 分压而不是别的气体渗漏所致，每隔一定周期，对测量管抽一次真空，进行“校零”，“校零”在运行中自动进行。如果抽不起真空，可能密封有泄漏；如果

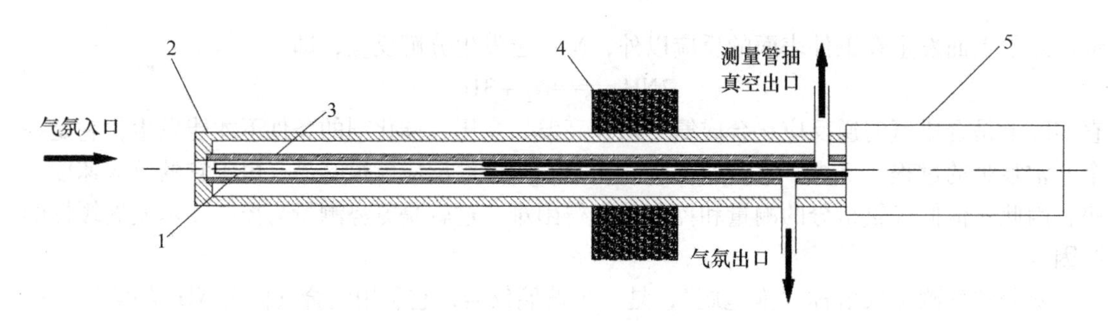

图 5-19　氢探头结构工作原理图

1—测量管（Pd-Ag）　2—镍基合金外保护管　3—石英内保护管　4—炉壁　5—微压传感器

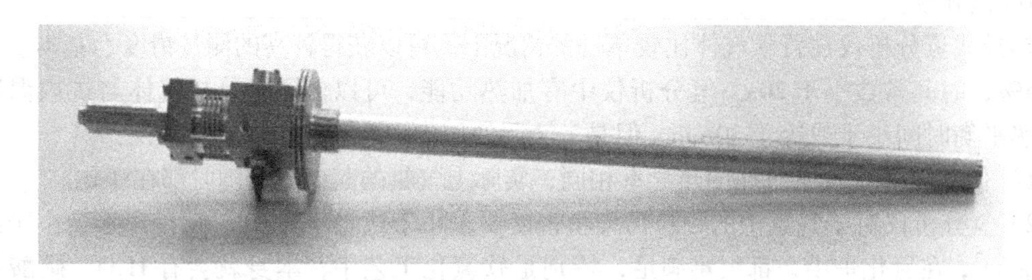

图 5-20　氢探头实物图

抽真空后压力恢复太快［φ（H_2）不是真实的很高］，也说明可能有泄漏。测量管本身并不容易破裂或泄漏，一般是密封件的问题。如果抽真空后压力恢复太慢［φ（H_2）不是真实的很低］，说明测量管可能被污染，这种情况只要将测量管取出，用酒精清洗后装好就可以了。精度高、抗污染是与氢分析仪相比最突出的优点，这项技术在应用上的最大障碍是受到专利保护所带来的高昂成本。

五、碳势、氮势控制仪表使用中的问题

1. 碳势控制仪使用中的问题

碳控仪与温控仪有几点显著的差别。首先，温度与热电偶的 mV 信号间是单一的函数关系，由于渗碳是多元化学反应同时平衡，碳势与氧势、φ（CO）、温度等多个参数有关，是多因素关系，因此，在碳控仪的输入信号中一般有一个主要参数，如氧势或 φ（CO_2），还必须有一个温度信号输入，这样就可以计算出碳势了。其次，大多数的仪表还有一个修正参数，如 φ（CO），这个修正参数有的采用实际测量值，需要配置 CO 红外仪分析炉气的 φ（CO）后输入碳控仪，这样做就比较精确了。还有的只是在软件中设定一个默认值，这个默认值的设定与渗碳剂的选择、气氛类型、工艺温度密切相关，也与炉气当时的实际碳势相关，例如，在 900℃工艺温度下，炉气碳势为 1.0%，选择丙烷直生式气氛时，φ（CO）大约为 21%，而选择天然气直生式气氛时，φ(CO）大约为 15%。而且在整个工艺过程中工作温度随着工艺设定变化，φ(CO）必将变化，如 φ(CO）变化 1.5%，将影响碳势变化 0.12%，所以，温度的变化也不可忽视，如温度波动 ±8.3℃，碳势波动 ±0.015%，温度波动 ±15℃，碳势波动 ±0.04%。因此，采用默认值设定的方式需要非常丰富的实践经验，即根据自身工厂常用的工艺温度等情况人工确定默认值。

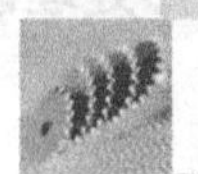

上述的事实说明，依靠碳势控制仪表的计算模型，对于温度、φ(CO) 的修正计算已经有些力不从心，目前比较理想的解决办法是采用计算机控制，通过软件设计，将工艺温度、介质和气氛的种类、$\varphi(O_2)$、φ(CO)、$\varphi(CO_2)$、$\varphi(CH_4)$ 等多个参数，以及碳氮共渗中 NH_3 对碳势的影响等都考虑进去，同时将材料的特性、合金元素的影响也设计到软件中，开发出专门的渗碳软件。同样的道理，可以将适时采集的参数直接输入计算机进行多参数的计算与控制，即便不是这样，也可以通过软件的数学模型对各种变量进行修正，这对于提高碳势控制精度，控制渗碳淬火的金相组织都有决定性的意义。

还要说明一点，同一台设备既采用仪表测量，又采用计算机控制，两者由于计算模型的不一致，即使它们的输入信号都从同一个仪表一次传输进来，它们的显示碳势值也不一样。因此，碳势精度还需要通过定碳来确定。

2. 氮势控制仪使用中的问题

单纯的渗氮采用纯氨氮化，即所谓的硬氮化，在实际使用中相对简单，如前面介绍的那样，它应该是一个单因素的控制模式，也就是说氮控仪表是一个单参数仪表。但是，在软氮化、氧氮化，以及前氧化和后氧化的气氛中，采用吸热式气氛 + NH_3、CO_2 + NH_3、N_2 + NH_3、甲醇 + NH_3、微量的空气 + NH_3 等气氛类型，气氛中同时存在 NH_3、N_2、H_2、CO、CO_2、CH_4、H_2O、O_2 等气体，情况就变得复杂了。新型的氮控仪表和专用的计算机系统软件有测量和控制 K_N 氮势、K_C 碳势、K_O 氧势的功能，这就为控制氮化工艺和氮化层的物相提供了可能。

第三节　炉温测量与控制

一、测温仪表的现场校验方法

测温仪表经长期使用后，由于环境影响（腐蚀、高温、振动、灰尘等）、机械磨损及元件的自然老化等原因，误差将增大甚至超差，因此，必须定期对测温仪表进行校验，以确定误差大小并判断是否超差。有重大故障经过检修后的仪表也必须经过校验才能使用。

（一）比较法校验热电偶

现场校验工业用热电偶通常用比较法，就是将被校热电偶和标准热电偶在相同条件下测得的数据加以对比，以标准热电偶的数据为准，找出被校热电偶的误差。

比较法的装置如图 5-21 所示。将标准热电偶和被校热电偶装在实验管式电炉中加热，热端位于炉膛中心并尽可能彼此靠近，冷端放在冰点恒温器中，然后用铜导线引出，经过转换开关接至直流电位计。用调压器控制升温速度，在将要达到读数温度时升温尽量慢些，测量应尽可能在恒温下进行。一般每隔 100 ~ 200℃ 读取一检定点，每一检定点连续读数两次，

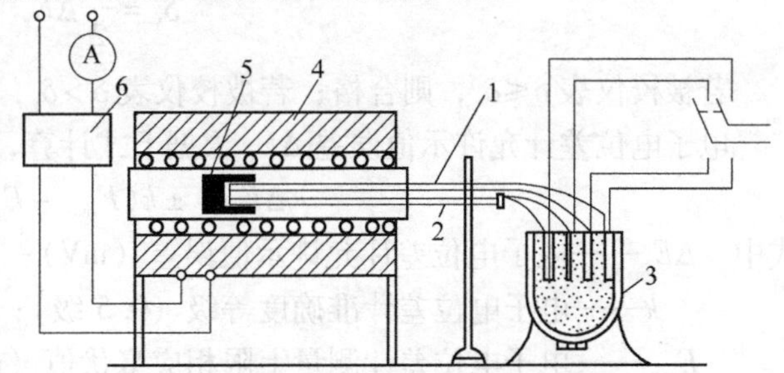

图 5-21　比较法校验热电偶装置
1—被检热电偶　2—标准热电偶　3—冰点恒温器
4—电炉　5—金属块　6—调压器

取其平均值。铂铑10-铂热电偶，一般在600℃开始，镍铬-镍硅和镍铬-康铜热电偶分别在400℃和300℃开始。有了各读数的毫伏值，查热电偶分度表可得标准热电偶测得的实际温度，就可算出被校热电偶的偏差和修正值。

（二）电子电位差计的现场校验

电子电位差计的正式检定技术项目很多，这里只介绍指示误差和死区（指仪表的示值不变时，被测参数的变化范围与量程的百分比，仪表精确度越高，死区越小）的现场校验方法。如图5-22所示，用铜导线将被校仪表输入端与直流电位差计相连，向被校仪表输入标准毫伏信号，在被校仪表温度分度线上读数。

直流电位差计一般以选取0.05级的（如UJ-31型）为宜，但量程大于20mV的电子电位差计，也允许用0.1级便携式直流电位差计（UJ-37型）。采用后者在生产车间进行现场校验尤为方便。

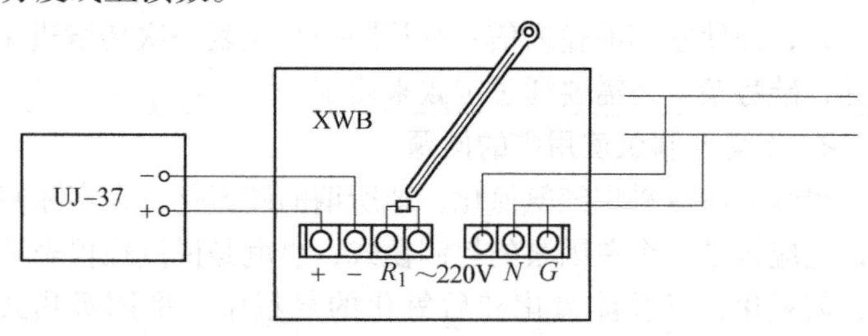

图5-22 温度计法（铜导线法）校验电子电位差计

校验前，应初步检查被校仪表各部分是否完好，校验线路是否接妥，然后接通电源和输入信号，调整好仪表阻尼和灵敏度之后，方可校验。

检验点应不少于三点，一般取仪表量程的10%、50%和90%处的整数分度线。

校验时，向被校电子电位差计逐渐增加输入信号，使指针平稳上升，直至对准第一个被校分度线中心，并读取标准仪器的示值。按此方法自低到高依次校验其他各被校分度线，并读取各正向示值，在完成最后一个被校分度线读取正向示值后，继续增加输入信号，使仪表指针超过分度线约几毫米，然后逐渐减少标准毫伏信号，使指针平稳返回该分度线中心，并读取标准仪器示值。按此方法自高至低依次校验其他各被校分度线，读取各反向示值。

电子电位差计实际死区用下式计算，即

$$\delta = |E_z - E_f|$$

式中 E_z、E_f——标准直流电位差计读取的正向与反向毫伏值。

电子电位差计允许死区 δ_y 的计算公式为

$$\delta_y = \frac{1}{2}\Delta E_y$$

若被校仪表 $\delta \leqslant \delta_y$，则合格；若被校仪表 $\delta > \delta_y$，则超差，应进行调整或修理。

电子电位差计允许示值误差 ΔE_y 根据下式计算，即

$$\Delta E_y = \pm k(E_{max} - E_{min})\%$$

式中 ΔE_y——电子电位差计允许示值误差（mV）；

k——电子电位差计准确度等级（0.5级）；

E_{max}——电子电位差计测量上限相应毫伏值（mV）；

E_{min}——电子电位差计测量下限相应毫伏值（mV）。

【例5-2】 被校圆图式电子电位计分度号为K，量程为0～1100℃，精度为0.5级。用温度计进行校验，测得补偿电阻处温度为25℃，在500℃分度线校验，测得 E_z = 19.800mV，

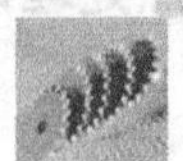

$E_f=19.7\text{mV}$，试计算示值误差和死区并判定是否超差。

解 由分度表查得该仪表满量程1100℃时，相应毫伏值为45.108mV，计算得该仪表允许示值误差为

$$\Delta E_y = \pm k(E_{max}-E_{min})\% = \pm 0.5\times(45.108\text{mV}-0)\% = \pm 0.230\text{mV}$$

电子电位差计允许死区 δ_y 按公式 $\delta_y=1/2\Delta E_y$ 计算得

$$\delta_y=1/2\Delta E_y=1/2\times(\pm 0.23)=\pm 0.115\text{mV}$$

电子电位差计实际死区

$$\delta=|E_z-E_f|=|19.800\text{mV}-19.700\text{mV}|=0.100\text{mV}$$

因 $\delta<\delta_y$（对应温度±3℃），所以仪表在500℃分度线并未超差。

二、热处理炉炉温测量技术

（一）影响炉温测量准确性的因素

前已述及，由于各种原因，热电偶等测温元件所测得的炉温和工件的温度是有差别的，有时差别还很大，甚至会造成危害，因此必须了解影响炉温测量精度的因素，以便采取必要的措施尽可能减小这种差别，使测温元件所测得的温度尽量接近工件的温度。

影响炉温测量精度的因素主要有以下几方面：

（1）测量仪表本身准确度的影响 由测温仪表、热电偶和补偿导线组成的测温系统存在总的误差，在选择测温仪表时，必须使系统的总误差小于热处理工艺要求的误差范围，否则，将不能保证热处理工件的质量。

（2）炉温分布的不均匀性 由于炉子结构的不合理及其他一些原因，炉膛各处的温度不可能完全相同。一般认为，热电偶应安装在炉膛的有效工作空间内，这一空间温差较小、容积大，是工件加热的理想区。

（3）测量仪表附加误差的影响 由于环境温度的变化、测温方法不当、操作人员观察不准等原因都可能造成测温仪表的附加误差。

1）环境条件引入的误差。主要指周围电磁场引起的干扰和环境温度变化引起的误差。

2）热电偶安装不当引入的误差。热电偶安装位置不当（如距离炉罐远或距离热源太近）或插入深度太浅而不能反映炉膛真实温度。

3）热电偶的惰性引入的误差。工业上使用的热电偶一般都加有保炉套管，这就增加了热电偶的惰性。由于惰性的存在，仪表指示值的变化将滞后于炉温的变化，因此热电偶测出的温度与炉膛内的真实温度有一定差别。

4）炉内气流引起的误差。炉内气流的循环有利于改善炉温测量的准确性，但是不合理的气路设计或不合理的导风装置设计可能会增加温度的测量误差。

（二）炉温均匀性的测量

1. 炉温均匀性测量的目的和要求

炉温均匀性测量的结果，通常用炉温的空间分布特性和时间分布特性来表示。炉温的空间分布特性是指温度在整个炉膛内各处的分布情况，用这个参数描述温度的均匀性。炉温的时间分布特性是指温度在工艺过程中的变化情况，用这个参数描述温度的稳定性。

为了掌握炉温的空间分布特性，测量点的位置选择要适当，数量由炉膛尺寸而定。一般是每个角一个测量点，中间一个测量点。炉膛尺寸较大时，可适当增加测量点，但所增加的

测量点必须是对称的。图5-23所示为热电偶测量点在炉膛内的分布图。

2. **炉温均匀性测量方法**

采用多支热电偶同时放入炉内，对某一空间进行测量时，由于测量的是一个完整的空间，又能同时读数，因而可以测量各种不同形状的炉膛，生产上也比较适用。

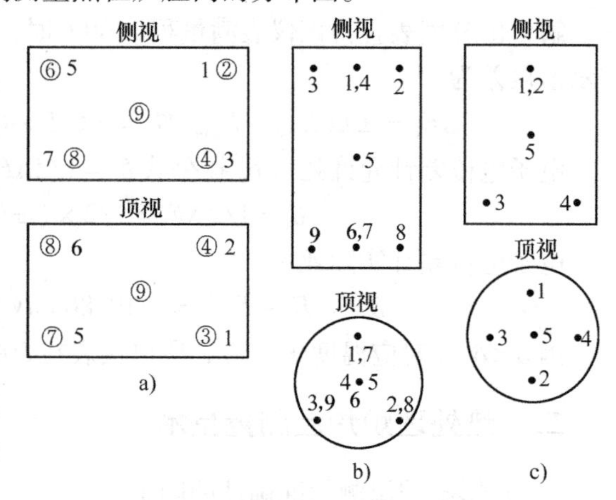

图5-23 热电偶测量点在炉膛内的分布图
a）箱式炉 b）井式炉 c）圆盐浴炉

对于新的或大修后的炉子，测量其炉温均匀性时，应在最高使用温度、最低使用温度和中间温度进行测量。对于使用中的炉子，可以在使用范围内的常用温度或在最高使用温度和最低使用温度上交替进行。对于使用密封罐作保护气体处理的炉子，应在密封罐工作区内进行，但要注意罐内温度与罐外温度的差别。

测量炉温均匀性可以在空炉中进行，这样测量比较方便，也可以在与生产装载量相同的装载量下进行，这样会更接近于生产实际。

表5-9是中国炉温均匀度、稳定度部颁标准摘要。

表5-9 炉温均匀度、稳定度部颁标准摘要

		炉温均匀度			炉温稳定度		
		A级	B级	C级	A级	B级	C级
箱式炉	750℃	±10℃	±7℃	±4℃	±10℃	±4℃	±1℃
	950~1200℃	±15℃	±10℃	±6℃			
	1350℃	±20℃	±15℃	±8℃			
井式炉的炉温均匀度：A级炉为±15℃，B级炉为±10℃，C级炉为±5℃							

【导入案例】 对于连续炉炉温均匀性的测量，一般是测定每一个工位的9个点，将9支铠甲热电偶装在与工位有效区大小一致的固定架子或装料工装的8个角及中心点上，热电偶的另一端从炉壁测量孔伸出炉膛外与多点测量仪连接，将推动工装并拖着热电偶线逐次沿着各个工位依次移动，读取每一个工位的温度数据，如果使用带有记录功能的多点测量仪表，还可以画出各个测温点在各个工位的连续的温度曲线。现在更广泛使用的是炉温跟踪仪表，俗称“黑匣子”，用于多工位大型炉子的温度均匀性测量，它是由一个绝热性能极好的材料做成的匣子，里面放置温度测量仪表，将热电偶测量端按照上述同样方法安装好，热电偶冷端引入“黑匣子”中与仪表相连。这个仪表用电池工作，带有遥控数据传输功能，将测量数据通过无线信号传送到炉子外面的显示记录仪，于是就测量并绘制出整个炉子各个工位的温度曲线。这种仪表甚至可在不停炉的情况下分析炉子工艺温度，如跟踪等温正火线、退火线各个状态下的实际温度，提供工艺分析最直接的实时温度资料。

三、热处理炉温的位式控制与连续控制

（一）炉温的位式控制

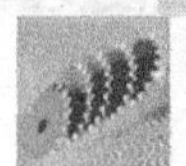

热处理炉温自动控制常采用的位式调节系统有二位式调节和三位式调节。位式调节器具有结构简单、使用方便等优点，在控制精度要求不高的场合，得到了广泛的应用。

为了分析方便，暂设电炉无热惯性，即炉子一通电，炉温就上升，炉子一断电，炉温就下降。在这种情况下，炉温的变化规律及对应的输入功率如图 5-24 所示，图中 t_0 为给定温度值，$t_2 - t_1 = \Delta t$ 称为调节器的死区（或称不灵敏区），Δt 与仪表的精度 k 成正比。

能实现二位式调节功能的调节器只有通、断两种工作状态。图 5-25 所示为二位式炉温调节系统示意图。图中接触器 K 和开关 S_K 组成执行器。当炉子从冷态开始升温时，仪表中调节器的触点是接通的，输入功率 P 为 100%。当炉温上升到给定温度 t_0 时，由于调节器存在不灵敏区，其触点并不断开，直到上升到 t_2 温度时，触点断开，执行器全关，电炉断电，输入功率为零。当炉温下降至 t_0 时，因调节器存在不灵敏区，此时的触点并未接通，炉温会继续下降。当炉温下降到 t_0 以下某一温度 t_1 时，调节器触点才会接通，执行器再次全开，炉温再度上升。

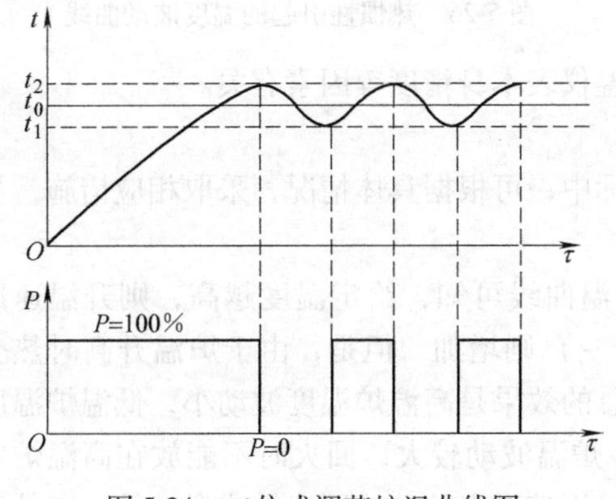

图 5-24　二位式调节炉温曲线图

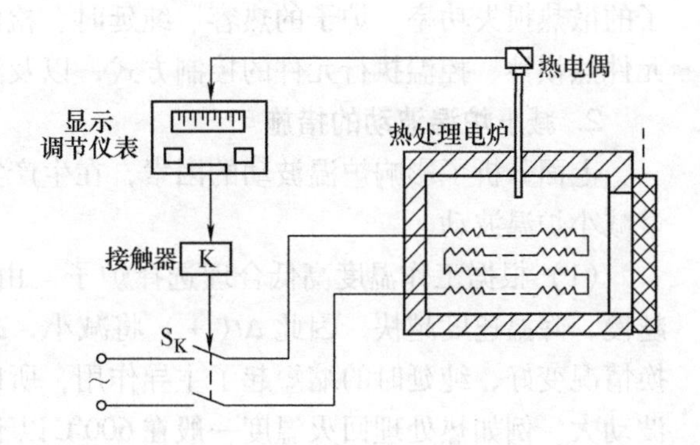

图 5-25　二位式炉温调节系统示意图

（二）炉温位式调节效果分析和改善

1. 炉温波动原因分析

（1）位式调节炉温波动大于连续式调节　炉温采用位式调节方式时，只需配用简单的位式调节仪表，且调节线路简单，投资少，运行也比较可靠，因此，位式调节是目前低端热处理炉温控制技术中应用最普遍的方法，但由于位式调节炉温波动较大（一般约在 ±10 ~ 25℃），所以控温精度不高，且执行器动作频繁，噪声大，在一些控温精度要求较高的场合，就满足不了要求。如果采用控温精度较高的连续调节方法，炉温波动可控制在 ±1℃，但投资大于位式调节。

（2）热惯性引起的炉温波动大于位式调节炉温波动　位式调节炉温波动的幅度不仅与调节仪表的控制不灵敏区大小有关，更主要的还与炉子的热惯性有关。任何加热炉都有热惯性，特别是生产上应用的热处理炉，因功率和炉膛较大，热惯性都是很大的。由于热惯性的影响，实际热处理炉温度的波动比调节仪表控制不灵敏区引起的波动要大得多。所谓炉子的热惯性是指炉子的温度并不是随加热能源输入量的变化而立即变化，而是要滞后一段时间的性质，这段时间通常称为纯延时。由于炉温是由检测元件反映出来的，所以，炉子的热惯性还应该包括检测元件的热惯性。从本质上讲，热惯性与传热有关。因此，工件的温度与仪表温度、炉温、热能供入时间及供入量有着不同的延时，甚至产生很大的热惯性（如工件低温入炉加热，有炉罐加热，装炉量过大等）。

由热惯性引起的温度波动曲线如图 5-26 所示，图中曲线Ⅰ为无热惯性时炉子的升温曲线。曲线Ⅱ是有热惯性时炉子的升温曲线。由于热惯性的影响，炉子通电以后要经过纯延时 τ_c 之后，仪表才开始显示升温。当炉温上升到 b 点时，切断加热电源后，炉温则继续上升至 c 点才开始下降。同理，当炉温下降到 e 点，接通加热电源，炉温也不能立即上升，而是继续下降到 f 点后才开始上升。这样便出现了 $\Delta t(+)$ 和 $\Delta t(-)$ 的温度波动。热惯性较大的炉子，调节仪表的控制不灵敏区可忽略。

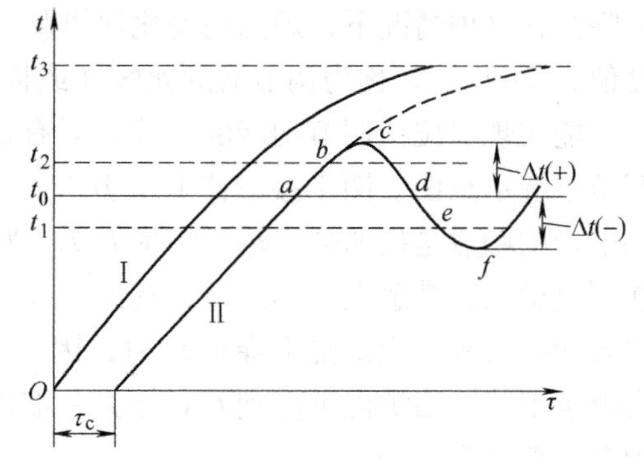

图 5-26　热惯性引起的温度波动曲线

炉温波动的幅度与加热方式（如燃气加热快、真空下加热慢）、加热功率、工件载荷、炉子的散热损失功率、炉子的热容、纯延时、检测元件热惯性、控温执行元件的控制方式，以及测温仪表本身精度等因素有关。

2. 减小炉温波动的措施

上面分析了影响炉温波动的因素，在生产实际中，可根据具体情况，采取相应措施，尽量减小炉温波动。

（1）根据工作温度高低合理选择炉子　由升温曲线可知，给定温度越高，则升温速度越慢，降温速度越快，因此 $\Delta t(+)$ 将减小，$\Delta t(-)$ 则增加。但是，由于炉温升高时热交换情况变好，纯延时的缩短起了主导作用，所以总的效果是高温炉温度波动小，低温炉温度波动大。例如热处理回火温度一般在600℃以下，炉温波动较大，回火时不能放在高温炉中加热，也不应放在大功率箱式炉中进行，一般宜采用带风扇的井式回火炉或者油炉。工件数量应与炉膛大小相适应，工件数量太多，热惯性大，工件数量较少，升温速度太快，这些都会引起炉温的较大波动。

（2）合理选择炉子的加热功率　加热功率越大，炉温上升速度越快，$\Delta t(+)$ 越大；反之，功率过小，虽能减小炉温波动，但升温时间太长，炉子效率降低。可采用连续控制来控制加热功率。

在炉子功率设计中要兼顾工件重量、工作温度、加热速度（即工作效率）、功率配置这四者之间的关系，达到很好的匹配效果。特别在实际中，工件的重量（及加热负荷）在不断地变化，功率配置过大，在低温区间、装炉量小的情况下，炉温“过冲”现象就很严重；反之，功率配置过小，在高温区域、装炉量大的情况下加热缓慢，效率低下。为解决这个问题，可以采用多支小功率加热器，最大总功率按照最大装炉量和最高工作温度来配置，通过PLC（可编程序逻辑控制器）将炉子的工作温度范围分为若干段，即有多少支加热器，就可以分为多少段，控温仪表的设置温度值信号传送到 PLC 后，PLC 自动根据设定温度匹配功率，这样就将炉子的功率分为了若干个挡，即使采用位式控制，也能获得较好的控温精度。

（3）选用性能好、结构合理的炉子　密封性和保温性较好的炉子，保温阶段的散热程度和降温速度较低，$\Delta t(-)$ 值就小，炉温波动小。位式控温时，炉内壁加贴耐火纤维使得保温好、升温快、炉温波动大。

炉子的纯延时长短与炉膛温度均匀性和炉内加热介质种类有关。内热式浴炉炉温均匀性

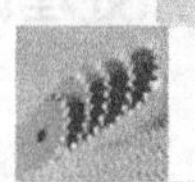

和热交换程度都较空气炉好，因此纯延时较短，温度波动较小，有鼓风搅拌的空气炉，温度的均匀性和传热效果得到改善，炉温波动减小。

(4) 选用惰性小的热电偶　热电偶的惰性也是影响炉温波动的一个重要因素，惰性越大，炉温波动越大，因此，可根据使用情况，选用惰性小的热电偶，如选用铠装热电偶或金属保护套管的热电偶。

(三) 炉温的连续控制

炉温采用位式调节时，电炉的输入功率不能连续变化，再加上调节系统中各种扰动和延迟的影响，位式调节的精度不可能很高。另外，位式调节系统的执行元件为交流接触器，因通断次数频繁而容易损坏，也带来噪声公害。如果炉温采用连续调节，能克服上述缺点，提高控温精度。

炉温的连续调节就是根据温度偏差按连续调节的规律，连续地改变输入电炉的功率，这是一种无触点的调节方法，调节精度也很高。

目前，在热处理炉温连续调节系统中，调节器一般采用显示仪表中附加的比例、积分、微分调节器（简称 PID 调节器），执行机构采用晶闸管调压器、晶闸管调功器等。当炉温与给定温度存在偏差时，PID 调节器能按偏差大小、存在的时间和变化的速率连续地输出 0 ~ 10mA 直流电流信号，即调节信号。这个调节信号通过晶闸管调压器，可以改变晶闸管的导通角大小，从而连续改变输入电炉的功率，直到偏差消除，炉温稳定在给定温度值上为止。

比例（P）、积分（I）、微分（D）三种调节作用综合起来组成的 PID 调节器，是一种较完善的调节仪表，具有良好的调节特性。图 5-27 是电阻炉 PID 炉温自调系统示意图，图 5-28 是微机 PID 调节炉温示意图。

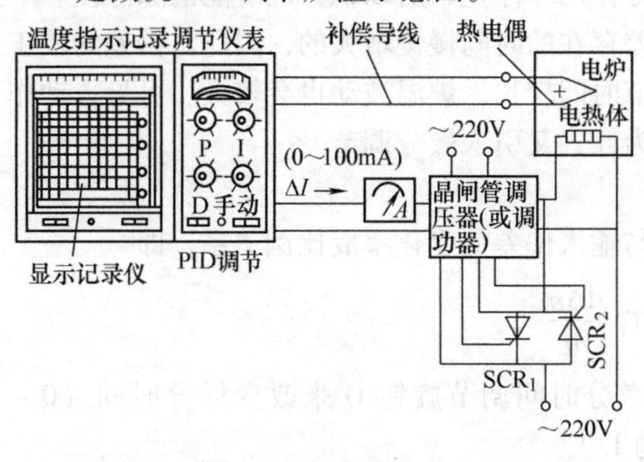

图 5-27　电阻炉 PID 炉温自调系统示意图

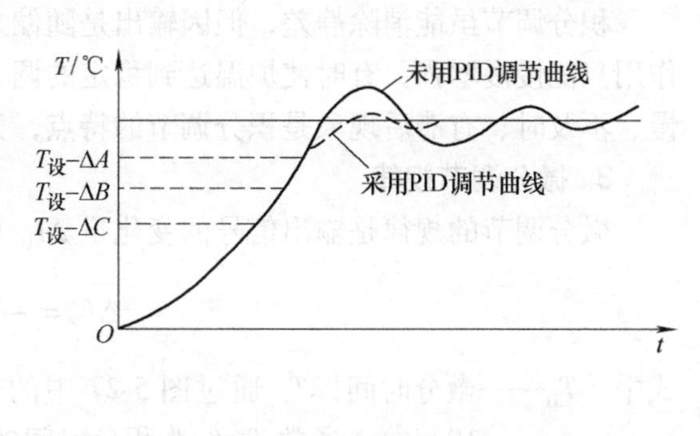

图 5-28　微机 PID 调节炉温示意图

1. 比例调节规律

比例调节的规律是输出信号的变化与输入偏差的变化成比例关系，即

$$\Delta I_{\mathrm{P}} = -K_{\mathrm{P}}\Delta\varepsilon + 5\mathrm{mA}$$

式中　ΔI_{P}——比例调节器输出信号变化量，即控制电流的变化量，变化量为 0 ~ 10mA；

$\Delta\varepsilon$——比例调节器输入信号变化量，在炉温控制中为炉子的实际温度 $t_{实}$ 与设定温度 $t_{设}$ 的差值（$t_{实} - t_{设}$）；

K_{P}——比例调节器放大系数，K_{P} 的倒数 δ_{P} 称为调节器的比例带；

“ - ”——负号表示 ΔI_{P} 与 $\Delta\varepsilon$ 的符号相反：即正偏差（$t_{实} > t_{设}$）时，$-K_{\mathrm{P}}\Delta\varepsilon$ 在 0 ~ -5mA变化，减少热能输入，负偏差（$t_{实} < t_{设}$）时，$-K_{\mathrm{P}}\Delta\varepsilon$ 在 0~5mA 变化，

增加输入热能，ΔI_P 与 $\Delta\varepsilon$ 符号相反的关系，能达到消除正负偏差的目的。

比例调节的特点是不能消除静差。例如，当比例调节控制的输入热量与炉子散热量相等时，炉温既不上升也不下降，此时的 $t_{实}$ 不再提高，$t_{实}$ 或高于 $t_{设}$ 或低于 $t_{设}$，$|t_{实}-t_{设}|$ 的差值称为“静差”。通过“积分”调节可以解决“静差”问题。比例带设定值 = $\delta_P\times$仪表量程 = 仪表量程/K_P，例如，当比例带 δ_P 为10%、仪表量程为0～1000℃时，其比例调节控制的偏差范围为 $t_{设}$～（$t_{设}$－100℃）或 $t_{设}$ ±50℃(图5-29)，在此偏差范围内对应调节器输出电流为0～10mA。δ_P 小时，虽然静差小，但调节强，当 $\delta_P<1\%$ 时，比例调节器就可看作位式调节器了。δ_P 用图5-27中比例调节旋钮P来改变比例带（2%～100%）。

静差随 δ_P 的增大而增大，在要求准确性较高的场合，就显得不太理想。但因它的比例作用对消除大的偏差十分有利，所以，往往在要求调节精度较高的场合，用比例调节作用对大的偏差进行粗调，迅速使偏差减少或将偏差控制在较小范围内，然后再用积分调节去消除静差。

2. 积分调节的规律

积分调节的规律是输出信号的变化量 ΔI_I 与输入偏差量的积分成比例关系，即

$$\Delta I_I=-K_I\int\Delta\varepsilon\mathrm{d}t=-\frac{1}{T_i}\int\Delta\varepsilon\mathrm{d}t$$

式中 T_i——K_I 的倒数积分时间，积分作用的强弱用积分时间 T_i 来表示，用图5-27中的积分时间调节旋钮I来改变积分时间（0.1～21min），积分时间越短，积分作用越强，但也越容易使系统振荡。

积分调节器输出量取决于偏差存在的时间就是积分调节规律。也就是说，只要偏差存在，输出电流就不断变化，直到偏差消失，积分作用才停止，所以积分调节能消除静差。

积分调节虽能消除静差，但因输出是随偏差存在的时间慢慢增大的，因此对偏差的校正作用只能慢慢增强，有时使炉温达到稳定的调节时间较长，炉温波动也会较大。可见，动作慢、不及时、有滞后现象是积分调节的特点，为此，又引入微分调节。

3. 微分调节规律

微分调节的规律是输出信号的变化量 ΔI_D 与输入偏差的变化率成比例关系，即

$$\Delta I_D=-T_D\frac{\mathrm{d}\Delta\varepsilon}{\mathrm{d}t}$$

式中 T_D——微分时间，T_D 通过图5-27中的微分时间调节旋钮D来改变微分时间（0～10min），通常 T_D 约为积分时间的1/4。

微分调节器通常不单独使用，当它和比例调节器结合起来，构成PD调节时，可加速消除偏差的速度（如炉温突然很快偏离设定值），对静差却无能为力。

4. 比例、积分、微分调节规律

在比例、积分调节的基础上再加上微分调节，就同时具有比例、积分和微分调节规律，具备这三种作用的调节器就是PID调节器。把比例、积分、微分调节作用组合起来就形成PID调节规律。其调节特性由下式表示，即

$$\begin{aligned}\Delta I&=\Delta I_P+\Delta I_I+\Delta I_D\\&=-K_P\left(\Delta\varepsilon+\frac{1}{T_i}\int\Delta\varepsilon\mathrm{d}t+T_D\frac{\mathrm{d}\Delta\varepsilon}{\mathrm{d}t}\right)\end{aligned}$$

在PID调节器中，微分作用变化最快，它使输出信号突然发生大幅度变化，然后又慢慢

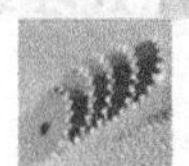

地下降，而随着时间的积累，积分作用就越来越大地起了主导作用。若偏差信号不消失，则积分作用可以使输出的调节信号一直增大到最大值。

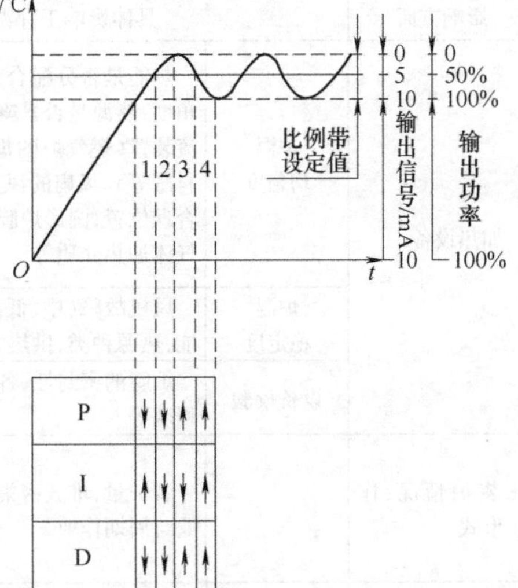

图 5-29　PID 调节器对生产过程的作用图解

综上所述，PID 调节中的比例调节，能根据偏差大小，按比例输出信号，使偏差较快地得到校正，而积分调节最终能消除静差，微分作用则实现了所谓的“超前”调节，大大缩短了调节时间。由此可见，PID 调节是一种较完善、调节精度较高的调节方法。

PID 调节器对生产过程的作用如图 5-29 所示。在图中，当偏差值超过比例带时，比例调节器总是输出满额值（10mA），相当于位式调节了。而在比例带内的调节是比例调节，$\Delta I_P(-K_P\Delta\varepsilon+5\text{mA})$输出 10～0mA。

因不同炉型、不同功率、不同装炉量等因素的影响，PID 的三个参数各有不同，为简化操作，一般固定 T_D，只调节 K_P、K_I，例如，

中型井式炉：K_P 为 60 左右（δ_p 约为 1.7%），K_I 为 35 左右；

小型箱式高温炉：K_P 约为 60（δ_p 约为 1.7%），K_I 为 30 左右；

大、中型箱式炉：K_P 约为 90（δ_p 约为 1.1%），K_I 为 90 左右。

【导入案例】　以上手动设定 P、I、D 参数的方法需要丰富的实践经验。现在广泛使用的数字仪表中，一般都带有 PID 调节功能和超调系数的设置功能。P、I、D 三个参数可以手动设置，也可以通过仪表的自整定功能自动获得。自整定是将炉子温度设定到经常使用的温度范围，有时还需要将炉子的加热工件装载到正常的处理重量，启动自整定功能，这时仪表实际上处于位式控制状态，使得温度上下波动。当运行两个半周期的振荡后，自整定停止，通过仪表的计算，自动获得所需要的 P、I、D 参数，如果炉子的热惯性太大，不能得到很好的控制品质时，可以设定超调系数，设定后再次自整定，直到获得满意的调节品质为止。但是需要注意 P、I、D 参数是否合理与使用温度有关，之所以自整定要在经常使用的温度范围和加热重量条件下进行，就是为了最真实地反映炉子工作的实际情况，同时保证在这个区域的控制精度。如果在高温满载条件自整定获得的 P、I、D 参数是合理的，当炉子用到低温空载时，P、I、D 就不一定合理，调节品质就不一定好。其他的调节控制仪表，如碳控仪等，也有类似的问题。

四、影响工件温度均匀度、准确性及热处理质量一致度的因素

制订工艺温度参数只需要两个，一个是加热温度含温度公差，一个是保温时间。而影响工件温度均匀度及准确性（也称一致性、重现性）以及热处理质量一致度（分散度），是一个多方面、多因素交叉的复杂的综合系统，如装炉工件数量较多时，外侧工件的温度与中心工件温度之差较大，工件某点处温度与工艺温度的准确性之差与有无炉罐等有关。影响工件温度均匀度的因素有以下几个方面：①加热设备；②装炉情况及作业形式；③温度系统；④工件冷却，具体影响因素及关系见表 5-10。

表 5-10 影响工件温度均匀度、准确性及热处理质量一致度的因素分析（非全部）

<table>
<tr><th>影响方面</th><th colspan="2">具体影响工件温度均匀度的因素</th><th>影响程度或相互关系</th></tr>
<tr><td rowspan="3">加热设备</td><td>炉温
均匀度</td><td>热能是否分配合理，发热元件与工件的间距及辐射角度，热源是否暴露炉膛，适时地配置风扇及合理的导流装置（燃气炉的烟道，电阻炉的料筐、井式渗碳炉的料筐等），风扇的风量及风速，适时增加热电偶数量及合理位置，圆形炉膛与箱式炉膛，炉子的密封性，浴炉、气体加热介质等</td><td rowspan="3">同一设备均匀度值大、稳定度值小。浴炉优于气体加热介质。热源置于炉墙内均匀度好。圆形炉膛好于箱式炉膛。炉温均匀度影响工件温度均匀度，稳定度不影响工件温度均匀度。电热源的稳定度优于燃气，供热方式连续（PID）优于断续（位式）。定期校验保证温度准确性、热处理质量一致度。向炉内通入气氛，特别是变化气氛对炉温稳定度有影响</td></tr>
<tr><td>炉温
稳定度</td><td>风机故障（中、低温炉），耐火材料特别是隔热材料性能，热源种类，供热方式等</td></tr>
<tr><td>设备校验</td><td>炉膛的密封性，各种热短路的影响程度，炉子的损坏程度等</td></tr>
<tr><td>装炉情况、作业形式</td><td></td><td>装炉量，堆放密集程度，排放方式，工装夹具，连续作业与周期作业</td><td>超载、堆放密集、工装夹具不合理影响较大，连续作业优于周期作业</td></tr>
<tr><td rowspan="5">温度系统</td><td>热电偶</td><td>同一热电偶不同结构类型的响应速度，接线盒的位置及其环境温度等</td><td rowspan="5">除测温系统出现故障外，其对工件温度均匀度影响不大、对稳定度无影响。控温方法对工件温度准确性有一定影响。非接触测温仪表对炉内或出炉工件温度的实时监控，随其准确性的提高，已成为新的发展方向。定期校验保证准确、精益生产</td></tr>
<tr><td>仪表精度</td><td>仪表精度对工件温度均匀度无大的影响</td></tr>
<tr><td>测温方法</td><td>日渐成熟的红外非接触测温仪表等</td></tr>
<tr><td>控温方法</td><td>位式控制，PID 连续控制等，其他方法</td></tr>
<tr><td>设备校验</td><td>热电偶，测温仪表，补偿导线等</td></tr>
<tr><td rowspan="2">工件冷却</td><td>冷却设备</td><td>真空加热室与高压气淬室分离，淬火槽有搅拌装置（可控制搅拌强弱、方向、速度、时间、分区段搅拌等）、导流装置、流量和流速及温控装置，淬火冷却介质纯净（如油槽中水的影响），喷液淬火，真空炉按每批炉料的形状制订冷却气体流动方式等</td><td rowspan="2">喷液淬火优于非喷液淬火。要求温度均匀度、准确性高时，应严格控制冷却过程中各项工艺参数，保证冷却速度，特别是大件的冷却速度及冷却的均匀性</td></tr>
<tr><td>冷却过程</td><td>控制逐一淬火工件移动至淬火槽的时间（如淬火压床机械手控制小于 20s）、逐一工件淬火冷却介质温度等</td></tr>
<tr><td colspan="3">影响工件温度准确性因素：有无炉罐，热电偶插入深度，热电偶与热源距离，仪表、热电偶、补偿导线故障，非接触辐射高温计对感应加热、盐浴炉、离子氮化炉的测温等</td><td>工件温度准确性（公差范围内）与装炉情况有关，与均匀度有一定关系，与稳定度关系不大，与测温系统（校验合格）关系不大</td></tr>
<tr><td colspan="3">影响热处理质量一致性（硬度、变形、尺寸稳定等）的因素：设备温度的均匀度、稳定度、准确性，夹具，装炉量，工件的排放，工件冷却过程控制，冷却设备功能及控制，加热设备、冷却设备、仪表的故障及校验情况，热短路，材料选择，原始材料冶金质量，热加工及冷加工质量，预备热处理情况，工件的结构设计等</td><td>要求硬度“一致性”严格的轴类工件使用夹具水平淬火，轴类工件悬挂加热变形小，真空炉工件不移动气淬变形小，炉温均匀度及稳定度≠工件温度均匀度∝硬度“一致性”，精度及变形要求高时采用组合结构设计</td></tr>
</table>

注：1. 本表中的因素非全部，未列入的因素有最高额定炉温与工艺温度、炉型大小与工件大小不匹配，炉子热惯性过大等。

2. 热短路包括电阻丝引出棒、热电偶套管、观察孔、取样孔、排气孔等。

训练题

一、填空（选择）题

1. 仪表的指示值与被测量的真值之差称为________，绝对误差的最大允许值与仪表测量范围（即量程）的百分比称为________，仪表的基本误差限去掉“%”的绝对值称为仪表的________。

A. 基本误差 B. 基本误差限 C. 指示误差 D. 误差 E. 绝对误差 F. 精确度 G. 灵敏度

2. 常用热电偶 WRP、WRN、WRE 的名称分别为________、________、________，它们对应的测温范围是________、________、________，高温炉、中温炉、低温炉对应热电偶为________、________、________。

3. 碳势测量精度由高到低的方法分别为________、________、________，其反应速度由快到慢分别是________、________、________，其中________是直接测量，所以误差小，反应速度也快。

4. P、I、D 的名称分别为________、________、________，P、I、D、PID 调节作用的特点分别是________、________、________、________。

A. 位式调节 B. 积分调节 C. 比例调节 D. 微分调节 E. 位式调节器具有结构简单、使用方便等优点 F. 比例调节的特点是偏差大时，粗调作用明显，但不能消除静差 G. 积分调节能消除静差，但调节作用缓慢，有滞后现象，有时调节时间较长，调节过程中温度的波动也会较大 H. 微分调节是一有偏差，即产生大幅度的校正信号，调节作用变化最快，但不能消除静差 I. 比例调节对小偏差作用慢的缺点可结合微分调节加以解决，其静差可结合积分调节加以消除，积分调节速度慢、滞后的缺点可结合微分调节加以解决 J. 调节精度高，死区小

5. 直流电位差计测量精确度________，显示________，对炉温显示________，对炉温的控制________，对炉温记录________，用于校验________，包括校验电子电位差计________，工作原理与直流电子电位差计________；电子电位差计测量精确度________，显示________，对炉温显示________，对炉温的控制________，对炉温记录________，用于校验直流电位差计________。

A. 高 B. 较高 C. 炉温 D. 热电偶的热电势 E. 显示炉温 F. 不显示炉温 G. 可自动控制 H. 不可控 I. 不记录 J. 可自动记录 K. 热电偶 L. 测温仪表 M. 相同 N. 不同 O. 对 P. 错

二、判断题

1. 热电偶产生的总电势包括温差电势和接触电势（　），接入热电偶回路的两根连接导线，只要连接导线两端温度相同，它对回路总电势没有影响（　），连接导线也称为补偿导线（　），补偿导线与贵金属热电极材料相同（　）。

2. 铠装热电偶外径可做得很细，故具有挠性（　），动态响应速度快（　），测量端热容小，测量精确度较高（　），但长度短（　）。

3. 自动平衡式显示仪表（电子电位差计）测量精度高（　），需考虑冷端温度补偿（　）。数字式温度仪表测量精度高、速度快、灵敏度高、抗干扰能力强、体积小和耗电少（　），有冷端温度补偿的数字式仪表，将输入高、低端短接，仪表显示室温（即冷端温度）（　），没有冷端补偿的数字仪表，将高、低输入端短路时，仪表显示0℃（　）。

4. 直流电位差计常用于校验热电偶或校验电子电位差计测温仪表（　），直流电位差计精度低于被校测温仪表（　）。

三、名词解释、简答题

1. 二位式控制，连续控制，炉温均匀度，炉温稳定度，工件温度准确性。

2. 有一测量范围为0～1100℃的测温仪表，最大允许误差在500℃测温点上，其指示值为505℃，试

求：①该温度点的绝对误差；②仪表的精确度。

3. 用铂铑10—铂热电偶测量炉温，冷端温度 $t_0=25℃$，用直流电位差计测得热电势 $E(t、t_0)=10.723mV$，求炉内实际温度。

4. 用WRP热电偶测量1000℃的实际炉温时，热电偶接线盒处的温度为40℃，若不用补偿导线而用铜导线与测温仪表连接，连接处的温度为20℃，仪表指示温度为多少？若用补偿导线，仪表指示温度又为多少？若补偿导线极性接反，仪表指示温度应为多少？以上三种情况均不计仪表本身误差，仪表按有冷端温度自动补偿与无冷端温度自动补偿两种情况分别进行计算。

四、应知应会

1. 仪表测温误差与何因素有关？仪表精确度 k 为0.1、0.5、1.0时，仪表测量误差是多少？

2. 说明常用热电偶的选择及应用。为什么要进行热电偶及仪表的校验？使用什么设备校验？如何校验？

3. 为什么使用补偿导线？使用在什么位置？是否必须使用补偿导线？为什么？

4. 什么情况下进行冷端温度补偿？说明冷端温度补偿的4种方法及对应应用的场合以及使用效果。在进行冷端温度补偿时使用补偿导线吗？冰点槽与仪表的连接导线使用补偿导线吗？为什么？

5. 说明PID的概念及各自的调节特点。说明放大系数 K_P 与比例带 δ_p 及比例带设定值之间的关系式及应用举例。

6. 说明影响工件温度均匀性、准确性的因素。他们与炉温均匀度、稳定度、热处理质量分散度的关系如何？

第六章 可控气氛热处理设备

氧化还原反应平衡常数；增碳脱碳反应平衡常数；氮基气氛；直生式气氛；安全保护及防爆设计；自适应渗碳；脉冲渗碳；计算机控制

当热处理炉使用了可控气氛后，可极大地提高热处理零件的性能、寿命和可靠性，其突出的优点可以概括为：可以进行无氧化无脱碳加热，实现光洁或光亮的热处理，毛坯处理可以省去酸洗、抛丸去除氧化膜工序，部分成品处理零件可以不经加工直接使用；能实现可控的渗碳和碳氮共渗，有效控制工件表面的含碳量、渗层浓度梯度、硬度梯度、渗层厚度、表面压应力状态；对于已脱碳的工件，可进行复碳处理；针对硅钢带所含碳对电磁性能有害，可进行脱碳退火；机械化、自动化、计算机应用能力和热处理质量的稳定性大为提高。

第一节 钢的无氧化无脱碳加热及可控气氛种类

一、钢的无氧化无脱碳加热

炉内气氛中各种气体与钢的化学反应特点见表6-1。

表6-1 炉内气氛中各种气体与钢的化学反应特点

反应类型	各种反应的气氛	反应式	850℃控制反应方向举例
氧化反应	O_2、CO_2、H_2O	$[C]_{\gamma\text{-Fe}}+O_2 \rightarrow CO_2$ $2Fe+O_2 \rightarrow 2FeO$(560℃以上) $3Fe+2O_2 \rightarrow Fe_3O_4$(560℃以下)	①$\varphi(CO_2)/\varphi(CO)>0.5$时，氧化反应 ②$\varphi(CO_2)/\varphi(CO)\leqslant 0.5$并接近0.5时，不氧化，但会脱碳 ③$\varphi(CO_2)/\varphi(CO)$值在0.1附近时，既不氧化，又不脱碳
还原反应	CO、H_2	$Fe+CO_2 \rightleftharpoons FeO+CO$ $Fe+H_2O \rightleftharpoons FeO+H_2$	
增碳反应	CO、CH_4	$CO \rightleftharpoons O_2/2+[C]_{\gamma\text{-Fe}}$，$2CO \rightleftharpoons CO_2+[C]_{\gamma\text{-Fe}}$，	①$\varphi(CO_2)/\varphi(CO)<0.1$时，渗碳
脱碳反应	O_2、CO_2、H_2O、H_2	$CO+H_2 \rightleftharpoons H_2O+[C]_{\gamma\text{-Fe}}$，$CH_4 \rightleftharpoons 2H_2+[C]_{\gamma\text{-Fe}}$	②$\varphi(CH_4)/\varphi(H_2)<0.05$时，脱碳
特殊反应	H_2、CO_2	一定条件下，H_2的脱碳作用不明显，甚至还会有增碳作用，$CO+H_2 \rightleftharpoons H_2O+[C]_{\gamma\text{-Fe}}$	

1. 钢与氧的反应

钢在一般的空气炉或煤气炉中加热时，会发生氧化和脱碳反应，其中与O_2的氧化反应和脱碳反应是不可逆反应，是不可控制的，钢件的氧化层与脱碳层会随着炉温的升高和加热时间的增长而越来越大。因此，要使工件不氧化、不脱碳，就必须设法解决炉内氧的分压足够低，低到金属氧化物的分解压力以下的问题，如在真空下或微氧的氮基气氛中进行加热。

2. 钢在可控气氛中的氧化—还原反应

钢在可控气氛炉中加热时，会与 CO_2、H_2O 发生氧化反应，还会与 CO、H_2 发生还原反应，只是这些反应是可逆的，可按需要控制其反应方向，以达到不氧化的目的。

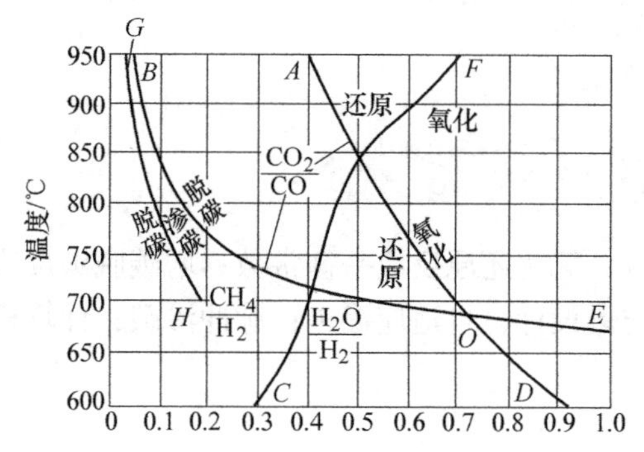

图 6-1 不同温度下 $\frac{\varphi(CO_2)}{\varphi(CO)}$、$\frac{\varphi(H_2O)}{\varphi(H_2)}$、$\frac{\varphi(CH_4)}{\varphi(H_2)}$ 的反应平衡曲线

从图 6-1 中的曲线可以判别反应方向，如 *AD* 曲线，该曲线上的任何一点均对应着一个平衡状态，当加热温度为 850℃ 时，$\frac{\varphi(CO_2)}{\varphi(CO)} \approx 0.5$，工件表面既不氧化，也不还原，即此时氧化过程的速度等于还原过程的速度，处于动平衡状态，所以 0.5 就是 850℃ 时 CO_2（属于氧化性气氛）及 CO（属于还原性气氛）两种气体的反应平衡常数值。若 $\frac{\varphi(CO_2)}{\varphi(CO)} > 0.5$，则在氧化性气氛的作用下，工件表面将发生氧化反应，若 $\frac{\varphi(CO_2)}{\varphi(CO)} < 0.5$，则工件表面发生还原反应，所以，在 850℃ 时为防止工件的氧化，气氛中 $\frac{\varphi(CO_2)}{\varphi(CO)}$ 就不得大于 0.5。

在图 6-1 的 *BOA* 区域内，CO_2 不会引起工件氧化，但会发生脱碳。生产中的光亮热处理是指工件的不氧化（如放热式气氛），但不能避免工件的脱碳，高碳钢尤其如此，因此，要避免不脱碳，反应平衡常数应该达到图中的 *BE* 值（如吸热式气氛）。

从表 6-1 所示的反应式中可看出，H_2O 会造成钢的氧化，H_2 可造成 FeO 的还原。H_2O 与 H_2 在不同温度下，其氧化还原反应平衡常数见图 6-1 中的 *FC* 曲线。

3. 钢在可控气氛中的脱碳—增碳反应

钢在含有 CO-CO_2、H_2-CH_4 的气氛中加热时，会发生脱碳—增碳反应。

这两个反应式都是可逆反应，因此可以得到它们的反应平衡常数（图 6-1 中的 *BE*、*GH* 曲线）。由图 6-1 可以看出，随着 CO 及 CH_4 含量的增加，钢件表面有增碳（即图 6-1 中的渗碳）的趋势，反之则有脱碳的趋势。

随着 H_2 及 CO_2 含量的增加，则钢表面有脱碳的趋势。注意在一定条件下 CO_2+H_2 也会增碳（$CO_2+H_2 \rightleftharpoons CO+H_2O$、$CO+H_2 \rightleftharpoons [C]+H_2O$ 或 $2CO \rightleftharpoons 2[C]+O_2$）；氢气虽然有脱碳作用，但在高温时并不强烈。

同理，控制可控气氛中的 H_2O、O_2 含量就可控制反应的方向，进而控制脱碳或增碳。

二、可控气氛的种类

可控气氛有反应得到的气氛、某些有机物质的热分解气氛以及单质元素气氛。在热处理

生产中，常用的可控气氛有以下几种。

1. 吸热式气氛

吸热式气氛是原料气不完全燃烧得到的，而不完全燃烧所产生的热量低，因而反应的进行还需要外界供给热量，故称之为吸热式气氛。

吸热式气氛的特性及用途如下：

1）气氛中还原性气氛 CO、H_2 多，有爆炸性。

2）因在 704～482℃范围易析出炭黑而不能用于回火，所以制备吸热式气氛时要快速冷却到300℃温度以下。

3）气氛的成分稳定，但是这种稳定是建立在催化剂稳定、发生器工作稳定、原料气成分稳定基础之上的。

4）各种碳钢及低合金结构钢的光亮热处理（不脱碳），但含量较多的CO对铬、锰、硅有氧化作用，CO、CH_4 又易与铬形成碳化铬而导致晶界贫铬，故不适宜高铬钢和高强度钢的热处理。铬与氧或水蒸气结合力强，不锈钢光亮热处理不能含氧及水蒸气。

5）其氧化性气氛 CO_2、H_2O 占的比例很小，故该气氛的碳势较高，可进行脱碳后的复碳处理。

6）体积分数各占一半的吸热式气氛 + NH_3 可以进行软氮化处理。

7）在主要用于渗碳时的载体气中加入富化气（甲烷、丙烷、丁烷等）即可进行可控气氛渗碳。载体气又称稀释气，富化气又称碳源气（提供渗碳时所需的活性炭原子和调节气氛的碳势）；载体气的流量比富化气大得多（如载体气中天然气的体积分数约3%～15%，丙烷的体积分数约1%～5%），其作用有：①排除炉内废气并保持炉膛正压，防止空气渗入；②用来稀释富化气，使之分布均匀。非化学热处理时，载体气可单独使用，又称为保护气，其碳势调整到大约是工件的含碳量，即可进行各种碳钢及低合金结构钢保护气氛热处理。

2. 放热型气氛

放热型气氛是燃料气和空气按一定比例混合，进行不完全燃烧，并经过冷凝、除水以后得到的气体。因空气供给量较多，为理论空气需要量的0.5～0.95，反应放出的热量足以维持反应的进行，故称为放热式气氛。

这类气氛又可分为淡型（空气：丙烷 = 21.5～23.5∶1，不爆炸）、浓型（空气与丙烷的混合比 = 13～21.5∶1，因 $\varphi(CO + H_2) > 4\%$，所以有爆炸性）和净化型。

由于气氛的成分范围较宽，故其性能也有较大的差异。它常用于低碳钢的光亮退火，硅钢片的脱碳退火，中、高碳钢的保护加热光亮淬火，粉末冶金的烧结；净化型气氛（主要成分是氮）用于不锈钢的退火和钎焊保护，再加上少量碳势较高的富化气还可用作高碳钢的载体气和化学热处理介质；使用 $\varphi(CO_2) = 5\% \sim 10\%$ 的未净化的放热式气氛进行软氮化，能提供活性炭进行渗碳及促进氮化作用。

3. 滴注式气氛

滴注式气氛是将有机液体或有机液体按一定比例的混合物直接滴入炉内，或先经发生器热裂分解（或蒸发）后再通入炉内进行可控气氛保护加热、光亮淬火、渗碳和碳氮共渗等热处理工艺，其主要特点是设备简单，投资少，随时制取，更换原料方便，但产气量小。

常见的用于渗碳或碳氮共渗的滴注式气氛是“煤油 + 甲醇或乙醇”直接滴入炉内，多用于中小型井式炉上，甲醇裂解气作为载体气，煤油为富化气，一般甲醇为常量，通过碳控仪的电磁阀调节煤油的通入量，就可以实现碳势控制了。煤油在强渗段也可单独作为渗剂，由于煤油分子链长，裂解困难，容易结焦，可控性差，为了实现更好的控制，有时采用配方滴注式渗碳剂，为了碳氮共渗，在此基础上可以通入 NH_3 或者采用含氮的有机物，如三乙醇胺 $C_6H_{15}NO_3$、甲酰胺 CH_3NO、尿素 CH_4N_2O 等。

滴注式气氛作为最早采用的可控气氛，近些年来也有不断地发展，特别是在适用于某些特殊用途时，还有不少专利。我国从 20 世纪 80 年代开始研究稀土催渗的课题，取得了不小的成就，稀土催渗也是将配方稀土催渗剂加入滴注式气氛液体中带入炉内，稀土催渗对于提高产品的性能、降低渗碳温度、提高渗碳速度、改变碳化物的形态都有非常好的效果，我国的技术水平已经走在了世界前列，但是开发与之相适应的设备还远远不够。

保护性气氛常用甲醇、乙醇等，已有专门用于甲醇裂解的甲醇低温裂解器。蚁酸裂化气氛有脱碳作用，可用作脱碳剂，也可与甲醇混合使用，作为低碳钢无氧化加热保护气。某些工厂滴注液应用举例见表 6-2。

表 6-2　某些工厂使用的滴注液

滴注液的比值	用　　途
甲醇 100%（930℃、850℃、800℃ 对应碳势分别为 0.55%、0.8%、1.0%）	用于 30CrMnSi 零件的光亮淬火
甲醇∶丙酮 = 99∶1	用于 T10A 等零件的光亮淬火
甲醇∶乙醇 = 7∶3	用于 T8 钢的光亮淬火
乙醇 100%（炭黑最多）	用于 GCr15 钢的光亮淬火
乙醇∶水 = 75∶25（无炭黑）	用于 60Si2Mn 钢的光亮淬火
甲醇∶丙酮排气阶段 1.5∶1，渗碳阶段 1∶3	用于 18CrMnTi 齿轮渗碳（表面碳的质量分数为 0.95% ~1.05%）

4. 氨分解气氛及氨燃烧气氛

氨分解气氛是由氨分解得到的，其主要成分是 H_2 和 N_2。H_2 占的比重较大，具有纯净、中性、有爆炸性的特点，有时可作为纯氢的代用品，其优点是：制备过程简单，易于获得纯而稳定的气氛，适用于各种金属的保护加热，特别适合于高铬钢的保护加热、铜合金退火、粉末冶金的烧结，其中，加些水蒸气具有强烈的脱碳作用，可对硅钢带进行脱碳退火。

氨燃烧气氛（NH_3 直接与空气混合催化燃烧后经冷却干燥，$\varphi(N_2)$ 占 80%，$\varphi(H_2)$ 占 20%）适用于低温下的光亮退火和光亮回火。

5. 氢气

氢气一般用蒸馏水电解制取，纯度为 98% ~99.9%，含微量水分和氧气，使用前必须经过脱氧和干燥，有强的还原性，主要用于不锈钢及某些合金钢的退火，但在高温时对高碳钢有氢脆和脱碳作用。

氢气虽然有脱碳作用，但在高温时并不强烈（高碳钢除外），相反氢气含量较多时，可延缓碳氢化合物的分解，进而抑制炭黑的产生，又可保护钢表面氧化，是渗碳气氛中的重要组成之一（一定条件下 $CO_2 + H_2$ 也会增碳）。

6. 氮基气氛

氮是惰性气体，纯氮中常需要加入一定比例的还原性或渗碳性气体而得到氮基气氛，它

可以适合各种热处理的生产，应用较广。

（1）氮—天然气（N_2-CH_4） 因 CH_4 分解生成的不饱和碳氢化合物量少（体积分数只有8%～9%），故具有较高的碳势及强的渗碳能力。例如，甲烷在900℃裂解使钢表面碳的质量分数达到1.0%时，CH_4 的体积分数只需要1.5%，而弱渗碳剂CO的体积分数需达95%。

甲烷在800℃以下极少裂解（CH_4 含量大于1%时易产生大量炭黑，从而降低碳势），加入体积分数为1%～5%甲烷的氮基混合气氛可获得较高的碳势，适用于钢的渗碳。

天然气液化很难，不便运输，在无天然气供应的情况下，可考虑使用氮—甲醇混合气。

（2）氮—甲醇（N_2-CH_3OH）混合气 N_2-CH_3OH 是最具代表性的氮基气氛，可广泛地应用于保护加热和气体渗碳、碳氮共渗工艺。甲醇裂化气碳势可在较大的范围内变化，这种气氛的应用较广泛，既可用于各种碳钢及低合金结构钢的可控气氛热处理，又可作为渗碳的载体气或软氮化的碳源气体。

N_2-CH_3OH 的比例从 $1m^3$:1L～$7m^3$:3L 都有应用，有时为了简单地保护或净化 N_2 中的残余 O_2，只需要加入微量的甲醇用于正火工件的保护。为了提高其碳势，可在强渗期采用几乎100%的甲醇，或加入少量的液化石油气（丙烷、丁烷）、天然气、丙酮或异丙醇等，丙烷加入量的体积分数约占载体气的1%～5%。

最常用渗碳的氮—甲醇气氛为 $1.1m^3$ 的 N_2 +1L 的 CH_3OH，其气体主要成分组成为：$20\%\varphi(CO)+40\%\varphi(H_2)+40\%\varphi(N_2)$，因其与吸热式气氛的基本组成相似，所以也被称为合成吸热式气氛。

氮—甲醇气氛与吸热式气氛比较，突出的优点是：

1）用制氮机替代了吸热式气体发生器，减少了投资，功耗少。

2）气体成分稳定，但是氮气纯度和甲醇纯度是关键，特别是甲醇容易吸水，能够与水无限互溶。

3）甲醇资源丰富，天然气化工、煤化工、制糖的副产品都有甲醇。

氮基可控气氛应用举例见表6-3。

表6-3 各种氮基气氛的应用举例

热处理		氮基气氛类型					注释
		纯 N_2	N_2+H_2	$N_2+C_nH_m$	N_2+NH_3	N_2+有机液体	
退火	碳钢	✓		✓		✓	包括一般合金钢，如GCr15
	高铬合金钢	✓					
	不锈钢		✓				
	硅钢		✓				
	马口铁	✓					
	非铁金属	✓	✓				
淬火	碳钢	✓		✓		✓	包括一般合金钢，如GCr15
	高铬合金钢	✓					
正火						✓	
回火		✓		✓		✓	

（续）

热处理	氮基气氛类型					注释
	纯 N_2	N_2+H_2	$N_2+C_nH_m$	N_2+NH_3	N_2+有机液体	
渗碳			✓		✓	
碳氮共渗					✓	
软氮化				✓		
氮化				✓		

综合以上各种气氛，可控气氛的成分和主要用途见表6-4。

表 6-4 可控气氛的成分和主要用途

气氛名称		成分(体积分数×100%)						露点/℃	用途				
		H_2	CO	CO_2	H_2O	CH_4	N_2		低碳钢	中碳钢	高碳钢	特殊钢、非铁金属	备注
吸热型气氛		30%~41%	17%~25%	0~1%	0.6%	0.05%	其余	-10~-30	渗碳、软氮化	渗碳、光亮退火、无氧化淬火	光亮退火、无氧化淬火	无氧化淬火(高速钢)	有爆炸性，不宜高铬钢和高强度钢加热
热型气氛	浓型	6%~13%	10%~11%	5%~8%	0.8%		其余	室温	光亮正火	光亮正火小于30min			$\varphi(CO+H_2)>4\%$，有爆炸性
	淡型	0.8%~1.2%	0.5%~1.5%	10%~13%	0.8%		其余	室温	保护少氧化			铜、青铜光亮热处理	无爆炸性
	净化型	0.5%~2%	0.5%~3%				其余	-40	光亮正火	光亮正火，无氧化淬火	光亮正火，无氧化淬火		
氢		100%						-40~-60			高温下有氢脆及脱碳作用	硬质合金烧结，不锈钢	
分解氨		75%					25%	-40~-60	烧结、表面氧化物还原			光亮退火(铬钢)	有爆炸性，特别适合高铬钢保护加热
氨燃烧		20%					80%		低温下的光亮退火，光亮回火				
氮基		0~10%					其余	-40~-60	添加其他成分可用于低、中、高碳钢热处理				
滴注式气氛		随所用有机液体不同而异							无氧化淬火、软氮化、淬碳				

注：1. 光亮加热，未有可见的氧化膜生成，加热后仍然具有金属光泽。

2. 光亮回火，主要指高温回火。中温、低温回火加热氧化脱碳微弱，可使用纯净的 N_2 保护加热，也可不考虑气氛的保护。

7. 直生式气氛

虽然 N_2 + 甲醇气氛属于直生式气氛，但是甲醇在800℃以上的分解很快能够达到平衡状

态，与直生式气氛有所不同。有一种简单的气氛，即“空气+燃料气体（天然气、丙烷、丙酮、异丙醇等）”，将它们直接通入炉内或在炉外混合后通入炉内，直接生成可控气氛，所以把这种气氛称为直生式气氛（有的也称作“超级渗碳气氛”），这是一种“非平衡气氛”。以前曾经认为这种非平衡气氛是不可控的，研究发现在碳传递过程中，起主导作用的仍是CO的分解，所以仍然是可以控制的。

在850℃以下，因空气与天然气混合气中含有太多的CH_4，CO含量也因CH_4和O_2的反应受阻而降低，渗碳速度降低，使其在850℃以下的实际应用受到限制。但是，如果“空气+天然气”只是用在加热保护上，在800~850℃之间使用也可以。为了解决天然气的使用问题，附加甲醇是较好的办法，“空气+天然气+附加甲醇”可以在炉子处于低温或者φ(CO)不足的情况下在程序中打开甲醇，将CO含量提升到预定正常值，然后甲醇即关闭或处于自动调节状态，在这一模式中，天然气量固定（炉门开启等情况需要追加），开启甲醇控制φ(CO)，调节空气控制碳势。

直生式气氛的特点及需注意的问题如下：

1）渗碳剂的选择非常重要，在现有渗碳剂中，从稳定性、低温稳定性、可控性等来衡量，它们从好到差的顺序是：丙酮≥丙烷>异丙醇>>天然气，实际选用时要根据工艺温度、产品条件、材料等情况综合考虑，例如经常使用低温做碳氮共渗，尽量选用丙酮、丙烷，表6-5是各种渗碳剂裂解后的成分。

表6-5　各种渗碳剂裂解后的成分

条　　件	850℃，w(C)=0.9%			950℃，w(C)=1.15%		
气氛类型	φ(CO)	$\varphi(H_2)$	$\varphi(CH_4)$	φ(CO)	$\varphi(H_2)$	$\varphi(CH_4)$
天然气+空气	12.4%	—	19%	17.5%	47.5%	4%
丙烷+空气	20.9%	—	4%	24%	35.5%	1.3%
丙酮+空气	32%	—	7.5%	32%	34.5%	2.2%
异丙酮+空气	27.5%	—	7.5%	29%	41.5%	2.4%

2）用CO_2代替空气制备直生式气氛时，气氛中的CO含量将大幅度提高，其传递系数、渗碳速度也将随之提高。

3）直生式气氛节约气体，比传统的吸热式气氛具有较高的碳的可用量，主要原因为含有较高CH_4量，提高形状复杂零件的渗碳均匀性，气氛的迅速恢复、碳势调整时间短。实验证明，直生式气氛装炉量为1000kg的多用炉，超级渗碳气氛原料气消耗比吸热式气氛下降70%~75%，最高可能节省86%。

4）直生式气氛的优点是：碳势传递系数高。碳传递系数的大小决定渗碳时间的长短，表6-6为950℃时不同气氛类型的气氛中CO和H_2含量及碳传递系数，有资料显示，“丙酮+空气”直生式气氛比“氮—甲醇+丙酮”气氛渗碳速度快20%（除开升温和降温时间）。

表6-6　950℃时不同气氛类型的气氛中CO和H_2含量及碳传递系数

气氛类型	φ(CO)(%)	$\varphi(H_2)$(%)	$\beta/\times10^{-5}$(cm/s)
吸热式气氛(天然气)	20	40	1.25
吸热式气氛(丙烷)	23.7	31	1.15

（续）

气氛类型	$\varphi(CO)(\%)$	$\varphi(H_2)(\%)$	$\beta/\times10^{-5}$(cm/s)
氮—甲醇	20	40	1.25
天然气+空气	17.5	47.5	1.30
丙烷+空气	24	35.5	1.34
丙酮+空气	32	34.5	1.67
异丙酮+空气	29	41.5	1.78

5）直生式气氛采用调节空气流量来控制碳势比调节燃料流量具有更好的控制效果（气氛成分变化对空气流量比较敏感，另一方面是调节燃料流量时，产生炭黑的危险较大），碳势调整速度快于吸热式、氮基渗碳气氛。

6）总之，直生式气氛对原料气要求不高，对密封要求不高，即使漏气，碳势多参数系统也会及时调整氧化性气氛的通入量，精确控制炉气碳势；与氮—甲醇+富化气和吸热式可控气氛比较，具有结构简单、运行成本低的特点，完全不需要附加设备的投资；渗层质量高，重现性好。

7）直生式气氛的技术门槛高，控制系统复杂，特别需要开发适应各种燃料气、各种工艺温度的多因素控制系统，我国在这方面还需要大力发展。

【导入案例】 2000年初，德国易普森公司推出了一项新的被称为"HybridCarb-气氛发生与回收再生"的气体回收技术，其装置工作示意图如文前彩图6-1所示，实物图如图6-2所示。它是对已经渗过碳的常规渗碳气氛的废气进行催化再生后，送回热处理炉中的处理技术，并加入极少的富化气，使得废气又具有活性炭原子而再利用，可节约大量的工艺气体消耗（在渗碳工艺中可以节省80%~90%的气体，在淬火工艺中可以节约75%的气源），只有当进出炉、淬火和压力升高时才有气体排放。以一台1500kg的箱式多用炉为例，CO_2的排放减少90%，工艺气体中碳原子的利用率比常规渗碳气氛提高15倍（传统的渗碳气氛，碳原子的有效利用率只有2%，98%的碳原子随废气被烧掉），而工艺控制方法、$\varphi(CO)$、$\varphi(H_2)$等的控制与传统炉子没有差别，表面碳含量、碳浓度梯度、渗碳层深度、有效硬化层深度、表面硬度以及显微组织也没有差别。这项技术也适用于吸热式气氛、氮—甲醇气氛、直生式气氛。但是，炉子的结构有所变化，特别是炉子的密封性和排气方式，这项技术不能用于敞开式的炉膛，如网带炉。

图6-2　气氛发生与回收再生装置实物图

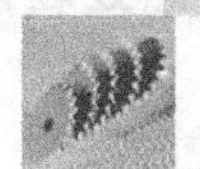

第二节　可控气氛的制备

一、吸热式可控气氛的制备

制备可控气氛可采用不同的气体原料，这些气体原料主要是：天然气（甲烷的体积分数占90%以上）、丙烷、液化石油气（丙烷、丁烷）、城市煤气。原料气与空气的混合气体在发生炉的反应罐内进行化学反应，由于供给的量较少，原料气在罐内进行了不完全燃烧反应。

反应产生的热量很少，不能维持反应所需的温度，需要外界供给热量。因此反应罐内装有电热元件加热装置，可使罐内温度达到1050℃左右，反应罐（即发生器）的实物如图6-3所示，结构如图6-4所示。反应生成的可控气氛在400～700℃范围内会发生析出炭黑反应，使产物成分改变并堵塞管道，故在反应罐的出气口处加装了水冷装置，以防止上述反应发生，经冷却后的反应气氛温度迅速降至300℃以下，然后通入炉内使用。为了提高气氛制备的化学反应速度，缩短反应时间和降低反应温度，还可使用触媒。触媒的主要成分是NiO或CaO，载体为多孔的氧化铝泡沫砖，使用触媒后，反应温度最低可降低至950℃。吸热式气体发生器一般采用λ探头（一种恒温氧探头）加上露点仪控制露点，一般将露点控制在0～10℃。

图6-3　吸热式气体发生器实物图

吸热式气体发生器在实际使用中的问题有：能耗高；催化剂容易失效，特别是要防备硫中毒，需要经常更换；使用温度高，炉罐和加热器的寿命有限，一般倾向于采用燃气加热。尽管这样，它产气气氛稳定，特别适用于工艺温度低、不便于直接裂解的场合，如高碳钢的球化退火工艺，弹簧钢在790℃淬火加热。对于大型齿轮、渗碳层深的产品也有很好的适应性，至今仍然有广泛的用途。

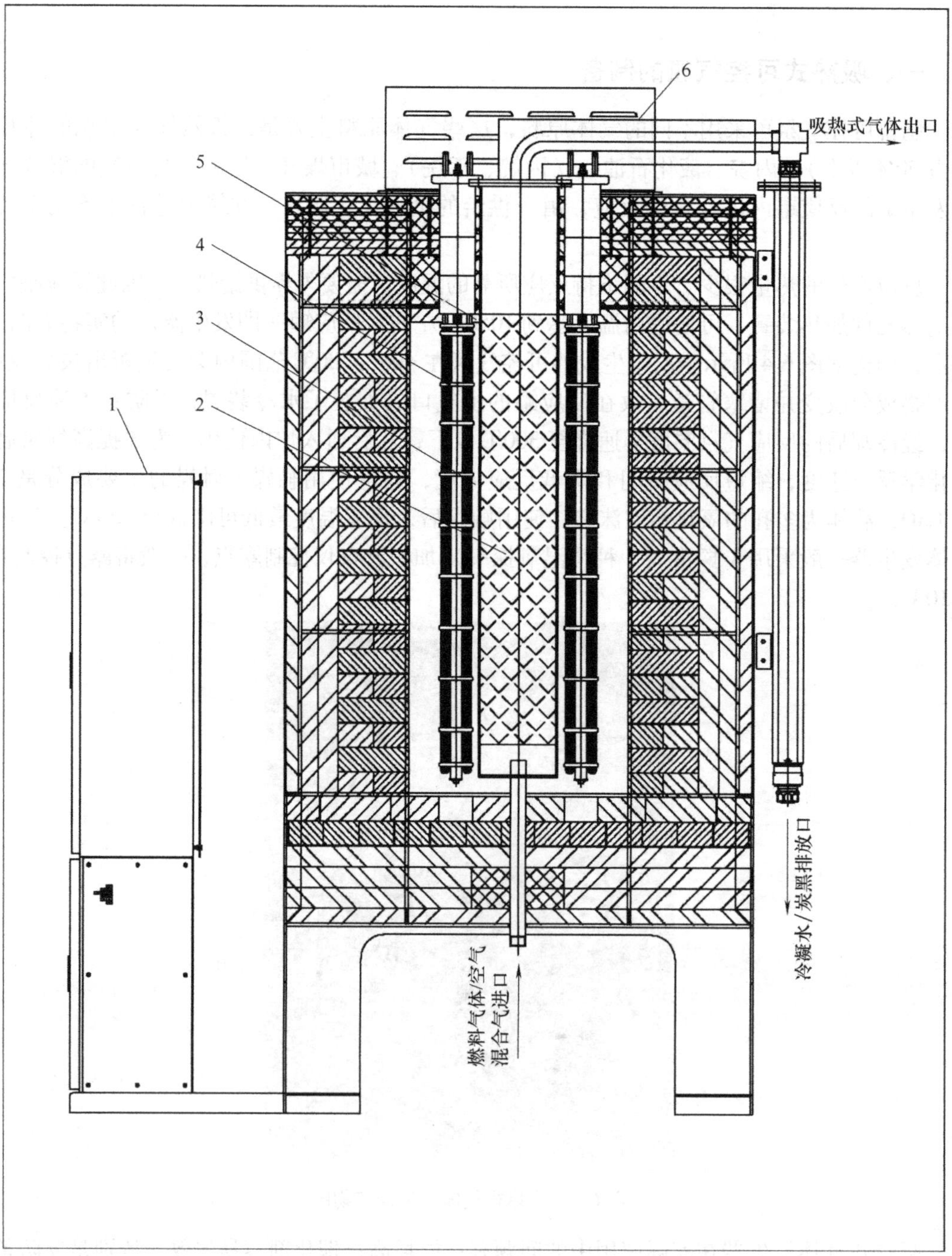

图6-4　吸热式气体发生器结构

1—控制柜　2、4—反应触媒　3—顶插入式加热器　5—反应罐　6—冷却水套

二、放热式及净化放热式可控气氛的制备

1. 放热式可控气氛的制备

放热式可控气氛的制备流程如图6-5所示，其原料气同上，供给的空气量大于吸热式气氛，原料气与空气混合后进入燃烧室内燃烧，因空气量大，燃烧较完全，燃烧产生的热量大，所以其产气装置简单（不需加热装置和触媒装置），燃烧既有完全燃烧，也有不完全燃烧。以丙烷为例，其不完全燃烧的反应式与吸热式气氛一样，燃烧产物为CO、H_2和N_2，而完全燃烧的产物是CO_2、H_2O和N_2。可见放热式气氛中CO_2和H_2O的含量远大于吸热式气氛，故其使用的效果不如吸热式气氛。在生产中多使用净化型的放热式气氛。

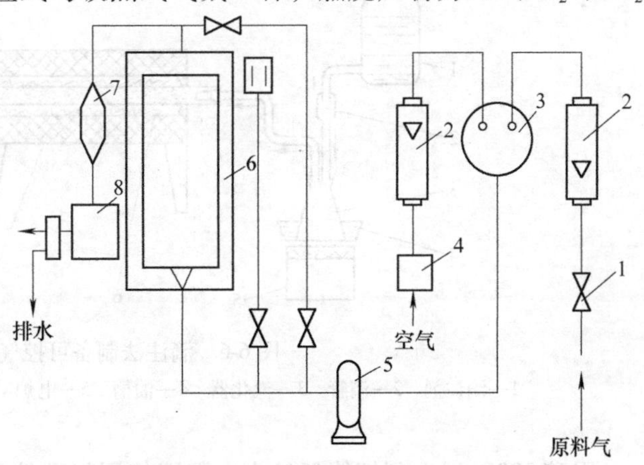

图6-5 放热式可控气氛的制备流程
1—减压阀 2—流量计 3—混合器 4—过滤器
5—泵 6—燃烧室 7—净化器 8—冷凝器

2. 净化放热式可控气氛的制备

放热式可控气氛是一种价格便宜的气氛，但由于其成分中的氧化性气氛较多，而使其应用范围受到限制。如果除去了其中的氧化性气氛CO_2和H_2O，使其成分具有较强的还原性，就会扩大其应用范围。

净化去除CO_2和H_2O的方法很多，通常有等温压缩冷却装置、硅胶、活性氧化铝、石灰石或分子筛除去气氛中的H_2O；用分子筛、质量分数为10%的NaOH水溶液或乙醇胺吸收气氛中的CO_2。在大规模生产中主要利用分子筛吸附CO_2和微量的H_2O。

常用的分子筛是一种硅酸盐，是二氧化硅的泡沸石，内部形成许多微孔，这些微孔具有物理吸附和化学吸附的作用，这种吸附作用有选择性，比微孔小的分子（如CO_2和H_2O）易被微孔吸附。气体分子在低温高压时易被吸附，而在高温、低压时则被解吸，因此可用加热和真空方法使分子筛再生。

分子筛的类型见表6-7。一般常用4A、5A、13X型分子筛吸附CO_2和H_2O。

表6-7 分子筛的类型

型　号	3A	4A	5A	10X	13X
分子筛孔径/$\times10^{-8}$cm	3.2~3.3	4.2~4.7	4.9~5.5	8~9	9~10

三、滴注式可控气氛的制备

1. 滴注法制备吸热型气氛装置

图6-6所示为滴注法制备可控气氛的装置。以甲醇原料为例来说明装置中各部件的作用。先将甲醇滴入汽化器中，汽化器加热到140~160℃，汽化后的气体通入到900~960℃的裂化管中，管中放有镍铬质催化剂，裂解后的气氛经冷却器冷却后即可使用。甲醇制备的气氛碳势较低（通常为0.4%），可用于中碳钢（如30CrMnSi零件）光亮热处理或渗碳时的

稀释剂（或称载体气）。

裂解温度越高，甲醇裂解气氛的碳势也越高。裂解温度不得低于900℃，否则，CH_4 的体积分数大于1%，产生大量炭黑使碳势降低，故甲烷的体积分数应控制在1%～1.5%以下。其在930℃裂化气的成分（指体积分数）主要是CO（约占32.4%）和 H_2（约占66.5%），还有少量的 CO_2（约占0.23%）、CH_4（约占0.23%），O_2 约占0.28%，其他小于0.3%碳势约为0.4%。随着滴入量的变化，其碳势变化范围可达0.4%～1.1%。

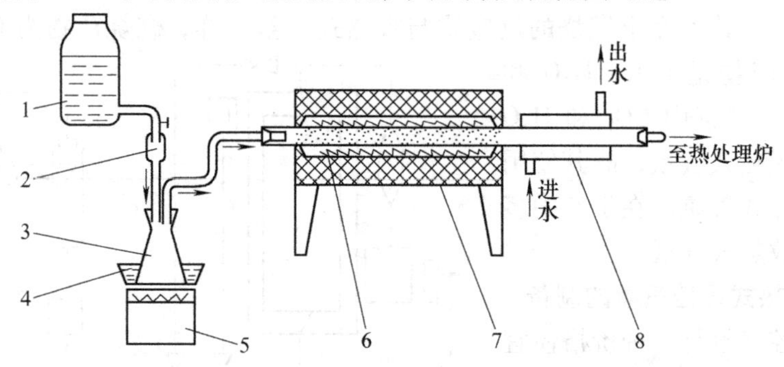

图6-6　滴注法制备可控气氛的装置

1—滴注剂　2—滴管　3—汽化器　4—油槽　5—电炉　6—催化剂　7—裂化炉　8—冷却器

甲醇900℃以上裂解能耗较大，但因使用新型催化剂（铜基合金触媒），大大降低反应温度（200～300℃），节约了能源，该过程产气质量稳定（产气组成66%～69% H_2，30%～33%CO），无炭黑存在。产气经过冷却后，并通过两个切换使用的净化器，除掉气中微量的 H_2O、CO_2，即可通入热处理炉使用。甲醇低温裂解技术无炭黑存在，但产气量小，催化剂寿命不长，一般为1年，该技术值得关注。

2. 滴注剂直接滴入工作炉内所产生的裂化气氛

当用于渗碳和高碳钢的光亮淬火时，为了提高气氛的碳势，可在滴入甲醇的同时，再滴入丙酮、乙醇、甲苯、醋酸乙酯、异丙醇、煤油（芳香、石蜡、烷烃）、乙醚等渗碳剂。

它们当中丙酮、异丙醇、煤油、乙醚为强渗碳剂，乙酸、乙酸乙酯、醋酸乙酯为渗碳剂，甲醇为稀释剂。甲苯分解物含有大量［C］，易产生炭黑沉积，一般不宜单独使用。

这种装置的优点是可以采用改装的RQ型井式气体渗碳炉，滴注剂直接滴入炉内，配备有滴注系统及碳势控制仪。该装置的整体结构如图6-7所示，图中的取样排气管4、滴液管5、取样气管11均需要加装冷却水冷套管。滴入管设水冷套，以防止滴注液在管内过早地分解，形成大的压力，使液体不能滴入炉内。取气管设水冷套，是为防止炭黑的产生而影响测量误差。排气管设水冷套，是为防止产生炭黑而堵塞通道。气道系统如图6-8所示。

图6-7中渗碳炉上的滴注部分（滴液调节阀6）改用了三头滴注器（一头为甲醇滴阀，一头为丙酮旁通阀，一头为丙酮滴量电磁阀），电磁阀的通、断由与红外仪放大器联动的电子自动平衡记录仪发出的可调直流信号进行控制，即记录仪上预先定有与碳势相对应的 CO_2 给定值，当给定值与指示值有偏差时，指针便拨动微动开关，自动控制阀的通与断来调节丙酮滴注量，以控制 CO_2 浓度，从而控制炉气的碳势。旁通阀可使丙酮有一基本滴量，以减少丙酮量过分大的波动，使炉内压力及碳势更为稳定。另外，排气期红外仪还未起动时，可通过手动旁通阀控制丙酮的滴入量。

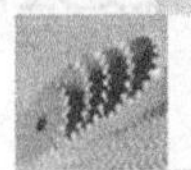

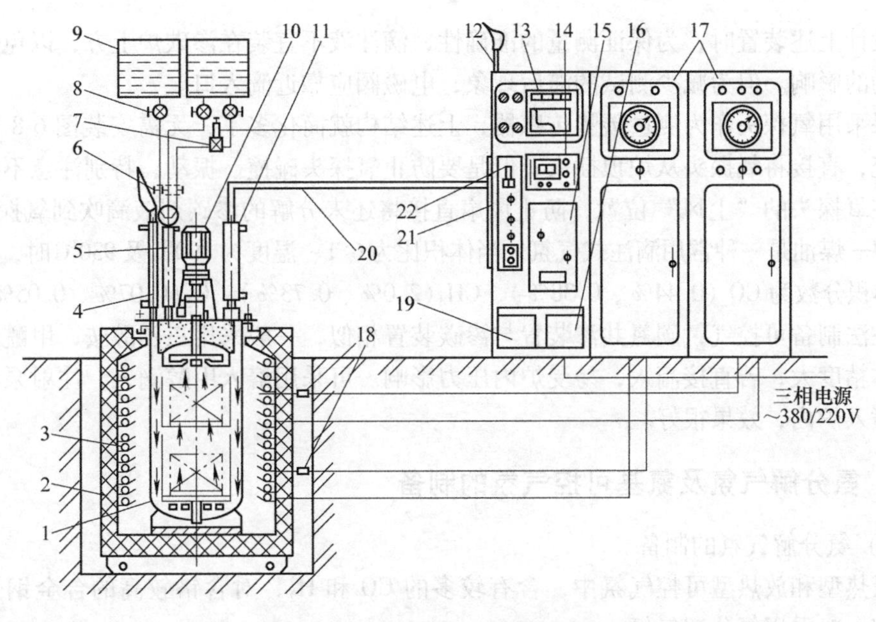

图 6-7　滴注法可控气氛渗碳装置

1—炉罐　2—炉体　3—电热元件　4—取样排气管　5—滴液管　6—滴液调节阀　7—滴液电磁阀
8—滴液开关阀　9—储液灌　10—通风机　11—取样气管　12—排气管　13—电子自动平衡记录仪
14—红外仪放大器　15—红外仪气体分析箱　16—红外仪稳压器　17—电炉电气控制柜
18—热电偶　19—气泵　20—排气管道　21—排气处理箱　22—转子流量计

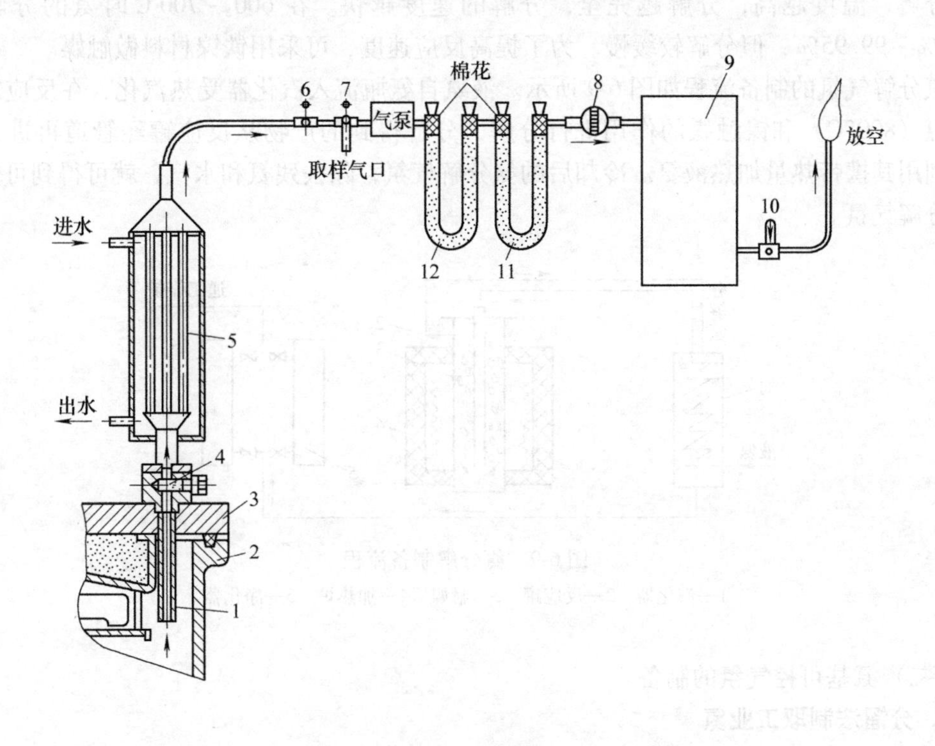

图 6-8　气道系统

1—收气管　2—炉罐　3—炉盖　4—矿渣棉　5—铜管　6—二通阀　7—三通阀
8—玻璃过滤器　9—分析箱　10—浮子流量计　11—无水氯化钙　12—变色硅胶

在设计上述装置时，为保证测量的准确性，滴注液不宜装在渗碳炉上方，以免受风扇电动机振动的影响。但为减少测试的滞后现象，电磁阀应靠近滴入口。

如果采用氧探头作为测量碳势传感器，上述结构就简化多了，无需安装图6-8中的采气分析系统，直接将氧探头从炉顶插入，但是要防止氧探头碰撞、振动，特别注意不要将滴注管安装在氧探头的“上风”位置，防止风扇直接将还未分解的渗碳剂液滴吹到氧探头上。

甲醇—煤油是一种常用滴注式气氛，当体积比为6∶1、温度为890℃及930℃时，对应气氛成分的体积分数为CO_2(0.44%、0.38%)、CH_4(2.0%、0.73%)、O_2(0.07%、0.05%)。

滴注法制备可控气氛碳氮共渗装置与渗碳装置相似，一般采用三乙醇胺、甲酰胺。由于这种液体粘度大，若直接滴入，易受炉内压力影响。可采用溶入甲醇滴入，注射泵将三乙醇胺雾化喷入炉内，效果很好。

四、氨分解气氛及氮基可控气氛的制备

（一）氨分解气氛的制备

在吸热型和放热型可控气氛中，含有较多的CO和H_2，对含铬较高的合金钢是不适宜的，它们一般采用氨分解气氛。

氨分解气氛用液氨作为原料，汽化后在催化剂作用下裂解而得到，其化学反应式为

$$2NH_3 \rightleftharpoons 3H_2 + N_2 - Q$$

从反应产物来看，大部分是H_2，影响氨分解率的主要因素是温度和催化剂，氨于300℃开始分解，温度越高，分解越完全，分解的速度越快。在600～700℃时氨的分解率达99.88%～99.95%，但分解较缓慢。为了提高反应速度，可采用铁镍材料做触媒。

氨分解气氛的制备流程如图6-9所示。液氨自氨瓶流入汽化器受热汽化，在反应罐中借助高温（800°C）和镍触媒的作用进行分解，分解得到的产物从反应罐经管道再进入汽化器，利用其携带热量加热液氨。冷却后的氨分解气氛，除去残氨和水汽，就可得到可供使用的氨分解气氛。

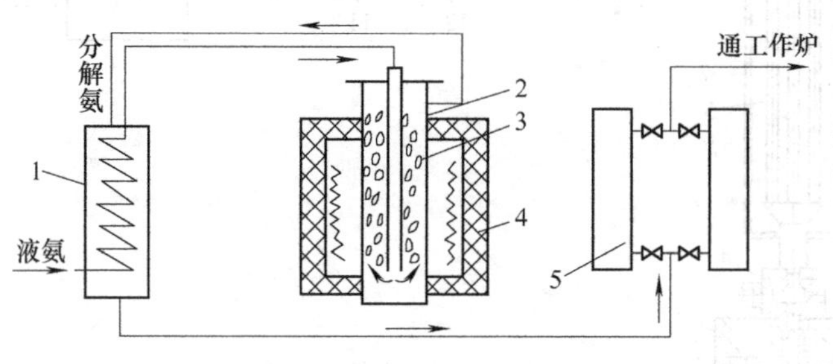

图6-9　氨分解制备流程

1—汽化器　2—反应罐　3—触媒　4—加热炉　5—净化器

（二）氮基可控气氛的制备

1. 分馏法制取工业氮

分馏法制取工业氮是采用高压将空气液化（低于-196℃），然后利用氧、氮沸点不同分馏制氮，目前为制氧的副产品。工业氮的纯度一般为99.2%～99.5%，高纯度的可达到99.95%。

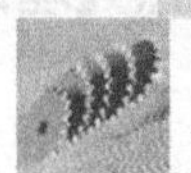

2. 分子筛变压吸附分离空气制氮

利用空压机将空气加压到0.8～1.0MPa，经过除水干燥（冷干机）后压入吸附塔中，由碳分子筛优先吸附空气中的氧，将氮分离出来。碳分子筛是以无烟煤作为原料，经碳化烧结而成的多孔性微晶结构颗粒。由于在相同温度下，碳分子筛易于吸收氧原子，故能达到氧氮分离的效果，吸附饱和的碳分子筛需要减压再生，所以一般分子筛填料塔由双塔交替使用。目前用这种方法制得的氮的纯度为98%～99.5%，净化后可达到99.999%。

3. 中空纤维膜制氮

利用空压机将空气加压到大于或等于1.25MPa，温度为45～55℃，将空气通入中空纤维膜，这种膜只能通过 N_2，其他气体不能通过，这样就将氮气和空气中的其他气体分离。中空纤维膜有两种：一种是亲水基型的，一种是憎水基型的，亲水基型的前面不需要加冷干机。N_2 纯度大于或等于99.5%，露点不高于－50℃，残氧含量小于或等于0.5%。由于膜分离有寿命长、运行可靠、安静的优点，现在被大量采用。

4. 工业氮除氧

工业氮中含有少量的氧气和水分，使用前应将它们除去，常用的除氧方法有甲醇法、木炭法、加氢提纯法。

工业氮中的水分和在除氧过程中产生的水分，可用硅胶和分子筛除去，量大时常用分子筛除水。

第三节　可控气氛热处理炉结构特点及应用实例

一、可控气氛热处理炉结构特点及要求

可控气氛热处理炉与一般以空气作介质加热的热处理炉相比，其结构具有以下特点。

1. 炉膛严格密封

为保证炉膛严格密封，在炉子结构形式上有两种类型，即炉体密封和炉罐密封两种。炉体密封包括炉壳、炉门、电热元件引出孔、热电偶、风扇轴和推拉料机构的孔洞等处的密封。炉壳应采用连续焊接，炉体连接处采用耐火纤维编织带和耐热硅胶压紧密封。炉膛与外界相通的孔洞处采用石棉衬垫、铝—耐火纤维复合垫、耐热钢丝—耐火纤维复合编织带、耐热硅胶等压紧密封。炉门采用带滚轮的四杆机构、楔形铁、压紧螺栓及气动或机械装置压紧，炉门处应设有火帘装置，以防止冷空气的侵入。采用炉罐密封，效果比较好，但热效率低，并且增加了炉罐材料的消耗。

开式的网带炉进口处一般没有密封，只是火帘密封。

2. 炉膛内应保持正压

为防止空气侵入而使炉内气氛的成分发生变化，或引起爆炸，应保证供入足够的具有一定压力的可控气氛，使其充满炉膛。

除了开式的网带炉外，为保证炉膛内的可控气氛具有一定的正压，在废气排出口一般有保压阀或电磁铁将废气排放口泄压盖压住，只留有很小的出气孔，淬火时会自动打开或者靠废气压力将泄压盖顶开。对箱式和大型井式可控气氛炉设有炉压检测或报警，应保持炉膛压力在1～5kPa的正压范围，太高会阻碍气氛的通入，一般气氛的通入压力是15～20kPa，炉

子出现负压一般是在进出炉、淬火等过程中，这时需要快速自动补充气氛或充入氮气。

3. 设置循环风机、加强炉气循环流动

为使炉内气氛成分和炉温均匀，可控气氛炉装有气氛循环风机，风机轴密封处可以采取水冷、油冷或风冷的方式。气氛的进气孔应设计在风扇叶回转半径区域的上方，以利于气氛的流通。

中高温使用的可控气氛井式炉、箱式炉、连续炉、转底炉使用离心式风扇，连续式炉一般多台风扇分区域均匀布置，大型井式炉、大型转底炉的多台风扇安装在炉盖中央和沿着圆周均匀布置，中小型井式炉一般布置在炉盖的中央，还有些深井井式炉将风扇布置在顶部和炉底，但是这种风机设计要防止振动。除小型炉子或要求不高的炉子以外，可控气氛热处理炉都有导流装置，特别是大型井式炉和要安装多台风扇的箱式炉，为了防止各台风扇之间气流的相互干扰，导流装置设计十分考究。中低温使用的可控气氛热处理炉，一般使用叶轮式离心风扇或者斜轴式离心风扇，主要是风量要特别大，因为中低温炉的辐射传热弱，需要加大对流的强度，保证温度均匀性，中低温炉都要设计导流装置，主要是为了遮蔽加热元件，防止直接辐射工件，同时加强气氛均匀性。风扇的转速和动平衡是风机和扇叶的两个重要指标，高温风机最高可设计到1500r/min，低温风机最高可设计到3000r/min，有的采用双速或变频电动机，在升温、空炉或者产品装料不密集的情况下自动运行低速，一般高温风扇动平衡小于或等于3g，当运行后增大至50g左右就会产生振动，低温风扇要求要低一些；风机的风量是根据炉膛的容积、形状来选择的。

4. 装设安全防爆装置

中高温可控气氛箱式炉和大型井式炉上部或侧面设计排气孔、泄压阀（泄压盖），安装防爆阀，箱式多用炉和连续炉还要设计防爆型炉门或者炉门有防爆销，以排泄爆炸气氛，保护炉内构件、设备和人员安全。在气氛管路入口上安装单向阀、火焰逆止阀，以防止火焰“回火”，设截止阀，以切断可控气氛，设炉内压力和检测气氛管路压力的测定器，设安全报警器，以防控制气氛的泄漏等。小型井式炉一般没有防爆口，但排气初期可以不压紧螺栓。

吸热式气氛在小于750℃时与空气混合会爆炸，放热式气氛中，当$\varphi(CO+H_2)>4\%$时，具有爆炸危险。为防气体渗碳炉爆炸事故，通常中高温的箱式多用炉和连续炉在炉温未升到800℃前，不应向炉膛内通入气氛和渗碳剂；中高温的大型井式炉在炉温未升到500℃前通入大量N_2置换空气保持炉压，在500～800℃先通入少量的甲醇保护工件不氧化，800℃以上起动保护气和富化气。

中低温使用的可控气氛热处理设备，由于工作在爆炸温度范围内，一般起动炉子前都需要氮气置换，特别是氮化炉。

所有的炉子起动前及停炉后，都要用惰性气体或非燃气体氮气吹扫炉膛及前室，停炉后的渗碳炉（炉温尚未降下来），为了防止可能因为残余炭黑继续与氧气反应生成CO发生爆炸，或者淬火油烟雾气体蒸发，与氧气混合产生爆炸型气氛，把炉门等小幅度开启，防止形成密闭空间发生爆炸。

5. 设备的安全保护及报警

高压超温保护、低温保护装置，用以在炉温不足750℃的炉内，爆炸气体不得进入炉内。氮气自动充入装置，在突然停电、断气故障发生时，氮气自动充入炉内，防止爆炸混合

物的形成，同时炉内工件受到中性气体保护。炉门火帘可防止开门时氧气进入，当火帘点火装置失效时，报警启动并使炉门关闭。

6. 内衬采用抗渗碳砖或抗渗材料

比较先进的可控气氛炉一般是无罐的，内衬与控制气氛直接接触，若此时内衬采用耐火粘土砖或高铝砖，则砖中过多的 Fe_2O_3 就会被 CO 和 H_2 还原，最终形成 Fe、Fe_3C、[C]、CO_2 和 H_2O。Fe、Fe_3C 沉积于砖体内，破坏其组织结构及颗粒间的牢固结合，使砖体疏松。砖体内沉积的炭黑，使砖体积胀大。上述作用积累的结果会使砖体破裂和脱落。另外，由于 CO_2 和 H_2O 的增加，露点上升，气氛的成分发生了变化。为避免上述现象发生，可控气氛渗碳炉的内衬应采用抗渗碳砖。所谓抗渗碳砖，就是砖的化学成分中 $w(Fe_2O_3)<1\%$ 的低密度高铝砖。氮化炉等要采用抗氮化的材料或涂层。

7. 采用适宜的发热元件

可控气氛炉的发热元件与炉子的结构有关。采用炉罐密封时，其发热元件与一般空气介质炉相同，而不采用炉罐密封的可控气氛炉，其发热元件为各种辐射管或抗气氛侵蚀的电热元件。

（1）辐射管　按热源来分有电热辐射管和燃气辐射管两种。前者电热元件在管内，与炉内气氛隔绝，可免受可控气氛的侵蚀；后者燃料在管内燃烧，对炉膛气氛没有影响。在实际应用中多使用电热辐射管，但是，电属于二次能源，综合热效率小于或等于30%，而先进的带同流换热器的燃气辐射管，综合热效率大于或等于80%，欧美国家广泛采用燃气辐射管，我国正在大力加强燃气加热。

辐射管也要求有抗渗碳或抗氮化的能力，渗碳炉辐射管一般采用 Cr25Ni20、Cr25Ni35，含镍量越高，抗渗碳效果越好，瑞典的康泰尔公司发明了类似电阻丝、材料主要成分是 Cr25Al5 的粉末冶金的辐射管，抗渗碳性能和传热性能都非常好，使用寿命可达10年以上。我国近年来也有采用石英、Al_2O_3、SiC 制成的辐射管，也取得了很好的使用效果。抗氮化能力的辐射管，可采用非金属材料、镍基合金、Cr25Ni20 渗铝处理、Cr25Ni20 等离子喷涂 Al_2O_3 等方式提高抗氮化性能。

辐射管通过炉墙部分的安装孔由轻质砖建成，留有膨胀间隙，其中塞满耐火纤维，也可起绝缘作用。电热辐射管的单位表面积功率为 15 ~ 20kW/m^2，单位表面积功率太大，热量传递受到影响，电热辐射管会导致热量“窝”在辐射管内传递不出来，导致管内温度过高，烧坏加热元件，燃气辐射管会因此升高尾气温度，使得热效率降低，高档的炉子会在辐射管内加装一支S型热电偶，监控辐射管内部的温度。

（2）抗气氛侵蚀的电热元件　对于大型的可控气氛炉，特别是大型井式炉，加热元件直接接触炉气，若采用普通线状或带状电热元件，会因表面易沉积炭黑造成短路而烧毁。解决方法是用厚些、宽些的电阻板（6mm × 210mm），供给的电压较低（仅为 10 ~ 30V），大电流加热，电阻板还有耐腐蚀性能好、热屏蔽少、传热效果好以及安装方便等优点，材料可用 0Cr25Al5 或 Cr20Ni80。为了提高电阻板的使用寿命，可在其表面喷涂并烧结一层硅玻璃为基体的耐高温搪瓷料，它具有耐高温、防氧化、防渗碳和绝缘好等优点。但喷涂烧结工艺复杂，使用中有剥落现象；也可采用抗渗碳电热元件。美国索菲斯公司发明空心管状加热元件，里面通入微量的脱碳气氛，微微有点气流在其中流动，渗入加热元件管壁的碳原子会从内壁脱出，具有较长的使用寿命。

8. 设置进料前室和后室、淬火槽与炉体密封及防爆设计

对于单门的可控气氛箱式炉来说，前室是进、出料的过渡区，前室下面是淬火槽，有的前室上面还带有顶部缓冷室，前室、淬火槽、加热室间连续焊密封焊，大型炉子也有用耐热密封加上螺栓联接的；贯通式的可控气氛箱式炉工件直接进入加热室，不需要设计前室，但是出料后室同单门的可控气氛箱式炉前室设计相同。

单门的可控气氛箱式炉前室有顶部缓冷室和不设顶部缓冷室两种，带缓冷功能应设计有冷却风机。贯通式的可控气氛箱式炉无需单独设计顶部缓冷室，也可以有缓冷功能。缓冷室的前室下面为淬火槽，油槽是双层保温结构，槽内有淬火油加热器、油搅拌器和导流装置，槽外还备有淬火油水冷或风冷冷却器。

单门炉型的前室和贯通式炉型的后室上部和两个侧面需要有冷却水或冷却油，保持炉壁温度在25～80℃之间，使得炉壁温度始终高于气氛的露点（一般在-10～10℃之间），这样炉壁就不可能结露，但是在炉子起动或者炉子受潮时仍有可能结露，这时一般要将前室半开；同时，外壳的冷却水或冷却油也提供顶部缓冷室，前室或后室用于供正火、退火冷却用。为了防止炽热的正火、退火工件直接把热量辐射到炉壁引起变形，一般带缓冷功能的炉子内部有热交换器和挡板。

顶部缓冷室、前室、后室、淬火槽上部是设计防爆盖的位置，因为这些区域工作温度往往处于爆炸温度范围内。

对连续式可控气氛炉来说，前室是进料的过渡区，有时前室甚至有多个工位，它布置在工作炉前端，由钢板及型钢焊接而成，与加热室间连续焊密封焊或用耐热密封加上螺栓联接。连续炉一般没有后室，加热室末端炉壳与淬火槽用耐热密封加上螺栓联接为一体。如果连续炉需要正火和退火等缓冷功能，一般单独设计缓冷区，因是连续式炉，节拍比较快，缓冷区需要设计多个工位，缓冷区与加热区之间设计隔热门和密封门双重结构，防止或者只允许少量的气氛进入缓冷区，缓冷区需要充氮气保护，缓冷区的出料工位还要设计真空隔离室用于出料。因为连续炉的缓冷区长期处于爆炸温度范围内工作，十分危险，最好有氧浓度检测。

低温下工作的可控气氛热处理炉的前室、后室、缓冷室等（如果必须有）的结构与连续炉的缓冷室设计原理十分相似。

9. 机械化的自动传动装置

可控气氛的机械化自动传动装置包括工件的传送和机构的动作两个方面，工件的传送主要是保证传送准确性和传送负载能力，所有的动作都需要有位置检测和过载报警以及安全互锁。由于热处理炉的动作速度并不很快，一般用PLC系统就能满足自动控制的要求。

10. 广泛使用计算机系统和专业软件

可控气氛炉与一般热处理炉相比，无论在炉子结构方面、气氛的控制方面、机械化方面，还是在对热处理工艺控制、智能化方面都提出了更高的要求。计算机在可控气氛炉上的使用，大大地提高了自动化程度和设备的可靠性，保证了热处理质量。计算机的实际应用和广泛应用，是现代热处理设备不可缺少的重要组成要素。

二、可控气氛热处理炉应用举例

（一）井式可控气氛热处理炉

中小型井式可控气氛热处理炉结构简单，可以用井式炉改装成可控气氛炉，其结构如图

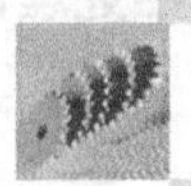

6-7所示，文前彩图2-1所示为大型井式可控气氛渗碳炉，这种炉子有无制备气氛装置均可使用，一般热处理的工件尺寸不大，机械化程度低，生产率不高，热处理工艺中加热、冷却工艺过程的衔接不理想，热处理的整体质量还不够高。另外，单参数的碳势测量仪表用在工况多变的井式渗碳炉上效果并不好，误差大，重复性和稳定性差，保护性质的可控气氛井式炉用简单的控制就能达到要求。一般大型井式炉还是以多参数系统为主。

（二）箱式可控气氛热处理多用炉

目前较理想的可控气氛热处理设备，还是以箱式可控气氛热处理炉为主。箱式可控气氛多用炉是最常用的一种可控气氛热处理设备，如图6-10所示。下面仅介绍其基本结构及一些操作情况。

图6-10　箱式可控气氛多用炉实物图片

1. 箱式可控气氛多用炉的特点

（1）灵活性

1）生产组织的灵活性。该炉为周期作业，适用于小批量、多品种工件的热处理生产。

2）工艺的灵活性。可以有渗碳、碳氮共渗、正火、退火等各种功能，几乎涵盖了所有的热处理工艺方法，目前单台箱式可控气氛多用炉最多可以容纳1000个工艺程序，即可以处理1000个不同的品种，特别是可以区别对待每一个品种的淬火工艺，对于控制产品的变形有无可比拟的优势。

3）组线的灵活性。一般简单的多用炉生产线由多用炉、清洗机、回火炉、料车等组成，多台箱式可控气氛多用炉组成的生产线，也能满足大批量生产的要求，还可以将氮化炉、真空炉等各种炉型集成到一条生产线上或一个系统中，涵盖更多工艺，特别是近20多年，欧美国家将不同时期的各种设备，通过ERP（企业资源计划管理）系统集成，将原来分散的设备集成在同一系统中，使得每台设备发挥最大的效能。

（2）可靠性

1）任何一个系统构成，如果它的构成部件太多、系统太大，可靠性就会降低，箱式可控气氛多用炉尽管可以组成庞大的生产线，但是单台设备却并不复杂，现在的技术完全有能力保证每个部件的可靠性。

2）现代控制技术、计算机技术的应用使得系统的可靠性进一步提高。

(3) 控制精度高，产品质量的重现性好　由于工艺的针对性强加上计算机自适应控制技术的发展，专家软件的开发，使得箱式可控气氛多用炉的控制精度进一步提高。据某热处理厂统计，1 年内所有炉次的渗碳件，层深偏差在 0. 18mm 以内。欧洲某大型热处理厂，拥有 200 多台各型热处理设备，他们的产品没有每炉次的检验。

2. 箱式可控气氛多用炉的系统构成和结构

以贯通式可控气氛箱式多用炉为例，如图 6-11 所示，下述项目内容均有故障报警显示。

(1) 炉体部分　炉体部分由加热室、淬火油槽、缓冷室以及安装于各部位的各种接口法兰等组成。

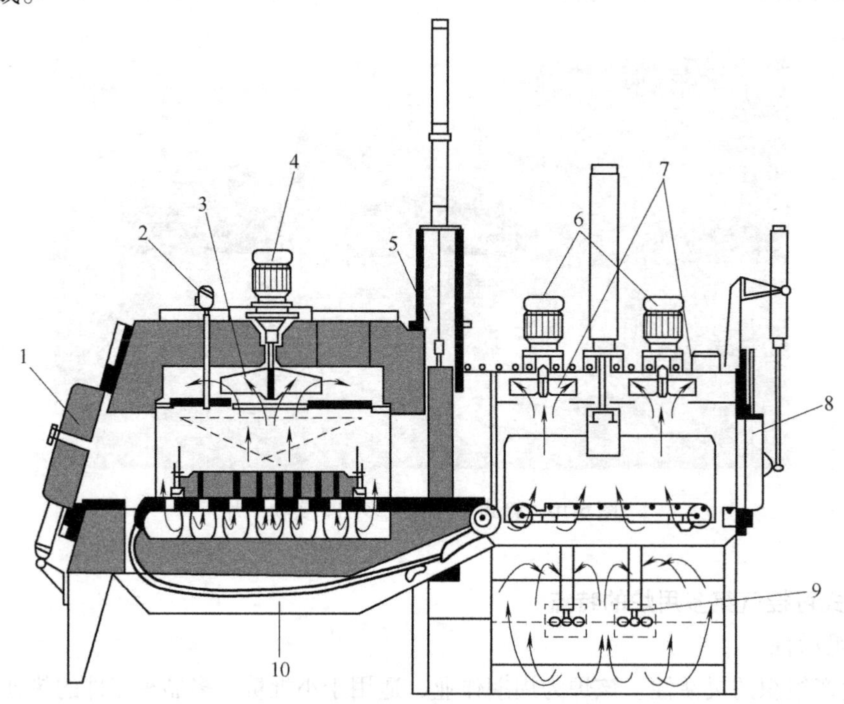

图 6-11　贯通式可控气氛箱式多用炉结构

1—前门　2—碳势传感器　3—气氛循环风扇　4、6—风扇电动机　5—中间门　7—气氛冷却风扇（选项）　8—后门　9—淬火油搅拌系统　10—冷链驱动装置

(2) 加热室部分　加热室部分包括炉衬、马弗罐、气氛循环风机、炉门、辐射管和加热器，图 6-12 所示为加热室炉衬截面和导流马弗安装示意图。

(3) 淬火及冷却室部分　炉壁冷却及温控系统、缓冷风扇、淬火油加热及循环电动机、搅拌器、导流系统，尤其是导流系统，在消除淬火油的湍流、改善零件变形有极大的意义，淬火油风冷或水冷热交换器。

(4) 气氛控制面板　气氛控制面板提供炉子所需的保护气氛，一般不同的气氛配置不一样。

(5) 机械动作与工件传送系统　机械动作与工件传送系统包括所有炉门驱动气缸、淬火料台升降气/油缸、炉门压紧机构、加热室和淬火室之间的炉料传送机构。

(6) 安全控制系统　安全控制系统包括炉门火帘、废气点火、各种机械故障报警、各种气源故障、动力故障报警等。

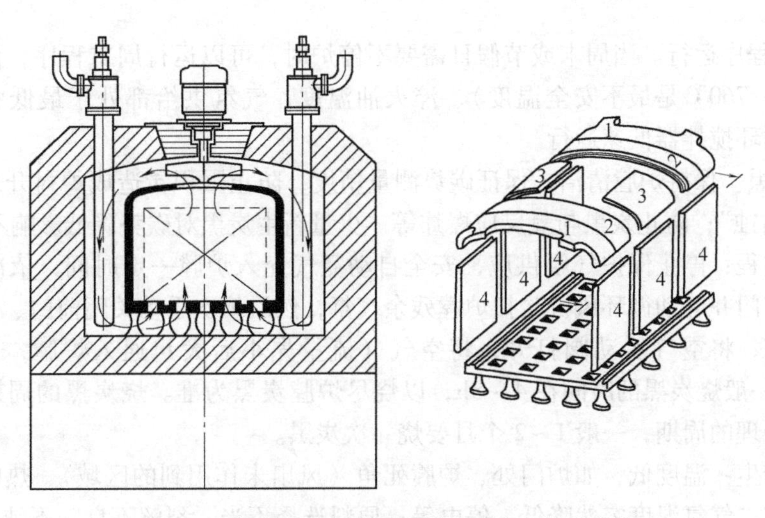

图6-12 加热室炉衬截面和导流马弗安装示意图

(7) 气氛、温度、机械动作、安全的控制系统

1) 包括由氧探头、信号变送器、热电偶、压力开关、流量开关等传感器组成的信号采集测量部分。

2) 包括由温控仪表、碳势控制仪表等组成的控制调节系统。

3) 包括由可控硅、气氛电磁阀、气氛电动阀等组成的执行元件。

由以上三部分构成碳势和温度的闭环控制系统。

4) 包括由限位开关、继电器、PLC（可编程序逻辑控制器）和触摸屏及其软件构成了所有机械动作和安全条件的控制系统。

5) 由计算机系统及Carb-o-Prof专家软件构成的系统，在Windows XP操作系统平台上，主要完成工艺编程、工艺程序控制、工艺温度和气氛控制、计算机仿真（自适应在线控制和离线模拟）、用户历史记录、错误记录、参数修正、远程数据交换等。

3. 箱式可控气氛多用炉的使用（以贯通式炉子为例）

1) 起动条件。①所有的报警信息消除；②废气常明火点燃；③炉温高于800℃；④氮气冲入炉内，置换时间足够；⑤打开后门（火帘自动点燃）、打开中门、起动保护气按钮，看见气氛火焰喷入炉膛，按顺序关闭中门、后门。

2) 提升温度气氛到基本设计状态。调节气氛通入量，温度升到920℃，等待碳势升到0.40%并保持一段时间。

3) 计算机上调入已经编制好的工艺程序，炉子发出进炉指令。

4) 打开炉门，装料车将工件推入炉内，工艺自动运行。

5) 加热室工艺自动运行完成后，自动打开中门，工件被传送到淬火室料台。如果进行正火工艺，可在料台上方完成正火工艺。如果进行淬火工艺，则下降入油中完成淬火工艺，然后提升料台停留一段时间沥油。

6) 炉子发出出炉指令，出料车对准出料门，按下出炉按钮，火帘自动点燃，出料车拉料出炉，按下出炉按钮，炉门关闭，等待下一炉工艺调入计算机装炉栏，进行下一炉次处理，如此循环往复。

7）周末程序运行。当周末或节假日需要不停炉时，可以运行周末程序，使炉子的温度（800～850℃，760℃是最不安全温度）、淬火油温度、气氛供给都处于最低状态，循环风机、淬火油循环搅拌器低速运行。

8）烧炭黑。保持炉膛清洁，保证碳势测量精度，防止因积炭造成炉衬开裂，防止辐射管出现“碳腐蚀”；防止炭黑与氧反应爆炸等。少量新生炭黑对碳势降低影响不大。

烧炭黑过程：停止保护气氛供应，安全自动氮气充入炉膛一定时间，依次手动打开后门、中门、前门并起动循环风机吹扫炉膛残余气氛，然后依次手动关闭前门、中门，后门关闭至半开状态，将空气手动阀打开，将空气（流量先小后大）通入炉膛，设备在900～920℃保温，一般烧炭黑的时间在4～8h，以烧尽炉膛炭黑为准。烧炭黑的周期依炉子的使用情况定出合理的周期，一般1～2个月要烧一次炭黑。

炭黑的产生：温度低，如炉门处、炉膛死角（风扇未作用到的区域）、热电偶及氧探头管与炉墙间隙、气氛温度突然降低、停电等；原料选择不当、裂解不良、不纯等。

9）停炉　停炉过程是停止保护气氛供应，安全自动氮气充入炉膛一定时间，依次手动打开后门、中门、前门并起动循环风机吹扫炉膛残余气氛，然后依次手动关闭前门、中门，后门关闭至半开状态，计算机脱机，降炉膛温度和淬火油温度，循环风机、淬火油循环搅拌器低速运行，降温至300℃以下可停止风机运行，这时可以完全关闭主电源。

第四节　可控气氛控制及计算机在热处理控制中的应用

一、可控气氛的测量与控制

1. 可控气氛碳势的测量控制原理

碳势是指在一定温度下，与气相达到平衡时钢表面碳的质量分数。在实际测量中，为了消除钢中的碳原子向心部扩散的影响，一般以已知碳的质量分数的低碳钢箔（厚度0.05～0.10mm）在渗碳气氛中保持一段时间（30min），使钢箔的碳饱和，以测定钢箔的含碳量来代表碳势。

可控气氛的碳势取决于气氛中H_2O/H_2和CO_2/CO的相对含量，其中，氧化性气氛CO_2和H_2O的含量很低，还原性气氛CO和H_2的含量很高（其量在很宽的碳势范围内是恒定的，即对碳势的影响不大）。虽然氧化性气氛CO_2和H_2O的含量很低，特别是O_2的含量更低，但其少量的变化却影响到各气氛的反应方向，进而明显地影响到了气氛的碳势，且其少量的变化与炉气碳势的变化对应着一定的线性关系，因此，控制其含量就能控制炉气的碳势。

例如，丙烷吸热型可控气氛在925℃炉温时的露点为－6℃、－10℃，所对应的炉气水蒸气的体积分数分别约为0.4%、0.3%，所对应的炉气碳势分别约为0.75%、0.95%。因此，在一定温度下，控制CO_2或H_2O或O_2的含量即可控制炉气的碳势。同理，测量出CO_2、H_2O或O_2的含量，就能对应测出炉气的碳势。

例如，已知氧探头测得的炉气氛氧势为E(mV)，炉温为T(K)，则炉气氛碳势［C］数学模型简式为：$[C]=1.1912\times10^{E/(0.2008\times T)-4}$。

可控气氛工艺参数，特别是其中化学热处理工艺参数的控制比常规热处理复杂得多。因

为除了常规热处理所涉及的温度、时间、质量因素（尺寸效应）等常规参数外，还有气氛的控制，以及在某一浓度（如碳势）气氛中或者某一工艺过程的一系列气氛（如碳势）变化的过程中，零件表面浓度控制、浓度随层深梯度变化规律的控制等。对于反应扩散类型的化学热处理，还涉及各物相层深度的控制和物相的构成。

以渗碳为例，以往在渗碳中自动控制炉温，气氛的碳势通过仪表也能控制，而零件表面的碳浓度和浓度的分布，则不便于控制，一般采用低碳钢箔进行测定或试样的剥层分析。分析不能自动化，而且速度慢，不能适应大生产的要求，并且质量也不够稳定。

根据气固反应的物质传递系数和扩散定律建立的数学模型，应用数学模型进行计算机工艺过程的模拟，预测出各种不同工艺过程中非稳态浓度场的变化规律（无需检验中间试棒，由检验型改进为预测型），从而合理选择工艺过程的各种参数，如温度、炉气碳势、表面碳势、渗层浓度分布和渗层深度等，具有有效渗层浓度梯度、在线有效渗层深度实时模拟演示功能、自适应控制功能，现代最新控制技术还结合淬火冷却介质的冷却性能和冷却循环条件、工件的有效尺寸、工件形状和材料的淬透性，通过建立的数学模型，可以模拟出有效硬化层的梯度曲线，这样在工件设计阶段就能预测工件热处理的最后结果，为产品设计提供指导。在软件的支持下，自动调节炉温、渗剂的滴入量或调节原料气的比例等，整个工艺过程可在计算机的监控下完成。

2. 氮势的测量控制原理

氮势控制的理论依据是纯铁的氮势，如图 6-13 所示，从图中可看出物相与温度、氮势三者的关系。在一定温度下，控制对应的氮势就可以得到相应的氮化层的物相组成。如在 550℃、氮势 0.2% 的情况下，就可以得到无白亮层的 α 相构成的氮化层。

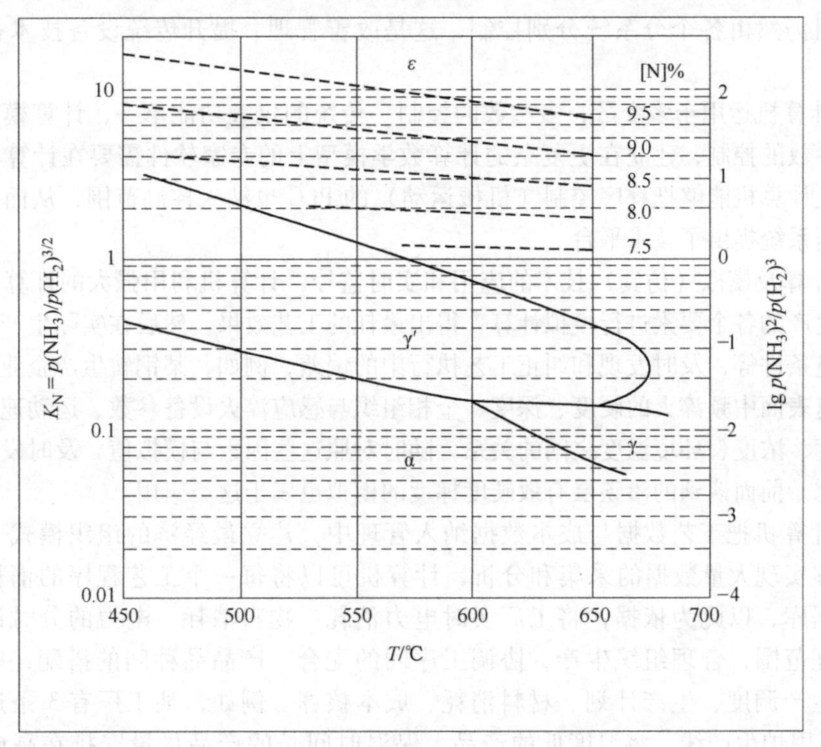

图 6-13　纯铁氮势图

在计算中，将氮势给定值换算成与其对应的氢分压给定值，再与测量的氢分压值进行比较，得出偏差的大小及极性，求出与此偏差相对应的控制量，经转换后控制电动机调节阀的开度，调节氨或者分解氨气的流量，形成闭环控制系统，从而达到控制氮势的目的。钢中的合金元素与N元素反应十分复杂，生成的氮化物也十分复杂，再加上氮化有多种气氛配比模式，工件的表面状态，如前氧化，对N原子的传递系数也有重大影响，这些都使氮势图产生偏离。现在深层无白亮层氮化工艺，一般用于不需要再加工的高精度的航空齿轮上，要求氮化层在0.5mm，表面没有白亮层；大型机车曲轴的深层氮化，如要求0.7~0.9mm；高压油泵体要求控制氮化层硬度梯度缓慢下降，要控制表面以下0.1mm处达到690HV以上，这些都给氮势控制提出了新的要求。

二、计算机在热处理控制中的应用

计算机在热处理设备的应用，使设备、工艺、管理系统的工作得以统一进行。将起初的温度、时间等单因素和单变量的控制，逐步发展到多因素、多变量的控制，由静态的控制，逐渐向动态的控制发展。由预防型改进为主动型；由处理后的检测型，改进为事先预报预测型、跟踪型。在此基础上，实现工艺的可靠性、经济性、品质的“零”散差。

1. 计算机在热处理中的应用类别

计算机在热处理设备中，最重要的用途有如下几方面：

(1) 数据采集管理为中心内容的集散型控制系统　所谓的“集散型控制系统”是指集中管理、分散控制，例如，将多台设备的工艺编制、数据记录、工艺历史过程记录、故障报警等信息，通过数据总线传送到计算机系统，实现统一集中管理，但是，每个工艺参数的实际实时控制仍然由各个分系统分别控制，这是改善管理、提升传统设备技术档次的有效办法。

(2) 计算机运用于多变量、多参数的控制　传统的仪表功能单一，计算模型简单，不能适应多参数的控制，建立在更复杂的计算数学模型上的专家软件需要在计算机上才能实现，再加上计算机能够把程序控制（机械运动）的PLC也纳入控制范围，从而为大型机电一体化控制系统提供了技术平台。

(3) 计算及模拟（仿真）技术的应用和实时监控　计算机利用强大的计算功能和数学模型，对生产的各个要素进行模拟计算，得出最佳的工艺效果，然后在实际生产中检测各个参数及环境条件等，及时发现和纠正工艺执行中的偏差，例如，某钢轨生产企业建立起了有关钢轨高速表面中频淬火的硬度、深度、金相组织与感应淬火设备参数、运动速度、淬火冷却介质温度、浓度、环境温度之间的关系，随时对照这些因素与模拟值，及时发现每一时刻的质量问题。前面谈到的渗碳层有效硬度梯度的模拟也属于这类应用。

(4) 计算机把工艺数据与成本数据纳入管理中，建立最经济的组织模式　现在计算机已经能够实现大量数据的采集和分析，计算机可以将每一个工艺程序的消耗值建立成完备的数据库，以此为依据，将工厂实时电力消耗、物料消耗、电力的分时计价时段等都纳入管理范围，合理组织生产，协调工序间的配合、产品品种间的搭配，以最经济的方式进行生产调度、生产计划、材料消耗、成本核算。例如，某工厂有3条连续炉生产线、3条多用炉生产线，将温度低的产品、保温时间长的产品尽量安排在高电价期间生产，将进出炉频繁的产品、工艺温度高的产品尽可能安排在夜间生产，每年电费的节约

超过70万元。

（5）计算机用于系统集成，建立无人工厂　早在20年以前，欧洲就开始将计算机用于不同时期的新老设备的系统集成，将不同的炉型，如多用炉、真空炉、连续炉等设备集成到一起，用自动管理软件统一管理，建成了一批无人化的工厂。在我国，也有数条全自动的多用炉生产线，实现了完全无人值守运行。例如，某炉产品如果被定义为“时间优先”，那么它将以最快的速度从这条生产线流转出来，如果定义为“节能优先”，它将以最节能的工艺路线生产出来，当然，这样集成化的生产线需要配备大量的中间周转和储备空间才能满足工件的周转。还有的工厂将感应设备、真空炉或低压真空渗碳炉等比较清洁的热处理设备集成到机加工生产线，取消了专门的热处理车间。

（6）其他全方面用途　计算机还广泛用于大型关键零部件的开发和工艺结果预测，例如，用于淬火冷却的模拟，特别是大型工件冷却的模拟计算，用于齿轮渗碳淬火、感应淬火，残余压应力的应力场计算，热处理工装在热态下应力场分析，等等。

2. 计算机在可控气氛及化学热处理中的一般应用

化学热处理工艺参数的控制比常规热处理复杂得多。计算机在可控气氛及化学热处理中的应用，充分体现出其在复杂的数据管理与运算、工艺控制、非稳定态分析、动态人工智能等各方面进行快速处理的独特优势，是将热处理工艺、热处理设备、热处理管理、热处理质量进行高度有机结合、高度统一的先进工具。其应用可概括如下：

（1）数据库　数据库有综合数据库和热处理数据库。其中，包含有与渗碳工艺、渗碳介质、渗碳钢等有关的基础数据，如平衡常数、传递系数、扩散系数、活度系数、溶解度等，以及它们与钢的成分、温度之间的关系。所有数据尽可能以函数的形式表示，能够准确、全面地反映各种基本参数的变化规律。

（2）工艺库　按零件号存储该零件的钢种、成分和设计要求（如表面含碳量、有效硬化深度、碳浓度分布曲线或硬度分布曲线等）等数据。按不同的控制模式，可调用工艺库中的数据，并通过用户界面在屏幕上用图形、表格和文字的方式显示各种数据。

计算机可储存上千种不同的优化工艺曲线，也可以通过人机对话，操作者根据计算机屏幕提示，使用键盘将温度、时间分段进行输入、更改和删除工艺曲线。计算机可以按照各段温度、碳势和时间等参数进行顺序控制，屏幕可把渗碳过程及渗层等情况显示出来。

（3）数据处理与数学模型在线运算　数据处理与数学模型在线运算模块可根据工件材料成分、装炉量及其带入空气多少、工件表面碳势、渗层深度、炉温、气体成分及其含量、设备密封情况、炉压等参数实时采样，并计算出炉内碳势。输入温度、碳势、时间、有效层深、炉压等，然后用气体渗碳物质传递数学模型，计算出非稳态浓度场响应，确定强渗、弱渗、扩散及整个工艺过程所用到的各种时间的最佳值。

炉气碳势一般高于工件表面碳的质量分数20%～40%（气氛平衡时约5%），炉气碳势既可以由人工设定，又可以由计算机自动设定。渗碳层深度确定后可使用PID控制，渗层深度为0～5mm，PID参数设定：K_P1～50、K_I1～50、T_D0～50。另外，计算机还可对渗碳层的碳化物级别进行控制，控制精度小于或等于±1级。

【例6-1】　输入钢材心部含碳量、合金化系数、炭黑极限、碳势（或炉气中O_2、CO_2含量）、表面含碳量、设定值（离表面一定距离处的含碳量）和温度，系统连续测量温度和气氛成分（O_2、CO_2），对渗层碳浓度实时分布进行计算，当设定层深的碳浓度达到某一给定值时，计算机立即发出停止渗碳的命令，并画出此时工件内部的碳浓度分布曲线。整个过程中对它进行引导和调整，准确地约束碳浓度，最后得到符合计算值的碳浓度分布曲线。

图6-14表示某一工件经6h强渗、4h扩散的内部碳浓度分布，与实测试样比较误差小于±0.06%，确保了最高水平的热处理控制重复性的精度。

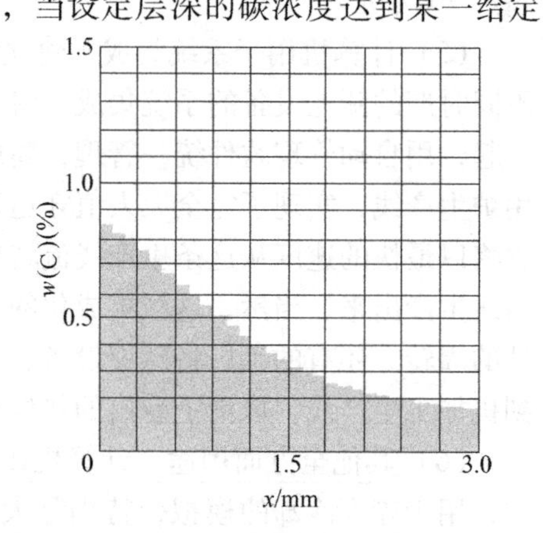

图6-14　渗层碳浓度曲线

【例6-2】　20CrMo行星齿轮滴注式可控气氛井式炉渗碳，渗碳层深1.2～1.6mm，表面及心部硬度分别为58～62HRC、32～48HRC，该零件工艺参数见表6-8。

表6-8　20CrMo行星齿轮滴注式可控气氛井式炉渗碳工艺参数

工序名称		排气期	碳势调整期	强渗期	弱渗期	降温期	扩散均温期
温度/℃			930	930	930		850
时间/h		1～1.2	0.5	3.0	2.0	1.5	0.5
渗剂滴量/(滴·min^{-1})	甲醇	<900℃　150～180 >900℃　50～80	150～180	150～180	150～180	120～150	120～150
	煤油	>870℃　90～120 >900℃　120～150	电磁阀 100～120	电磁阀 100～120	电磁阀 60～80		旁路阀 10～12
CO_2 质量分数设定值(%)			0.2～0.5	0.2	0.3	0.3～0.9	0.9
炉压/Pa				260	260		180

【例6-3】　20CrMnTi齿轮可控气氛箱式炉渗碳，渗碳层深1.6～2.1mm，表面及心部硬度分别为58～64HRC、33～48HRC，该炉气碳势$w(C)=1.3\%$时有少量炭黑析出，该零件工艺参数见表6-9。

表6-9　20CrMnTi齿轮可控气氛箱式炉渗碳工艺参数

工序名称	清洗	清炉	生温均温期	气氛调整期	强渗期	弱渗期	扩散降温期	淬火	滴油或空油	清洗	回火
温度/℃	82				920	920	830	80		82	150
时间/min	10	30	150	30	600	420	75	40	10	10	300
碳势(%)			0.3		1.2～1.25	0.9～0.95	0.78～0.82				

(4) 专家系统在线决策模块　此模块的核心是动态碳势控制软件中自动生成工艺和自动优选工艺参数的子程序。它在数据库和工艺库的支持下，随时计算从当前工件内部的浓度场的实际状态向设计要求的最终状态发展的最佳途径。专家系统在线决策有人工智能的雏形，在生产过程中，它能代替热处理“专家”在运行中判断和把握过程的正确性，及时自

动制订工艺、修正工艺参数和设定值并自动执行，只要输入钢种、层深即可提供最佳温度、时间、碳势（氧势）的全自动控制和记录。其主要特点是：自动生成工艺，自动优选工艺方案，自动补偿因工艺过程的意外失控（如中途停电）、偏差所造成的后果，并迅速给予纠正；精确控制渗层的浓度分布，重现性良好，层内每一点的浓度按预定值分布，其误差小于±0.05%；正确计算工件形状对渗层浓度分布的影响；缩短渗碳周期。

（5）用户界面　用户界面提供人机对话的功能，可进行人工输入或修改工艺曲线，计算机可以根据操作者输入的工艺曲线进入程序控制。屏幕上一般要显示浓度分布曲线、有效硬化层深度、炉温、气相碳势的测试数据和记录曲线，各种报警（如炉温小于750℃自动停止滴注、通信异常、炉温超限、炉气碳势异常等）提示等。此外，屏幕上将显示零件种类、材料、渗碳要求和工艺设定的有关数据，操作者可根据屏幕提示，选择不同的窗口进行操作。

3. 计算机在可控气氛控制中的应用实例

（1）渗碳层的传统计算机控制（非自适应控制）　以前渗碳工艺，一般都是设定温度、碳势、时间三个参数，各段工艺程序对应的这三个参数也有所差别，但是都认为它们是没有波动的直线，整个工艺程序是由若干段直线连接起来的。但是，在实际运行中，温度、碳势都是波动的，而且会随着外界某些条件的变化产生大幅度的波动，例如，中途停电引起温度下降、气氛供应故障引起碳势下降等，因此按照工艺执行的结果会造成预设工艺和结果的较大偏差。

图6-15、文前彩图6-2所示是某工厂变速箱输入轴改进前可控气氛渗碳工艺，它的碳势由几段台阶构成，工艺执行的结果如图6-16、文前彩图6-3所示，图中的曲线从上到下依次是：氧势信号、温度、碳势、φ(CO)（模型修正值），其中的碳势和氧探头毫伏信号也是台阶状。

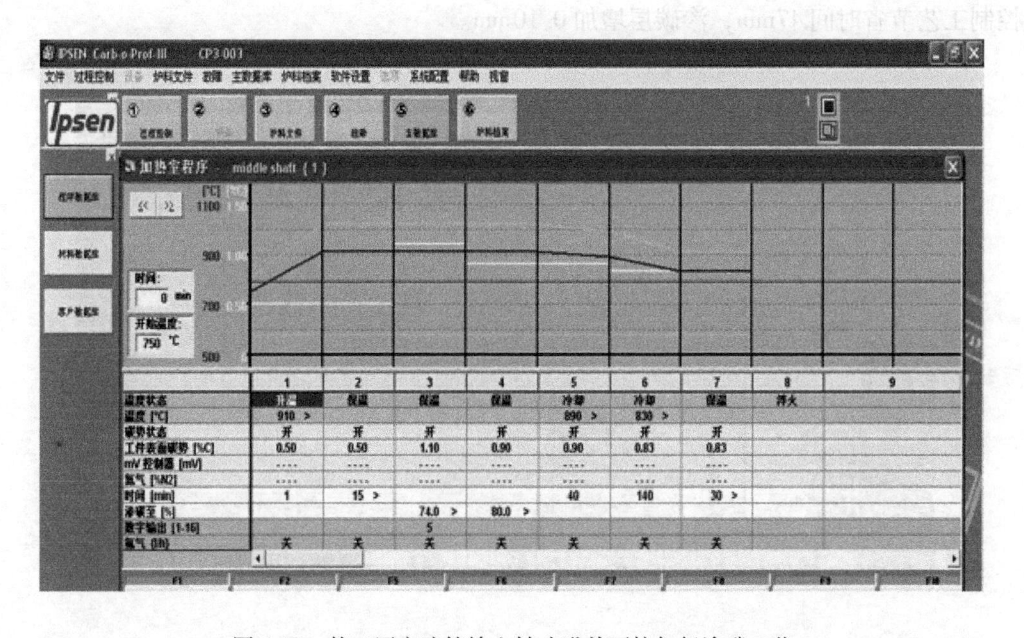

图6-15　某工厂变速箱输入轴改进前可控气氛渗碳工艺

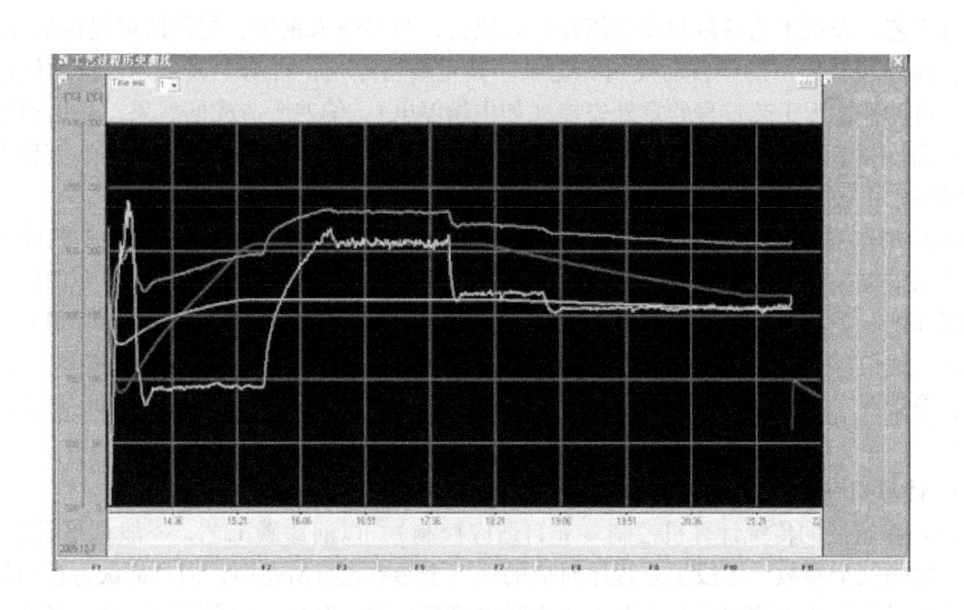

图 6-16　改进前渗碳工艺执行结果曲线

（2）渗碳层的自适应控制　改进后，碳势随着温度进行自适应控制，如图 6-17、文前彩图 6-4 所示，图 6-18、文前彩图 6-5 所示是碳势采用自适应控制的工艺执行结果曲线，其中升温和降温段将“碳势状态”设定为“自动 20%”，含义是将工艺中的碳势设定为低于炭黑极限 20% 运行，碳势将自动按照温度的变化而变化。可以看出，在升温和降温段碳势自动跟随温度变化。产品检查结果见表 6-10，可见在金相组织没有明显差别的情况下，自适应控制工艺节省时间 47min，渗碳层增加 0. 10mm。

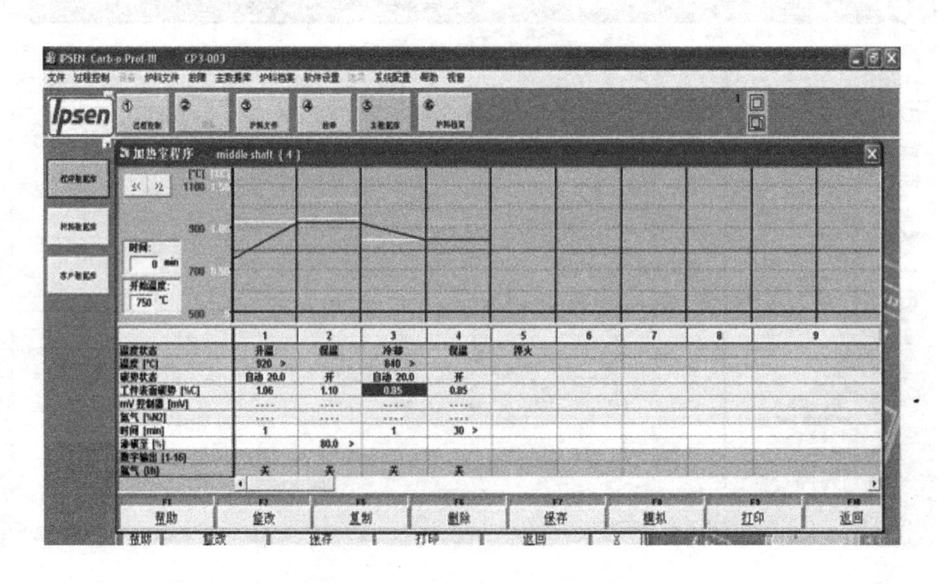

图 6-17　自适应可控气氛渗碳工艺

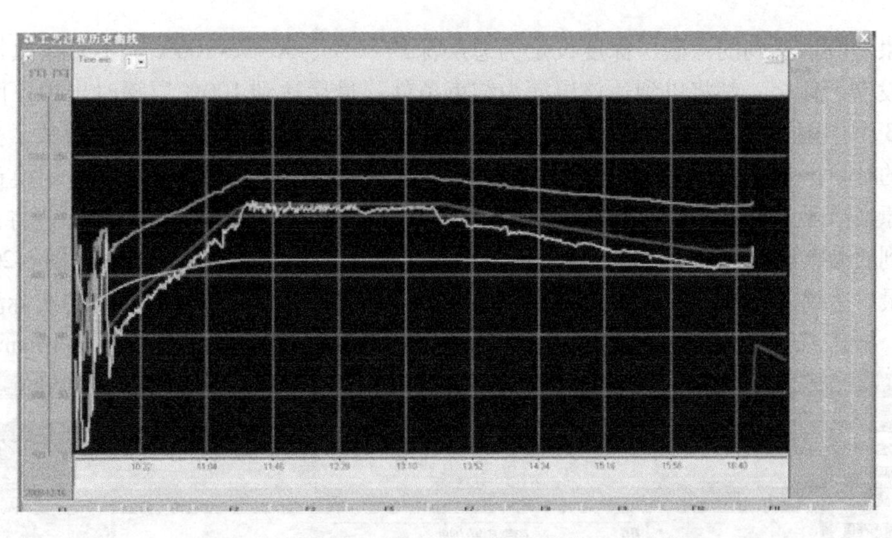

图 6-18　碳势采用自适应控制的工艺执行结果曲线

表 6-10　碳势自适应和非自适应控制工艺检查结果

工艺	表面硬度 HRC	碳化物	马氏体	残余奥氏体	心部铁素体	非马氏体组织深度 /mm	有效硬化层 /mm	工艺运行时间 /min
非自适应控制	60 ~ 61	1 级	3 级	3 级	1 级	0.01 ~ 0.02	0.70	479
自适应控制	62 ~ 64	1 级	2 级	2 级	1 级	0.01 ~ 0.02	0.80	432

（3）自适应控制渗碳层碳浓度分布曲线　图 6-19 所示为预先设定的工艺，在程序的第 3、4、6 段的工艺时间栏并没有设置时间参数，而是在渗碳层深度的百分比栏，分别将该段

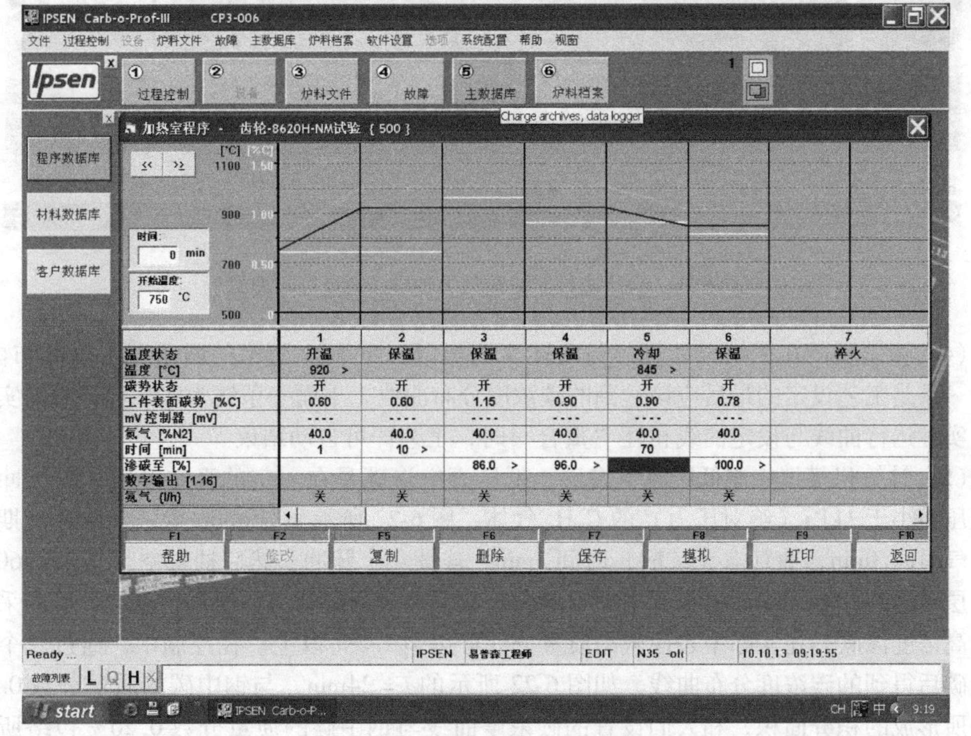

图 6-19　带有渗碳层自适应控制的工艺

程序结束时应该达到的渗碳层深度设定为总层深的86%、96%、100%。不管在执行这几段程序时发生了什么，都将以到达该层深为结束条件，最后达到100%层深时出炉。因此，该功能有3个作用：①工艺参数的波动将自动延时或提前；②如果出现停电等事故，会自动补偿耽误的时间；③如果出现用错工艺，在执行中被发现了，可以中断该工艺，调换正常的工艺，而原来错误工艺所带来的渗碳结果将自动计算为正确工艺的渗碳结果，新工艺将自动省去已经达到的渗碳层的工艺段，自动执行后面的工艺，新工艺无需做任何更改。图6-20所示是该工艺最后达到的碳浓度分布曲线。这样的碳浓度分布曲线得到的渗碳层深度与实际测量值非常接近，据某工厂一个渗碳层要求0.8~1.2mm的产品半年的统计，误差小于0.16mm。

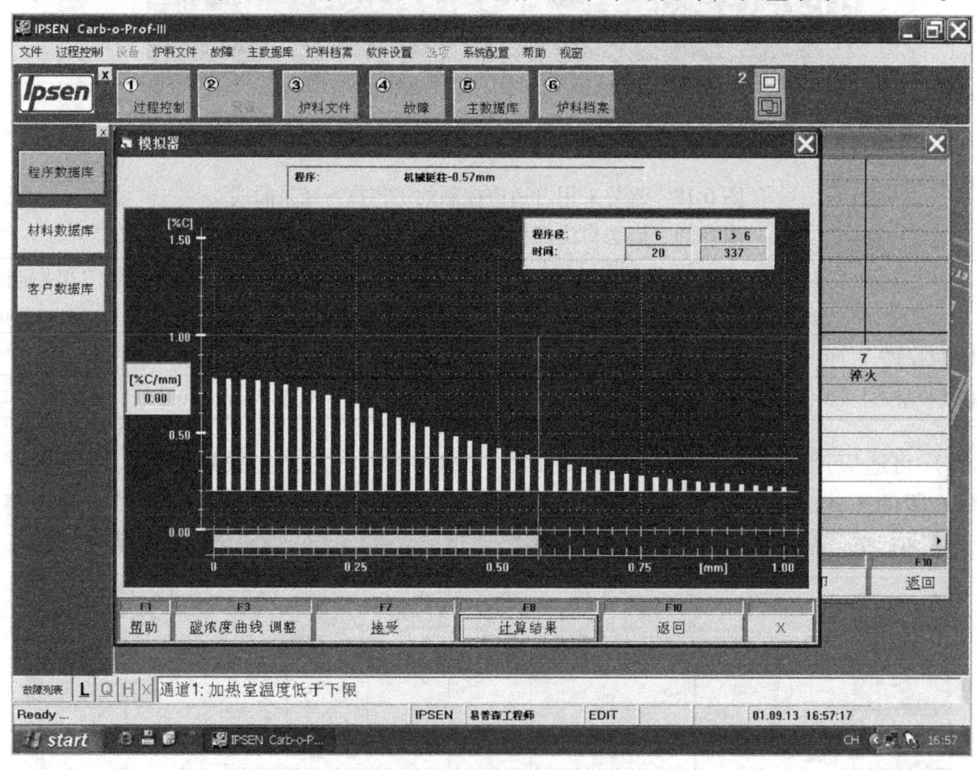

图6-20　自适应控制工艺的渗碳层碳浓度分布曲线

（4）渗碳层的在线模拟计算　与上述实例相似，图6-21所示的两条碳浓度分布曲线，上面一条是工艺设定的最后应该达到的碳浓度分布曲线，下面一条线为实际运行中的实际曲线，实际运行曲线与设定曲线相互“重合”时，工艺即可自动结束。

（5）计算机模拟控制低压真空渗碳　低压真空渗碳是在一定的真空度下，以脉冲方式充入压力小于1kPa（绝对压力）的C_2H_2气体，图6-22所示为以6min为一个脉冲周期，其中充气时间3min，抽真空（扩散）时间3min，连续4个脉冲，然后抽真空（扩散）60min，渗碳层可达到0.60 mm。由于真空炉不能靠化学平衡来测定碳势，但是，真空炉可以采用高温和高浓度渗碳，在实际中表面碳的质量分数可达到1.5%以上。在控制中，通过几个脉冲的渗碳后得到的碳浓度分布曲线，如图6-22所示的$t=24$min，与钢中碳的质量分数0.20%包络所形成的积分面积，和人们设置的碳浓度曲线与钢中碳的质量分数0.20%包络所形成的积分面积相等时，渗碳脉冲就可以结束了，然后通过扩散使得最后的碳浓度分布曲线与设置的曲线重合，达到理想的控制状态。需要说明的是，低压真空渗碳必须要计算工件总的表面积，并把它作为重要参数输入计算模型，用质量流量计严格控制充入乙炔气体的物质的量，才能使得控制达到理想效果，一般渗碳层深的控制精度小于±0.05mm。

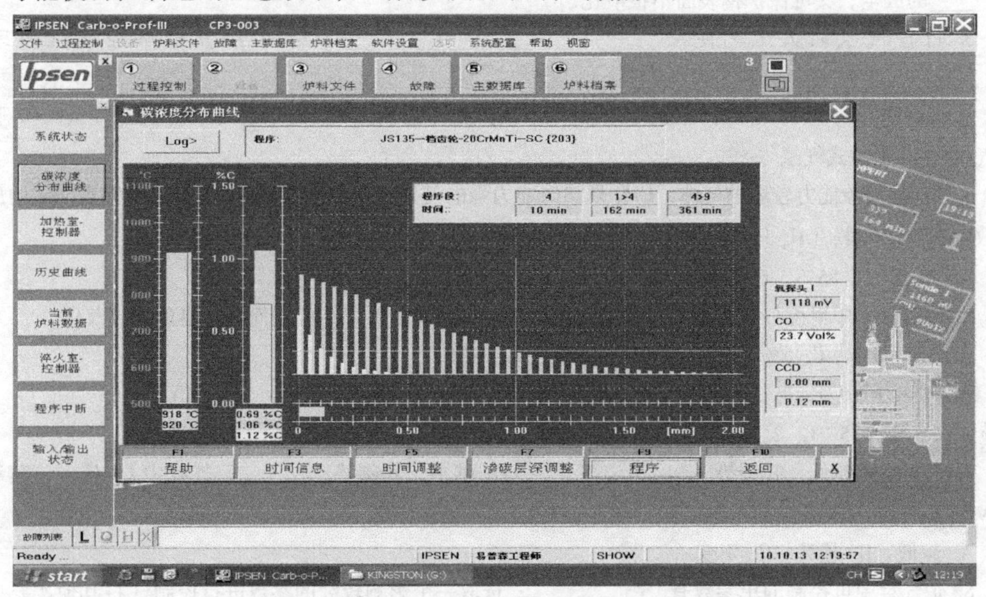

图6-21　实际碳浓度分布曲线跟随设定的碳浓度分布曲线

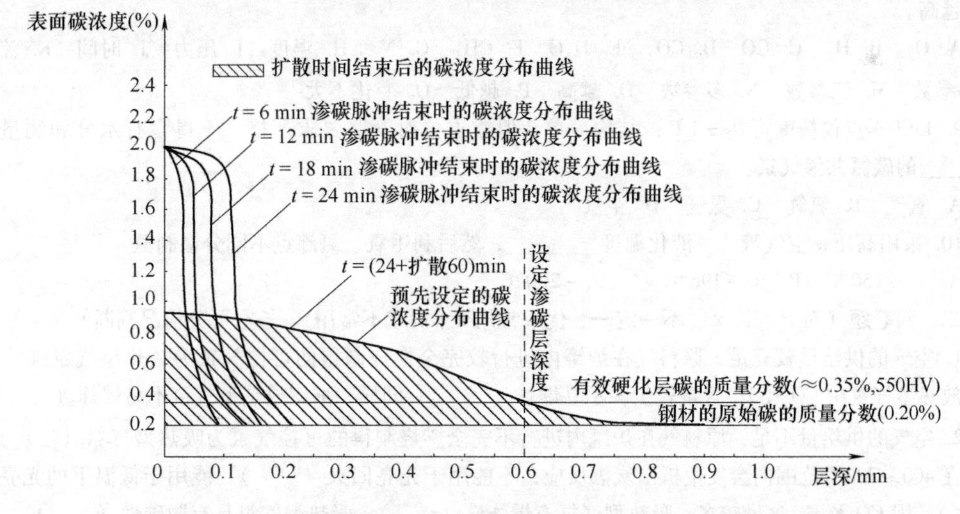

图6-22　计算机模拟控制低压真空渗碳的碳浓度分布曲线示意图

训练题

一、填空（选择）题

1. 以下气体的性质及作用：O_2 ________、H_2 ________、CO ________、CO_2 ________、H_2O ________、CH_4 ________、N_2 ________。

A. 氧化性　B. 还原性　C. 增碳性　D. 脱碳性　E. 对Cr、Mn、Si有氧化性　F. 中性　G. 氢脆

2. H_2 虽然有脱碳作用，但在高温时脱碳作用并不________；当其含量较多时，还可以抑制________的产生，又可保护钢表面不被氧化。

3. 可控气氛回火工艺使用____________________________，不采用其他可控气氛的理由是____。

A. N_2　B. H_2　C. 氨分解气氛 H_2+N_2　D. 氨燃烧气氛 N_2+H_2　E. 氨气　F. 氮基气氛　G. 吸热式气氛　H. 滴注式气氛

4. CO是渗碳能力较弱的气体，CH_4 是渗碳能力强的气体，若甲烷在900℃裂解，使钢表面碳的质量分数达到1.0%时，CH_4 只需要1.5%，而弱渗碳剂CO需达________。

A. 70%　B. 85%　C. 95%

5. 渗碳气体中甲烷分解的不饱和碳氢化合物量少，只有________，因而是优良的渗碳气体。

A. 3%～5%　B. 5%～7%　C. 8%～9%　D. >9%

6. $\varphi(O_2+NH_3)=4\%$，对40Cr在520℃渗氮时，渗氮速度可以提高________倍。

A. 1　B. 1.5　C. 2.5

7. 气氛露点越低，其碳势________；气氛中 CO_2 越多，其碳势________；气氛中 O_2 越多，其氧势(mV)________、碳势________。

A. 越低　B. 越高　C. 不变

8. 炉气氛中可控制的单参数有____________；选取一个影响较大的参数进行控制（将其他次要参数视为常量）称为________控制技术；三参数控制是控制________；参数控制越多，控制精度________，成本越高。

A. O_2　B. H_2　C. CO　D. CO_2　E. H_2O　F. CH_4　G. N_2　H. 温度　I. 压力　J. 时间　K. 流量　L. 单参数　M. 三参数　N. 多参数　O. 越高　P. 越低　Q. 变化不大

9. LiCl露点仪精度可达±1℃，结构简单，但露点仪对管路要求严格，不得含有水分和测量含有________的碳氮共渗气氛。

A. 氧气　B. 氢气　C. 氨气　D. 空气

10. 采用高压将空气液化，液化温度________，然后利用氧、氮沸点不同分馏制氮。

A. <-150°C　B. <-196°C　C. <-200°C

二、判断题（对✓、错×、不一定—、优或常用★、弱或不常用\、长空可分情况判断）

1. 空气的供给量较充足，原料气在炉罐内进行较完全燃烧制得的可控气氛为放热型气氛（　）；淡型放热型气氛中CO及 H_2 含量较少，不易爆炸（　）；同样，浓型放热型气氛不易爆炸（　）。

2. 空气的供给量不足，原料气在炉罐内进行不完全燃烧制得的可控气氛为吸热型气氛（　）；该气氛在400～700℃范围内会发生析出炭黑反应，不能用于光亮回火（　），能用于低温下的光亮退火（　）；因CO及 H_2 含量较多，吸热型气氛有爆炸性（　）；吸热型气氛具有脱碳性（　）。

3. 由于吸热型、放热型可控气氛有较多的空气作为原料供给，所以产气量较大（　）；而滴注式可控气氛无额外空气供给，所以产气量小（　），适合小批量生产（　），但其设备简单、投资少、原料更换方便（　），热处理质量比吸热型可控气氛好（　）。

4. 光亮热处理保护钢不氧化，但不能避免工件的脱碳（　）。

5. 氨分解气氛主要成分是 N_2（　），适用于各种金属的保护加热，特别适合于高铬钢的保护加热（　）。

6. N_2+H_2 以及氨燃烧气氛适宜低温下的光亮退火和光亮回火（　）。

7. 氮与体积分数为1%～5%的甲烷混合制成的氮基气氛适用于钢的渗碳（　）。

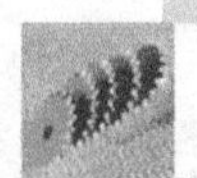

8. 吸热型气氛在小于750℃时与空气混合会爆炸（　　），禁止在低于750℃以下打开炉门(　　)。

9. 为防气体渗碳炉发生爆炸事故，通常在炉温未升到600～650℃前，不应向炉罐内滴入渗碳剂(　　)。

10. 只要炉气中有氧化性气氛，必然造成工件的氧化（　　），氨分解气氛加些水蒸气可进行硅钢带的脱碳退火（　　）。

11. 计算机可以应用数学模型模拟工艺过程，预测出各种不同工艺过程中非稳态浓度场的变化规律（　　），无需检验中间试棒，由检验型改进为预测型（　　），碳势数据可进行连续采集（　　），但不能进行多参数控制（　　）。

12. 可控气氛炉可以完成扩散退火（碳钢　　　　合金钢　　　　）；完全退火（　　）；不完全退火（　　）；等温退火（　　）；球化退火（　　）；索氏体退火（　　）；再结晶退火（　　）；去应力退火（　　）；高速钢淬火加热（　　　　　　　　）；淬火加热（　　）；光亮淬火（　　）；光亮退火（　　）；光亮正火（　　）；局部淬火（局部淬火加热　　局部淬火　　整体加热淬硬部分淬火　　隔热材料保护整体加热淬火　　）；分区段热处理（　　）；表面淬火加热（　　）；短时加热淬火（　　）；分级淬火（　　）；等温淬火（　　）；特大工件热处理（　　）；渗碳热处理（　　）；复碳热处理（　　）；高温回火（　　）；中温回火（　　）；低温回火（　　）；局部回火（　　）。

三、名词解释、简答题

1. 名词解释：载体气，稀释气（稀释剂），保护气，富化气，天然气，液化石油气，煤气，中性气，强渗碳剂，渗碳剂，弱渗碳剂，脱碳剂。

2. 如何净化放热型可控气氛？

3. 如何防止炭黑的产生？如何清扫炭黑？

4. 说明影响炉气氛碳势的主要因素。

5. 纯 N_2 是可控气氛吗？为什么？其优缺点如何？

6. 说明分子筛的作用。

四、应知应会

1. 举例说明钢无氧化无脱碳加热原理，何时进行单参数控制？何时进行多参数控制？说明可控气氛的安全生产及保护措施。

2. 与普通渗碳比较，说明可控气氛渗碳增加载体气（稀释气）、空气、甲醇、旁通阀、电磁阀等的作用。

3. 说明可控气氛组成成分特点、常用可控气氛名称及对应完成的热处理工艺。可控气氛设备弱或不能完成什么热处理工艺？如何解决？

4. 说明碳势测量的方法，比较这些方法的效果。说明氮势的测量与控制方法。

5. 与普通渗碳比较，可控制气氛（含真空）计算机控制碳势及碳势设定有何特点？对渗速、碳浓度梯度、质量预测与检验、炭黑控制等方面有何提高？为什么？

6. 炭黑是如何产生的？哪些原料易产生炭黑？可控气氛为何也有炭黑产生？炭黑有何危害？如何控制、减少与清扫炭黑。

第七章 真空热处理设备

关键词

内热式真空炉；气冷真空炉；油冷真空炉；真空渗碳炉；低压脉冲变压真空化学热处理炉；预抽真空氮化炉；离子氮化炉

真空热处理是将工件置于一定的低压空间进行热处理的过程，因此炉内气氛相当于一种惰性气体，真空也可看做是一种纯度很高的保护气氛。在0.133Pa时，残存空气体积只占真空气氛的0.5%（其中70%以上是水蒸气）。当真空气氛露点在-30℃以下，便可实现不氧化不脱碳加热，对应的真空度为13.3Pa。

真空热处理的优点是：工件不氧化、不脱碳、不增碳；由于真空有脱脂、脱气、使工件表面氧化物分解和还原的作用，所以处理后可保持工件表面原有的金属光泽，可以不再加工而直接使用，并可提高工件的耐磨性（真空淬火可使模具刃具寿命提高30%~40%），达到了工件最理想的表面质量；高压气淬零件，不需清洗，不存在油污染；由于加热速度较慢，所以加热均匀、热处理变形小（气淬时无需移动工件）；真空热处理还具有无污染，劳动条件好，渗碳速度快（炉温高，碳势高，净化的工件表面处于活性状态），质量好（真空可防止表面及晶界氧化，提高渗碳零件的疲劳寿命），齿轮渗碳层仿形好等优点。

真空热处理炉根据加热方式的不同，分外热式和内热式两大类。按冷却方式不同主要有气冷、油冷等。在应用方面，内热式真空热处理炉的性能好、使用最广。

第一节 外热式真空热处理炉的结构特点及用途

外热式真空热处理炉的基本结构如图7-1所示，工件放在可抽成真空的炉罐内加热，热源在炉罐外，其优点是结构简单，易制造，投资少，甚至可以在普通井式炉或箱式炉内配上一套真空罐实现，容积小，排气量小，易获得真空；缺点是热效率低（工件是间接加热，工件表面黑度低以至热惯性大，加热速度慢，炉罐热能损耗大），炉罐易变形，焊缝易开裂和漏气，寿命短，考虑炉罐的变形及焊缝的开裂和漏气，炉罐内真空度不宜过高，不适合处理大尺寸工件及需要高温加热的工件（炉罐材料受高温限制）。

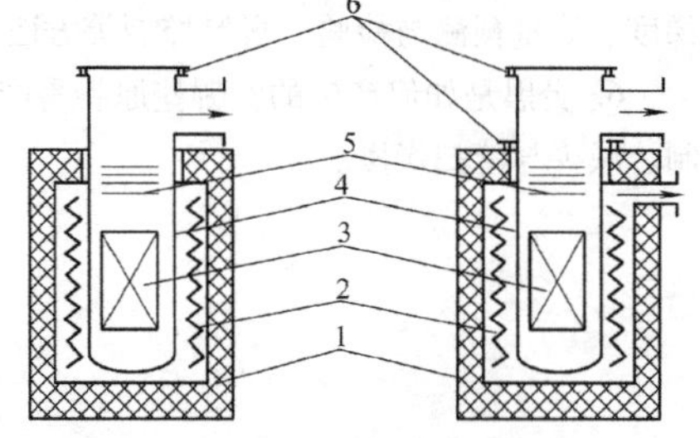

图7-1 外热式真空热处理炉的基本结构
1—炉体 2—电热元件 3—工件 4—真空罐
5—隔热屏（辐射屏） 6—密封圈

目前这种炉型多用于光亮退火（如钢丝、钢带的球化退火、不锈钢及铜合金丝带的退火）、小型零件小批量的真空淬火（加热与冷却合为一个密封炉体）、脉冲井式化学热处理。

第二节　内热式真空热处理炉

一、结构特点及用途

与外热式真空热处理炉比较，内热式真空热处理炉结构复杂，制造、安装、调试精度要求较高，使用温度高（最高达1300~1350℃），可以大型化，如文前彩图7-1及7-2所示。空炉升温速度快（如有效加热区1200mm×1800mm×800mm、装炉量1000kg、最高温度1350℃的设备，空炉升温至1150℃，<40min），但因零件是低温装炉，所以零件的升温速度不快。内热式真空热处理炉是真空淬火、回火（低温回火使用空气炉）、退火、渗碳、钎焊和烧结的主要炉型。

内热式气冷炉子主要用于高速钢、模具钢、马氏体不锈钢等工件的淬火处理，其等温淬火优于浴炉。油冷式炉子主要用于低合金钢、合金工具钢、轴承钢等工件的淬火处理，淬火变形小，特别适合高精度、高附加值零件。某些工件的淬火处理，也有用水冷式真空热处理炉的。

二、气冷式真空热处理炉

气冷式真空热处理炉基本结构如图7-2和图7-3所示。在冷却阶段，往炉内充入惰性气体，并开动风扇进行强迫循环冷却。图7-3是工件留在加热室中进行冷却的炉子，要求炉衬和加热元件有足够的强度和热稳定性，而且对气流的阻力尽可能得小。

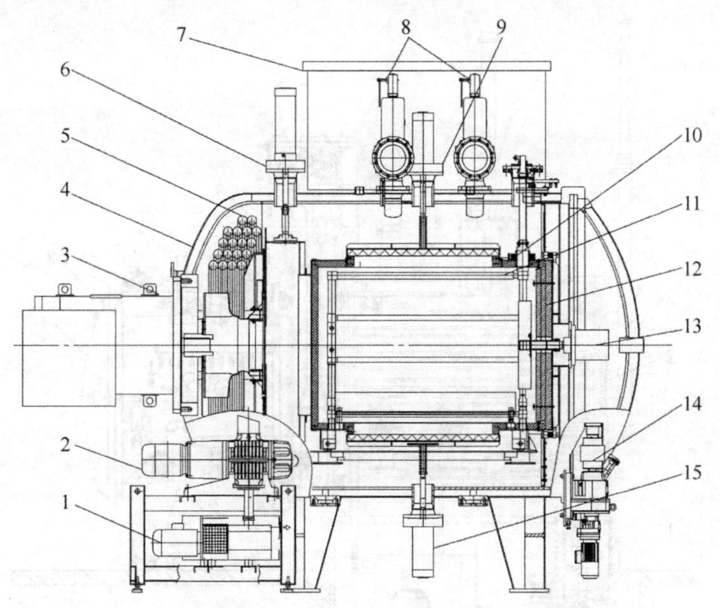

图7-2　气冷式真空热处理炉

1—真空泵　2—罗茨泵　3—淬火冷却电动机、风扇　4—水冷炉壳　5—水冷热交换器　6—风门及驱动气缸　7—磁性调压器　8—安全阀　9—上风门及驱动气缸　10—石墨保温热区　11—石墨加热器　12—石墨保温内炉门　13—对流循环电动机及风扇　14—炉门旋转锁紧机构　15—下风门及驱动气缸

冷却气体可用氢、氦、氩、氮等。氢的冷却速度最快，氦次之，但氢有爆炸危险。氦的价格高，而且冷却效果不如氮，因此一般多采用氮作为工件的冷却介质。试验表明，氦与氮的混合气具有最佳的冷却效果，20×10^5Pa 氮气可达到静止油的冷却效果，40×10^5Pa 氢气则接近水的冷却速度。

加热室与高压气淬室分离，有利于提高压强和冷却速度，气流方向可以调节，以改善冷却均匀性，延长真空加热室寿命。

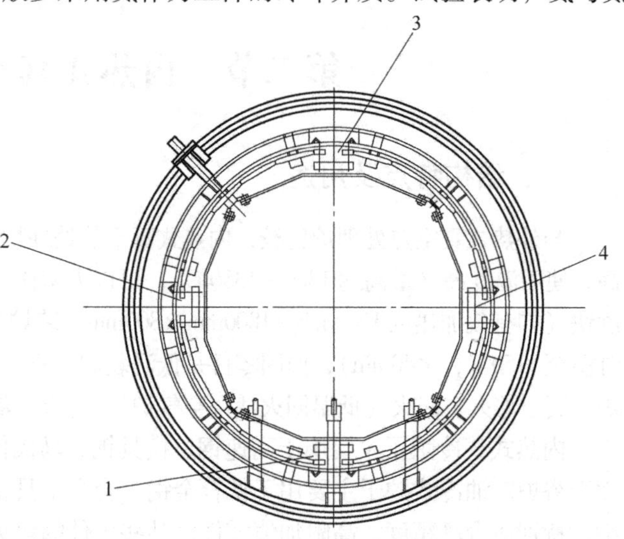

图 7-3 气冷真空炉结构及气体通道示意图

1—底部气体通道 2—侧面气体通道

3—顶部气体通道 4—侧面气体通道

三、油冷式真空热处理炉

油冷式真空热处理炉基本结构如图 7-4 所示。这种炉子一般还带有气冷装置，成为气冷和油冷结合的炉型。工件加热后移至冷却室，然后用升降机构浸入油槽中冷却，也可以充气冷却。

真空淬火油是润滑油经馏分、真空蒸馏、真空脱气等处理的，具有低的饱和蒸气压以及低的蒸发量，并加有催冷剂、光亮剂、抗氧化剂的特制淬火油，工件淬火的光亮度和淬硬性较好。

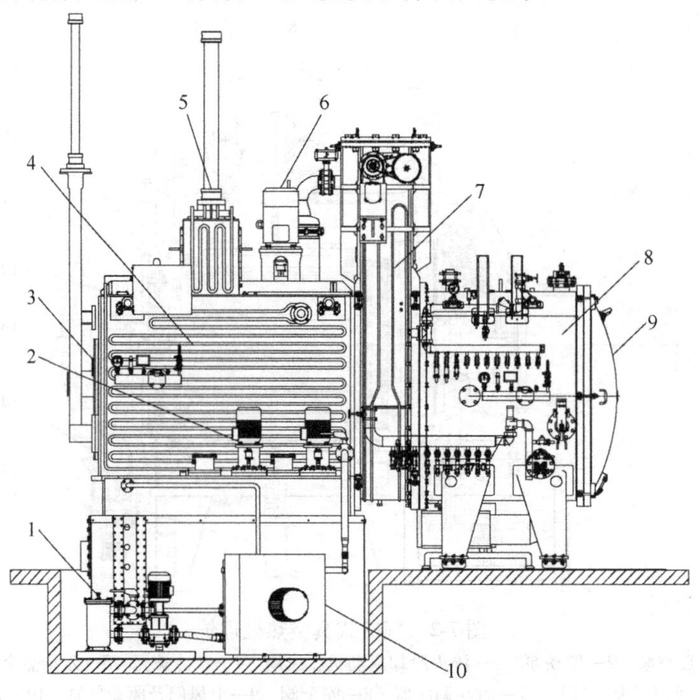

图 7-4 油淬气冷真空热处理炉结构

1—淬火油循环泵及过滤器 2—淬火油搅拌 3—外炉门 4—淬火前室与水冷却炉膛 5—淬火升降台 6—气冷淬火电动机 7—中间门 8—加热室 9—检修门 10—淬火油热交换器

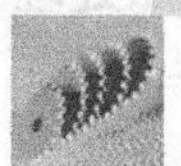

四、真空渗碳炉

真空渗碳炉与油冷式真空热处理炉的结构基本相同，都有单独的冷却室，只是真空渗碳炉上配有渗碳气体进入管，成套设备中配有气体控制装置。

真空渗碳具有渗碳温度高（可达1030℃）、渗碳时间短（工件表面被脱气、脱脂净化后活性增强）、质量好（渗碳层不出现内氧化，避免产生黑色组织及渗层碳含量梯度比较平缓）、不需要吸热式气体发生装置等优点（直接通入CH_4、C_3H_8等）。

五、低压脉冲变压真空化学热处理炉

该设备先在低真空范围内脉冲加热，接着进行正压加热（并渗碳），而后迅速降至负压（并渗碳），然后再进行第二周期的调压加热并循环到工艺结束时间（进行渗碳及扩散）。优点有：渗层质量高，排气快，渗速快（可随时迅速把炉压调至渗速最高的范围）；脉冲过程是以抽气—充气或充气—放气交替更换炉气的，新老气体交换可以到达任何部位和角落，解决了对于带有小孔、盲孔、狭缝的零件渗不到或渗层不均等技术难题；正负压脉冲相比纯负压脉冲的脉冲幅度大，不像真空炉那样整个炉壳通水冷却，而是只在炉门密封处通水冷却，使水耗、电耗明显减少；所用的中性、惰性等气体自行定量、定时地进入炉膛，也可从炉盖滴入保护剂。

六、铝硅共渗炉

用预抽真空方法排出炉罐内空气，然后充入氩气，在氩气保护下进行铝硅共渗和扩散处理，可大大节约时间和氩气，并可获得高质量渗层，用于涡轮叶片等提高抗高温氧化和热疲劳性能。真空镀镍—铝硅共渗炉在1150～1200℃高温真空—氩气保护下进行共渗处理，是铝硅共渗的升级产品。

七、内热式真空热处理炉主要部件及结构

1. 炉衬

真空热处理炉的炉衬，要求具有高的耐火度、良好的隔热性能，还要求脱气迅速、热容小、热稳定性好等。

一般炉衬内表面与加热元件间的距离约50～100mm，加热元件与工件（或夹具、料筐）之间的距离约50～100mm。

真空热处理炉的炉衬材料除了耐火纤维、耐火砖等普通耐火材料外，金属辐射屏、石墨毡作为炉衬材料是区别于普通热处理炉炉衬材料的突出特点。

2. 金属辐射屏

金属辐射屏所用材料为难熔金属（如钼、钽）和不锈钢。一般内层为钼片，外层为不锈钢薄片，片厚在0.25～1.0mm之间，大型炉子取上限，中小型炉子取下限。辐射屏的层数一般为4～6层，层数过多，隔热的效果并不能显著提高。辐射层间距一般为5～10mm。辐射屏材料的黑度越小，隔热效果越好。其结构如图7-5所示。

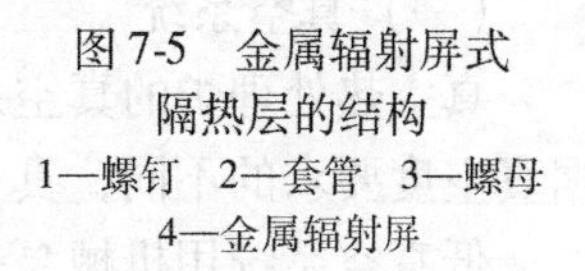

图7-5　金属辐射屏式隔热层的结构

1—螺钉　2—套管　3—螺母　4—金属辐射屏

金属隔热屏热容小，热惯性小，可实现快速升温和冷却，脱

气容易，但成本高，易变形，怕碰撞。主要用于高真空的真空炉。

3. 非金属隔热屏及其他隔热屏

石墨毡隔热屏是由多层厚度为30～40mm的石墨毡用石墨绳或钼丝缚在金属网板上而构成的。这种隔热屏结构简单、维修方便、寿命长、价格便宜、隔热效果好（内壁温度为1300℃、850℃时，外壁温度只有约250℃、150℃，炉壳内壁温度在100～150℃即为合格），热损比金属隔热屏可减少30%，也便于快速加热和冷却。石墨可能引起的渗碳作用基本可忽略不计，这种隔热层在真空炉中应用较多。

如选用20mm碳毡和20mm硅酸铝毡，隔热效果更佳，也很经济。

耐火纤维隔热屏具有耐高温，热导率小，隔热效果好，密度小，蓄热量小，可实现快速加热和冷却，高温下不易变形，安装、检修、更换均十分方便，材料便宜等优点。但注意耐火纤维的吸湿性大，影响真空度，通常只能达到6.7×10^{-3}Pa。

用石墨毡或耐火纤维制成的隔热屏与炉壳内壁之间应有一定距离，以保证在加热过程中，整个炉衬能升温到250℃以上，以加速炉膛和炉衬的脱气。

用耐火炉衬做隔热屏，由于保温隔热性能差，蓄热量大，易污染炉膛和泵等，故很少使用。隔热屏也可以做成夹层式的组合屏，即用钼片或不锈钢片做内衬，其间夹放耐火纤维毡或碳毡加上耐火纤维毡。也可以在碳毡内层夹一层钼片或一层强度较高的柔性石墨板，其结构较简单，隔热效果好，热惯性也不大，也可较快地加热和冷却，一般用于真空度6×10^{-3}Pa以下的真空炉。

4. 炉壳

真空热处理炉的炉壳工作条件与一般电阻炉的炉壳不同，因为它要承受很大的压力，易引起变形、开裂而破坏真空，所以炉壳一般由圆筒部分及其两端的盖封部分组成，并设有水冷装置。炉壳材料一般用不锈钢或低碳钢镀镍钢板。

5. 工件传送机构和隔热闸门

对真空热处理炉传送机构的设计要求是：传送平稳、动作协调可靠、移动尽量快（工件从加热室取出到降落到油槽的时间在15s左右），便于实现自动化。

真空闸门是双室式和连续式作业真空热处理炉的关键性部件，通常闸门利用四连杆机构原理，使闸阀体与法兰靠紧达到密封闸门的目的。

八、内热式真空热处理炉用电热元件

真空炉电热元件多选用石墨布、石墨带、石墨棒，带状石墨电热元件结构形式如图7-6所示。当炉温不超过1200℃，真空度不高于0.6Pa的炉子，无特殊要求时，可采用镍铬合金或铁铬铝合金作电热元件。当工件表面不允许增碳（如某些航空零件）时，应选用钼丝或钨丝作为电热元件。

九　真空系统及基本参数

（一）真空系统

真空热处理炉的真空系统由真空泵、真空测量仪表及控制仪表、真空阀及管道组成。根据真空度要求的不同，真空系统的组成有下列几种。

低真空系统用机械泵一级抽真空使之达到真空度，炉内真空度在1.33×10^{3}～13.3Pa之

间（$1.33Pa = 10^{-2}Torr$，$1kPa = 10mbar$）。

中真空系统是由机械泵—滑阀泵或机械泵—液压增压泵两级真空泵组成的，炉内极限真空度可达到 $1.33 \times 10 \sim 1.33 \times 10^{-2}Pa$。

图7-6　带状石墨电热元件加热器结构形式

高真空系统由扩散泵与机械泵联合组成，其极限真空度可达 $1.33 \times 10^{-2} \sim 1.33 \times 10^{-4}Pa$。

真空热处理炉中应用最广的真空系统是中真空系统。实际使用的真空系统，还可以是中真空系统再扩大一个数量级，即 $1.33 \times 10^{-1} \sim 1.33 \times 10^{-3}Pa$。

（二）真空系统的基本参数

1. 极限真空度

空炉时所能达到的最高真空度称为极限真空度，炉子的极限真空度除与泵的极限真空度和抽速有关外，还与炉内总放气量与漏气量有关，炉子极限真空度只能规定一个在某个抽气时间内达到的相对值。

2. 工作真空度

真空容器在工作时需要保持的真空度称为工作真空度。为简化真空系统、降低炉子造价、防止热处理工件合金元素挥发（如 Cr、Ni、Mn 等），应尽量选择较低的工作真空度。

通常，工作真空度低于极限真空度半个到一个数量级，最好将之选择在主泵的最大抽速附近。

第三节　离子氮化炉

离子氮化工艺，是在一真空容器（低真空度）中通入一定浓度的氨气，并使之电离，利用带正电的氮离子轰击阴极的工件，完成氮化的过程。

与普通的气体氮化炉（0.4mm 浅层渗氮周期约 20h）相比，离子氮化具有生产周期短（0.4mm 浅层氮化周期约 8h），效率高；耗电少；省气（无炉罐的催化作用），工件变形小；

渗层脆性低，减少了处理后的磨削加工或表面清理；不需要氮化表面的防护也相对简单；污染小，劳动条件好等优点。但是，离子氮化炉用于小孔或小槽内壁的氮化处理较困难，离子氮化炉如图 7-7 所示。其主要装置由炉体、直流高压供电系统及供氨系统组成。

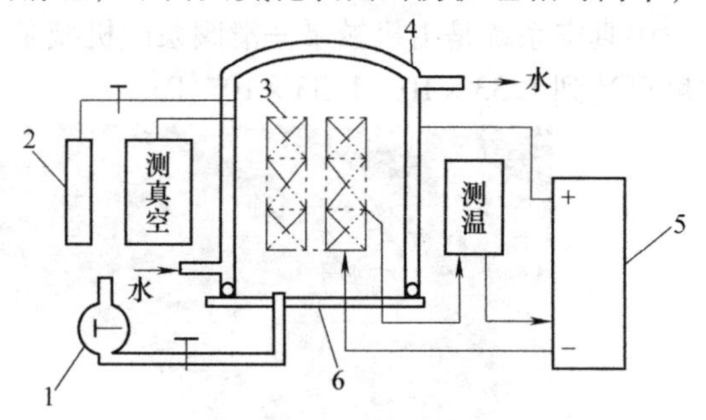

图 7-7　离子氮化炉

1—真空泵　2—氨瓶　3—工件　4—炉罐　5—直流电源　6—底盘

一、炉体结构特点

炉体与真空炉相似，图 7-8 所示为某钟罩式离子氮化装置，炉体设计成双层水冷式结构，两层之间的间隙约 20mm，外层钢板厚约 4mm，内层可用 6mm 厚的碳钢或不锈钢焊接而成。炉底钢板由于要安装电源、氨气管道及抽气管道等，因此其厚度必须在 8 ~20mm 之间。

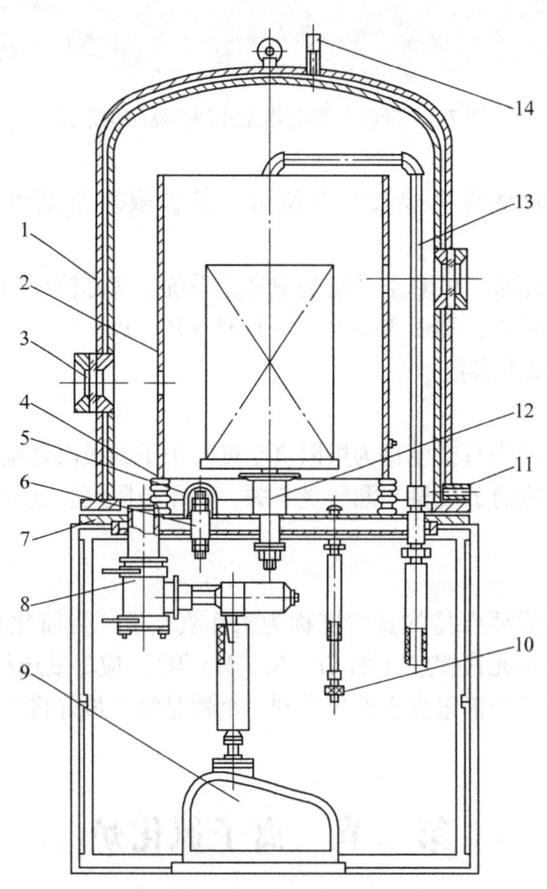

图 7-8　钟罩式离子氮化装置

1—双层炉体　2—辅助阳极　3—观察孔　4—瓷绝缘子　5—屏蔽　6—阳极接线座　7—底盘　8—抽气系统　9—真空泵　10—真空规管　11—进水管　12—阴极托盘　13—进氨管　14—出水管

炉膛高度应根据工件装炉高度再增加 200 ~ 400mm，作为阴极底板或吊具的安装空间。炉膛直径根据工件最大尺寸再增加 100 ~ 200mm 作为热辐射空间，防止工件局部过热。炉内氮化情况可通过炉顶或炉壁上的观察孔来查看。为了使氮化过程能稳定进行，炉体各部件不仅其本身要有良好的密封性能，它们之间的连接也要有良好的密封性能，以保证炉膛内的真空度在 6.7Pa 以下。

二、供电系统

离子氮化炉的供电系统是由电源及灭弧装置两部分组成的。电源必须是能满足输出 0 ~ 1000V 连续可调节的直流电源。灭弧是为了能及时而有效地熄灭在工件周围出现的高温弧光，防止工件被弧光烧伤，保证辉光的稳定。

为了解决异型工件或带有小孔的工件表面都能获得均匀的渗层，可采用频率在千赫级的高频脉冲电源，其特点是将工作时的功率调整到 0.4W/cm^2 左右，使工件保持在异常辉光放电区状态，这时虽然辉光只能以脉冲形式出现，但是其电流密度将更强，有利于氮化过程的进行。

三、离子氮化炉的改进措施（热壁炉）

一般离子氮化炉工件升温速度慢，而且不同位置的工件温度差较大，为此设计出一种称为双重加热的离子氮化炉，其结构如图 7-9 所示。这种炉子的结构与真空回火炉的结构相似，它不仅大大地改善了炉温的均匀度，而且还明显地加快了工件氮化前的升温速度和氮化后工件的冷却速度，使氮化周期显著缩短。

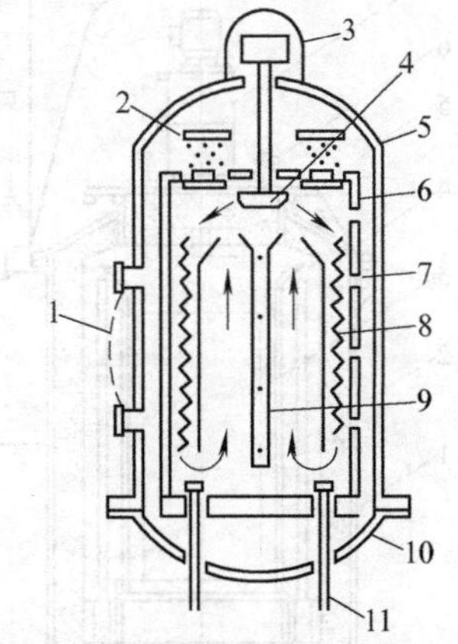

图 7-9　双重加热的离子氮化炉
1—观察孔　2—热交换器　3—电动机　4—风扇　5—炉体　6—辐射屏　7—进氨孔　8—电热体　9—阳极　10—炉底　11—工件支承杆（阴极）

第四节　预抽真空热处理炉

一、预抽真空热处理炉的特点

预抽真空热处理炉是将低真空炉和可控气氛炉结合的炉子，但其本质上仍然属于气氛炉。

预抽真空热处理炉的基本工艺是：工件入炉后，先抽真空，后通入保护气氛，保护气氛可以是可控气氛，也可以是简单的保护气体，不进行严格控制。在气氛条件下可用于光亮退火和正火、渗碳、碳氮共渗、软氮化、复碳、光亮淬火和回火，以及气体氧化发黑处理等，常见的是退火炉。

该炉一般配置机械真空泵，抽到真空度 133Pa 左右，此时真空气氛中氧的体积分数为 0.132%，此含氧量相当于相同容积的可控气氛炉 5 次全容积的换气（每次换气可使炉膛的氧含量降低为原来的 37%）。因此用气量很少，仅为一般气氛炉的 1/10 就可以完成换气，而且换气时间短，这一特点特别适用于大型容积的炉子和大型氮化炉，因为大型氮化炉不能

直接用 NH_3 置换炉子里的空气，先必须用 N_2 置换炉子里的空气，然后再用 NH_3 置换 N_2。其造价仅为同容积普通真空炉的 1/5 ~ 1/3，它兼有真空炉和可控气氛炉的一些优点，又克服了它们各自的缺点。

预抽真空炉有多种炉型，有周期作业的，如井式、卧式、箱式和罩式炉等，也有连续作业的。其中有带马弗罐的和无马弗罐的，它们的结构如图 7-10、图 7-11 所示。

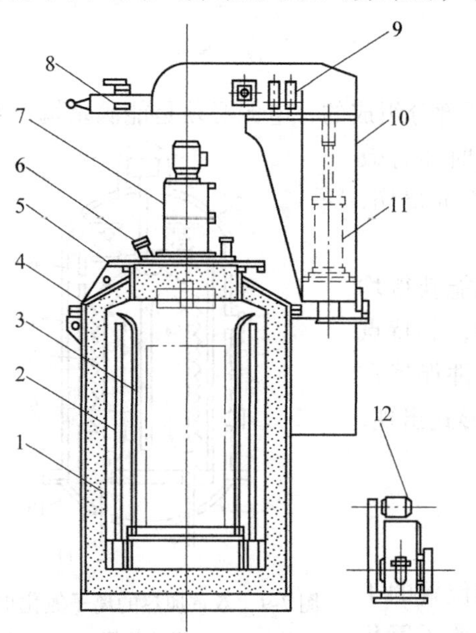

图 7-10 无马弗罐井式抽真空炉

1—隔热层 2—电热元件 3—隔热屏 4—炉体 5—炉盖 6—观察窗 7—搅拌风扇 8—按钮开关 9—流量计 10—炉盖开闭装置 11—炉盖开闭用气缸 12—真空泵

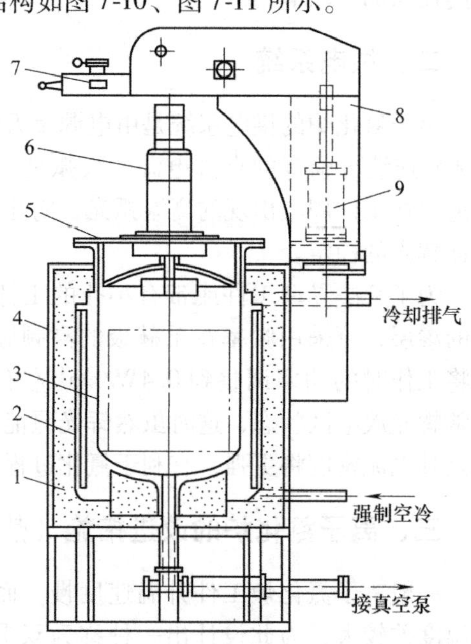

图 7-11 有马弗罐井式回火抽真空炉

1—隔热层 2—电热元件 3—马弗罐 4—炉体 5—炉盖 6—风扇搅拌机 7—按钮开关 8—炉盖开闭装置 9—炉盖开闭用气缸

1. 无马弗罐井式抽空炉

如图 7-10 所示，该炉抽真空后用氮气回填，随后升温工作，操作过程中还要添加部分氢气和丙烷气，并进行气氛控制。

2. 有马弗罐井式预抽真空回火炉

如图 7-11 所示，回火加热时用氮气和少量氢气保护。工件加热保温后，用风机鼓入空气冷却炉膛（在马弗罐外），以使马弗罐内的工件较快冷却。该炉也可用于工艺温度较低的光亮退火。

二、预抽真空氮化炉

预抽真空氮化炉是预先抽到 5kPa 以下（50mbar 以下），充入 N_2 进一步置换残余空气，升温至 300℃左右开始充入氨气，然后升温至氮化或软氮化温度，在氢探头的控制下进行氮化或软氮化，设备结构如图 7-12 所示，工艺曲线如图 7-13 所示。在工艺图中是以 N_2、NH_3（NH_3 裂解气）、CO_2 为工艺气氛的软氮化气氛。其中，NH_3 裂解气为氮势 K_N 的控制气氛，采用电机阀连续调节；其余的调节气氛 NH_3、N_2 为电磁阀调节，空气可作为预氧化气氛控

制氧势 K_0（或不控制）。H_2O 为后氧化气氛，控制 K_0 值（或不控制）。CO_2 为固定流量气氛，一般是总流量的5%。预氧化不仅可提高氮化或软氮化速度，也可以改变氮化层的硬度梯度，特别是难以氮化的不锈钢类产品，经过预氧化后，氮化速度明显加快，不锈钢的预氧化除了图中实例使用空气以外，还有其他商品化的配方产品（专利）。后氧化可以增加表面的储油性能，提高抗咬合性能等，改善外观，也有的将后氧化作为独立的发黑、发蓝工艺处理工序，用于工件的防锈、五金件的外观处理，有的后氧化工艺通入的是柠檬酸水溶液。

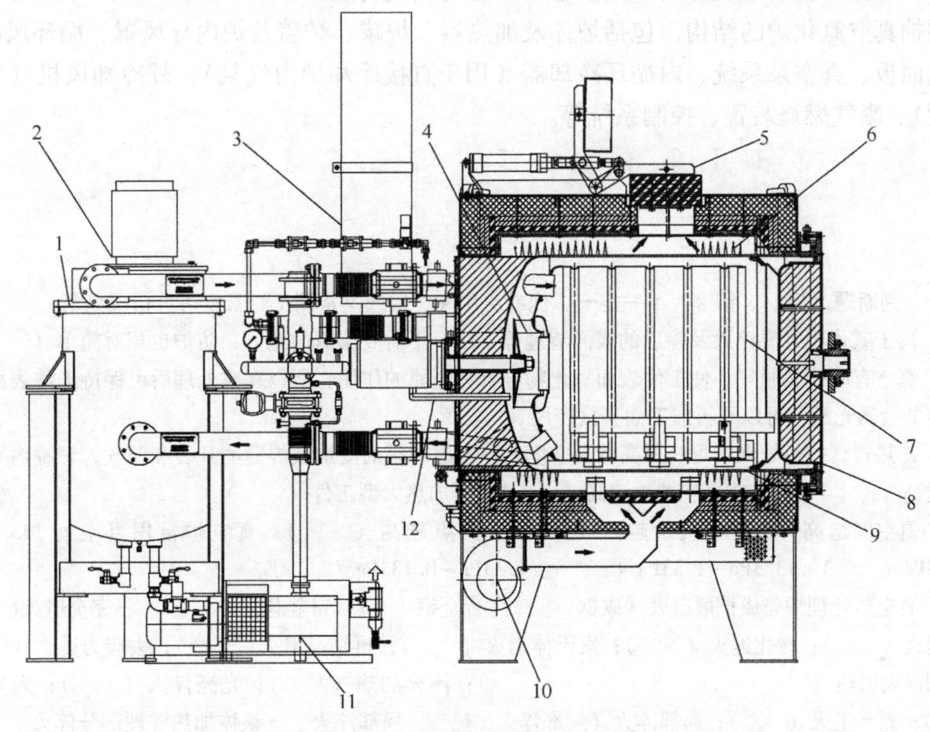

图 7-12　预抽真空氮化炉结构

1—内冷却水冷热交换器　2—内冷却风机　3—废气后处理装置　4—气氛循环风扇　5—外冷却风门　6—加热带　7—导风筒　8—炉门　9—炉罐　10—外冷却风机　11—真空泵　12—气氛进气总管

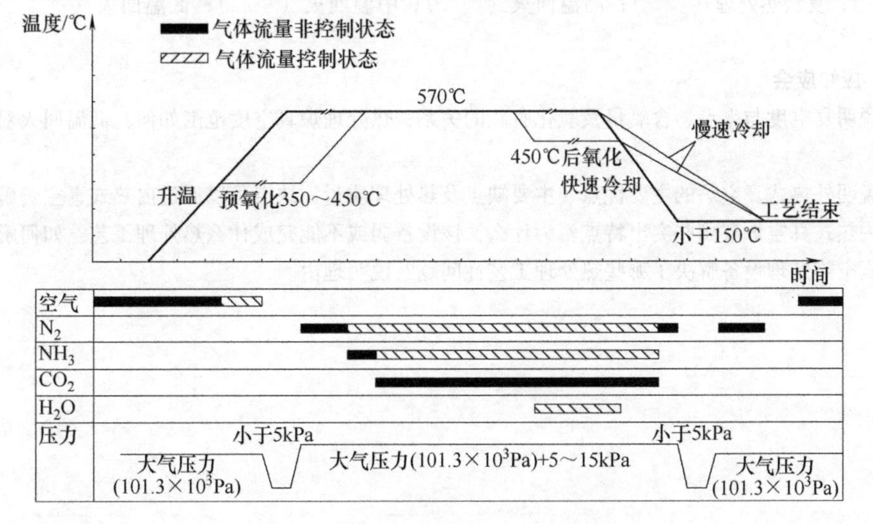

图 7-13　预抽真空软氮化工艺曲线

第七章　真空热处理设备

预抽真空氮化炉的氮化或软氮化气氛配置有如下几种：

NH_3+H_2；NH_3+NH_3裂解气；$NH_3+H_2+N_2+CO_2$；NH_3+NH_3裂解气$+N_2+CO_2$；NH_3+NH_3裂解气+吸热式气氛；NH_3+NH_3裂解气+甲醇裂解气。

这些气氛也用于其他炉型，也可用于非控制方式，即采用恒定流量的传统氮化控制方式。预抽真空氮化炉还可以采用脉冲氮化工艺，气氛只有氨气，控制充气和抽空的比例，这样不需要氢探头控制系统，要求真空泵必须能耐氨气腐蚀。

预抽真空氮化炉的结构，包括炉体及加热器、炉罐、炉盖及炉内导风罩、循环风机、气氛配气面板、真空泵系统、内循环冷却器（用于直接冷却炉内气氛）、外冷却风机（用于冷却炉罐）、废气燃烧装置、控制系统等。

训练题

一、判断题（对✓、错×、不一定━、优或常用★、弱或不常用\、长空可分情况判断）

1. 离子氮化不需要淬火及渗后的表面清理等工序，不需要渗氮的地方，防护也相对简单（　　）。

2. 真空有脱脂、脱气、使工件表面氧化物分解和还原的作用，所以真空处理后可保持工件表面光亮和原有的金属光泽，可以不再加工而直接使用（　　）。

3. 外热式真空热处理炉可获得高的真空度，但考虑炉罐的变形及焊缝的开裂和漏气，炉罐内真空度不宜过高（　　），内热式真空炉炉温高（　　），可加热大型工件（　　）。

4. 真空度越高，残存空气量越少（　　），露点越高（　　）。真空炉常用真空度133.3Pa～0.0133Pa（　　）、13.3Pa～1.33Pa（　　）、1.33Pa～0.133Pa（　　）。

5. 真空热处理炉完成扩散退火（碳钢　　　　合金钢　　）；完全退火（　　）；不完全退火（　　）；等温退火（　　）；球化退火（　　）；索氏体退火（　　）；再结晶退火（　　）；去应力退火（　　）；高速钢淬火加热（　　　　　　　　　　）；淬火加热（　　）；光亮淬火（　　）；光亮退火（　　）；光亮正火（　　）；局部淬火（局部淬火加热　　局部淬火　　整体加热淬硬部分淬火　　隔热材料保护整体加热淬火　　）；表面淬火加热（　　）；短时加热淬火（　　）；可以使用氮气作为工件的冷却介质淬火（　　）；分级淬火（　　）；等温淬火（　　　）；特大工件热处理（　　）；渗碳热处理（　　）；复碳热处理（　　）；高温回火（　　）；中温回火（　　）；低温回火（　　　　　）；局部回火（　　）。

二、应知应会

1. 说明真空度与露点、含氧量及氧化脱碳的关系，热处理炉真空度范围如何？低温回火对真空度有无要求？

2. 说明外热式真空炉的主要优点、主要缺点及热处理质量。缺点可以通过内热式真空炉解决吗？

3. 内热式真空炉有哪些突出特点？为什么？该设备弱或不能完成什么热处理工艺？如何解决？

4. 真空热处理设备解决了哪些热处理工艺性问题？说明理由。

第八章　燃气炉、连续作业炉

燃气炉；烧嘴及布置；余热合理正确利用与节能；火焰辐射管；推杆式连续作业炉

第一节　热处理燃料炉（燃气炉）

燃料炉的热能来源是燃料燃烧放出的热量。燃料包括固体燃料、液体燃料、气体燃料（主要是各种煤气和天然气），也有气、油加热高、中、低温台车式炉，气、油加热井式渗碳、渗氮炉。由于它们不受电力供应的影响，因此在某些地区和工厂仍然作为一种主要的热处理炉被广泛地应用，但通常来说燃料炉的热效率低（早期只有25%左右）。

实际应用中，随着天然气的大量开发，天然气热处理设备具有清洁、发热值高（为各种煤气的2～7倍）、高效（热效率可达50%，采用蓄热式低氧燃烧，热效率可达80%左右）、成本低（同等热值价，在南方地区约为电能的1/4，约为液化气的1/2）的优点。

与普通电阻炉相比，燃气炉加热速度快（燃气温度高，对流加热），高温性、中温性、低温性（常用于高温回火）均好于电阻炉，较大型及大型工件多使用燃气炉来加热，但也存在燃气对工作环境的危害、爆炸、热效率低、提高控温精度的成本较高等缺点，某燃气炉实物如文前彩图8-1所示。

一、燃气炉的基本结构

热处理燃气炉结构的基本特点是设有燃烧室，根据燃烧室和炉膛的相对位置不同，燃气炉的炉型可分为直燃式、顶燃式、侧燃式和底燃式四类，如图8-1所示。

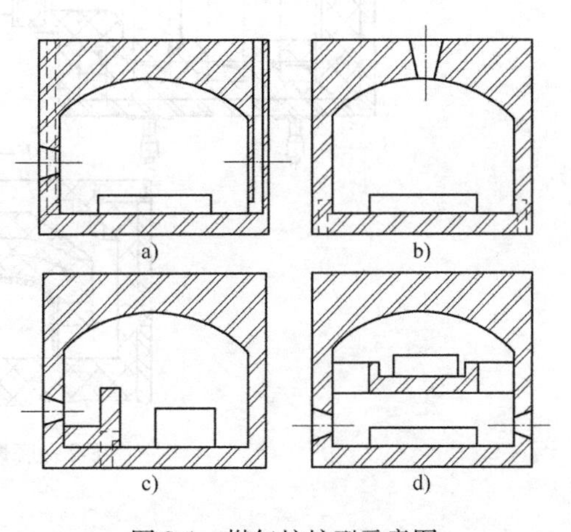

图8-1　燃气炉炉型示意图
a）直燃式　b）顶燃式　c）侧燃式　d）底燃式

直燃式燃气炉的燃烧装置——烧嘴布置在炉膛内壁上。煤气经点燃后直接在炉膛内燃烧，火焰温度较高，一般多用作高温炉。这种炉型的优点是炉子结构简单，节省筑炉材料，热效率较高。缺点是炉温均匀度较差，靠近烧嘴的工件易过热。

顶燃式燃气炉的燃烧室位于炉膛的上方，烧嘴布置在燃烧室顶部，结构紧凑。缺点是炉顶火口砖易烧坏，故应用较少。

侧燃式炉烧嘴布置在炉子的侧墙上，其炉温均匀度较差，炉底温度较低，生产效率较低，是一种早期炉型，目前使用较少。

底燃式燃气炉的燃烧室位于炉膛的下方，是一种常见的炉型，火焰由火口进入炉膛以加热工件，因炉底为热状态，温度较其他炉型高，更由于炉气形成循环流动，故炉温比较均匀，工件加热速度也较快。但炉底强度较低，维修困难，寿命较短，常用于炉温低于1000℃、工艺经常变换的热处理炉。

二、底燃式、井式燃气炉的基本结构

底燃式燃气炉的基本结构包括下列各组成部分：燃烧室、进火口、挡火墙、炉膛、排烟口、烟道。其结构如图 8-2 所示。

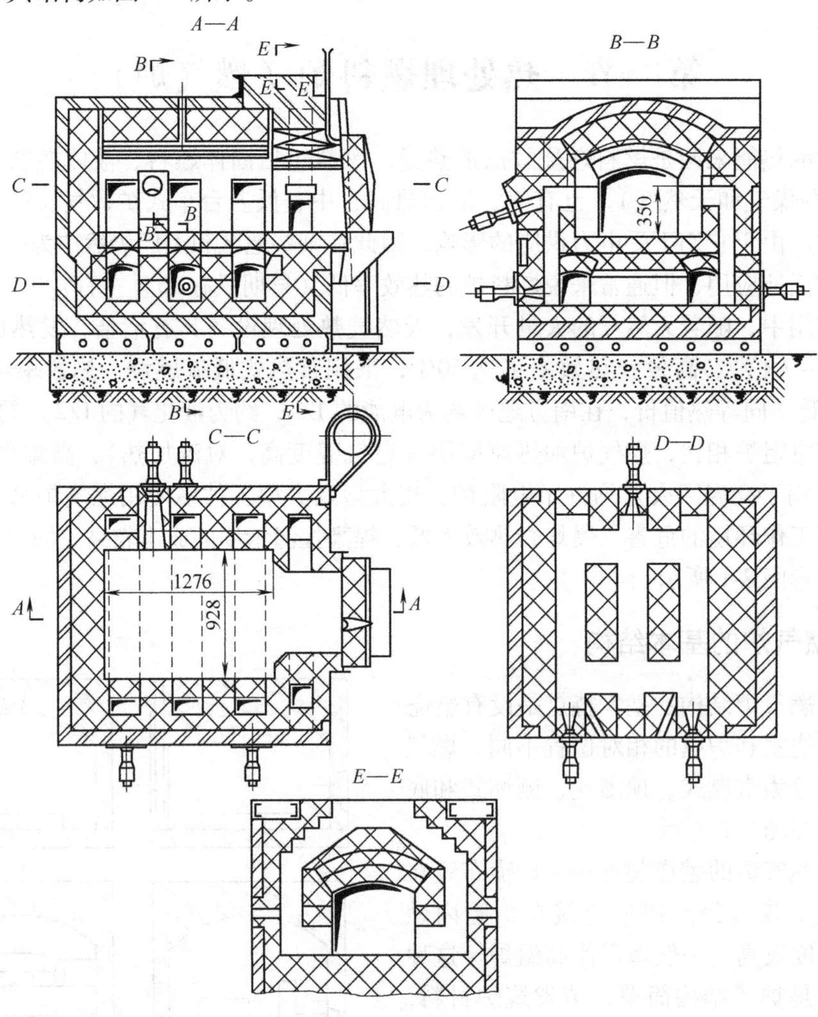

图 8-2　底燃式燃气炉的结构

燃烧室位于炉膛下面，共有四个燃气烧嘴，其中三个交叉布置在燃烧室的侧墙上。燃气通过烧嘴喷入燃烧室内，并在其中燃烧完毕，形成的火焰经过炉膛底部两侧的火道进入炉

膛，火焰在炉膛内沿一定的方向进行循环流动，把热量释放出来，然后经炉门孔洞两侧的烟道口进入烟道，形成废气，经烟道、烟囱排出。

因炉膛后方无排烟口，故此处温度可能偏低。为此，在炉膛后方的侧墙上布置了一个烧嘴，以提高炉膛后方的温度。此烧嘴向上倾斜了一定角度，这样可防止火焰直接喷向工件，避免工件局部过热。

图 8-3 所示为井式燃气炉的结构。此井式炉为直接燃烧式煤气炉。多层烧嘴布置在炉墙上，烧嘴中心线与炉膛横断面周边成切线方向，以防火焰直接冲向工件。上、下层烧嘴呈交错分布。为防止火焰短路，烟道口设在炉底上。炉口处还设有辅助烟道口，这种炉子适用于长轴形工件的淬火、退火及正火加热。

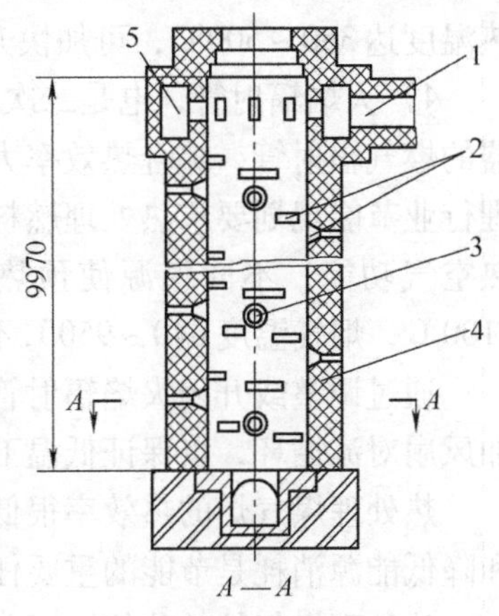

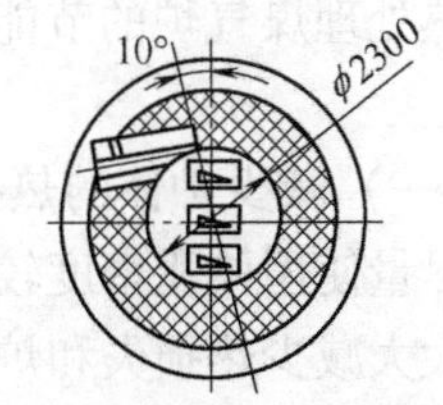

图 8-3　井式燃气炉的结构

1—烟道　2—烧嘴　3—热电偶孔
4—炉墙　5—回烟通道

三、煤气燃烧装置及燃气炉的节能

煤气燃烧的特点是：火焰前沿向未燃烧的可燃气方向传播的速度与煤气喷出的速度相匹配，火焰才能维持正常燃烧。否则会产生回火和脱火现象，使火焰不仅不能维持正常，还有可能产生爆炸。

煤气燃烧装置是烧嘴。按煤气与空气的混合方式不同，可分为有焰烧嘴、无焰烧嘴、自身预热烧嘴和火焰辐射管。

1）有焰烧嘴属外部混合式烧嘴，煤气和空气在烧嘴外部边混合边燃烧，燃烧速度慢，火焰较长属扩散燃烧。其结构如图 8-4 所示。这种烧嘴结构比较简单，气体流动阻力小，所需煤气和空气的压力低，烧嘴不易产生回火。但由于空气过剩系数较大，需设置风机供应空气。

2）无焰烧嘴属内部混合式烧嘴，煤气和空气在烧嘴内部进行充分的混合，属动力燃烧，燃烧速度快，火焰短，温度高。其结构如图 8-5 所示，高压或中压的煤气由喷射管 1 以很高的速度（20～50m/s）喷出，在喷口处形成负压区，将所需燃烧的空气吸入。煤气和空气在吸入管 3、混合管 4 和扩张管 5 内均匀混合，然后由烧嘴喷头 6 喷出，在燃烧坑道内燃烧。燃烧坑道由耐火材料制成，工作时其内壁保持高温，可起点火作用，可燃气体喷出后，立即着火燃烧，保证了火焰的稳定性。

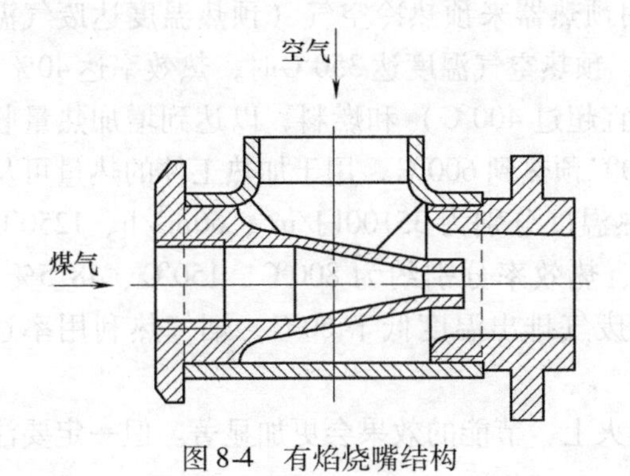

图 8-4　有焰烧嘴结构

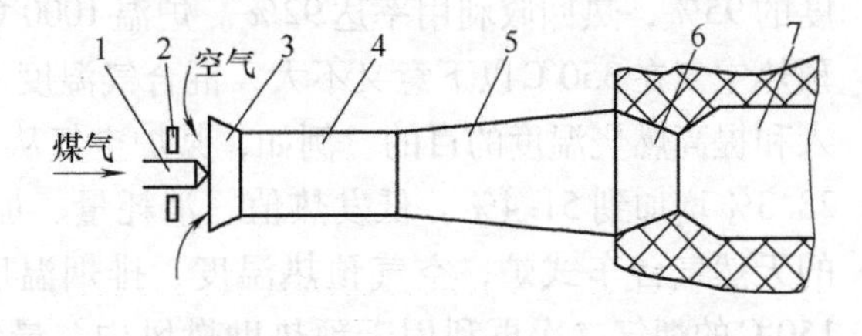

图 8-5　喷射式无焰烧嘴结构示意图

1—喷射管　2—空气调节圈　3—吸入管
4—混合管　5—扩张管　6—烧嘴喷头　7—燃烧坑道

3）自身预热烧嘴，依靠引射器产生的负压将炉内烟气吸入预热器的中间环缝，空气预热温度达350～500℃，可加快升温速度且显著节能。

4）火焰辐射管，电是二次能源，综合热效率小于或等于30%，而先进的带同流热交换器的燃气辐射管，综合热效率大于或等于80%，欧美国家广泛采用燃气辐射管，我国热处理行业节能规划要求热处理燃料炉比重达到15%，平均热效率达到55%。火焰辐射管有预热空气功能，不同气源使预热的空气温度在300～900℃不等，辐射管壁温度约1010～1100℃，烟气温度640～950℃不等。

通过调整或开闭火焰辐射管的数量，可以完成低于650℃的热处理加热工艺，但需要增加风扇对流循环，以保证低温下炉温的均匀性。

热处理煤气炉的热效率很低，无节能装置时热效率低于25%，因此提高燃料的利用率和降低能源消耗是节能的重要任务。

热处理煤气炉的节能，可从两个方面进行考虑：一是改进煤气炉的结构；二是废热的利用。

（一）减少炉体的热损失

尽量使用体积密度较小的轻质耐火砖，以代替重质砖，或采用耐火纤维砖做炉衬，这样可以大大减少热损失和炉体的蓄热量。

尽量使炉体结构简单、紧凑，减少体积可减少热损失。

（二）采用新型燃烧装置

采用平焰烧嘴、高温烧嘴、煤气化和半煤气化燃烧室等新型燃烧装置，可保证燃料的完全燃烧，提高火焰对工件的传热效率，以提高热效率和工件加热质量。

采用高速烧嘴使燃料与助燃空气在燃烧室内基本实现完全燃烧，燃烧后的高温气体以70～150m/s的速度喷出，从而达到强化对流传热、促进炉内气流循环、达到炉温波动在±10℃之内的目的。

（三）制订合理的炉子热工制度，以减少热量流失

应使炉膛呈微正压，以避免冷空气吸入，并减少燃料的消耗量。适量的过剩空气，既保证了燃料的完全燃烧，又可减少废气量，以达到减少废气带走热量的目的。

（四）使用预热器利用废气余热

煤气炉废气的温度很高，带走的热量很大，造成了能量极大的浪费（炉温950℃、550℃时，煤气废气带走热量占总热量分别约40%、27%），因此在热处理煤气炉上加装预热器就可以达到利用废气余热的目的，一般是用预热器来预热冷空气（预热温度达废气温度的95%，热回收利用率达92%。炉温1000℃，预热空气温度达350℃时，热效率达40%，预热空气在350℃以下意义不大，混合气温度不宜超过400℃）和燃料，以达到增加热量收入和提高燃烧温度的目的。例如，某炉空气从20℃预热到600℃，用于加热工件的热量可从28.3%增加到51.4%。低发热值、消耗量、加热温度分别为35100kJ/m^3、60m^3/h、1250℃的天然气台车式炉，空气预热温度、排烟温度、热效率分别约为800℃、150℃、48.5%，150℃的烟气二次再利用于预热助燃风中，最终废气排出温度低于60℃，烟气热利用率达40%以上。

如果将废气余热合理利用在工件的预热或回火上，节能的效果会更加显著。但一定要注意冷凝水的问题，特别是冷凝水对工件的腐蚀。

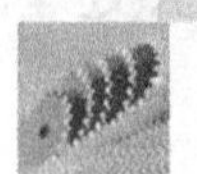

第二节　连续作业炉

一、推杆式可控气氛连续炉

多用炉生产线一般包括上料台、清洗机、主炉、回火炉、料车等，把所有的设备串联起来，用统一的节拍传送工件料盘，就构成了连续炉。图8-6所示为一条渗碳区为双排的连续炉。除了图8-6所示的推盘式连续炉以外，连续炉还有网带式连续炉、辊底式连续炉、转底炉和环形转底炉等其他的结构形式，这些炉型的主要差别是工件的传动机构和运动方式不一样。连续炉的气氛可以是氮—甲醇气氛、吸热式气氛、直生式气氛、氮化（软氮化）气氛等，以及其他类型的气氛。有些气氛在某些连续炉上是不能用的，如非封闭式的网带炉就不能用于氮化和软氮化。可控气氛连续炉不常用于正火，特别是退火，见第六章第三节下面就以图8-6所示的双排渗碳连续炉生产线来说明连续炉的一些特点和用途。

1. 推盘式连续炉的产能和工艺设计要求

根据全年产能和实际开炉时间计算出推盘式连续炉节拍时间为$\tau_{实际}$。同时设计料盘装料尺寸和全年总的装料盘数。

应根据工艺的实际需要来设计节拍$\tau_{工艺}$。主要是根据工艺过程各个阶段的时间参数，取各阶段工艺时间的比例关系，以此为依据来设计每一段或每个分区的长度，以“料盘形式装料”的推盘炉、环形炉、转底炉等连续炉，将各个区域长度取料盘长度的整数倍，即得到每个区域的工位数量，也就是说

某区域料盘数量(工位数)＝某区域的长度/料盘尺寸

$\tau_{工艺}$＝某区域工艺时间/料盘数量(工位数)

$\tau_{工艺}$＝总工艺时间/生产线料盘数量(工位数)

节拍时间：$\tau_{节拍}=\tau_{工艺}\geqslant\tau_{实际}$

同时，$\tau_{节拍}$也受到一些条件的约束，$\tau_{节拍}$大于零件淬火油中停留的时间，$\tau_{节拍}$大于推盘式炉按照顺序执行的各个相关机械动作的时间总和……，在满足这些条件时，生产线节拍就确定了。

2. 推盘式连续炉的结构

推盘式连续炉的结构有分段式和直通式等，借助于推料机构，将放在导轨上装有工件料盘或料筐步进式地从炉子一端推入炉内，完成不同工艺程序段后，依次从另一端推出。

该炉型的风机、炉门、检修门、安全点火、火帘、淬火油槽、温控、碳势控制等各个模块单元与风箱式多用炉基本相似，不再重复。与箱式多用炉的主要差别在传动机构上，也有一些地方为了适应连续生产的需要做了一些特殊设计，下面简要介绍这些要点：

1）导轨一般采用SiC制作，导轨分段铺设，每隔一段设膨胀缝。要求不高或工作温度不高的炉型也用耐热钢做导轨，导轨分段铺设，除首尾两端在靠近炉门的一端需固定外，其余各段均不完全固定，让其自由胀缩。

2）主推机构一般采用滚珠丝杠系统，双柱推杆机构是目前比较可靠的推料结构，也有采用液压机构的，侧推机构一般采用软链机构，每段轨道的末端有定位监测机构，主推和侧推上都有位置检测。

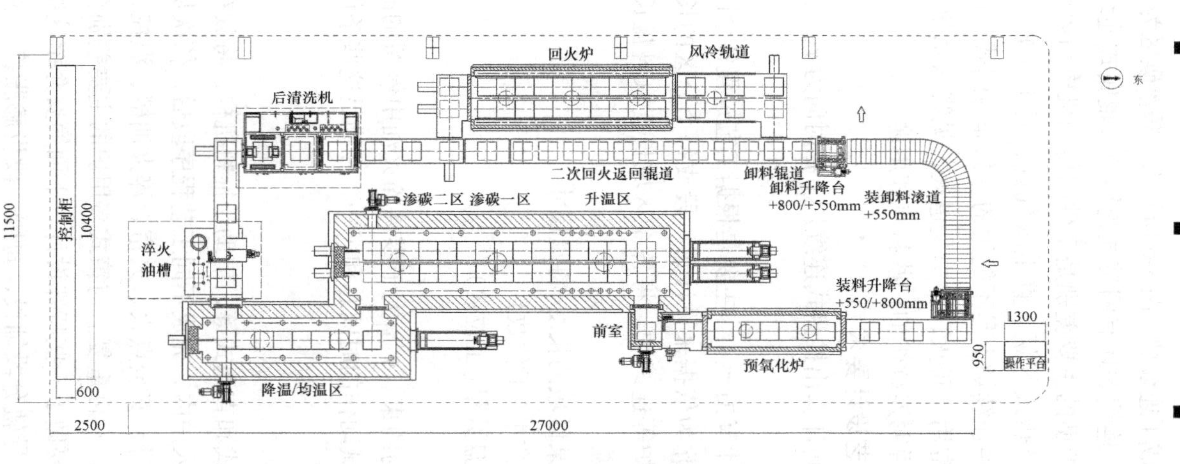

技术说明:
1.装料尺寸:600×600×650;
2.处理工件渗层:0.7～1.1;
3.生产节拍:约12min;
4.最大净装载量:约245kg/盘;
5.生产线工作高度+800,特别注明设备除外。

图8-6　双排渗碳连续炉（推盘式）生产线平面布置图

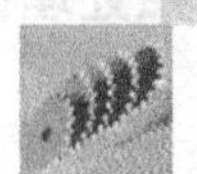

3）大多数推杆式连续炉是无马弗罐式的，只有采用直生式渗碳气氛的渗碳强渗和扩散区一般设置马弗罐，图8-6所示为推杆式气体渗碳炉。工件由炉子侧面推入前室，再从正面推入炉内，工件被推到炉子末端后，被侧向推料机推到后室进行淬火。炉子按工艺要求分区段控温及控制炉内气氛。如上述气体渗碳炉即可分成预热（预氧化温度460～520℃，形成Fe_3O_4）、加热、渗碳、扩散和降温保持等相应的加热区段。为使各区段的温度和气氛保持相对独立，通常在各区段交界处砌筑拱门，有的甚至设双拱门，门洞的高度略高于装有工件的料盘高度，以减少各区段之间的相互干扰。有的炉型各区段炉膛的高度也不相同，以保持各区段温度、气氛的均匀稳定。

4）炉体分段结构取决于工艺要求，不是绝对的。例如，为了减少热量从高温扩散段传递到降温段，将降温段可单独分开，可设置中间门，但是如果这条线主要是加工碳氮共渗的薄件产品（870℃），降温段可能到820～830℃淬火，如果也把降温段单独分开，降温段将永远处于较低的工作温度，积炭将非常严重，这时分段就是不合理的。

5）底部进料前室和潜泳式淬火槽。底部进料前室就是从底部向上提升工件进入前室，进料门开在前室底部，这种结构能有效地降低气氛的“零压面”，减少气体外泄，对于稳定气氛十分有利。潜泳式淬火槽是淬火进入油槽的工件从液面下运动一个工位，从另一个出口提升出淬火油槽，这种结构也可以减少气体外泄，不需要设计炉门火帘，对于稳定气氛十分有好处，但是都存在制造费用高昂的问题，如果节拍间歇时间长，就显得不必要，如果节拍间歇时间短，就非常有用。

6）料盘（或料筐）是易损件，起着承载及传递推力的作用，故料盘（或料筐）传递推力的两端面应加工平整，以保证推料时不产生向上或侧向分力，防止其在推动中拱起翻倒。料盘轮廓应圆滑，无应力集中的尖角锐边，有应力释放的缝隙或“折弯”结构，以防止因反复加热和冷却而产生变形和开裂，一般料盘和工装的使用寿命取决于材料、结构设计、使用条件三个因素，在此要注意结构对于工装使用寿命有绝对的意义。为使炉内气氛能与工件均匀接触，在保证强度的前提下，料盘的开孔面积要尽量大，并要求均匀对称。料盘易损坏，且炉子热损失较大是这类炉子的主要缺点。

近年来还发展出以圆形截面炉膛代替长方形截面炉膛的推杆式炉，它具有的优点如下：

①可减少炉顶产生的旁推力，减轻炉架的重量。

②可减少炉壁体积和表面积，降低炉壁蓄热和散热量。

③炉膛内壁对工件的辐射传热效率较高，温度较均匀。

④该炉型适用于大、中、小型工件的淬火、正火、回火和化学热处理多种用途。

3. 可控气氛连续炉的柔性化与系统集成

如前所述，连续炉最大的缺点在于其工艺、产能、产品设计的“刚性化”，但是大批量生产的规模越来越大，随着消费市场的不断细分，又提出了零库存、准时制生产的要求，势必要求大批量生产的连续炉具备更多的柔性化功能。主要的技术进展体现在如下几方面：

1）连续炉功能的柔性化。例如，推盘式连续炉，虽然更换不同渗碳层的产品不方便，但是可以借助计算机的模拟技术，适当同步调整温度、碳势、节拍，制订过渡工艺，使得更换不同渗碳层的产品时能顺利过渡，可以实现不推空料盘或少推空料盘的情况下更换产品，当然，如前所述，连续炉产品层深的适应范围不能相差太远，也就是说节拍的调整时间跨距不能太大；又如，同样层深的不同产品，每一盘料可以采用不同的淬火工艺，以适应不同产品的变形要求。

2）连续炉与其他炉型的组合与集成。连续炉也可以与多用炉、转底炉、环形炉等集成为一个更大的系统，相互之间取长补短，使得生产的灵活性大大增加，这些需要依赖计算机技术和软件技术的开发，如图 8-6 所示的回火就可以实现部分料盘有选择地进行二次回火，又如，在连续线上配置几台单工位的高低温回火炉，设置几个温度，在完成大批量回火的同时，也能使得个别料盘有特殊的回火温度。

3）采用环形炉或转底炉与连续炉集成。由于环形炉或转底炉能够在任意工位装入工件或随时取出任意工件，也就是说在同一个环形炉或转底炉炉膛区域，工件处理的时间可以不同，是连续炉节拍的整数倍，这样就能极大地满足不同渗碳层深度的产品在连续炉与环形炉或转底炉构成的系统中共线生产，对于不同层深的适应性更强了。

目前，将机械手广泛应用于连续炉的上下料，工序间的转移，实现热处理工序与抛丸、喷砂、校直、冷加工的衔接，进一步加大了系统集成的范围。

所有这些技术的发展都依赖于计算机技术和软件的开发。

二、传送带式炉

在贯通式炉膛中装有一传送带，连续地将工件放在其上使工件送入炉内，并通过炉膛送出炉外，故称传送带式炉。它适用于中、小型工件的大批量生产，可以进行正火、淬火加热、高中低温的回火等多种热处理操作，还可采用可控气氛，以保护工件不氧化、不脱碳。此种炉型的优点是工件在运送过程中，加热迅速均匀，不受冲击振动，变形量小，但受传送带高温承载能力的限制，最高使用温度通常不超过 950℃，传送带反复加热和冷却的热损失较大。其结构如图 8-7 所示。

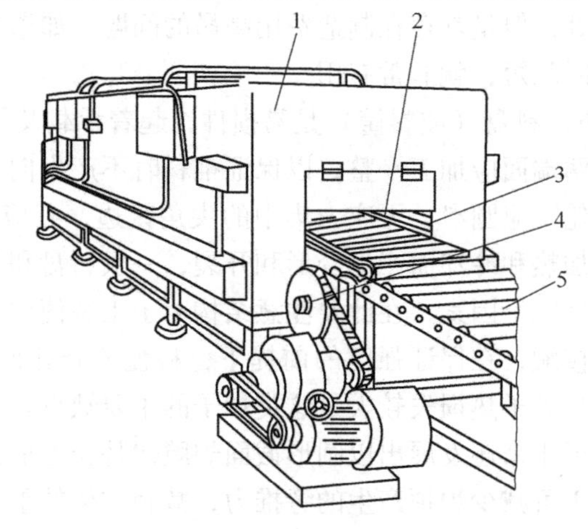

图 8-7　传送带式炉的结构

1—炉体　2—电热元件　3—炉衬　4—传动装置　5—传送带

传送带的结构形式有装甲板式、板片式、金属网式、辊托式等，新型网带式炉可进行保护气氛光亮淬火、薄层渗碳和碳氮共渗以及随后的回火。

三、鼓形炉

鼓形炉是炉内装有鼓形旋转炉罐的炉子，炉罐为耐热钢铸件。鼓形炉加热均匀，生产率高，常通可控气氛，但结构复杂，耐热钢用量大，易碰伤工件。适用于各种滚动体件，以及小型套圈和链片等形状简单、均匀且体积较小的批量生产和连续生产。

图 8-8 所示为某种鼓形炉的结构示意图，炉罐支在滚轮上，滚轮固定在构架端板的撑架上，炉罐一端装料，另一端与驱动装置连接，炉罐在其驱动下转动。炉罐的旋转速度可以根据工件加热工艺需要进行变换，以保证工件在炉内停留的时间。

四、辊底式炉

辊底式炉是在贯通式炉膛底部装有多个辊子，以运送工件前进。主要用于管材、板材、棒材等的退火处理。

常见的辊子结构为辊子端部伸出炉子两侧，其中一端用轴承支撑并由驱动机构驱动；另一端的安装留有膨胀收缩的余地。炉温低于950℃时，可选用耐热钢制造，采用带水冷轴头或不带水冷轴头的圆筒形辊子；运送板形工件时，为保证上、下两面加热均匀，可采用带有可拆卸盘的圆筒形辊子，轴头用水冷却，圆盘通过导热性差的耐火材料套装在辊身上。炉温在1000～1100℃应采用双层钢管构成的带水冷轴的空心腹辊。为使辊子的水冷轴受载均匀，辊子内部安有支承盘。炉温更高时，可采用陶瓷材料。图8-9所示辊套由碳化硅制成，以耐火材料做内衬，一节节套在水冷轴上，碳化硅棒在高温低速下运动，寿命可达半年以上，成本大大低于金属辊。

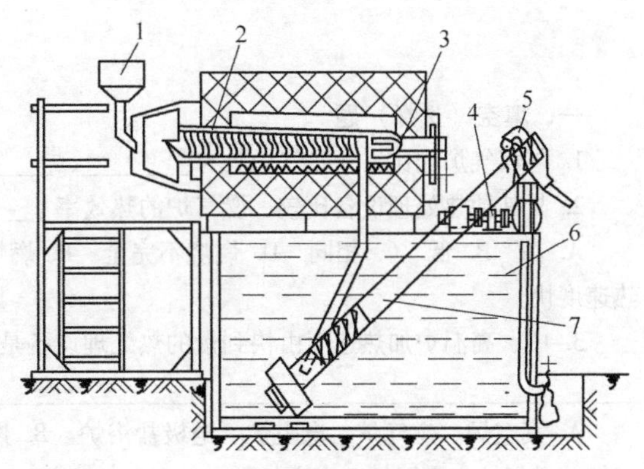

图8-8　鼓形炉（附淬火槽）的结构示意图

1—装料斗　2—炉衬　3—电热元件　4—驱动机构　5—出料筒驱动机构　6—淬火槽　7—出料筒

辊底式炉的转辊在加热状态下应一直保持旋转，以免发生弯曲变形。这类炉子主要的问题是保持辊子的圆度和直度。在采用可控气氛时，要注意轴承部位的密封，以保持炉内正压。

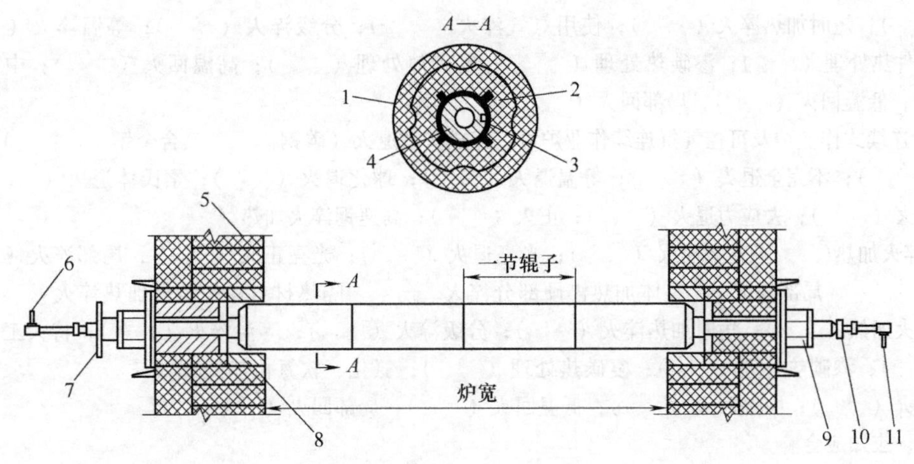

图8-9　碳化硅辊子

1—碳化硅辊套　2—耐火材料　3—带筋钢套　4—管子　5—耐火砖砌体　6—排水管　7—张紧手轮　8—异型砖　9—轴承　10—接头　11—进水管

文前彩图8-2为长杆连续作业热处理生产线，如石油抽油杆的生产。图10-1所示是抽油杆连续作业热处理生产线，辊子由Cr25Ni20Si2耐热钢铸造而成，辊子内部有冷却水钢管。辊子轴线与炉子中心线成7°夹角，使得抽油杆在辊子上前行的同时还伴随着自转，可保证最大程度减少抽油杆的弯曲变形。

训练题

一、填空（选择）题

1. 与煤气炉相比，天然气炉具有________、________、________、________等优点。

2. 与其他热处理设备比较，燃气炉的热效率________，主要原因是________。

A. 高　B. 低　C. 相同　D. 燃烧不完全　E. 燃烧较完全　F. 废气带走余热　G. 发热值低　H. 加热速度快

3. 中、高温炉加热速度由快到慢的热处理设备是________，理由是____。

A. 真空炉、燃气炉、电阻炉、电极盐浴炉　B. 燃气炉、电阻炉、电极盐浴炉、真空炉　C. 电极盐浴炉、燃气炉、电阻炉、真空炉

4. 连续热处理作业炉热处理质量的重现性________，生产率________，适用于产品品种________、生产批量的工件生产。

二、判断题（对✓、错×、不一定—、优或常用★、弱或不常用\、长空可分情况判断）

1. 燃气炉的高温性优于电阻炉（　），燃气炉的炉膛尺寸大于电阻炉，远大于盐浴炉（　），因此，大型工件、加热温度高的热处理需使用燃气炉（　）。完成扩散退火（碳钢　合金钢）；完全退火（　）；不完全退火（　）；等温退火（　）；球化退火（　）；索氏体退火（　）；再结晶退火（　）；去应力退火（　）；正火（　）；高速钢淬火加热（　　　　）；淬火加热（　）；光亮淬火（　）；光亮退火（　）；光亮正火（　）；局部淬火（局部淬火加热　局部淬火　　整体加热淬硬部分淬火　　隔热材料保护整体加热淬火　　）；表面淬火加热（　）；短时加热淬火（　）；使用氮气淬火（　）；分级淬火（　）；等温淬火（　）；特大工件热处理（　）；渗碳热处理（　）；复碳热处理（　）；高温回火（　）；中温回火（　）；低温回火（　）；局部回火（　）。

2. 连续式作业炉及可控气氛连续作业炉可以完成扩散退火（碳钢　　合金钢　　）；完全退火（　）；不完全退火（　）；等温退火（　）；球化退火（　）；索氏体退火（　）；再结晶退火（　）；去应力退火（　）；正火（　）；高速钢淬火加热（　）；淬火加热(　)；光亮淬火（　）；光亮退火（　）；光亮正火（　）；局部淬火（局部淬火加热　　局部淬火　　整体加热淬硬部分淬火　　隔热材料保护整体加热淬火　　）；表面淬火加热（　）；短时加热淬火（　）；分级淬火（　）；等温淬火（　）；特大工件热处理（　）；渗碳热处理（　）；复碳热处理（　）；氮化、软氮化热处理（　）；高温回火（　）；中温回火（　）；低温回火（　）；局部回火（　）。

三、应知应会

1. 燃气炉有哪些突出的优点？燃气炉弱或不能完成哪些处理工艺？为什么？如何解决？如何提高燃气炉的热效率？

2. 连续式作业炉的优点是什么？该设备弱或不能完成什么热处理工艺？为什么？如何解决？

第九章　其他热处理设备、表面改性设备

铝合金固溶处理设备；罩式电阻炉；底装料立式多用炉；激光表面改性及热处理设备；电子束表面改性及热处理设备；离子注入技术及设备；滚压强化；超声波喷丸

第一节　铝合金固溶处理设备

铝合金淬火炉适用于对大、中型铝合金产品零部件（如铝轮毂、铝铸件）的快速固溶处理及时效处理。主要技术参数：额定温度650℃；控温精度±1℃，实现用户要求的温度均匀度，是以循环风机、导风罩板、炉膛结构、电热功率的分配及电热元件的布置、控制方式与过程、炉门结构等关联设计来保证的；淬火转移时间5～12s（可调）；淬火液温度60～90℃（可调）。

铝合金淬火炉是由加热炉罩和移动式底架组成的，如图9-1所示。方形（或圆形）炉罩顶装有起重机，通过链条和挂钩可将料筐吊至炉膛。炉罩由型钢支起，底部有气动（或电动）操作的炉门。位于炉罩下方的底架可沿轨道移动、定位，底架上面载有淬火水槽和料筐。生产时，将底架上的料筐移至炉罩正下方，打开炉门，放下链条及挂钩，将料筐吊入炉膛，关闭炉门后进行加热。淬火时，先将底架上的水槽移至炉罩正下方，然后打开炉门，放下链条，将料筐（工件）淬入水中。铝合金淬火炉由炉体、炉体钢支架、可拆式炉顶、炉衬、电热元件、循环风机、导风板、炉底对开式炉门、倍速升降机构、料架、淬火槽、运料车、控制系统及配电柜/控制柜、液压系统等组成。

图9-1　铝合金淬火炉

第二节　罩式电阻炉

普通罩式炉炉罩内无炉罐，炉座上无风扇，靠自然对流。主要用于自然气氛下钢材和铸铁等的正火、退火处理，是钢铁厂的重要炉型之一。

强对流光亮罩式退火炉（图9-2）主要适用于铜、铝合金和普通碳素结构钢、硅钢、合金钢等卷带、盘管、线材，各类精密铜管、造币材料、精密带钢、复合带材、软磁和硬磁合金、铜合金线材、标准件材料、不锈钢带等几十种材料的光亮退火。钟罩炉最大装料直径3.2m，装料高度最高达4m，最大装炉量80t。

强对流罩式炉（图9-2）由一个加热罩、两个炉座、两个内罩和阀架等组成。加热罩由钢板卷成圆形经焊接加工而成，在罩身的上部有供吊钩起吊换罩的位置，下部有三个支承炉罩的支承脚，底部装有沙封刀，在加热时使加热罩能直接压在炉内罩的法兰上，使其达到密封的效果，另有两个导向环，以便加热罩能方便，准确地吊放在炉座上。炉衬采用全纤维硅酸铝针刺毡折叠块组合而成，这样大大减轻了罩身的重量，不仅提高了保温效果，而且降低了能耗。加热元件采用电阻带均匀地悬挂在炉膛的四周，并用陶瓷螺钉加以固定，坚固又耐用。炉座呈圆形，由耐热不锈钢板焊接组合而成，在每一个炉座上都安放有一块圆形耐热钢炉底板，在炉底板下方焊有几支支承管用以承载工件，在炉座的正中央都装有一台强对流的风机（图9-3），通过电动机的运转来带动叶轮，达到强对流送风快冷的目的，从而使炉膛内的温度达到均匀。在炉座上装有与内罩密封的水冷橡胶密封圈，以便达到密封的效果。炉的内罩采用波纹或板材不锈钢制作成圆柱状，顶部为圆形封头，下部焊接一只法兰，用来与炉座密封圈连接，使炉膛内形成密封的空间，达到炉料在保护气氛中进行热处理。

图9-2　强对流光亮罩式退火炉

图9-3　强对流风机

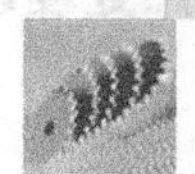

图9-4所示为罩式球化退火炉，文前彩图9-1所示为长管（棒）罩式炉自动调质生产线。

图9-4　罩式球化退火炉

第三节　底装料立式多用炉

图9-5所示为底装料立式多用炉，它不同于箱式多用炉，该套设备的加热炉与淬火槽分离，加热炉只是在淬火时与淬火槽接触。风机与气体循环系统轴向分布，保证气氛均匀分布和气体高速传送；加热炉可以与任何类型的淬火槽（水、油、中性热浴、高压气淬等）配合进行淬火；加热炉可进行多种工艺，不受淬火槽的影响；淬火槽不建在炉内，设计可达到最优化；加热炉可在淬火后立即装料，提高生产率；可随时对加热炉和淬火槽进行检修，所有机械装置均可在外部进行调整、检验，无需停产；滴油期间，工件完全与加热炉分离，避免意外回火或退火发生；可根据生产发展需要重新组合增加新单元，完成新的生产任务。适用于渗碳、碳氮共渗、渗氮、软氮化、保护气氛淬火、正火、退火、钎焊、复碳、发黑、后氧化，特别是薄层渗碳、细长工件垂直加热和代替盐炉。

图9-5　底装料立式多用炉

第四节　表面改性设备

表面处理技术主要通过“盖和改”两种途径改善金属材料的表面性能，“盖”指表面涂层技术，在基体表面制备各种镀层、涂覆层，包括电镀、化学镀、（电）化学转化膜技术、气相沉积技术、堆焊、热喷涂等；“改”指各种表面改性技术，通过改变基体表面的组织和性能，如表面淬火、化学热处理、喷丸、高能束表面改性等，见表9-1。

表面改性技术和表面涂层技术的最大区别是其所形成的表面在材料和组织上均与基体有一定的联系，而不像表面涂层技术那样，涂层的材料和组织与基体是完全不同的。

表9-1　表面改性热处理、表面改性技术及设备特点简介

		激光表面改性及热处理	电子束表面改性及热处理	离子注入表面改性	滚压表面改性	超声波喷丸表面改性	普通喷丸表面改性	传统表面改性热处理
性能特点	层深	通常<1mm	0.35～1.55mm	0.01mm	0.5mm左右	0.5mm左右	软金属<0.25mm	2mm左右
	硬度	55～62HRC	62～67HRC	GCr15注入N^+，硬度1100HV		铝合金<130HV	铝合金<115HV	45钢感应水淬50～63HRC
	残余压应力	50～4000MPa			应力腐蚀疲劳强度σ_{Nef}提高几十倍	铝合金300MPa左右	铝合金150MPa左右	提高疲劳强度
应用情况	工件	大型工件	主要是小型工件				大、中、小	大、中、小
	应用范围	广	广				广	广
	应用举例	3Cr2W8V轧辊寿命提高1倍	45、T7钢表面硬度达62～66HRC	低碳钢寿命提高几十倍	滚压曲轴轴颈的过渡圆角	齿轮弯曲疲劳强度提高30%左右	板簧、弹簧、齿轮、链条、轴类	齿轮、轴、曲轴
设备特点	结构			复杂	简单	简单	简单	较简单
	安全性	需保护措施	需保护措施	需防护措施	好	较好	较好	较好
	真空或温度	在大气中进行（需辅助气氛）	真空室6.7Pa，电子枪0.027Pa	真空系统	室温或<200℃			除真空渗碳外，不需真空
	能量密度压力	功率20kW左右，10～$10^3kW/cm^2$	500kW左右，$10^5kW/cm^2$	60～200keV		冲力大	冲击力较大	
	成本	对场地要求、设备调整高于电子束	投资、运行费用低于激光	高	低		低	较低

（续）

	激光表面改性及热处理	电子束表面改性及热处理	离子注入表面改性	滚压表面改性	超声波喷丸表面改性	普通喷丸表面改性	传统表面改性热处理
缺点	功率偏小，在 20kW 左右，工件表面预先涂黑	需要在真空室中处理，处理工件尺寸受限	复杂形状及内孔不能离子注入，操作复杂	不宜处理形状复杂的工件		表面粗糙，>15mm 厚板强化效果不如超声喷丸	

注：1. 物理气相沉积 PVD，基体温度 30～800℃，可镀金属及合金，附着力好，沉积膜密度高，需要真空设备。

2. 化学气相沉积 CVD，基体温度大于 1000℃，可镀金属及合金，附着力最好，沉积膜密度高，Al_2O_3 涂层 3100HV。

一、激光表面改性及热处理设备

激光表面热处理是激光表面强化技术中最为成熟的一项技术，它利用高能激光束扫射金属零件表面，使表层金属以极快的速度加热，达到相变点以上，停止加热后零件表面的热量迅速向金属内部传递，则表面快速冷却，从而实现淬火，激光对表面产生很大的冲击作用并产生很大的表面压应力。激光表面处理装置主要包括激光器、导光系统、加工机床、控制系统、辅助设备，以及安全防护装置等。

激光相变硬化应用在汽车曲轴、铸铁发动机气缸内壁、弹簧片、道岔尖轨、工模具及铁基粉末冶金制品等方面。激光淬火层的硬度比常规淬火层提高 15%～20%，硬化层较浅，通常为 0.3～0.5mm，1kW 的激光器扫描时层深可达 1mm，6kW 的激光器扫描时层深可达 2mm。激光淬火表面有很大的残余压应力，表层硬度可达到 800HV。

工业上常用高功率激光器有二氧化碳激光器，如图 9-6 所示。二氧化碳激光器输出功率大，电光转换效率高，激光波长为 10.6μm，属于远红外光。文前彩图 9-2 所示为激光相变硬化处理中的大型齿轮，图 9-7 所示为球墨铸铁轧辊侧壁激光合金化，图 9-8 所示为激光熔覆修复无缝钢管的穿孔顶头。

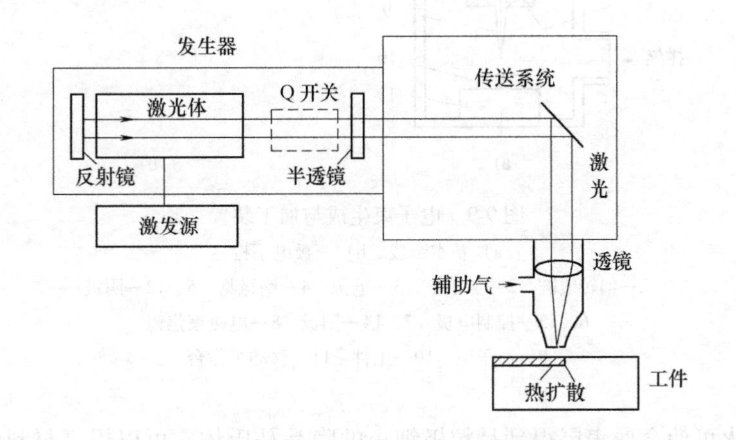

图 9-6　激光发生器及表面相变硬化示意图

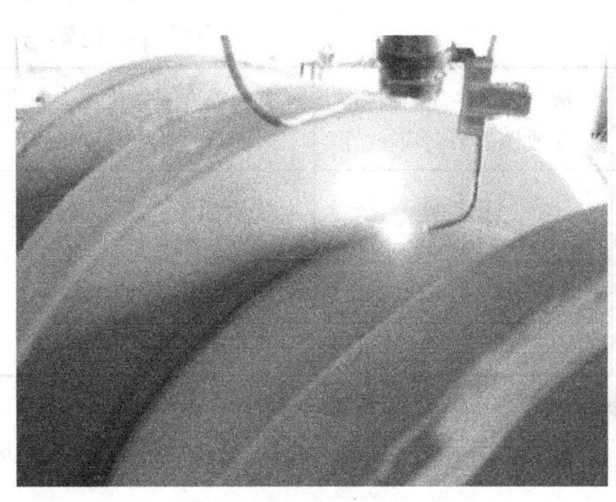

图 9-7　球墨铸铁轧辊侧壁激光合金化

图 9-8　激光熔覆修复无缝钢管的穿孔顶头

二、电子束表面改性及热处理设备

电子束属于高能量密度的热源，其最大功率可达到 10^9W/cm^2，用于金属表面改性时，其特点是“快”，迅速加热，在不到 1μs 的极短时间内，电子束能量的大部分转化成热能，使金属表面熔化或汽化，冷却速度可达 10^3 ~ 10^6℃/s。可进行金属表面固态相变处理、金属表面液态相变硬化和表面合金化。图 9-9 所示为电子束生成与加工装置。

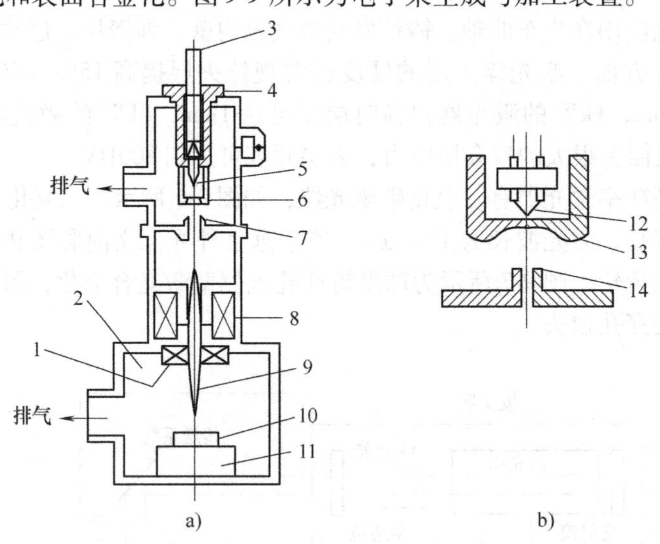

图 9-9　电子束生成与加工装置

a）基本组成　b）三极电子枪

1—偏转线圈　2—加工室　3—电源　4—绝缘物　5、12—阴极

6、13—控制电极　7、14—阳极　8—电磁聚焦镜

9—电子束　10—工件　11—移动工作台

电子束淬火可使金属表层得到晶粒极细小的隐晶马氏体，可以提高材料的强度与韧性，其硬度比常规热处理高 1 ~3HRC，如正火状态的 45 钢经电子束表面淬火后，硬度可达 800 ~830HV，淬硬层深度可达 0.2 ~0.3mm，T10A 可达 65 ~67HRC，GCr15 可达 67HRC 以上，

Cr12MoV 可达 700 ~ 800HV。磨损试验表明，电子束淬火比常规热处理的耐磨性提高 5 倍。

三、离子注入技术及设备

离子注入技术原则上可将元素周期表中的任何元素注入基体材料，但常用注入原子有：碳、氮、氧、硼、氦、磷、铁、铝、锌、钴、锡、镍等。离子注入使金属表层成分、结构以及原子环境和电子组态等发生微观状态的变化，因此金属的物理、化学、力学性能发生改变，如提高超导的转变温度；改善材料表面的电磁学及光学性能；提高耐腐蚀、抗氧化性能；使金属材料表面陶瓷化和金刚石化，提高表面硬度和抗磨损能力；改善材料的疲劳性能；采用 N、Cr、Te、Mo 等离子注入来提高金属材料的耐磨性和铁合金的表面力学性能；用 Ti + N 或 Mo + N 注入 95Cr18 试样获得了更高的显微硬度和更好的耐磨性；Ti 和 Ti + Y 离子注入均可使 65 钢表面硬度和耐磨性显著提高。

离子注入机的原理如图 9-10 所示。

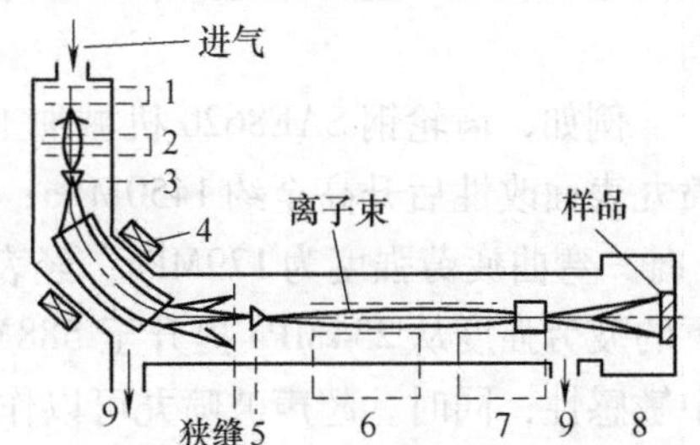

图 9-10　80keV 离子注入机装置

1—离子源　2—初聚透镜　3—前法拉第筒　4—磁分析器　5—后法拉第筒　6—加速器　7—*X*—*Y* 扫描器　8—样品室　9—真空系统

离子注入技术的优点可归纳为以下五点：

1）进入金属晶格的离子浓度不受热力学平衡条件的限制。

2）注入是无热过程，可在室温或低温下进行，不引起金属热变形。

3）注入离子在基体中与基体原子混合，没有明显的界面，注入层不会像镀层或涂层那样发生脱落。

4）不受合金相图中固溶度的限制，能注入互不相容的杂质，可改变金属材料的表面硬度、断裂韧度、弯曲强度，提高耐磨性。

5）可以进行新材料的开发，注入离子在基体中进行原子级混合，可以形成固溶体、化合物或新型合金。

其缺点如下：离子注入的设备庞大复杂、操作复杂，设备价格昂贵；产生各种晶格缺陷，虽然这些缺陷可以通过退火得到改善，但不一定能完全消除，存留的缺陷对器件有一定影响；离子注入法的结深很浅（0 ~ 1μm），对于制造深结器件还有困难。同时高能射线对操作者有害。

四、滚压强化

表面滚压技术是在一定压力下，用辊轮、滚球或滚轴对被加工表面进行滚压或挤压，使其发生塑性变形，形成加工硬化层的工艺过程。一些零件的内孔挤压也属于这一范畴。

滚压强化还可以较大幅度地提高材料表面的疲劳寿命和抗应力腐蚀能力，特别适合面心立方晶格的金属与合金的表面改性。热处理与滚压相结合对提高疲劳强度的效果更加显著，如感应淬火加滚压、渗氮加滚压、碳氮共渗加滚压。

例如，球墨铸铁曲轴热处理后再滚压轴颈与曲柄臂的过渡圆角，使该处形成 0.5mm 深的表面加工硬化层，产生残余压应力，提高疲劳强度及寿命；气体软氮化代替感应加热淬火，使疲劳强度提高 20%，在气体软氮化后再施以圆角滚压，则疲劳强度可提高 30%，避免了柴油机断轴事故；超高强度钢 300M 的疲劳强度 σ_f 为 1035MPa，在硬度压痕应力集中下

疲劳强度 σ_{Nf} 为 35MPa，在 3.5% NaCl 水溶液中的疲劳强度 σ_{ef} 为 40MPa，而压痕应力集中下在 3.5% NaCl 水溶液中的疲劳强度 σ_{Nef} 为 15MPa，经过滚压表面改性后，σ_{Nf}、σ_{ef}、σ_{Nef} 均保持在 1000MPa，而且经 1500h 试验未失效；表面改性还抑制了应力腐蚀环境中的疲劳强度应力集中敏感。

五、超声波喷丸

实际应用中的很多金属零件会发生疲劳断裂。疲劳断裂是无预兆突然发生的，给设备的安全运行带来了威胁，具有很大的危险性，因此生产中常对金属零件进行喷丸强化。其中超声波喷丸是当前非常流行的一种表面处理技术，由高功率超声波产生的冲击载荷作用于材料表面产生高幅冲击载荷对金属表面进行快速有力的冲击。与传统机械喷丸相比，超声波喷丸能使金属表面产生更深的残余压应力层，使金属零件的强度、耐蚀性和疲劳寿命得到明显提高。

例如，齿轮钢 SAE8620 机械加工后，10^5 循环下的弯曲疲劳强度约为 1000MPa，而超声喷丸表面改性后升高至约 1450MPa；GH4169DA 高温合金经机械加工后，应力集中系数 $K_t=4$ 时，弯曲疲劳强度为 179MPa，经表面改性后提高至 679MPa，寿命提高 100 倍以上，650℃下的疲劳强度从 234MPa 提升至 588MPa，寿命也提高 100 倍以上，抑制了疲劳强度应力集中敏感性；同时，超声波喷丸可以作用于精确成形金属板料，并使成形表面具有抵抗疲劳和裂纹侵蚀的残余压应力，可以保证构件在应力腐蚀环境中长寿命、高可靠性服役。

超声波喷丸的工作原理如图 9-11 所示，超声波发生器 5 发出 15～40kHz 的高频电振动信号，磁致伸缩式或压电晶体式传感器将高频电振动信号转换为机械振动，变幅杆 4 与传感器连接，将传感器输出端的振动幅值放大后传递给振动工具头 3，振动工具头输出端的振动幅值为 50～120μm。喷丸室 2 中放置待处理工件和弹丸。弹丸在振动工具头的冲击下以一定的速度撞击工件，同时发生相互撞击，从而使工件表面获得均匀处理。

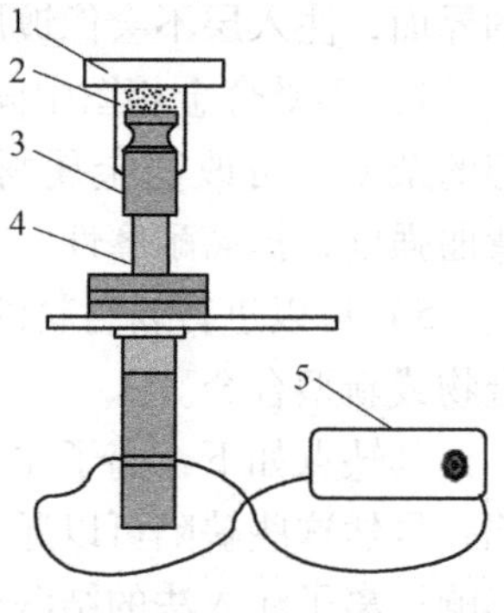

图 9-11　超声波喷丸的工作原理
1—待喷件　2—喷丸室　3—振动工具头　4—变幅杆　5—超声波发生器

超声波喷丸的特点如下：

1）超声波喷丸能比机械喷丸方式产生更大的残余压应力。

2）超声波喷丸强化可使工件表面粗糙度值低，精度高。超声波喷丸丸粒的材质一般选用硬度较高的钨钢或轴承钢，采用喷射的介质除丸粒尺寸较大外，还有两端为不同曲率半径的喷针，同时圆度和表面粗糙度要求也更高。此外，在喷丸室内超声波喷丸丸粒的速度、方向随机，而且速度要小于传统丸粒，这些因素都使喷丸处理后的工件表面粗糙度值下降。

3）超声波喷丸设备体积小。传统的喷丸需利用气动喷丸设备在特定喷丸室内进行，其体积庞大，增加工厂生产过程中的物流成本。而超声波喷丸动力源为超声波，设备结构简单紧凑，体积与普通机床相同，节约空间。

4）工作现场无环境污染。超声波喷丸采用的丸粒破碎率极低，克服了传统干式喷丸使用的丸粒容易破碎，造成粉尘严重污染的缺点。超声波喷丸在封闭状态工作环境下实现了绿色喷丸强化。同时，在喷丸过程中，丸粒自身也得到强化，可多次循环利用。

六、喷丸

喷丸强化工艺适应性较广、工艺简单、操作方便；生产成本低、经济效益好、强化效果明显，喷丸设备见第十一章。近年来，随着计算机技术的发展，带有信息反馈监控的喷丸技术已在实际生产中得到应用，使强化的质量得到了进一步提高。

喷丸强化主要用于弹簧、齿轮、链条、轴类、汽轮机叶片、火车轮等承受交变载荷的部件，也广泛用于模具、金属焊接结构和金属电镀件等。

喷丸强化是提高钢板弹簧疲劳强度的重要手段，经喷丸强化后，钢板弹簧的疲劳寿命可延长5倍。喷丸强化还使钢齿轮的使用寿命大幅度提高。试验证明，汽车齿轮渗碳淬火后再经过喷丸强化，其相对寿命可提高4倍。

20CrMnTi圆辊渗碳淬火回火后进行喷丸处理，残余压应力为880MPa，疲劳寿命从55万次提高到150万~180万次。

耐蚀镍基合金鼓风机叶轮在150℃热氮气中运行，六个月后发生应力腐蚀破坏。经喷丸强化并用玻璃珠去污，运行了四年都未发生进一步破坏。

金属焊缝及热影响区（HAZ）一般呈拉应力状态，降低了疲劳强度，采用喷丸强化后，表面由拉应力状态转变为压应力状态，从而提高了焊缝区域的疲劳强度。

训练题

1. 说明对铝合金固溶处理设备的三个特殊技术要求。
2. 说明罩式电阻炉结构及应用特点。
3. 说明底装料炉结构及应用特点。
4. 与传统表面化学热处理比较，说明激光设备、电子束设备、离子注入表面改性设备的共同特点，以及各自应用的特点。
5. 比较超声波喷丸与普通喷丸的设备及应用情况。

第十章 冷却设备

淬火槽；置换冷却淬火槽；淬火冷却介质循环冷却系统；淬火冷却介质冷却器

冷却设备是热处理车间的主要设备，由于冷却方法的不同，冷却设备的种类也很多。根据冷却设备的功能和所需达到的目的，大体可划分如下：

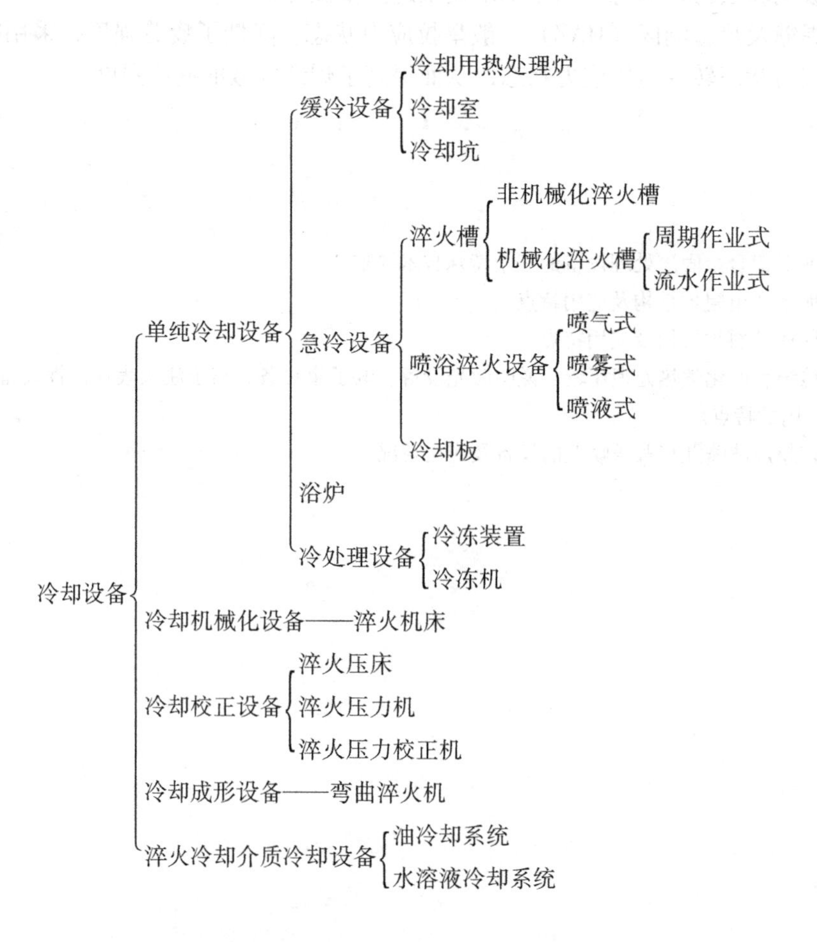

冷却设备包括缓冷、淬火、淬火校正、淬火成形和冷处理设备等，其中，淬火槽是主要的冷却设备。

【导入案例】 图 10-1 所示为某企业生产的抽油杆淬火冷却装置，抽油杆圆周表面各点

均匀变冷十分重要，稍不均匀就会造成严重的变形，工件形成明显螺旋形弯曲。不仅造成力学性能不均匀，而且矫正困难，严重时根本无法入炉回火。试验不佳的情况有：喷射孔上下排列，左右无喷水孔；四周环形管直径过大且喷嘴大；喷嘴数量少且是圆形。

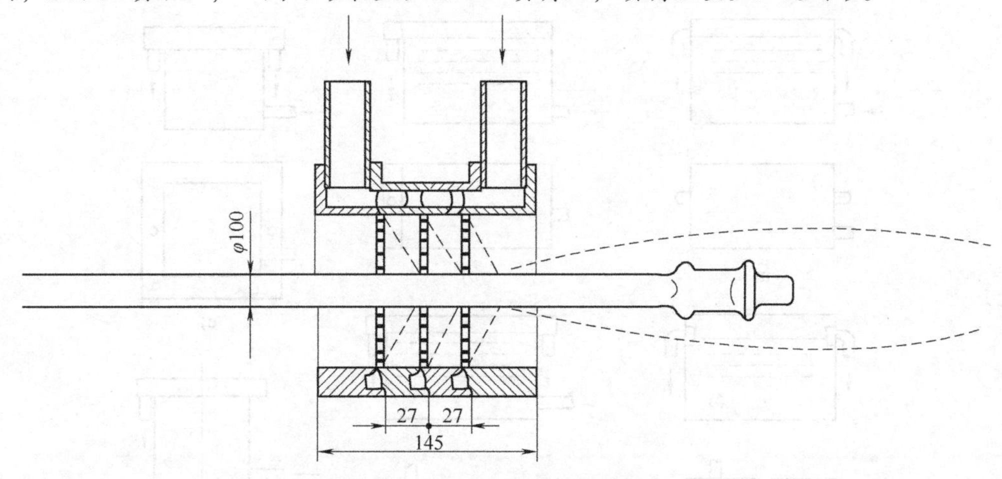

图 10-1 抽油杆淬火冷却装置

图 10-1 所示装置采用三个圆环形槽，每个槽上分布 52 个方形小孔，小孔射出水流与工件轴线夹角 60°，水流速达 20m/s，足以冲破工件表面形成的粗大气泡，使冷却均匀，达到了小变形、无变形的目的，进水压力保持 0.2～0.25MPa，水要清洁，不结垢，一般用 40 号筛金属网过滤即可。

第一节 淬 火 槽

淬火槽的结构比较简单，主要功能是盛装液体淬火冷却介质，有时为了防止回火脆性，也用于回火后的快速冷却。

根据淬火槽中所处理工件的形状、尺寸、批量以及生产规模的不同，淬火槽一般分为非机械化和机械化两类。按作业方式不同，淬火槽又分为周期作业淬火槽和连续作业淬火槽。

一、淬火槽及基本结构

周期作业淬火槽一般与周期作业热处理炉配合使用。

（一）淬火槽体

淬火槽体通常用钢板焊接而成，内外壁均应涂有防锈漆。大型淬火槽的槽体还应焊有加强肋，加强肋由各种型钢制成。

槽体截面形状根据淬火工件或夹具的形状而定，其形状通常有长方形和圆形，圆形截面的槽体与井式炉配合使用。

槽体的上口边缘设有溢流槽，以容纳槽内溢流出的热介质。长方形截面槽体的溢流槽位于槽左右两侧，圆形截面槽体的溢流槽位于槽体的四周。在溢流槽的下部设有热介质排出管，冷介质供入管位于槽体底部的侧壁上，有的伸到槽体内部。供入管入口距槽体底面应有一定距离（100～200mm），以免供入的淬火冷却介质流入时搅动槽底沉积的污物。针对用油做淬火介质的淬火槽，在槽底部或靠近底部的侧壁上设有事故放油管，以免发生火灾。常见的溢流槽结构如图 10-2 所示。

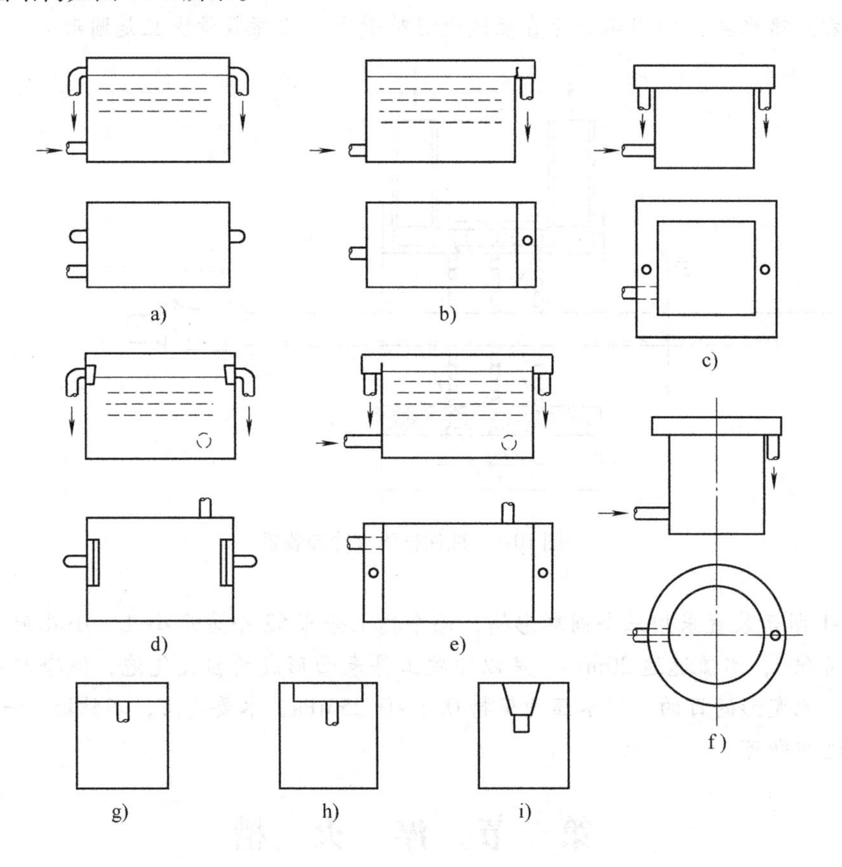

图 10-2　常见的溢流槽结构

（二）淬火槽的加热装置

为了提高淬火冷却介质的流动性以改善其冷却能力，或需要把淬火冷却介质加热到一定温度进行等温淬火和分级淬火时，淬火槽应备有加热装置。常用的加热装置有管状电热元件和管状蒸汽加热元件。

（三）淬火槽的冷却装置

为防止淬火冷却介质温度升高，影响淬火质量，防止着火以及淬火介质的老化，需要对淬火冷却介质降温，因此淬火槽应备有淬火冷却介质的冷却装置。淬火冷却介质的冷却方法见表 10-1。

表 10-1　常用淬火冷却介质冷却方法

名称	示　意　图	控温方法	特　点	应 用 范 围
自然冷却			冷却效果较差，在地面上，其冷却速度不超过 5℃/h，在地坑中，仅为 1～2℃/h	间断工作的小批量生产的淬火槽

（续）

名称	示意图	控温方法	特点	应用范围
置换冷却		调节淬火用水流量	效果好，结构简单，控温方便，但供入的自来水含气量较高，影响淬火质量	淬火冷却介质为水的连续作业或周期作业淬火槽
水套冷却		调节冷却水流量	结构简单，但冷却速度慢，淬火冷却介质温度不均匀	周期作业，小批量生产，或批量虽较大，但两次淬火间隔时间较长，宜用于中、小型淬火槽
蛇形管冷却		调节冷却水流量	较水套冷却速度大，结构较复杂，淬火冷却介质温度不均匀，蛇形管用铜或钢制作并布置在槽两侧或四周	周期作业，小批量生产，或批量虽较大，但两次淬火间隔时间较长，宜用于小型淬火槽
通压缩空气冷却		调节压缩空气流量	有较大的搅拌作用，但气泡附在工件表面易产生软点，结构简单	周期作业，小批量生产，或批量虽较大，但两次淬火间隔时间较长，宜用于处理淬火质量要求不严的工件
大油槽冷却	1—淬火油槽 2—泵 3—大油槽	调节冷油供应量	体积大，用油多，简单易行	宜用于小型淬火槽，周期作业，小批量生产或批量虽较大，但两次淬火间隔较长
换热器冷却	排水 进水 1—淬火槽 2—热交换器 3—泵 4—过滤器 5—集液槽	调节冷却水或淬火冷却介质流量	冷却速度最快，淬火冷却介质温度较均匀，结构复杂	大批量连续作业生产，适用于容积小、批量大的周期作业淬火槽

在淬火槽冷却装置中，置换式冷却淬火槽在生产中应用较为广泛，其结构形式如图10-3所示。

（四）淬火槽的搅拌装置

搅拌槽内的淬火冷却介质，能促进淬火冷却介质循环流动，增加淬火冷却介质温度的均匀性，并能冲破工件表面的气泡，避免形成软点，另外也可防止淬火冷却介质的过热变质老化，延长其使用寿命。淬火冷却介质的搅拌方法有螺旋桨法和泵喷射法，前者使淬火冷却介质在槽内形成较强的对流，效果较好，但结构复杂，后者可定向喷射淬火冷却介质，但喷射流会吸入空气，使冷却效果下降。

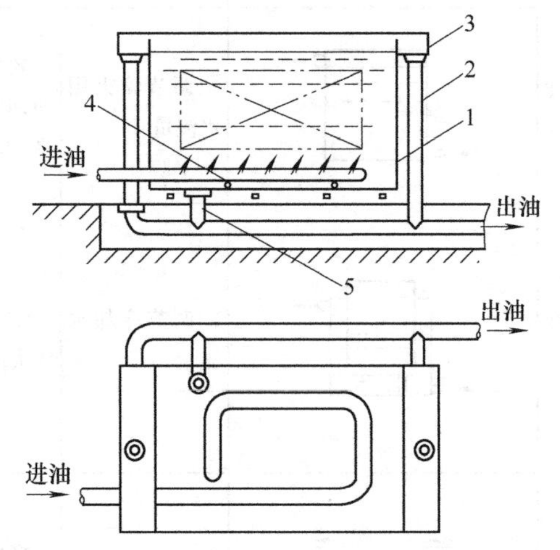

图10-3　置换冷却的淬火槽
1—淬火槽　2—排油管　3—溢流槽
4—供油管　5—事故放油管

不同程度搅拌时，淬火冷却介质的冷却能力（H值）见表10-2。

表10-2　不同程度搅拌下淬火介质的冷却能力（H值）

搅拌状态	空　气	油	水	盐　水
不搅拌	0.02	0.25~0.30	0.9~1.0	2.0
轻微搅拌	—	0.30~0.35	1.0~1.1	2.0~2.2
中等程度搅拌	—	0.35~0.40	1.2~1.3	—
较大程度搅拌	—	0.40~0.50	1.4~1.5	—
强烈搅拌	0.05	0.50~0.80	1.6~2.0	—
极强烈搅拌	—	0.80~1.10	4	5

注：1. 设静止的水的冷却能力为1。
2. 喷液淬火相当于强烈搅拌，可实现大件局部淬火。搅拌强度不是越强越好，要注意变形增大的问题。

某设备淬火搅拌控制包括搅拌速度控制、搅拌方向控制、搅拌时间控制，同时可控制油冷、气冷两种冷却介质，如图10-4所示。

【导入案例】　在加热设备中，对工件温度均匀性的控制考虑得较多，较为成熟。随着精益生产概念的提出，冷却设备工件温度均匀性、变形均匀性的设计也有一定的进展，如可控制淬火液流动方向、液流均匀性、流量的控制设备应用，淬火液循环均匀冷却控制装置如图10-5所示。搅拌器安装于淬火槽体外，既避免工件碰撞，又满足了不停产维修的要求。

【视野拓展】　①设计搅拌器导流筒和导向板，使淬火冷却介质形成以垂直方向为主的湍流状态，确保工件冷却的均匀性和淬火冷却介质的湿润速度，减少变形。②改变搅拌强度可以改变淬火烈度H值，拓展了淬火介质的应用范围，可以使一种淬火冷却介质满足多种工件的淬火需要，不需要制造不同的淬火槽和选择不同的淬火冷却介质。

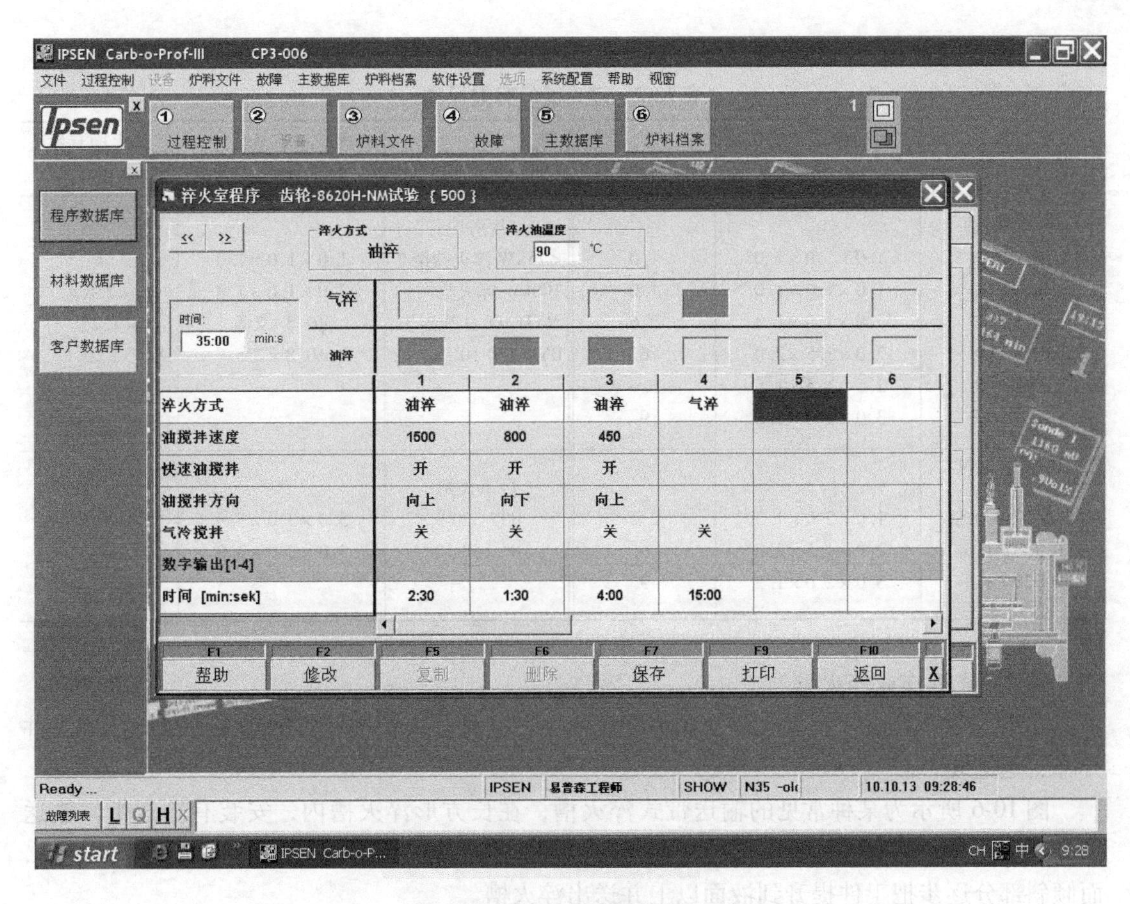

图 10-4 气淬油冷控制工艺程序

图 10-5 多孔泉涌式淬火液循环均匀冷却控制装置

表10-3为几种非机械化淬火槽的有效尺寸。

表10-3 淬火槽的有效尺寸

服务炉子类型	淬火槽有效尺寸/(m×m×m)	淬火槽有效容积/m³	服务炉子类型	淬火槽有效尺寸/(m×m×m)	淬火槽有效容积/m³
箱式电阻炉			盐浴炉		
RX3-15-9	1.0×1.0×1.0	1.0	<75kW 淬火盐浴炉	1.0×1.0×1.0	1
RX3-25-13	1.0×1.0×1.0	1.0	100kW 淬火盐浴炉	2.0×1.0×1.3	2.6
RX3-45-9	2.0×1.0×1.3	2.6	RYD-100-9 盐浴炉	φ0.8×2.5	1.25
RX3-60-9	2.0×1.5×2.0	6	RYD-150-10 盐浴炉	φ0.8×2.5	1.25
RX3-75-9	2.5×1.5×1.5	5.6			
RX3-100-8	3.0×2.0×1.5	9			
煤气炉			台车式炉		
0.556×0.928	1.0×2.0×1.3	2.6	RT2-320-9	5.0×3.0×5.0	75
0.928×1.5	2.0×1.5×2.0	6	RT-150-10	3.0×2.0×3.0	18
0.928×1.5	3.0×2.0×1.5	9			

（五）连续作业淬火槽

连续作业淬火槽一般与连续作业炉配合使用。这种淬火槽中设有输送带等机械化的工件升降、运送装置。

图10-6所示为某种常见的输送带式淬火槽，在长方形淬火槽内，安装有输送带。输送带分水平和倾斜两部分，水平部分浸在淬火液中，工件放在上面边冷却边向倾斜部分运动，而倾斜部分逐步把工件提升到液面以上并送出淬火槽。

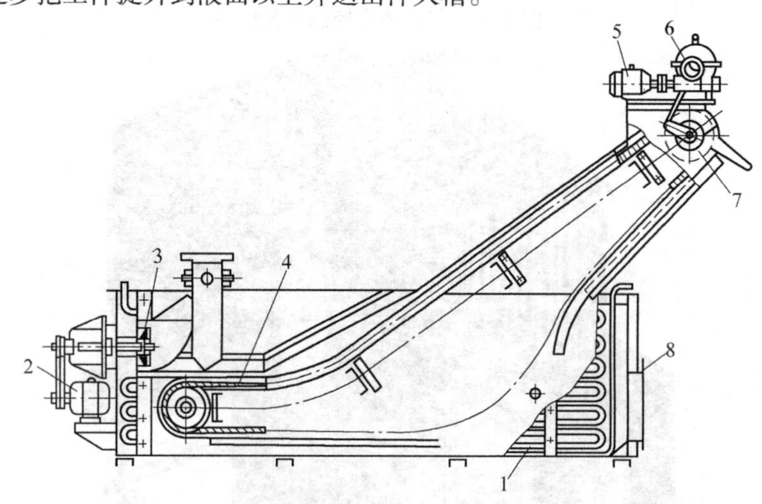

图10-6 输送带式淬火槽

1—蛇形管 2、5—电动机 3—搅拌器 4—输送带 6—减速装置 7—棘轮 8—清理孔

为增加淬火冷却介质冷却效果，并使其温度均匀，在淬火槽内两侧安装有蛇形管，内通循环的冷却水，以冷却淬火冷却介质。另外在工件开始冷却处设置搅拌器。为了清理沉积在淬火槽底部的氧化皮等污物，在淬火槽运出工件端下部设有清理孔。

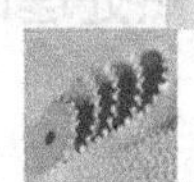

输送带倾角一般为30°～45°，角度过小则输送带过长，角度过大则工件易下滑。输送带水平部分的长度决定于工件淬火冷却所需要的时间和输送带的运行速度，长度过小则工件冷却不足。

二、淬火槽的设计

淬火槽设计的基本内容是根据工件的材料、尺寸、重量、工艺要求、生产率、淬火工件的批量和淬火槽的作业方式等来选择淬火槽的类型、形状、尺寸、介质冷却装置和机械化装置的结构，并确定各种附属设备。

（一）周期作业淬火槽的设计

1. 淬火冷却介质的需要量

工件淬火过程中放出的热量被淬火冷却介质吸收，根据此关系，可利用热平衡法计算淬火冷却介质的需要量。

$$V_{介}=\frac{m(c_1t_1-c_2t_2)}{\rho_{介}\,c_{介}(t_{介2}-t_{介1})}$$

式中　m——一批淬火工件的质量（kg）；

t_1、t_2——工件冷却的开始温度和终了温度（℃），一般$t_2=100\sim150$℃；

c_1、c_2——工件在t_1、t_2温度时所具有的平均比热容[kJ/(kg·℃)]，当钢加热到850℃时，$c_1\approx0.71$kJ/(kg·℃)；冷却到100℃时，$c_2=0.5$kJ/(kg·℃)；

$t_{介1}$、$t_{介2}$——淬火冷却介质开始温度和终了温度（℃）。对于水，$t_{介1}=10\sim15$℃，$t_{介2}=30\sim40$℃；对于油，$t_{介1}=20\sim50$℃，最常用30～40℃，$t_{介2}=60\sim100$℃，最常用是70～80℃，硝盐浴温差按30℃左右计算；

$c_{介}$——淬火冷却介质在t_1和t_2之间的平均比热容[kJ/(kg·℃)]，对于水，$c_{介}=4.18$kJ/(kg·℃)对于油，$c_{介}=1.88\sim2.09$kJ/(kg·℃)，对于20～40℃的10% NaOH水溶液，$c_{介}=3.51$kJ/(kg·℃)，对于亚硝酸盐和硝酸盐的混合盐，$c_{介}=1.55$kJ/(kg·℃)；

$\rho_{介}$——淬火冷却介质的密度（kg/m³），对于油（在60～80℃时），$\rho_{介}=870\text{kg/m}^3$，对于亚硝酸盐和硝酸盐的混合盐（在300℃时），$\rho_{盐}=1850\text{kg/m}^3$；

$V_{介}$——淬火冷却介质需要量（m³）。

上述计算公式得到的淬火冷却介质需要量$V_{介}$（m³）是淬火冷却介质的最小需要量。淬火冷却介质需要量还可以用经验估算法来确定。由于各种淬火槽的冷却方法不同，淬火冷却介质的需要量也就不同。通常，置换冷却的淬火槽，所需要淬火冷却介质的质量为一次淬火工件质量的3～7倍；用蛇形管冷却的淬火槽，采用7～12倍；自然冷却的淬火槽，采用12～15倍（两次淬火之间的间隔时间在5～12h）。经验证明，淬火冷却介质的实际需要量常取上限数值。例如，当钢加热温度为850℃、淬火油温为60℃时，每公斤淬火工件用油8.5L（dm³），这样淬火后，淬火油温上升约35℃。

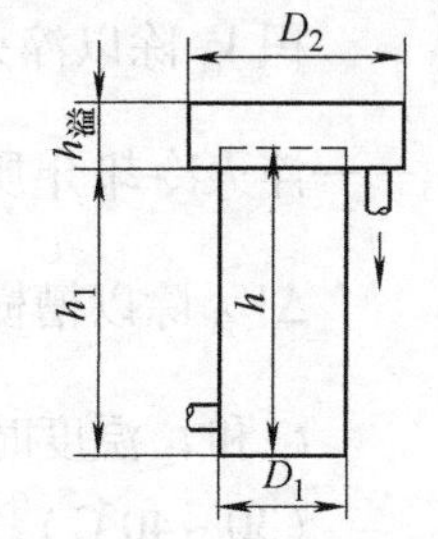

图10-7　周期作业淬火槽的计算参考图

2. 淬火槽的形状和尺寸

淬火槽的形状取决于工件的形状，而淬火槽的尺寸则与淬火冷却介质的实际需要量、淬火冷却介质受热后的膨胀量、工件尺寸以及安装附属设备所需要的空间尺寸有关。图10-7所示为周期作业淬火槽的计算参考图。

（1）槽内介质的深度

$$h_1 = l + \Delta h_1 + \Delta h_2 + \Delta h_3$$

式中　h_1——槽内介质的深度（m）；

l——一批淬火工件中最长工件的长度（m）；

Δh_1——工件淬火并位于最上位置时，工件上端至淬火冷却介质表面之间的距离，取0.1～0.5m；

Δh_2——工件淬火并位于最下位置时，工件下端至槽子底面之间的距离，取0.1～0.5m；

Δh_3——工件淬火时，工件上下运动的距离，短件0.2～0.5m，长件取0.5～1.0m。

（2）淬火槽横截面的形状和尺寸　淬火槽的横截面积S：$S = \frac{V_{介}}{h_1}$

圆形淬火槽直径为

$$D = \sqrt{\frac{4S}{\pi}}$$

长方形淬火槽横截面边长a及b为

$$\because \quad ab = S,\ 且\frac{a}{b} = n$$

$$\therefore \quad a = \sqrt{nS},\ b = \sqrt{\frac{S}{n}}$$

式中　n——横截面边长比，通常$n = 1.2 \sim 1.7$。

（3）淬火槽的高度

$$h = h_1 + \Delta h_4 + \Delta h_5 + \Delta h_6$$

式中　h——淬火槽的高度（m）；

h_1——槽内淬火冷却介质的深度（m）；

Δh_4——工件全面浸入介质后，液面上升的高度（m），其数据为一次同时淬火的工件体积V_1除以淬火槽横截面积，即$\Delta h_4 = \frac{V_1}{S}$；

Δh_5——淬火冷却介质受热膨胀使液面上升的高度（m），其数值为介质热膨胀体积$\Delta V_{介}$除以槽横截面积S，即$\Delta h_5 = \frac{\Delta V_{介}}{S}$，$\Delta V_{介} = \frac{\rho_1 - \rho_2}{\rho_2} V_{介}$，$\rho_1$、$\rho_2$分别为介质在$t_1$和$t_2$温度时的密度，对于水，$\rho_1 = \rho_2 = 1\text{kg/dm}^3$，对于油类，$\rho_1 \approx 0.9\text{kg/dm}^3$（30～40℃），$\rho_2 = 0.87\text{kg/dm}^3$（80～90℃）；

Δh_6——淬火介质液面至淬火槽上口边缘距离，一般取0.1～0.4m，对于深井式淬火槽，当槽口附属装置比较多时，此距离应适当加大，当淬火槽内安装有蛇形管或其他附属装置时，应考虑它们所占的体积，适当加大淬火槽的尺寸。

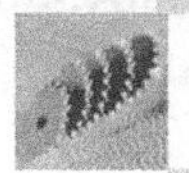

根据 $V_{介}$ 参考表10-3用类比法即可确定淬火槽尺寸。

3. 溢流槽尺寸的计算

（1）溢流槽体积 $V_{溢}$　溢流槽的体积等于工件体积与淬火冷却介质热膨胀体积之和，即

$$V_{溢} = V_{工} + \Delta V_{介} \qquad (m^3)$$

（2）溢流槽的横截面积

对长方形淬火槽（溢流槽设在两侧时）

$$S_{溢} = 2ab_{溢} \qquad (m^2)$$

式中　$b_{溢}$——溢流槽的宽度（m），通常为0.1～0.35m；

a——溢流槽长度（m）。

对于圆形截面淬火槽（溢流槽围绕淬火槽一周时）

$$S_{溢} = \frac{\pi}{4}(D_2^2 - D_1^2)$$

式中　D_1——溢流槽的内径（m），常等于淬火槽的直径；

D_2——溢流槽的外径（m），通常 $D_2 = D_1 + (0.2 \sim 0.7)$m。

（3）溢流槽高度 $h_{溢}$　设计结果应使相近（比例协调），即 $h_{溢} \approx b_{溢}$。

$$h_{溢} = \frac{V_{溢}}{S_{溢}}$$

4. 淬火槽淬火冷却介质置换量 $V_{置}$

淬火槽中淬火冷却介质为油时，要将热介质全部置换，使其恢复到工件淬火温度，因此，淬火冷却介质置换量为 $V_{介}$，而单位时间的置换量（单位：dm^3/s）可由下式求出，即

$$V_{置} = \frac{V_{介}}{\tau}$$

式中　τ——两次淬火之间的间隔时间（s）。

5. 淬火冷却介质供入管、排出管和事故放油管

淬火冷却介质置换量确定以后，如果再确定了供、排速度，即可算出供、排管的尺寸大小。通常采用离心泵供水和水溶液，其供入速度为0.5～1.0m/s。采用齿轮泵供油，其供入速度为1～2m/s。水和油自然排出，它们的排出速度相同，为0.2～0.3m/s（笔者通过试验确定，当热油管直径较大、长度较短时，热油自然排油的速度可达0.5～1m/s，此数值仅供参考）。事故放油管应在较短的时间内（一般在5～8min）将淬火槽内的油全部排至车间外的安全油箱内。对容积大于3m^3的大型淬火槽，应尽量采用液压泵排油，以提高排油速度，减小排油管尺寸。

【例10-1】　设计一台7m^3置换淬火油槽，该产品机械制图实例如图10-8所示。

解　根据技术参数（一次淬火工件质量900kg），用计算法或经验估算法（系数取6.5）确定淬火油需要量约7m^3；根据类比法（类比表10-3）并考虑预留淬火油液面距淬火槽上口边缘距离，确定淬火槽尺寸2.2m×1.6m×2m；溢流槽宽度取0.35m，计算出溢流槽高度0.35m；两次淬火间隔时间取1.5h，$V_{置} \approx 1.2$L/s；供油速度取10dm/s，则供油管直径 $d_{供} = \sqrt{4 \times 1.2/(\pi \times 10)} \approx 40$mm，考虑留余量，实际供油管的公称直径取整数50mm；同样，计算排油管直径并取整数，$d_{排}$ 为50mm；事故放油置换量 $V_{置} \approx 13.5$L/s，用齿轮泵排油，速度取1500mm/s，事故放油管公称直径 $d_{事故}$ 为100mm。

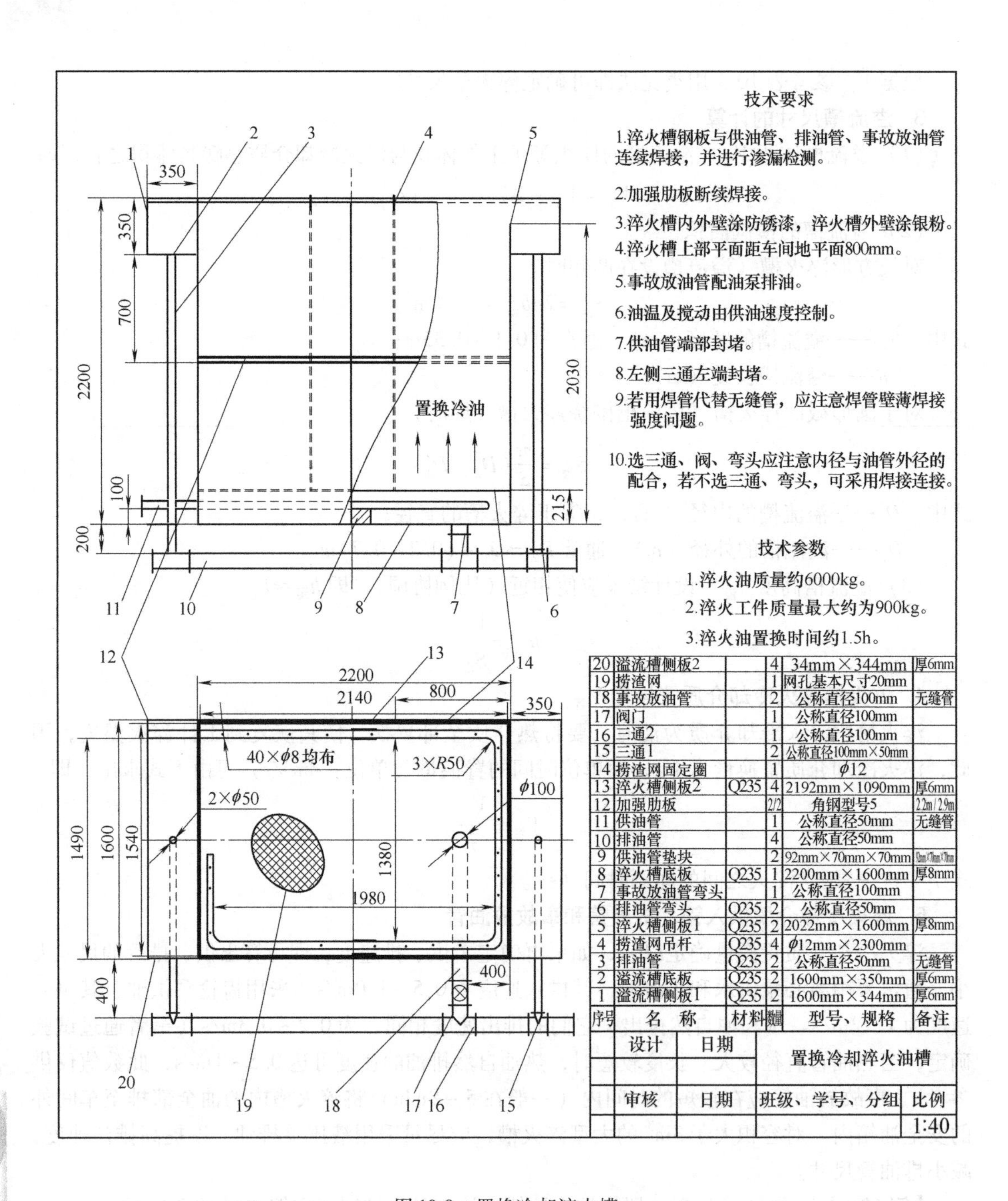

序号	名称	材料	数量	型号、规格	备注
20	溢流槽侧板2		4	34mm×344mm	厚6mm
19	捞渣网		1	网孔基本尺寸20mm	
18	事故放油管		2	公称直径100mm	无缝管
17	阀门		1	公称直径100mm	
16	三通2		1	公称直径100mm	
15	三通1		2	公称直径100mm×50mm	
14	捞渣网固定圈		1	ϕ12	
13	淬火槽侧板2	Q235	4	2192mm×1090mm	厚6mm
12	加强肋板		2/2	角钢型号5	2.2m/2.9m
11	供油管		1	公称直径50mm	无缝管
10	排油管		4	公称直径50mm	
9	供油管垫块		2	92mm×70mm×70mm	92mm×70mm×70mm
8	淬火槽底板	Q235	1	2200mm×1600mm	厚8mm
7	事故放油管弯头		1	公称直径100mm	
6	排油管弯头	Q235	2	公称直径50mm	
5	淬火槽侧板1	Q235	2	2022mm×1600mm	厚8mm
4	捞渣网吊杆	Q235	4	ϕ12mm×2300mm	
3	排油管	Q235	2	公称直径50mm	无缝管
2	溢流槽底板	Q235	2	1600mm×350mm	厚6mm
1	溢流槽侧板1	Q235	2	1600mm×344mm	厚6mm

图 10-8　置换冷却淬火槽

【导入案例】　智能淬火槽的介质温度自动控制（控制精度不大于±5℃），搅拌强度可控可调（搅拌速度0～30m/min），根据要求提供整套的淬火冷却方案，结合计算机模拟技术实现介质流速均可控，具有介质冷却、灭火和抽烟净化功能，具有自动升降淬火平台机构（配备手动离合器遇紧急情况可手动使工件入油防止火灾），淬火冷却质量好、节能、环保，如图10-9所示。

（二）连续作业淬火槽的设计

图 10-9 智能淬火槽

因为要在连续作业淬火槽内安装机械装置，因而尺寸较大，故一般不进行热平衡计算，而是先确定机械装置的结构和尺寸，最后再确定淬火槽的尺寸。

输送带的宽度应稍大于炉底和炉子输送带的宽度；输送带的长度可分为水平部分长度和提升部分长度；水平长度决定于工件淬火所需要的时间，以及输送带的运行速度。输送带提升部分的长度主要决定于工件提升的高度和倾斜角度的大小。为防止工件下滑，倾斜角一般小于35°，而输送带上焊有挡板时，倾斜角可适当加大，但一般小于45°。

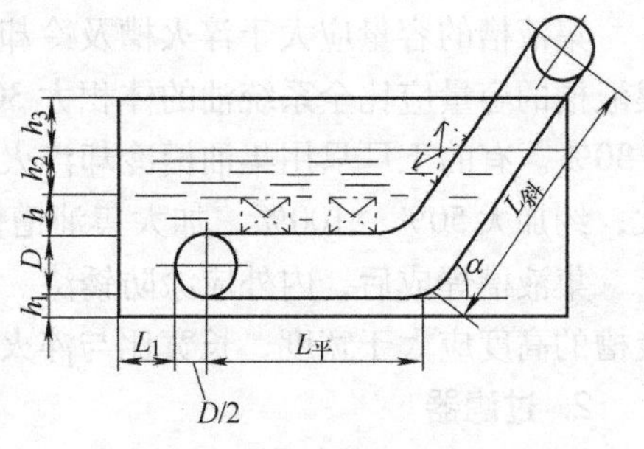

图 10-10 输送带式淬火槽

输送带轮直径一般为0.2～0.5m，输送带的运行速度一般为炉内输送带运行速度的2～3倍，以保证淬火工件均匀冷却，提高淬火冷却介质的冷却速度。输送带式淬火槽如图10-10所示。

第二节 淬火冷却介质循环冷却系统及蛇形管淬火槽的设计

淬火冷却介质循环冷却系统用来冷却从淬火槽中置换出来的热淬火冷却介质，淬火冷却介质被冷却后送回淬火槽继续使用。

一、淬火冷却介质循环冷却系统及淬火冷却介质冷却器

（一）淬火冷却介质循环冷却系统

图10-11所示为淬火冷却介质循环冷却系统图。由图10-11可见，由溢流槽排出的热介质，经管道流到集液槽的左半部，再溢流到集液槽的右半部，这样可沉淀去除部分杂质。油泵将槽子右半部的淬火冷却介质吸出，流经过滤器、冷却器，冷却后的淬火冷却介质被送入淬火槽中重新应用。

（二）淬火冷却介质循环冷却系统各部分选用

1. 集液槽

集液槽是由钢板、型钢焊接而成的，断面为长方形或圆形，也有的用水泥砌筑而成。通

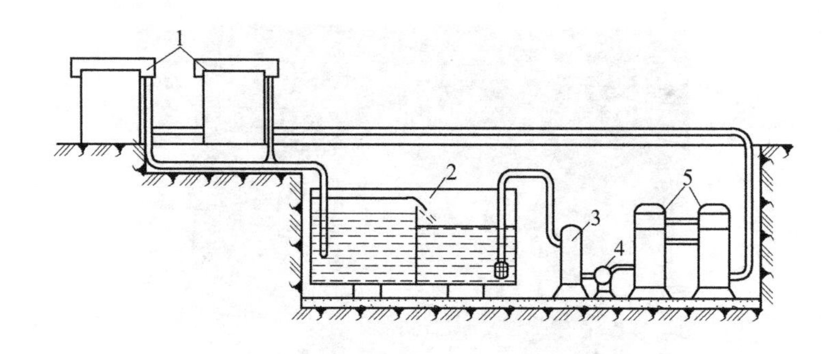

图 10-11　淬火冷却介质循环冷却系统图
1—淬火槽　2—集液槽　3—过滤器　4—泵　5—冷却器

常集液槽分为两部分，中间隔开。集液槽的作用是储存由淬火槽排出的热淬火冷却介质，并进行自然冷却，沉淀部分杂质。

集液槽的容量应大于淬火槽及冷却系统中全部介质体积的总和。淬火冷却介质为油时，集液槽的容量应比全系统油的体积大 30% ~40%；淬火冷却介质为水溶液时，应大于 20% ~30%。有的工厂只用集油槽冷却淬火冷却介质，而不用冷却器，此时集液槽的体积还要加大，约加大 50% ~100%，加大集油槽体积还可增加储油量。

集液槽焊成后，内外应涂防锈漆。圆筒形集液槽的长度应为直径的 3 ~4 倍，长方形集液槽的高度应大于宽度，长宽比与淬火槽相近，槽内隔板的高度一般等于槽高的 3/4 左右。

2. 过滤器

过滤器位于集液槽与泵之间，其作用是滤去淬火冷却介质中的氧化皮、盐渣、尘土及其他固体污物等。

过滤器内安装有过滤网，滤油时滤网选用黄铜材料，滤水溶液时滤网选用磷铜丝网或其他耐蚀材料，常用网孔尺寸为 0. 1 ~0. 5mm。

一般冷却系统中，常并联两个过滤器，其中一个工作，另一个清理。

3. 泵

在淬火冷却介质冷却系统中，供油时一般采用齿轮泵，供水及水溶液时采用离心泵。对油和水可选用金属泵，各种盐、碱溶液应选用各种耐蚀泵。

（三）淬火冷却介质冷却器

淬火冷却介质冷却器的工作原理是利用冷却水冷却热淬火冷却介质，使其温度下降到工作温度。

冷却器的形式很多，有管式冷却器、板式冷却器及塔式冷却器等。

1. 单管式冷却器

单管式冷却器是把钢管做成蛇形管或排管形式安装在冷水槽内，热介质直接通入管内冷却。其结构简单，制造容易，效率可靠，但冷却效果差，占地面积较大。

2. 套管式冷却器

许多同心套管串联起来并固定在支架上，通常内管是黄铜管，外管是钢管或铸铁管，热淬火冷却介质在内管中流动，冷却水在内、外管之间流动，两者流动方向相反。流动过程中两者通过管壁进行热交换。这种冷却器冷却效率较低，结构复杂，应用较少。

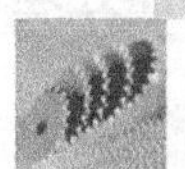

3. 列管式冷却器

列管式冷却器又叫作塔式冷却器，其结构如图10-12所示，在钢制圆筒1中，沿轴向安装有两组黄铜、纯铜或钢制的冷却管2，两端插在管板4上，冷却水由进水口3供入上集流箱，向下经一组细管流至下集流箱，再反方向经另一组细管流至上集流箱的另一半部，由出水口5流出。热淬火冷却介质则由进油口流入冷却器，受折流隔板7的作用作曲折流动，同时与冷却水进行热交换，最后由出油口8流出。

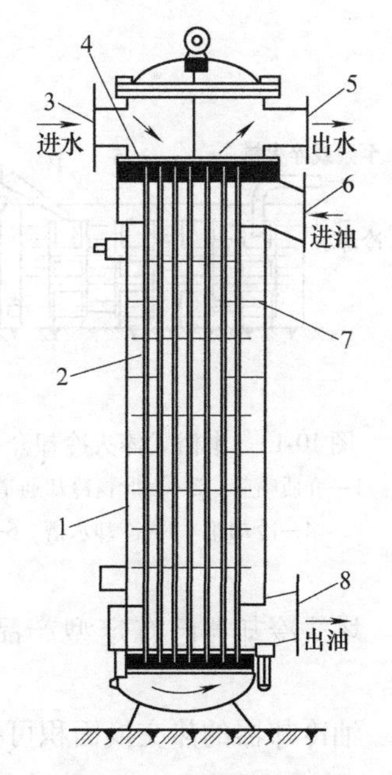

图10-12　塔式冷却器

1—圆筒　2—冷却管　3—进水口　4—管板　5—出水口　6—进油口　7—折流隔板　8—出油口

塔式冷却器效率较高，生产能力大，占地面积小，还可以借控制冷却水供给量自动调节介质冷却温度；其缺点是结构复杂，不易清理，不便检修，一旦管壁沉积污垢，冷却效果便显著下降。另外，管子易松动开裂，使水混入油中，这种冷却器多用于淬火油的冷却。

常用塔式冷却器的技术规格见表10-4。

4. 淋浴式淬火冷却介质冷却系统

图10-13所示为淋浴式淬火冷却介质冷却系统。它适用于水和水溶液介质淬火液的冷却。

5. 板式冷却器

图10-14所示为平板式冷却器，它由许多厚1~2mm的低碳钢或不锈钢板重叠在一起组成，相邻板片之间用3~5mm的垫片隔成等距离的空隙，两端用端板连接，热淬火冷却介质和冷却水交错通入相邻的空隙中，通过板片和垫片，热淬火冷却介质把热量传递给循环流动的冷却水。这种冷却器的结构紧凑，冷却效率很高。

包头职业技术学院研制出利用"汽车散热器"冷却淬火液的冷却装置，该冷却器的结构与板式冷却器的结构相似，其对淬火油的冷却换热效率可达350~450W/(m^2·℃)，是塔式冷却器冷却传热系数的2倍以上，不仅冷却效率高，而且占地面积、用水量均明显减少，是一种非常好的冷却器。

表10-4　常用塔式冷却器的技术规格

型号	换热面积 /m^2	生产能力 /(dm^3/min)	耗水量 /(dm^3/min)	工作压力 /MPa	铜管数量 /根	铜管规格 /(mm×mm)	外形尺寸 /(mm×mm)
ZX03.1	3	25~50	60~120	0.588	68	ϕ16×1.5	ϕ440×630
ZX03.2	6	50~125	120~327	0.588	102	ϕ16×1.5	ϕ500×900
ZX03.3	12	125~300	327~458	0.588	145	ϕ16×1.5	ϕ565×1450
ZX03.4	25	300~600	458~800	0.588	258	ϕ16×1.5	ϕ670×1640
ZX03.5	50	600~900	800~1300	0.588	152	ϕ25×2	ϕ780×2900
ZX03.6	100	900~1800	1300~2000	0.588	344	ϕ25×2	ϕ1010×3150

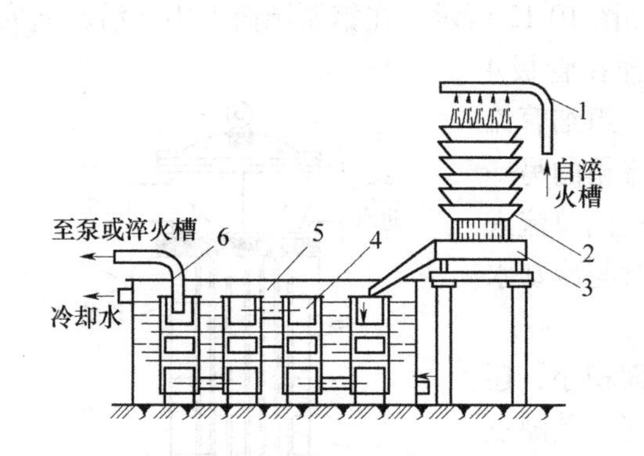

图 10-13　淋浴式淬火冷却介质冷却系统

1—介质喷管　2—百叶窗冷却通道　3—集水盘
4—冷却箱　5—冷却水槽　6—回流管

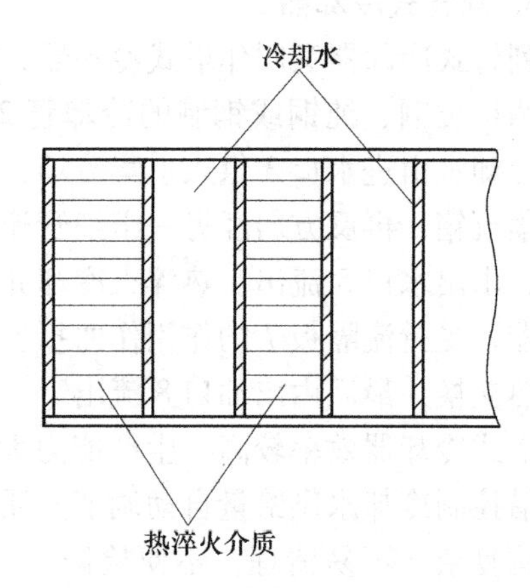

图 10-14　平板式冷却器

塔式冷却器已有定型产品（见表 10-4），可根据计算得到的换热交换面积来选择使用。

油冷却器的热交换面积可按下式进行计算，即

$$S_{换} = \frac{\phi_{换}}{\alpha_{\Sigma} \Delta t_{平}}$$

式中　$S_{换}$——油冷却器的热交换面积（m^2）；

α_{Σ}——油冷却器的综合传热系数［W/（m^2·℃）］；

$\Delta t_{平}$——热油与冷却水的对数平均温差（℃）；

$\phi_{换}$——热交换量（W）。

在一般情况下，塔式冷却器的综合传热系数 α_{Σ} 值，对于油，α_{Σ} = 150 ~ 200W/(m^2·℃)；对于 NaOH 溶液，α_{Σ} = 200 ~ 250W/(m^2·℃)。

二、蛇形管淬火槽的设计

蛇形管是作为一种冷却装置放入淬火槽内的，因此在进行蛇形管设计时，应先计算出单位时间的热交换量，再计算所需要蛇形管的换热面积，最后确定蛇形管的结构和尺寸。

（一）单位时间的热交换量 $\phi_{换}$（单位：W）

$$\phi_{换} = \frac{m(c_1 t_1 - c_2 t_2)}{3.6\tau}$$

式中　m——一批淬火工件的质量（kg）；

t_1、t_2——工件淬火前、后的温度（℃）；

c_1、c_2——工件在 t_1 和 t_2 温度时的平均比热容［kJ/(kg·℃)］；

τ——两次淬火之间的间隔时间（h）。

（二）单位时间冷却水的需要量 $V_{水}$（单位：dm^3/s）

$$V_{水}=\frac{\phi_{换}\times 10^{-3}}{\rho_{水}\,c_{水}(t_{水2}-t_{水1})}$$

式中 $t_{水1}$、$t_{水2}$——冷却水开始、终了温度，通常 $t_{水1}=10\sim20$℃，常用 $15\sim20$℃，$t_{水2}=20\sim40$℃，常用 $30\sim35$℃；

$c_{水}$——冷却水的平均比热容[kJ/(kg·℃)]；

$\rho_{水}$——冷却水的密度。

（三）换热面积 $S_{换}$（单位：m^2）

$$S_{换}=\frac{\phi_{换}}{\alpha\Delta t_{平}}$$

式中 α——冷却管管壁的传热系数[$W/(m^2\cdot℃)$]，一般取 $92.8\sim139.2W/(m^2\cdot℃)$；

$\Delta t_{平}$——被冷却的热介质与水之间的平均温度差，近似地由下式确定：

$$\Delta t_{平}=\frac{1}{2}[(t_{介1}+t_{介2})-(t_{水1}+t_{水2})]$$

$t_{介1}$、$t_{介2}$——淬火冷却介质冷却前、后的温度，对于油，$t_{介1}=60\sim100$℃，$t_{介2}=30\sim45$℃。

（四）蛇形管的尺寸

1. 管的横截面积 $S_{管}$（单位：m^2）

$$S_{管}=\frac{V_{水}}{10^3 v_{水}}$$

式中 $v_{水}$——蛇形管内冷却水流动速度，一般取 1m/s。

2. 蛇形管直径 $d_{管}$（单位：m）

$$d_{管}=\sqrt{\frac{4S_{管}}{\pi}}$$

当 $d_{管}$ 尺寸过大时，为便于安装，可把其分成几组水管，它们的横截面之和等于 $S_{管}$，这样安装就比较方便。实际采用的蛇形管直径一般在 25~50mm。

3. 蛇形管的总长度 $L_{管}$（单位：m）

$$L_{管}=\frac{S_{换}}{S_{表}}$$

式中 $S_{表}$——单位管长的表面积（m^2/m），$S_{表}=\pi d_{管}$。

4. 蛇形管的安装尺寸

蛇形管在槽内安装时，管子外表面距离槽的内表面为$(1\sim1.5)d$。然后，计算确定每圈冷却管的尺寸、蛇形管的总圈数和每组圈数。在确定每组圈数之后，要根据蛇形管的安装高度，确定蛇形管在槽内的安装高度以及蛇形管的间距，通常蛇形管的安装高度比槽内介质深度小于 0.1~0.5m。

【导入案例】 空气冷却器无需水池、冷却塔、板式冷却器等传统冷却设备，节水、节电、不结水垢，整体性好、安装使用方便，但需要突破空气冷却能力弱的问题。图 10-15 所示为真空热管风冷换热器，换热效率提高明显，避免了水混入淬火油引发火灾、工件报废、污染淬火油等事故，某企业的 $300m^3$ 油槽、$400m^3$ 盐水槽、高中频水冷系统得到应用。

图10-15 真空热管风冷热交换器

第三节 冷处理设备及淬火机

一、冷处理设备

为使钢中残余奥氏体继续转变，以进一步提高工件的硬度，稳定工件的内部组织和尺寸，有些工件要进行冷处理。冷处理的温度一般为 -60 ~ -120℃。进行冷处理所需的设备叫作冷处理设备。

（一）冷冻剂

冷冻剂是冷处理设备的工作介质，其主要作用是使冷处理设备获得需要的低温。

冷处理设备常用的冷冻剂有干冰、某些沸点比较低的液化气体和氟利昂等。干冰是固态的二氧化碳；常用的液化气体有液态氨、液态氧和液态空气等；常用的氟利昂有 F-12、F-13、F-14，其中 F-12 常用于 -40℃以上；F-13 和 F-14 常用于 -40℃以下。氟利昂冷冻剂无毒、不可燃、无爆炸危险，对金属的腐蚀也较轻，但对臭氧层有影响。

冷冻剂应储存在特制钢瓶或真空容器中，表10-5为常用冷冻剂的主要物理化学性能。

表10-5 常用冷冻剂的主要物理化学性能

冷冻剂名称	化学式	标准状态下的密度/(kg/m³)	液体密度/(kg/m³)	凝固点/℃	9.8×10^4Pa下的沸点/℃	9.8×10^4Pa压力下沸点时的蒸发热/(kJ/kg)	在9.8×10^4Pa压力下，20℃时的比热容/[kJ/(kg·℃)]		沸点时的比热容/[kJ/(kg·℃)]	相对分子质量
							定压	定容		
氧	O_2	1.429	1140	-218.96	-183	212.9	0.911	0.652	1.69	32
氮	N_2	1.252	808	-210.01	-195	199.3	1.05	0.75	2.0	28.2
空气	—	1.293	861	—	-192	196.46	1.007	0.719	1.98	28.95
二氧化硫	SO_2	—	—	-75.2	-10.08	—	—	—	—	64.06
二氧化碳	CO_2	1.976	—	-56.6	-78.2	561.12	—	—	2.05	44
乙烷	C_2H_6	1.357	546.2	-183.65	-88.5	484.88	1.726	1.452	2.993	30.06
丙烷	C_3H_8	2.020	—	-187.71	-42.1	426.36	1.860	1.647	2.150	44.09
氨	NH_3	0.771	682	-77.7	-33.4	1373.0	2.22	1.67	4.44	17.03

（二）常用冷处理设备

1. 干冰冷处理设备

干冰冷处理设备常为一双层容器，外层容器常用木板或钢板制成，内层用铜、铝或钢板制成，两层容器之间填以石棉、毛毡、玻璃纤维或泡沫塑料等绝热材料，另有带保温材料的上盖，使冷冻室与外界隔绝。

干冰可直接使用，也可利用干冰配制成冷冻液使用。前者是把工件与干冰一同装入容器中冷却，也有的将工件装入另一容器中与干冰隔离，这种方法冷却均匀性差，冷冻剂的消耗量大，不便于调节温度；后者是在内层容器内装入变性酒精、丙酮或汽油，然后将干冰溶入其中得到冷冻液，再将工件或装有工件的容器浸入冷冻液中冷却，这种方法工件冷却较均匀，而且可随时加入干冰以调节温度。

干冰冷处理设备结构简单，操作方便，但成本较高，多适用于小型工件的冷处理。常用冷冻室的结构为圆筒形，直径为 300 ~ 600mm，深度小于 1000mm，绝热层厚度为 150 ~ 250mm。

使用干冰的冷处理设备可达 -78℃的低温。

2. 液化气体冷处理设备

液化气体冷处理设备利用液化的氮、氧等作为冷冻剂，根据冷冻剂的状态，可分为液浸式和汽化式两种。

液浸式是将工件直接放入液化气体中冷却，由于冷却温度过低，故应用较少。

汽化式液化气体冷处理设备应用较多，该设备采用液氧作为冷冻剂，储存在真空容器中。当打开控制阀开动真空泵时，液氧即行蒸发，通过蛇形管使冷冻室温度下降，该设备最低空载温度可达 -135℃。

液化气体式冷处理设备最低温度可达 -200℃，该结构与冷冻机式冷处理设备比较更为简单，检修方便，成本较低，可迅速达到低温，但液化气体不宜长期储存和长途运输，有爆炸危险。

3. 冷冻机式冷处理设备

冷冻机式冷处理设备利用冷冻机的汽化器作为冷冻室，图 10-16 所示为单级冷冻机的工作原理。

气态冷冻剂在压缩机 1 的作用下压缩升温，流入冷凝器 2 内，将热量传给冷却介质而降温液化，气体液化后再经节流阀 3 进入汽化器而减压汽化，由于吸收了大量的热量而造成低温，汽化的冷冻剂重新被吸入压缩机中循环使用。单级冷冻机多用水作冷却介质，用氨、丙烷等作冷冻剂，最低温度为 -10 ~ -50℃。

多级式冷冻机相当于几个单级的冷冻机串联使用，前一级冷冻机汽化器作为后一级的冷凝器，沸点更低的冷冻剂使后一级冷冻机的汽化器达到更低的温度。图 10-17 所示为四级冷冻机的工作原理。常用的冷冻剂有：第一级为氨、丙烷、F-12 和 F-13 等，第二级为乙烷、F-13 和 F-23 等，第三级为甲烷和 F-14 等，第四级为氮和空气等。

冷冻机式冷处理设备随级数不同，其工作温度可达 -10 ~ -200℃，操作安全，生产成本低，不受地区条件的限制，应用广泛，缺点是设备结构复杂，检修维护比较麻烦，设备投资较大。

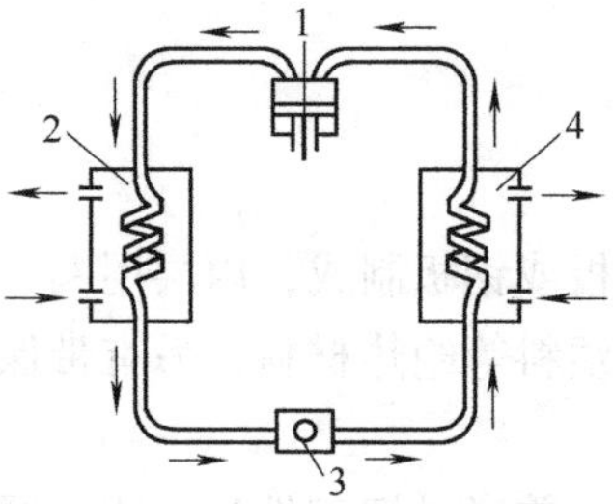

图 10-16 单级冷冻机的工作原理

1—压缩机 2—冷凝器 3—节流阀 4—汽化器

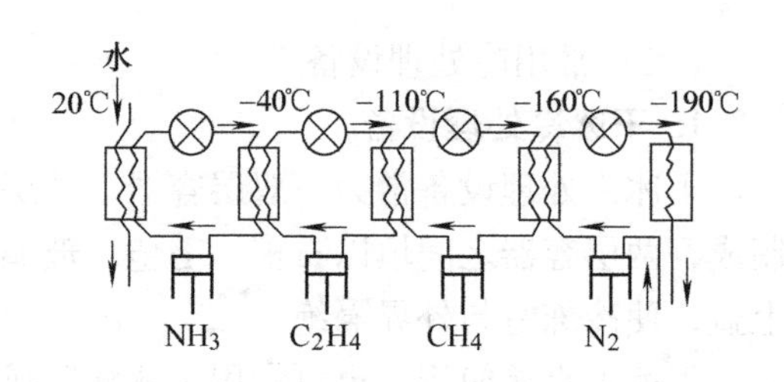

图 10-17 四级冷冻机的工作原理

二、淬火机

淬火压床或淬火机的作用是使工件在必要的压力下淬火冷却，以减少长杆类、环类、板类零件的淬火变形和翘曲。

（一）轴类零件淬火机

图 10-18 所示为锭杆滚淬压力机，其动作过程是将加热后的锭杆，由推料机送入三个旋转着的轧辊之间，锭杆在压力作用下校直，随后淋油冷却淬火。

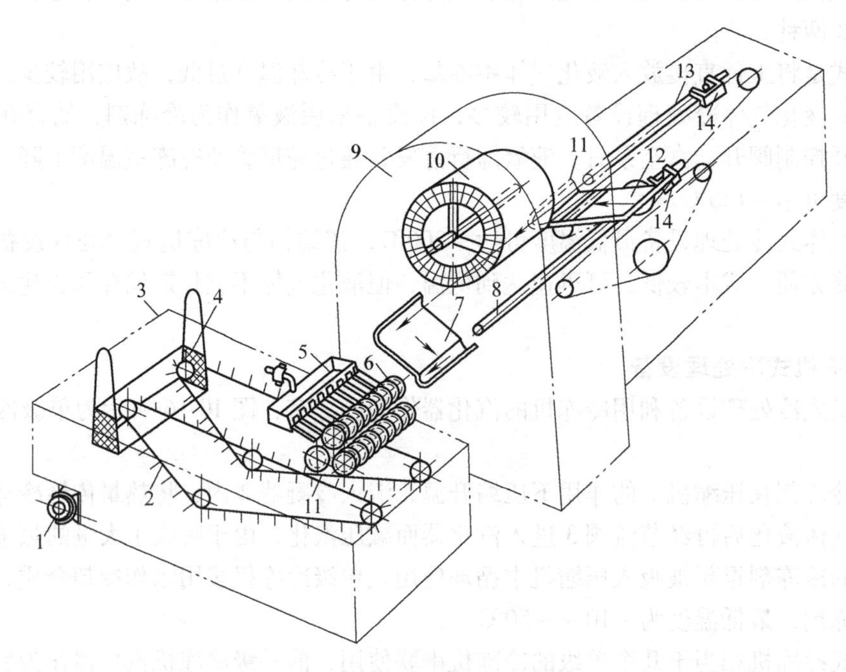

图 10-18 锭杆滚淬压力机

1—电动机 2—运送链 3—油槽 4—料筐 5—淋油槽 6—轧辊 7—斜置滑板 8—第二根推杆 9—加热炉 10—加热圈 11—锭杆 12—送料板 13—第一根推杆 14—拨叉

（二）齿轮淬火压床

齿轮淬火压床是在淬火冷却过程中对齿轮间隙施以脉冲压力，泄压时，淬火工件自由变形；加压时，矫正变形；在压力交替作用下，工件淬火变形得到矫正。该压床可由工作台和

易装卸的压模组成，主要结构有主机、液压系统、冷却系统和电气控制系统四部分。主机由床身、上压模组成，如图 10-19 所示。上压模由内压环、外压环、中心压杆以及整套联接装置组成。内、外环和中心压杆可分别独立对零件施压。

（三）板件淬火压床

薄片弹簧钢板常用铜制的水冷套式冷却模板淬火压床淬火，或附加淋浴冷却模板进行淬火。

图 10-20 所示为锯片淬火机。该机构设有上、下压板，下压板固定，上压板为动压板。在加压平面上沿同心圆布置 308 个喷油嘴支撑钉，以点接触压紧锯片，并喷油冷却锯片。该机压力为 100kN，适用于处理直径 700mm，厚 6 ~ 10mm 的圆锯片。对于大型板件的淬火，压力机的压力可达 2000kN。

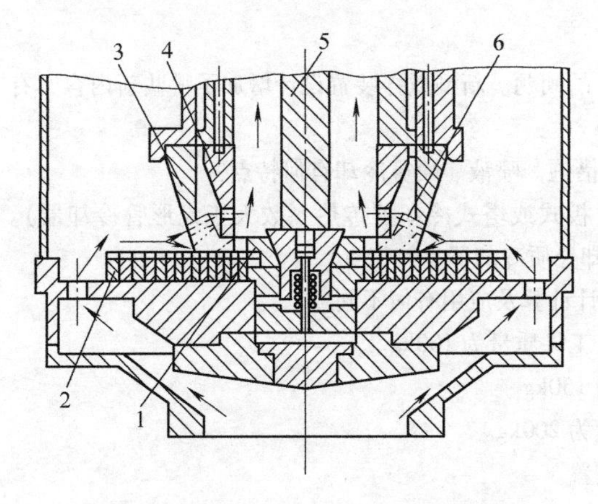

图 10-19 脉动淬火压床主机结构示意图

1—扩张模 2—下压模工作台 3—外压环 4—内压环 5—扩张模压杆 6—工件

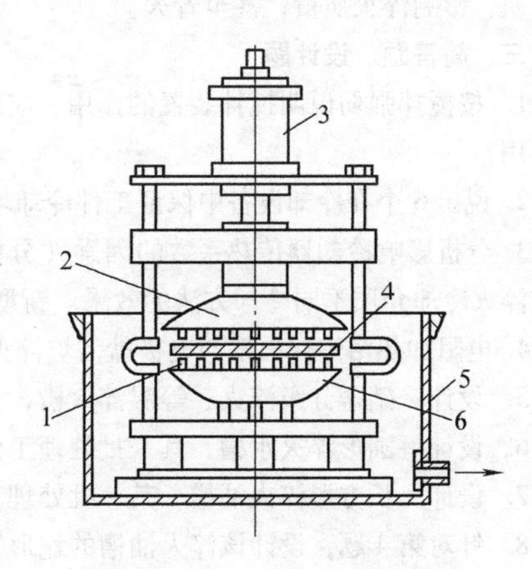

图 10-20 锯片淬火压床

1—喷油嘴支撑钉 2—上压板 3—液压缸 4—工件 5—油槽 6—下压板

训练题

一、填空（选择）题

1. 单纯冷却设备包括________、________、________、________，其中主要冷却设备是________________。

2. 常用淬火冷却介质（除水外）冷却方法有________、________、________、________，冷却效果最好的是________，其次是________，再次是________、________。

3. 冷却器种类有________、________、________、________、________。

4. 影响冷却器传热系数的因素有________。

A. 换热面积 B. 冷却介质温度 C. 冷却器材料的热导率

D. 热介质的流动与否 E. 冷却介质的流速 F. 换热时间

5. 热介质流动时，冷却器的传热系数________；热介质静止时，冷却器传热系数________；塔式、板式冷却器传热系数________蛇形管、水套冷却传热系数。

A. 较大 B. 较小 C. 影响不大 D. 大于 E. 小于 F. 相等

二、判断题

1. 干冰冷处理设备简单，但冷处理温度偏高（ ），而冷冻机及液化气冷处理设备冷处理温度较低（ ）。

2. 板式冷却器结构紧凑，冷却效力大（ ），其生产能力强于塔式冷却装置（ ）。

3. 蛇形管冷却装置结构简单，便于设计、制造、安装（ ），但其冷却能力较低，不适宜大型淬火槽的冷却（ ）。

4. 在设计中，当自然排油出现事故，放油管直径过大时，可采用油泵排油，以减小事故放油管直径（ ）。

5. 淬火油设计温度一般不超过100℃（ ），以防止淬火油冒烟造成的污染和损耗、淬火油的老化变质，影响淬火质量，甚至着火。

三、简答题、设计题

1. 按搅拌强弱说明搅拌装置的作用、应用及存在的问题。新型搅拌装置设计增加了哪些新内容？有何作用？

2. 说出6个在冷却设备中保证工件冷却均匀性的措施。喷液、喷雾冷却有何特点？

3. 分析影响冷却器传热系数的因素（分析参考，板式或塔式冷却器传热系数大于蛇形管冷却器）。比较淬火冷却介质不同冷却方法的效果。新型淬火冷却介质冷却器有何特点？

4. 电阻加热浴炉淬火槽与电极盐浴炉淬火槽的设计计算及应用有何不同？

5. 设计一硝盐分级淬火、等温淬火槽，一批淬火工件质量为100kg。

6. 设计一圆形淬火水槽，其一批处理工件质量为150kg。

7. 设计一长方形淬火油槽，其一批处理工件质量为200kg。

8. 针对第4题，设计该淬火油槽的蛇形管冷却装置。

淬火油槽设计训练

1. 针对训练题三第6、7、8题，任选一题填写设计说明书一份。
2. 根据设计题目及设计说明书，绘制结构图一张，图纸为一号图纸。

硝盐槽设计训练

1. 针对训练题三第5题分两组设计：一组，内热式电阻加热浴炉；二组，电极加热浴炉。
2. 根据分组情况，填写设计说明书一份。
3. 根据设计题目及设计说明书，绘制结构图一张，图纸为一号图纸。

第十一章 辅助设备

喷砂；抛丸；清洗设备、校正设备；工装夹具

在热处理车间内，用于完成工件的表面清理、清洗、变形工件校正及工序间辅助动作的设备称为辅助设备，常用的辅助设备有清理设备、清洗设备、校正设备、起重运输设备以及热处理的工装夹具。

第一节 清理设备、清洗设备及发黑发蓝设备

一、清理设备

用于清理工件表面氧化皮、锈、油污、残盐、残碱等的设备称为清理设备，常用的清理方法有两种：化学清理与机械清理。

1. 化学清理

用化学法清除工件表面氧化皮的设备为酸洗槽，其结构如图 11-1 所示。酸洗液为质量分数 8% ~12% 的硫酸溶液，使用温度为 40 ~80℃，溶液的温度由槽底通入的水蒸气或由电热管加热获得。酸洗液的质量分数在使用过程中会因消耗而降低，当质量分数降低至 4% 以下时，应补充硫酸。

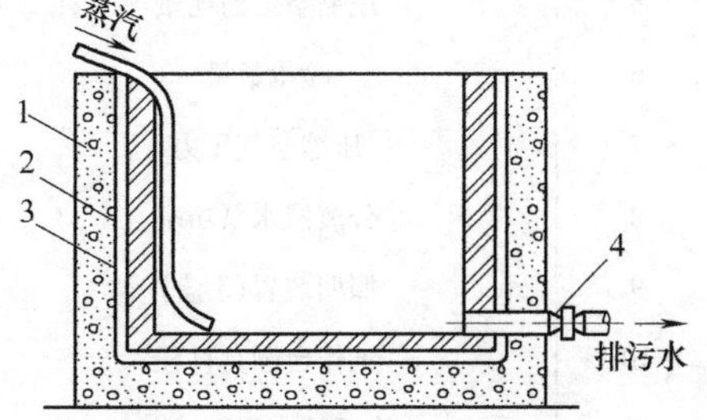

图 11-1 耐酸混凝土酸洗槽

1—耐酸混凝土 2—橡胶板

3—耐酸砖 4—耐酸阀

在酸洗过程中，为了防止工件表面由于氢气的侵入而出现氢脆，必须在酸洗液中按酸液质量分数的 0.05% 加入抑制剂（尿素），其有效作用时间为 100 ~150h。

经过酸洗的工件，必须立即置于 40 ~50℃ 的热水中冲洗，然后放入质量分数为 8% ~10% 的碳酸钠（苏打）水溶液中进行中和，最后再用热水冲洗。

酸洗工艺最大的缺点是对环境的污染大，因此只用于那些不宜用机械法清理的工件。

2. 机械清理

用机械清理法清除工件表面氧化皮的常用设备有清理滚筒、喷砂机及抛丸机三种。

清理滚筒的结构如图 11-2 所示，它是一部内腔由带筋的耐磨钢衬垫装配起来的滚筒。被清理工件在滚筒内滚动时不断翻滚、相互碰撞，将氧化皮碰碎脱落，每一清理周期约20min。

清理滚筒是清理设备中最简单、生产量最大、成本最低的一种设备，但氧化皮清理不够彻底，而且会损伤工件棱角、螺纹、尖角等，所以只适用于锻件、铸件机械加工前的清理。

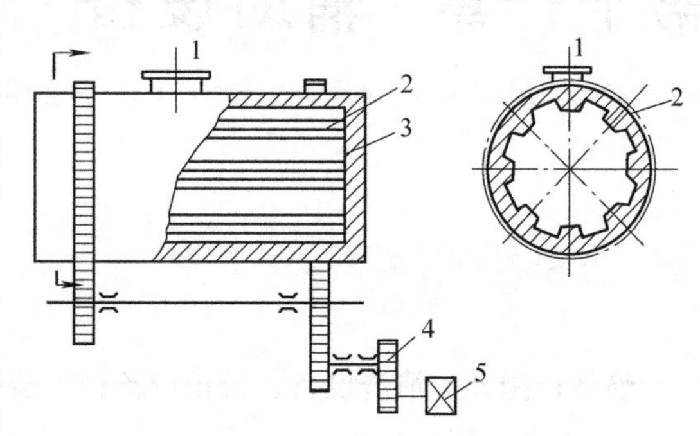

图 11-2　清理滚筒的结构原理
1—工件进出口　2—带筋耐磨钢衬套
3—滚筒　4—减速箱　5—电动机

喷砂机利用压缩空气、水流作为载体带动砂子高速运动撞击工件表面，使氧化皮脱落而完成清理任务。压缩空气的压力为 500～600kPa。所用砂子直径在 2mm 之内。砂子的消耗量为清理工件质量的 5%～10%。喷砂机的缺点是粉尘污染大。为了减少粉尘污染，可用铁丸代替砂粒，常用铁丸的直径约为 0.5～2mm，使用过程中其消耗量仅为工件质量的 0.05%～0.10%。为减少粉尘污染，也可以使用液体喷砂机，其技术规格见表 11-1。

表 11-1　SS-1、SS-5 液体喷砂机的技术规格

序号	项 目 名 称	单位	数　据	
			SS-1	SS-5
1	磨液泵电动机功率	kW	4	8
2	工作台转盘电动机功率	kW	手动	0.8
3	磨料粒度		>F46	>F46
4	喷嘴直径 ϕ	mm	10 或 12	10 或 12
5	压缩空气消耗量	m^3/min	1～1.5	4～6
6	喷枪数量	把	1	4
7	压缩空气压力	kPa	400～600	400～600
8	分离器水泵功率	kW	0.4	0.4
9	照明装置(3 盏)	kW	3×0.02	3×0.02
10	工作台圆盘直径	mm	600	1250
11	舱门尺寸(长×宽)	mm	670×490	1250×1250
12	整机外廓尺寸(长×宽×高)	mm	2200×2200×2400	3500×2900×2900
13	整机质量	kg	470	1500

抛丸机的工作原理是利用装入设备中高速旋转的叶轮将铁丸抛射到工件表面，从而将氧化皮清除干净。与喷砂机相比，抛丸机有更高的清理效率，而且清洁度更高，还能在工件表面形成一层处于压应力状态的硬化层，提高了工件表面的疲劳强度，但是此法不适宜复杂的小型精密零件。

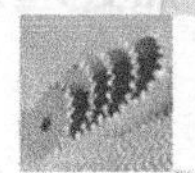

常用的抛丸机型号、规格见表 11-2。

表 11-2　Q2511 型喷丸清理转台和 Q3525A 型抛丸清理转台的技术规格

<table>
<tr><td colspan="3">Q2511 型喷丸清理转台</td><td colspan="3">Q3525A 型抛丸清理转台</td></tr>
<tr><td colspan="2">工作台直径/mm</td><td>1100</td><td rowspan="3">转台</td><td>直径/mm</td><td>2500</td></tr>
<tr><td colspan="2">被处理工件尺寸/(mm×mm×mm)</td><td><300×300×200</td><td>转速/(r/min)</td><td>0.46</td></tr>
<tr><td colspan="2">被处理工件质量/(kg/个)</td><td><20</td><td>高度/mm</td><td>800</td></tr>
<tr><td colspan="2">工作台总装载量/kg</td><td><100</td><td colspan="2">被清理工件尺寸/(mm×mm×mm)</td><td><1000×700×400</td></tr>
<tr><td colspan="2">喷嘴直径/mm</td><td>10</td><td colspan="2">工件质量/(kg/个)</td><td><300</td></tr>
<tr><td colspan="2">喷嘴数量/个</td><td>1</td><td colspan="2">转台最大装载量/kg</td><td>≈2000</td></tr>
<tr><td colspan="2">压缩空气压力/Pa</td><td>$(49 \sim 58.8) \times 10^4$</td><td rowspan="5">清理每吨工件的铁丸消耗量/kg（铁丸直径 1.5~2mm）</td><td>铸铁件</td><td>10~20</td></tr>
<tr><td colspan="2">压缩空气消耗量/(m^3/min)</td><td>6.5</td><td>铸钢件</td><td>20~40</td></tr>
<tr><td rowspan="3">铁丸粒度/mm</td><td>处理有色金属</td><td>0.5</td><td>锻件</td><td>16~30</td></tr>
<tr><td>处理铸铁件</td><td>1~2</td><td rowspan="2">抛丸器数量/个</td><td rowspan="2">2</td></tr>
<tr><td>铁丸消耗量/(kg/h)</td><td>2~5</td></tr>
</table>

二、清洗设备

热处理车间清洗设备主要用于清除粘附在热处理后的工件表面上的残盐（特别是硝盐，严重腐蚀工件）及油污，常用的清洗设备为清洗槽及清洗机。

1. 清洗槽

热处理车间用清洗槽的结构如图 11-3 所示。它是一个由钢板焊接而成的槽，内有装加热清洗液的容器。

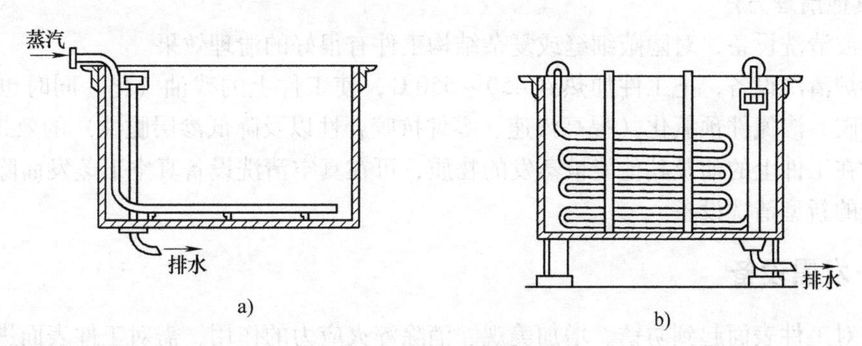

图 11-3　清洗槽
a）蒸汽管清洗槽　b）蛇形管清洗槽

清洗液为质量分数 3% ~10% 的 Na_2CO_3（苏打）或 NaOH（苛性钠）溶液，清洗温度控制在 80~90℃。加热装置常用管状电加热器或蒸汽加热器。清洗槽的结构简单，但生产率低，因此在大量生产时就必须采用清洗机。

2. 清洗机

清洗机有周期式作业清洗机及输送带式作业清洗机两类，周期式作业清洗机结构如图

11-4 所示。

图 11-4 中被清洗的工件置于上、下两个多孔喷头 1 和 2 之间。借手柄 4 沿导轨 5 进出清洗室，清洗液由离心泵 6 从储液箱 7 送至上、下喷头喷向工件，完成清洗任务。使用过的清洗液通过过滤器 8 回到储液箱。清洗液用蒸汽加热，清洗周期约 4min。

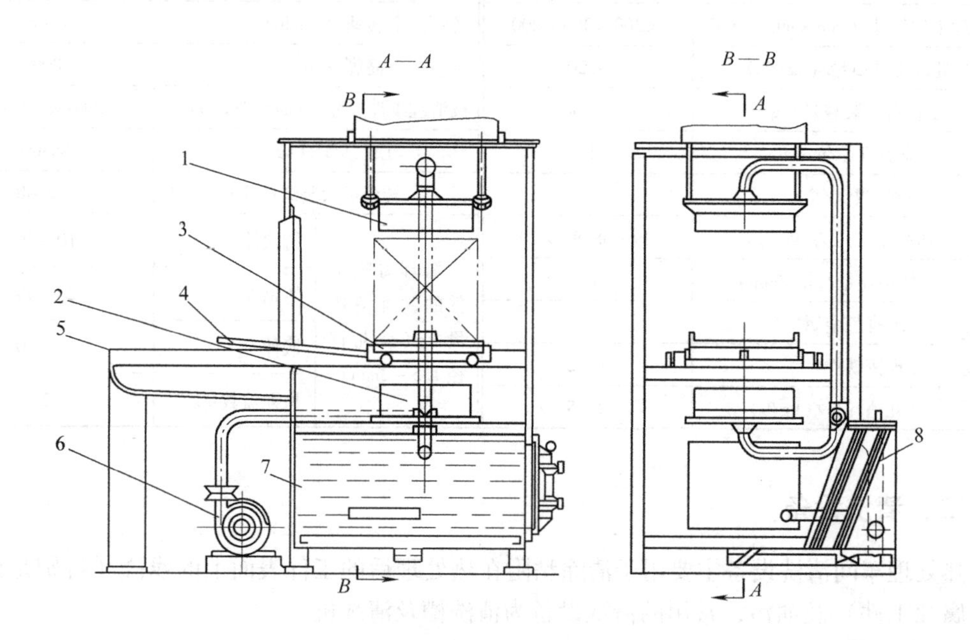

图 11-4 周期作业清洗机

1、2—喷头 3—料车 4—手柄 5—导轨 6—离心泵 7—储液箱 8—过滤器

3. 其他清理方法

超声波清洗设备，对隐蔽细缝或复杂结构工件有很好的清理效果。

脱脂炉清洗设备，把工件加热到 450 ~ 550℃，使工件上的残油气化，同时也起到工件预热和渗碳、渗氮件预氧化（提高渗速、零件抗咬合性以及降低渗层脆性）的效果。

粘附在工件上的油及其他能被蒸发的物质，可在真空清洗设备真空下蒸发而除掉，是一种少污染的新型清洗设备。

三、发黑设备

为了对工件表面起到防锈、增加美观、消除淬火应力的作用，需对工件表面进行氧化处理，使金属表面生成一层带磁性的四氧化三铁（Fe_3O_4，厚度一般为 0.6 ~ 0.8μm），因操作及工件本身化学成分的不同，薄膜颜色有蓝黑色、黑色（碳素钢及一般合金钢）、红棕色（铬硅钢）、棕褐色等。

发黑设备有：酸洗槽［盐酸浓度调整到 40% ~ 50%（指质量分数，下同），并加入 0.2% ~ 0.5% 的尿素］、氧化槽［配方为 80% 左右的氢氧化钠（NaOH）+ 10% 左右的亚硝酸钠（$NaNO_2$）+ 8% 左右的磷酸三钠］，氧化槽用电阻丝加热约 138 ~ 145℃，为防氢氧化钠挥发，发黑槽必须有吸风设备；其他辅助设备有清洗槽、皂化槽（用 20 条肥皂溶入 200L 80 ~ 90℃热水中，皂化液填充氧化膜小孔，提高抗蚀能力）、热油槽［皂化后用温

水清洗干燥后，放入80℃左右的L-AN15全损耗系统用油（10号机油）中，进一步提高耐蚀性］等。

氧化膜的疏松检查是在去油后的工件上滴数滴3%中性硫酸铜，若在30s内不显示铜色，则合格。

四、发蓝设备

蒸气发蓝设备见第二章中的井式气体渗氮炉，蒸气发蓝的温度较高（540～560℃），四氧化三铁较厚（Fe_3O_4，厚度为4～6μm），氧化膜的疏松检查是在去油后的工件光滑面上滴数滴5%中性硫酸铜，若在15min内不显示铜色，则合格，粗糙面及边缘棱角处以5min不显示铜色为合格。

第二节　校正设备及通风设备

一、校正设备

当工件在自由状态下进行淬火时，多数工件会因内部的组织应力及热应力作用不均匀而发生变形，当变形量超过规定值时就必须进行校正。热处理车间常用的校正设备有手动校正压力机、液压校正压力机及液压回火压床等。

1. 手动校正压力机

当要求对工件校正的压力较小时，可以使用手动校正压力机进行校正。手动校正压力机的结构如图11-5所示。齿条式手动校正压力机产生的压力在10～50kN之间。螺杆式校正压力机产生的压力在20～250kN之间，能校正直径30mm左右的工件。

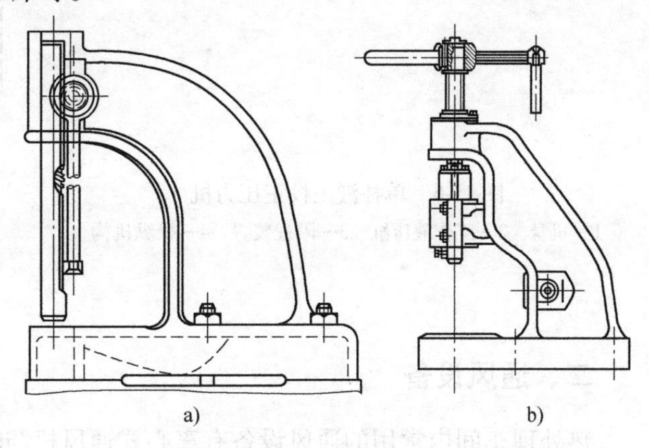

图11-5　手动校正压力机

a）齿条式　b）螺杆式

2. 液压校正压力机

当校正力较大时，应采用液压校正压力机，液压校正压力机的结构如图11-6所示。这种设备动作快而平稳，压力调节范围在50～2000kN之间。当校正的工件直径在30mm以下时，可选用80kN校正压力机；工件直径在30～40mm时，可选用120kN校正压力机；工件直径在50～70mm时，应选用350kN校正压力机。

3. 液压回火压床

当校正对象为薄片状工件时（如机床摩擦离合器、圆盘锯片、内燃机调速器的调速弹簧），应采用夹具或使用回火压床。

回火压床的结构如图11-7所示。回火工件多片叠合后放在设备的上、下压板1之间，压紧后电热元件2通电，加热回火，回火温度根据工艺要求确定。下压板固定在床身上，上压板的动作由液压缸4通过拉杆3带动。

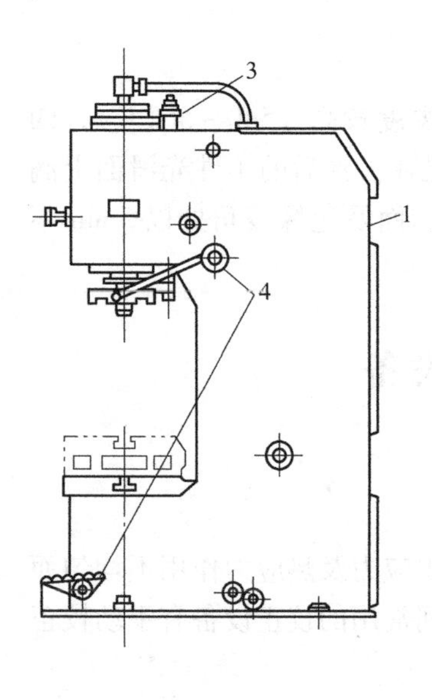

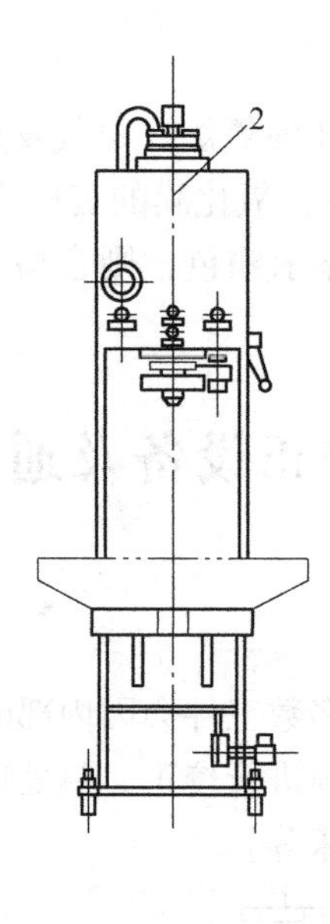

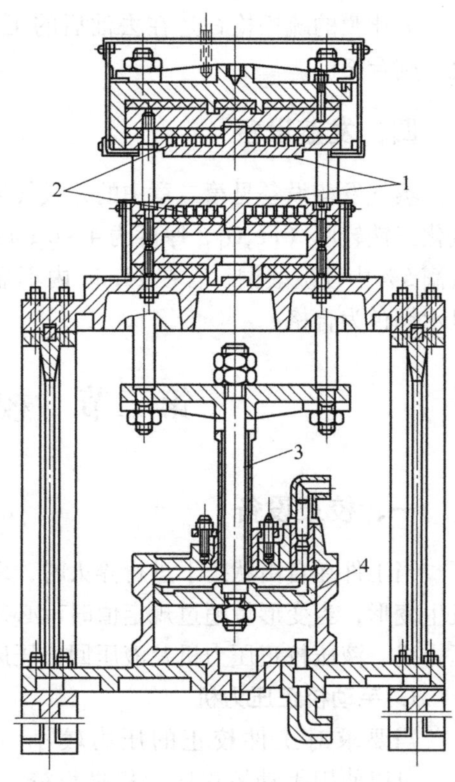

图 11-6　单柱液压校正压力机

1—机身　2—工作液压缸　3—限程装置　4—操纵机构

图 11-7　液压回火电热压床

1—上、下压板　2—电热元件　3—拉杆　4—液压缸

二、通风设备

热处理车间内常用的通风设备有离心式通风机与轴流式通风机两大类。

1. 离心式通风机

根据排出的风压不同，离心风机有低压风机（风压小于 1000Pa）、中压风机（风压在 1000～3000Pa 之间）及高压风机（风机风压大于 3000Pa）三种。排风方向与转轴垂直。

离心风机适用于抽风量较小而抽风系统阻力较大的场合，其作用有：通风换气、防暑降温、排尘通风。耐腐蚀通风时使用不锈钢离心风机或塑料离心风机；防爆通风机使用铝板制成的通风机。

2. 轴流式通风机

轴流式通风机按出风风压的不同也有低压和高压之分，风压小于 500Pa 的属低压风机，风压大于 500Pa 的为高压风机。轴流式通风机的排风量很大，而风压低，因此多数用于散热或矿井的通风。

第三节 热处理工装夹具设计及鉴定

一、工装夹具在热处理生产中的作用

1. 保证热处理质量

好的工装可使工件加热均匀、冷却均匀，利用工装是减少和控制零件热处理变形的有效方法之一，在气体炉内可使炉气气氛对流顺畅，局部热处理的零件能保证热处理位置的正确，在化学热处理中，可保证渗层均匀或起防渗作用，可保护零件免受磕碰等损伤。

2. 提高劳动生产率，减轻工人劳动强度

利用工装，可合理装炉，最大限度地利用设备，节约装、出炉和装卸零件等辅助时间，工装也是机械化、自动化生产的重要辅助手段。

3. 保证安全生产，提高经济效益

工装夹具有能保证热处理设备、特别是人员生产安全的作用。使用工装虽然增加了一部分费用，热损失也增大，但由于质量、生产率、安全性的提高，以及节约了绑扎铁丝等辅助材料的消耗等因素，总的成本还是降低的。

二、工装夹具设计的基本要求

1. 耐用性与强度估算

热处理工装夹具需要在反复加热、冷却等极恶劣的条件下工作，易氧化、腐蚀、变形和开裂。为此，工装夹具多选择低碳钢或耐热钢制造。

热处理工装夹具若在水冷条件下工作，就必须牺牲一点高温强度而选择耐热冲击强的材料，在强烈淬火使用中，可以考虑高镍合金或碳素钢。

低碳钢吊具的强度估算有抗拉强度、抗弯强度、抗剪强度，设计中主要考虑其抗拉强度 R_m。在950℃长期使用者 R_m 取6MPa，短时使用者 R_m 取10MPa。抗剪强度按其抗拉强度的一半计算。对耐热钢工夹具，强度一般按低碳钢1~10倍进行估算。

热处理夹具和料盘用耐热钢性能见表11-3。

表11-3 热处理夹具和料盘用耐热钢性能

材料型号	化学成分(质量分数,%)				在氧化气氛中最高工作温度/℃	不同温度下10000h断裂应力值/MPa					在20℃时抗弯强度/MPa	弹性极限/MPa	抗拉强度/MPa
	C	Cr	Ni	Si/其他		600℃	800℃	900℃	1100℃	1200℃			
4729	0.25	13		2	900	29	3	1.2			638		
4846	0.20	25	15	1.8	1150		22.5	10	5	1.2	735		
4848	0.20	25	20	1.8	1150		26	13	6	1.5	735		
4832	0.20	20	15	1.8	1000	98	20	9	4		735		

（续）

材料型号	化学成分(质量分数,%)				在氧化气氛中最高工作温度/℃	不同温度下10000h断裂应力值/MPa					在20℃时抗弯强度/MPa	弹性极限/MPa	抗拉强度/MPa
	C	Cr	Ni	Si/其他		600℃	800℃	900℃	1100℃	1200℃			
4724	0.12	13		1+Al	950	35	4	1.5				343	540~680
4878	0.15	18	9	1	800	100	15					265	540~735
4828	<0.20	20	12	2	1050	100	20	9	4	1.5		294	580~735
4841	<0.20	25	20	2	1200		20	9	4	1.5		294	580~735

注：铸钢有4729、4846、4848、4832；轧钢、锻钢有4724、4878、4841。

2. 经济性

在保证寿命、安全可靠的前提下，应尽量减小其体积和重量，这样既节约了资源，又减少工装夹具的加热耗能。除了材料选择及制造成本核算外，经济可行的方法是从结构上提高夹具的强度，例如，将易变形的方筐改为不易变形的圆筐，焊接加强肋，以增加板和筐架的牢固程度，用多点悬挂代替单点悬挂，以平衡工件重量等。

在925~1010℃炉内不承受拉压力和不经受反复急冷急热的构件（如马弗罐等），可采用Cr25Ni20级钢制造。需要反复加热冷却的料盘可使用Cr15Ni35级钢制造，此钢奥氏体组织十分稳定，无脆性。对经受高温渗碳和强烈淬火的工装夹具和料盘，可考虑选用更高铬、镍的耐热钢（如Cr19Ni39、Cr12Ni60），这取决于工装夹具的成本和寿命的比值。

在多数情况下，使用较高档次的合金钢，因工装夹具尺寸的减小降低了加热能耗，提高了使用寿命，减少了设备的维修量，可使总成本降低而更为经济。

3. 结构及工艺特点

1）便于制造，如小型夹具多采用焊接成形，大型、特别是形状复杂的夹具多采用铸造成形。便于工件的装卸，便于工人的操作。

2）必须兼顾加热均匀和冷却均匀两方面的要求，以保证工件热处理后的硬度均匀和变形量最小。

3）夹具长期使用中的蠕变变形是不可避免的，将底盘、料盘等夹具结构设计成正反都可以使用的形式，可有效地控制夹具的变形并提高其使用寿命。

4）热处理料筐大多是由耐热钢棒、耐热钢丝焊接而成的，长方形网筐用一段时间后四周会往里凹陷，可事先将边缘设计成弯曲形状，以减小变形。网格式夹具选用轧制钢材时，碳的质量分数一般在0.08%以下。

5）焊接炉罐（薄壁）与CrMnN钢铸造炉罐（厚壁）相比，炉罐重量明显减小，升温速度快，热效率高，节电。

6）在要求厚壁以提高强度、刚度或传递推送重型载荷时，或在某些气氛下，形状复杂的构件焊缝会过早破坏时，不能使用焊接件。

7）铸造合金的材料成本比锻造合金低，但铸造合金受铸造条件限制截面较厚。近来发展的离心浇铸和精密铸造使铸造截面明显减薄，铸造截面尺寸不受限制，也很少有内部和外

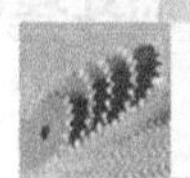

部缺陷。

铸造夹具要注意内角 R 的设计，材质中碳的质量分数一般为0.3%～0.5%。

8）我国常用的料盘和构件的厚度一般为16～20mm，而进口的料盘和构件多采用优质钢材，厚度一般仅8～12mm，后者有较好的节能经济效果。

三、工装夹具的鉴定

1. 氧化皮、锈蚀检查

对工装夹具氧化、锈蚀部位可进行喷砂或酸洗及中和处理。对锈蚀严重部位，必要时可用工具清除。较小的锈蚀洞可以进行补焊。对影响整体结构强度的氧化锈蚀予以报废。

使用有锈的工装夹具也是造成工件氧化脱碳的原因之一，夹具上的氧化皮还会降低电阻炉电热元件及盐浴炉电极的使用寿命。因此，每次用完工装夹具后要经过喷砂、酸洗、中和处理，以除掉表面上的铁锈和脏物，并分类放在干燥通风处备用。

2. 强度的核算

对因氧化锈蚀而变薄变细的各类工装夹具需要重新核算其强度，达不到要求时须降级使用或报废。对各类弯钩、吊环出现拉直、变形的必须更换。料筐底部出现较大裂纹、断裂的，必须坚决报废。

挂钩的焊接应为满焊，出现松动或浮焊处必须重新焊接。对加强肋边框处以及吊具等焊接处出现的浮焊、脱焊，可以通过补焊进行修理。

图11-8是轴类零件的吊挂形式，图11-9是井式炉用星形吊具，表11-4是推荐吊具尺寸。

表11-4　推荐吊具尺寸

毛坯质量/t	端部最小直径 D/mm	吊具尺寸/mm				
		d或M	L	B	H	h
≤0.15	30	16	50	10	45	20
0.15～0.3	40	20	55	10	55	20
0.3～0.5	50	30	70	15	75	25
0.5～1	80	40	90	20	120	30
1～3	150	70	120	30	150	40
3～5	180	90	135	40	210	50
5～7	200	100	140	40	300	60
7～10	250	120	150	45	>300	70
10～15	250	140	160	50	>300	90
15～20	300	160	180	50	>300	100
20～30	400	200	210	60	>300	110

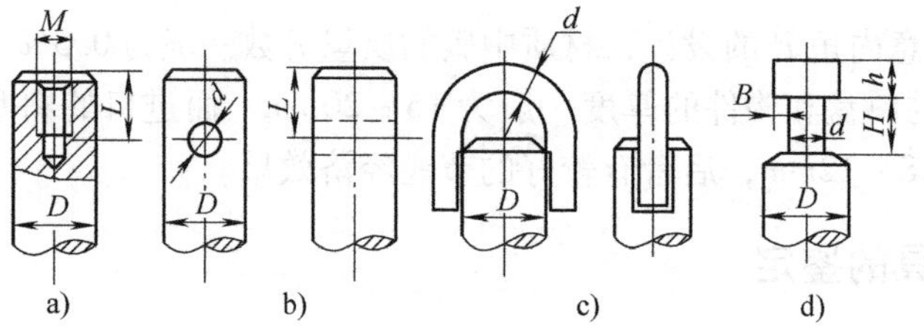

a) b) c) d)

图 11-8 轴类零件的吊挂形式

a）用螺钉吊挂 b）利用圆孔吊挂 c）焊上“U”形吊具 d）利用颈部吊挂

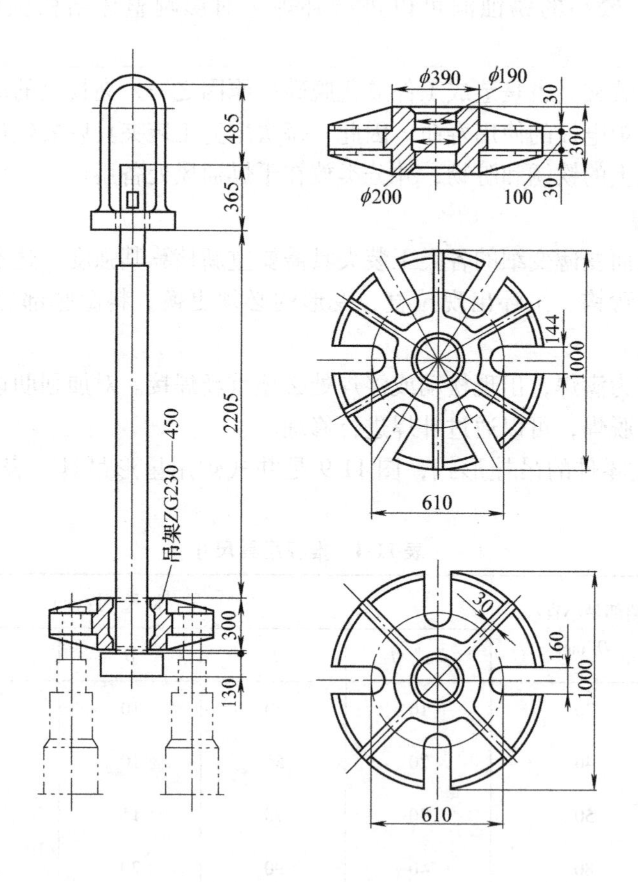

图 11-9 井式炉用星形吊具

四、常用热处理工装、夹具

常用热处理工装、夹具举例如下：图 11-10 所示为台车式炉的各种垫具，图 11-11 所示为工件在盐浴炉中加热时的吊挂方法，图 11-12 所示为小钻头磁性淬火夹具，图 11-13 所示为小钻头回火校直夹具，图 11-14 所示为钻头刃部淬火及柄部回火夹具示意图，图 11-15 所示为小切口铣刀淬火夹具，图 11-16 所示为小铣刀回火夹具，图 11-17 所示为齿轮渗碳淬火夹具示意图，图 11-18 所示为渗碳淬火夹具实物图，图 11-18a、d 还可以加装导风筒，导风筒也称为料筐，如图 2-10 所示。

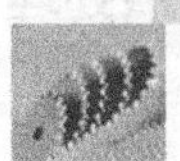

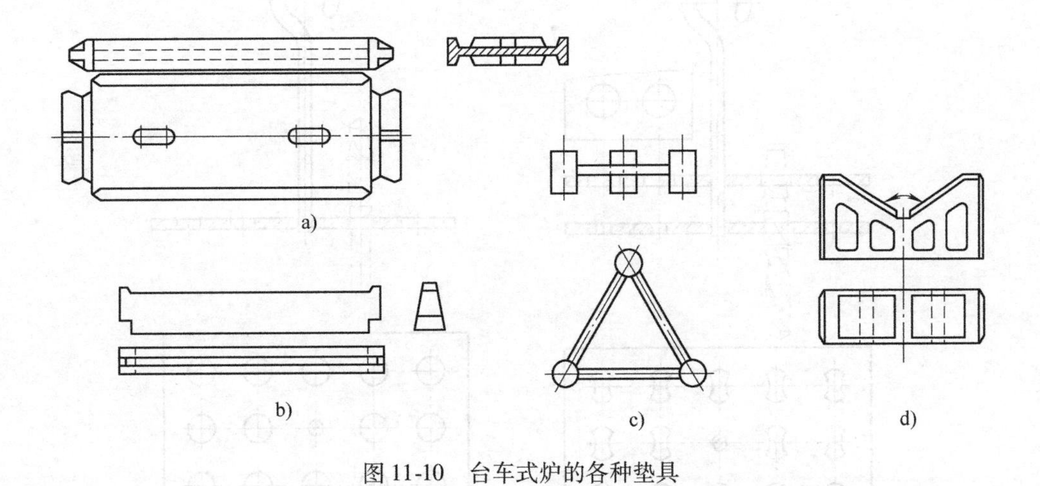

图 11-10　台车式炉的各种垫具

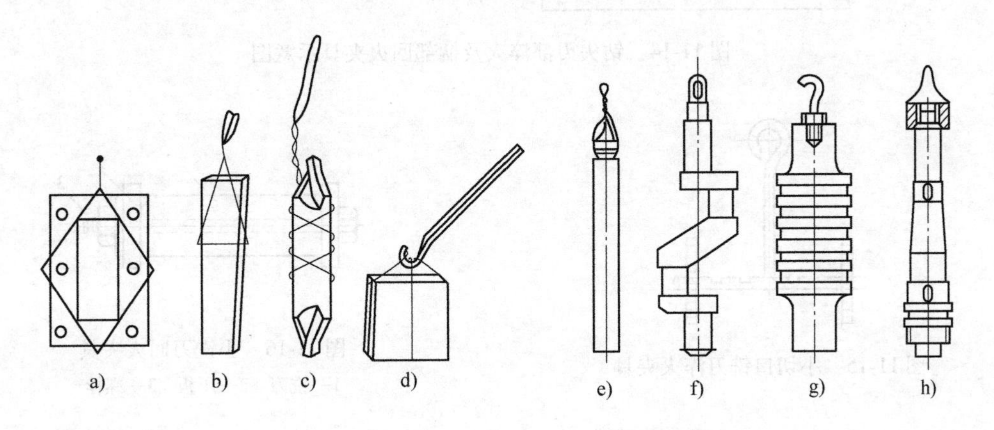

图 11-11　工件在盐浴炉中加热时的吊挂方法

a)、b)、c)、d)、e) 捆扎吊挂　f) 用吊环吊挂　g) 打工艺螺孔　h) 螺纹套圈吊挂

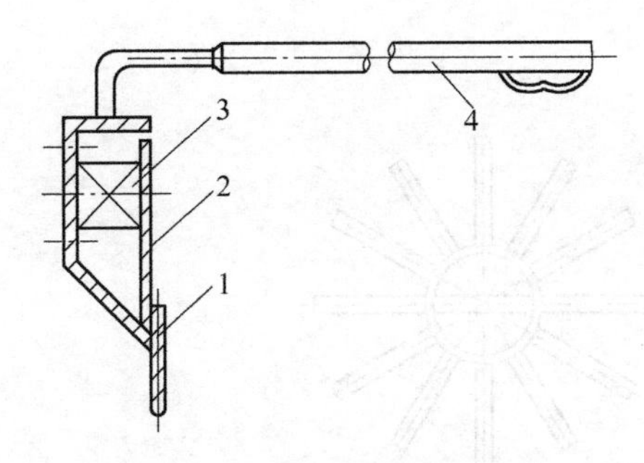

图 11-12　小钻头磁性淬火夹具

1—钻头　2—铁板　3—磁铁　4—手柄

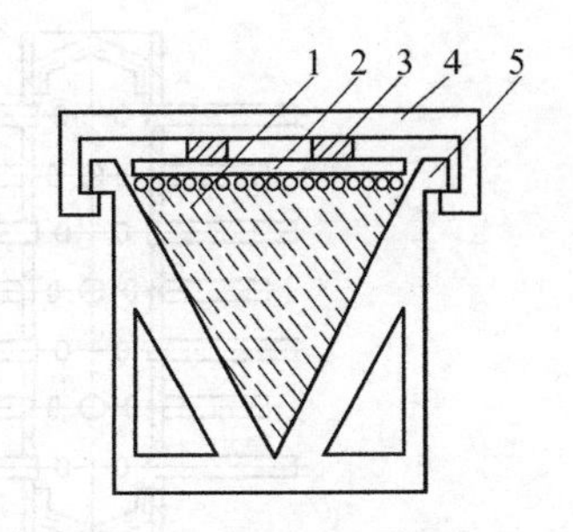

图 11-13　小钻头回火校直夹具

1—钻头　2—压板　3—楔铁　4—框架　5—三角盒

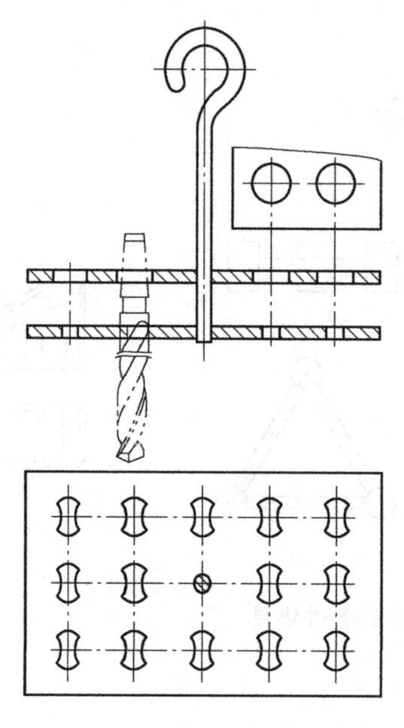

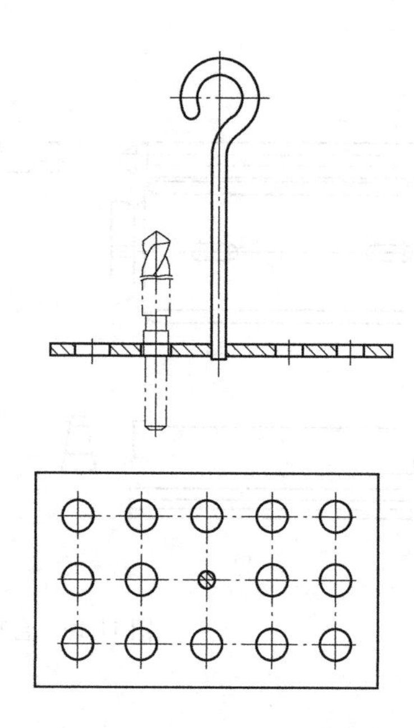

图 11-14　钻头刃部淬火及柄部回火夹具示意图

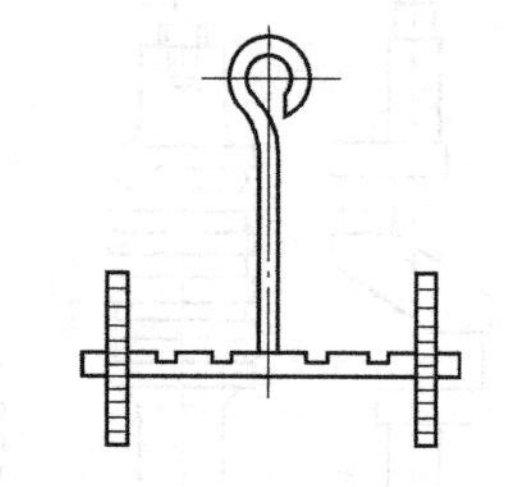

图 11-15　小切口铣刀淬火夹具

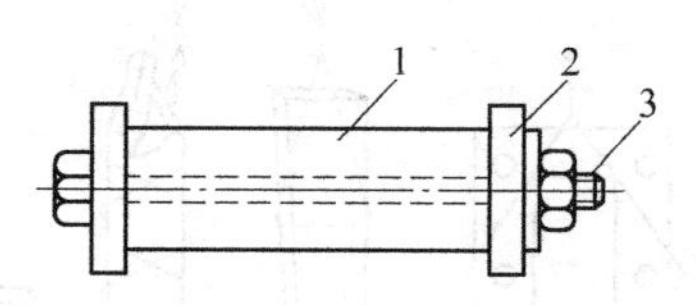

图 11-16　小铣刀回火夹具

1—铣刀　2—压板　3—螺栓

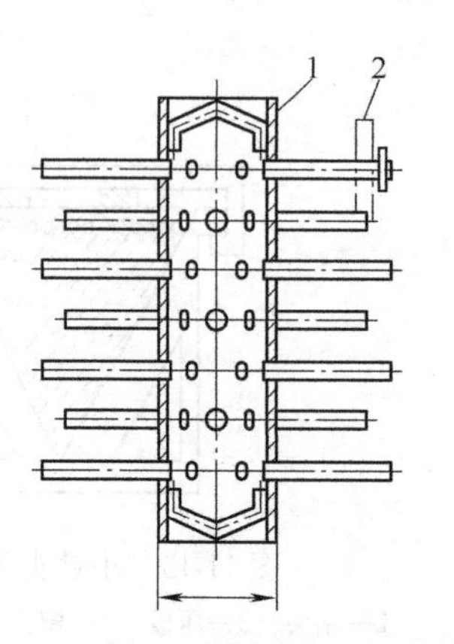

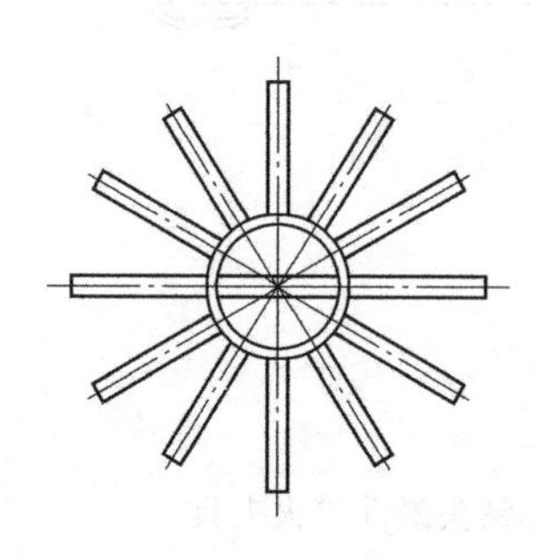

图 11-17　齿轮渗碳淬火夹具示意图

1—夹具　2—齿轮

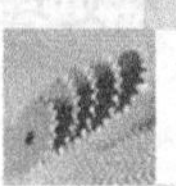

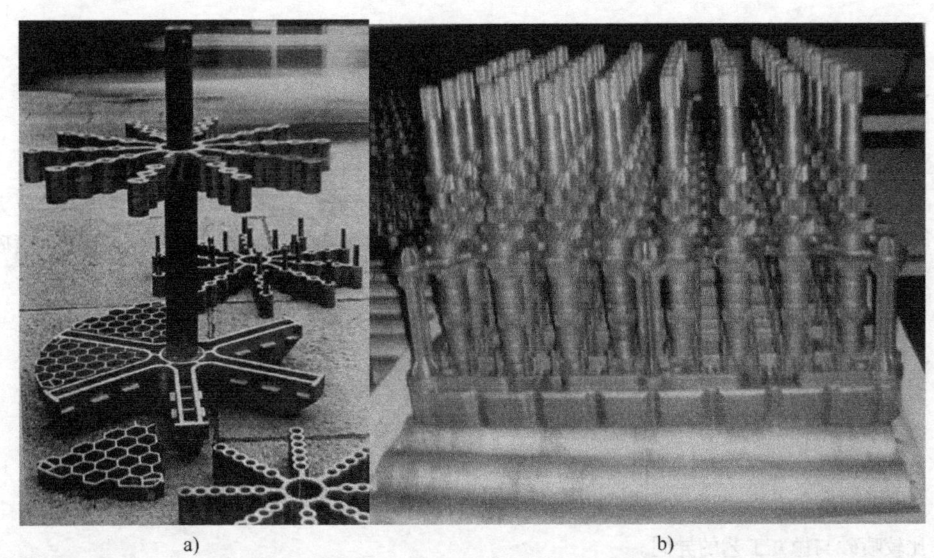

a)　　　　　　　　　　b)

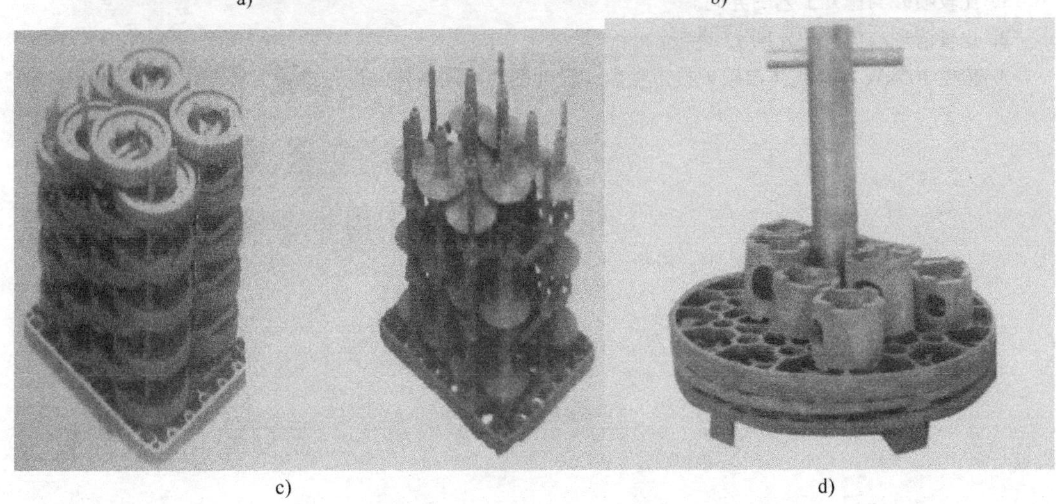

c)　　　　　　　　　　d)

图 11-18　渗碳淬火夹具实物图

训练题

一、填空（选择）题

1. 化学清理主要是利用________清除工件表面氧化皮，其最大的缺点是对环境的污染大，因此只用于那些不宜用________法清理的工件。

2. 机械清理法主要是清除工件表面的________，其常用的设备有________。

A. 氧化皮　B. 油污　C. 残盐　D. 锈迹　E. 清理滚筒　F. 喷砂机　G. 酸洗槽　H. 抛丸机　I. 清洗槽

3. 清洗设备主要用于清除粘附在热处理后工件表面上的________及________，常用的清洗设备有________及________。

二、判断题

1. 清理滚筒清理氧化皮不够彻底，而且会损伤工件棱角、螺纹、尖角等，所以只适用于锻件、铸件机械加工前的清理（　　）。

2. 抛丸机有更高的清理效率，而且清洁度更高（　　），还能在工件表面形成一层处于压应力状态的硬化层，提高了工件表面的疲劳强度（　　）。此法也适用于复杂的小型精密零件（　　）。喷砂后也能提高工件表面的疲劳强度（　　）。

3. 工装夹具上面的锈迹和氧化皮清理后使用，会减少工件的氧化脱碳程度（　　）。

三、名词解释、简答题

1. 名词解释：离心式通风机、轴流式通风机。

2. 酸洗后的工件，还需要进行什么处理？

3. 清洗液的成分如何？对温度的要求如何？

四、应知应会

1. 比较喷砂与抛丸工艺的异同。

2. 比较清理与清洗的异同。

3. 依据105kW井式气体渗碳炉技术参数，设计四套不同结构的齿轮渗碳夹具，并分析优缺点。

第十二章　热处理车间设备的确定、布置、环境保护与安全操作

热处理设备布置原则；热处理三废；热处理危害物；三废的防治；安全生产

第一节　热处理车间设备的选择及数量的确定

一、车间工作制度

车间的工作制度是根据生产规模、生产性质、工艺过程及设备特点来确定的，如大量生产的连续作业炉应采用三班制。

为了提高炉子的热效率，热处理车间一般采用二班或三班生产。

二、车间工作时间

时间损失分设备时间损失与人工时间损失。设备时间损失是由于设备的维修、调整、停电、事故等造成的；人工时间损失主要有病假、事假、调度不协调及操作不当等引起的损失。综上所述，除去设备因生产、工艺变动的调整时间外，损失率在4%～16%，高温炉取上限，低温炉取下限；三班制取上限，一班制取下限。工艺调整时间取1%～2%。工人的时间损失率：车间女工人在5%以下时，取8%～12%，一般情况下取下限，高温或有毒气氛区工作取上限，热处理车间设备和工人年时基数见表12-1。

表12-1　热处理车间设备和工人年时基数

序号	项　　目	生产性质	工作班制	全年工作日	每班工作时数			全年时间损失(%)			年时基数		
					1班	2班	3班	1班	2班	3班	1班	2班	3班
一	设备												
1	一般设备	阶段工作制	1,2,3	249	8	8	6.5	4	6	8	1912	3742	5125
2	一般设备	连续工作制	3	355	8	8	8			9			7722
3	重要设备(高、中频等)	阶段工作制	1,2,3	249	8	8	6.5	8	12	16	1830	3498	4718
4	小型及简易热处理炉	阶段工作制	1,2,3	249	8	8	8	4	5	7	1912	3783	5571
5	大型及复杂热处理炉	阶段工作制	2,3	249	8	8	8		7	10		3700	5368
6	大型及复杂热处理炉	连续工作制	3	355	8	8	8			14			7326

（续）

序号	项　目	生产性质	工作班制	全年工作日	每班工作时数			全年时间损失(%)			年时基数		
					1班	2班	3班	1班	2班	3班	1班	2班	3班
二	工人(女工占25%以下)												
1	一般工作条件			249	8	8	8	8	8	8	1830	1830	1830
2	较差工作条件(酸洗、喷砂)			249	8	8	8	12	12	12	1748	1748	1748

三、设备的选择原则

设备类型的选择及数量的确定不仅直接关系到投资经费多少及建设周期长短，而且还对车间能否保证产品质量、完成生产任务有着重大影响。从事这一工作时，应该考虑的是以下几个方面的问题：

1）应能满足工艺参数、工件表面质量及生产率的要求。

2）符合我国环境保护的要求。

3）尽量选用我国新标准系列的设备。

4）设备应具有一定的使用机动性和广泛的适用性，例如在一定的生产率要求下，由两台小型的设备来完成生产任务，要比选一台较大型设备来完成任务更合适一些，因为当选用后者时，一旦设备出现故障，生产就会出现停顿现象。

5）设备使用的能源应有保障，而且价格合适。

四、设备类型的选择

热处理炉型选择应该根据被处理工件的形状、尺寸大小、表面质量要求及生产批量大小等因素综合考虑后确定。例如工件的品种多且批量小时，应选择周期式通用型炉子；当工件表面质量要求高时，应选用保护气氛炉；当工件尺寸、重量都较大时，应选用台车式炉或滚底式炉；细长工件采用井式炉；要求快速加热、减少氧化、脱碳的工件宜用浴炉；高合金模具可选用真空淬火炉……常用炉型的选用资料及常用标准热处理炉炉型的技术性能、规格可参考本书中的介绍及有关手册，常用热处理炉性能及应用特点见表0-1。

五、设备数量的确定

设备数量根据车间生产纲领及设备的实际生产率确定。

1. 设备实际生产率的确定

设备实际生产率是以其平均生产率或计算法确定的。以平均生产率确定时可参考表12-2。

表12-2　常用热处理电阻炉平均生产率

序号	设备型号	热处理工序	平均生产率/(kg/h)
一	井式气体渗碳炉①		
1	RJ2-35-9T	一般零件渗碳	10～12
2	RJ2-60-9T	一般零件渗碳	15～20
3	RJ2-90-9T	一般零件渗碳	35～40

（续）

序号	设备型号	热处理工序	平均生产率/(kg/h)
二	箱式电阻炉		
1	RX3-30-9	一般零件淬火	45～50
2	RX3-45-9	一般零件淬火	70～90
3	RX3-75-9	一般零件淬火	160～170
4	RX3-30-13	模具高温淬火	15～20
5	RX3-50-13	模具高温淬火	50～60
三	埋入式盐浴炉		
1	DM-25-8	中温淬火	25～30
2	DM-20-13	高温淬火	20～25
3	DM-45-13	高温淬火	35～45
4	DM-75-13	高温淬火	50～60
5	DM-50-6	回火	100～120
四	坩埚盐浴电阻炉		
1	RYG-20-8	淬火或预热	30
2	RYG-30-8	淬火或预热	40
五	井式电阻炉		
1	RJ2-30-9	正火	50
2	RJ2-70-9	轴类零件淬火	150
3	RJ2-65-13	拉刀预热、淬火回火	50
4	RJ2-95-13	拉刀预热、淬火回火	100
六	井式回火炉		
1	RJ2-24-6	一般零件回火	50～80
2	RJ2-36-6	零件、工具、模具回火	40～100
3	RJ2-75-6	热定形	25～30
		回火	250～300
		时效	130
七	油浴电炉		
1	RJY-6-3	低温回火	10～12
2	RJY-8-3	低温回火	15～25
八	其他		
1	室式清洗机	清洗	120
2	输送带式清洗机	清洗	150～200
3	S-1 超低温箱	－80℃冷处理	10～15
4	洛氏硬度计	检验	50～80 件/h
5	布氏硬度计	检验	50～70 件/h

① 试验是在旧型号炉中进行的，因此此处暂保留旧型号。

2. 设备年负荷时数（E）的计算

设备的年负荷时数是指某类设备每年应工作的小时数，等于设备的年生产任务与其平均

生产率之比，即

$$E = A/P$$

式中　A——设备的年生产任务（纲领）（kg/年或件/年）；

P——设备的平均生产率，见表12-2。

当一台设备必须承担多种工件的生产时，设备的年负荷时数应按各工件分别计算后叠加，即

$$E = E_1 + E_2 + E_3 + \cdots + E_n$$

3. 设备数量的计算

设备数量C（台）根据设备的年负荷时数E及其年时基数F_s计算，即

$$C = E/F_s$$

当C值为一带小数的数值时，应向上圆整为整数，如计算后$C = 2.4$时，应圆整到3。

第二节　热处理车间设备的布置原则

1）热处理车间的位置和热处理生产的组织要保证全厂生产流程合理，各物料的运行路线短，流动工作量最小。车间内尽量避免隔断。

2）充分考虑热处理车间的特殊性，改善操作环境和生产安全。如盐浴炉与可控气氛炉分开布置，感应加热设备与可控气氛炉分开布置。车间及设备布置应注意风向，有环境污染的设备布置在下风向。

3）设备布置应与电力、燃料、气、水等的供应路线协调。

4）有利于设备的安装和投产后设备的维修。

5）有利于车间生产管理，注意车间的条理和美观，提高生产的文明程度。

6）合理利用车间面积，考虑远景发展规划。

7）推杆炉与转底式炉组合的柔性生产线，转底式炉较便于调整生产批量和工艺。

8）需要充分考虑冷却介质的冷却装置、淬火液冷却系统的位置，通风系统，必要的辅助设备位置（工装夹具位、矫正工位、清理设备、清洗设备、冷处理设备、仪表间、检验间、生产材料间、工件备料位、半成品位、成品位、工具及机修间、办公室、计算机房及工艺资料室、预留位置）。

9）清理设备、仪表间、检验间、生产材料间、工具间、办公室、计算机房及工艺资料室布置在车间平面外。

第三节　热处理车间的环境保护与设备的安全操作

热处理车间的环境污染有两类：一是生产过程释放出来的废气、废水、废渣及其有害粉尘；另一类是从高温工件、炉膛及强大电流馈线、变压器等辐射出来的电磁波。它们不仅对车间内的生产人员造成伤害，而且还会扩散到车间以外，造成对其他人员的伤害。

一、热处理车间的有害物质

1. 车间废气的污染及危害

热处理车间的有害气体主要来自下列几个方面：一是从燃料炉中产生的二氧化硫（使人的呼吸器官受损）、一氧化碳（轻者眩晕、重者昏迷窒息）、二氧化碳（高浓度使人缺氧窒息）、氨（对眼膜、鼻粘膜、口腔、上呼吸道刺激强烈）；二是盐浴炉中蒸发出来的含氯或含氮的腐蚀性气体及铅浴炉中挥发出来的铅浴蒸气；三是某些工件在表面化学热处理（如碳氮共渗）过程中溢出的有害气体；四是工件表面除锈、除油、除盐等过程中排放出来的含酸、油、盐等蒸气；五是甲醇蒸气（眩晕、恶心、失明）、苯蒸气（眩晕、恶心、昏迷、死亡）等；六是粉尘、烟尘对肺的伤害。

2. 废水及废物的污染

热处理车间的废水主要来自工件的清洗液、发蓝液及淬火冷却液，排放的废水中主要有酸、碱、有机液、盐及油剂。废淬火液从盐浴中带入 $BaCl_2$，Cl^-，工件上脱落的含 Fe、Cr 等金属氧化皮，铬化合物等有害物质。饮用污染水后，会发生全身中毒、皮炎等症状。

污染环境的固体废物主要有从盐浴炉内捞出的废渣，这些废渣含有氯化钡、钡盐类、亚硝酸盐，也可能有氰化盐等有毒物质。

3. 生产中的危害物

热处理生产常见的危害物有：易燃物质、易爆物质、毒性物质、高压电、炽热物体、腐蚀性物质、制冷剂、坠落物体、噪声、高频的射频辐射（10^5Hz 以上）等。

二、三废污染的危害

1. 对人体的危害

三废的排放污染不仅会伤害生产人员，也会直接或间接伤害居民，尤其是老、弱、病、幼人群。污染的危害程度与污染物进入人体的途径、毒性大小、数量，人体对污染物的敏感程度及本人的健康程度有关。

2. 对国民经济的危害

三废污染不仅给人体带来伤害，还会腐蚀建筑物，淤塞河床，使土地干化，造成农作物、肉类减产。

热处理车间各种盐浴蒸气及酸洗蒸气除伤害人体健康外，还会严重腐蚀各种电气设备、仪表。

三、三废的防治

我国对三废的防治原则是：综合利用，变废为宝，化害为利。具体措施为：

1. 全面规划，合理布局

在进行车间设计时，对于可能引起污染的工艺、设备应集中布置，以便于进行统一防治。车间的位置应尽量建在下风，在车间设备确定时，环保设备应同时选入，不应出现“先污染，后治理”的现象。

2. 改革工艺，选用先进装置，减少污染

热处理车间的污染主要来自某些工艺过程所使用的有毒原料及一些不够先进的装备。如

采用无氰电镀、无铬钝化等；在气体燃料炉中选高速烧嘴、平焰烧嘴代替低压烧嘴；以电炉代替燃料炉、用真空炉代替电极盐浴炉等。这样不仅可以提高工件质量，而且也可以明显减少环境污染。

3. 净化处理

对于那些由于技术、资金等问题一时无法利用的有害物质，应在排放前先进行净化处理。净化处理的方法有机械物理法（利用沉淀、过滤、分离、吸附等方法除去水中悬浮物）、化学法（通入化学物质使废液发生氧化或分解、中和、还原、离子交换、沉淀等）及生物法（利用微生物使污物发生氧化、分解）。

如加装废气处理装置的无公害可控井式渗氮炉，将易溶于水的有毒亚硝酸盐氧化（加入氧化剂 NaClO）成无毒的硝酸盐，将钡钠混合废盐渣溶于水、加热结晶出复合盐，加入沉淀剂 Na_2SO_4、将可溶性有毒钡盐转变成难溶于水的无毒硫酸钡等。我国对热处理车间空气中有害物质的最高容许浓度见表12-3。

表12-3　热处理车间空气中有害物质的最高容许浓度（JB/T 5073—1991）

有害物质	最高容许浓度/(mg/m^3)	有害物质	最高容许浓度/(mg/m^3)
一氧化碳	30	甲醇	50
二氧化硫	15	丙酮	400
苛性碱(换算成 NaOH)	0.5	苯	40
氮氧化物(换算成 NO_2)	5	三氯乙烯	30
氨	30	氟化物(换算成 F)	1
氰化氢及氢氰酸盐(换算成 HCN)	0.3	二甲基甲酰胺	10
氯	1	粉尘	2(含10%的游离 SiO_2) 1(含80%以上的游离 SiO_2)
氯化氢和盐酸	15	钡及其化合物	0.5(推荐值)

4. 植树造林

植树有明显净化空气的作用，它可吸收二氧化碳并释放出新鲜的氧气，还可以将悬浮在大气中80%的尘埃及噪声吸收。

5. 加强教育，严格管理

应加强环保的宣传教育，提高环保意识，普及预防职业中毒知识。既要说明污染的来源及对人体的危害性，又要说明污染中毒是可以预防的。车间要制订出安全操作规程和卫生制度，教育作业人员如何正确使用个人防护用品。

四、车间的电磁辐射及防护

1. 电磁辐射的来源

研究表明，当电磁波达到一定强度时不仅会导致电子仪表、机器发生误动作，还会伤害人们的身体健康。工业电气的电磁辐射强度见表12-4。

表 12-4 电磁辐射分类、应用场所、场源和度量单位

类别	中波	中短波	短波	超短波	分米波	厘米波	毫米波
频率/Hz	高频(HF)		甚高频(VHF)		超高频(微波)(UHF)		
	$10^5 \sim 1.5\times10^6$	$1.5\times10^6 \sim 6\times10^6$	$6\times10^6 \sim 3\times10^7$	$3\times10^7 \sim 3\times10^8$	$3\times10^8 \sim 3\times10^9$	$3\times10^9 \sim 3\times10^{10}$	$>3\times10^{10}$
波长	3000~200m	200~50m	50~10m	10~1m	1~0.1m	10~1cm	<1cm
应用场所	感应加热(淬火、焊接、熔炼、切割……)、介质加热(木材、纸张干燥,塑料热合)、无线电广播、无线电通信、物理治疗		金刚刀具固定加热、无线电广播、通信、物理治疗、射频溅射(镀膜……)		微波仪表、微波测试(水分、距离、高度……)、微波加热(精密铸造脱蜡、木材、漆品干燥、杀菌……)、微波通信、无线电定位、导航、微波治疗		
辐射场源	高频变压器、馈电线、感应器与工作电容、耦合电容器		馈电线、天线、振荡回路、工作回路		天线、辐射体(磁控管、速调管……)、敞开的波导管、缝隙、漏槽		
度量单位	电场强度 E(V/m) 磁场强度 H(A/m)				能量密度 P (mW/cm² 或 μW/cm²)		
最大容许标准	$E\leqslant20$V/m $H\leqslant5$A/m		$E\leqslant5$V/m $H\leqslant3$A/m		$P\leqslant0.2$mW/cm²		

2. 电磁辐射对人体的伤害形式

人体在辐射空间受到辐射主要的伤害形式有以下三种:

(1) 生物—热效应 即当人体受到高强度的电磁辐射时,组成细胞的水分会受激、升温,使细胞病变、坏死。

(2) 非致热效应 即脑组织中的松果体褪黑激素产生的速度减慢,损害了人体生物钟及传递神经信息激素的正常功能,使人体出现神经功能紊乱症。

(3) 积累效应 当人体经常受到超过值的电磁辐射时,因受损细胞得不到恢复,而使人体的基因遗传发生突发,导致恶性肿瘤、白内障及白血病的发生。

3. 电磁辐射波的性能与人体伤害程度的关系

辐射波的强度越大,频率越短,与辐射源的距离越近,辐射场所的室温越高,湿度越大,则对人体的伤害程度就越大。女性受到的伤害比男性大。

主要症状与场强的关系见表12-5。

表 12-5 症状阳性率与场强的关系 (%)

场强分组/(V/m)	受损人数	头晕	头痛	乏力	失眠	多梦	记忆力减退	急躁	四肢麻木	心悸	脱发
<20	43	41.9	20.9	16.3	44.2	48.8	25.6	9.3	9	41.9	25.6
>50	101	46.5	22.8	25.7	20.1	55.4	43.6	26.7	6.9	27.7	16.8
>100	225	44	30.2	22.7	27.6	48.9	43.1	18.7	15.6	35.7	16.8
>200	334	51.6	28.4	25.1	21.6	52.7	37.8	19.8	18.9	32.9	16.2
>300	417	51.6	25.3	28.8	27.8	55.9	42	26.6	23.3	35	16.8
对照组	556	21.6	12.2	7	8.8	25.9	3.8	3.2	4.5	10.4	5.4

4. 电磁辐射的防护措施

为了保证车间生产人员及人们的安全，我国已颁布《电磁辐射防护规定》条例，其中规定：凡新建、扩建或购买豁免水平以上（即场强 $E>20\text{V/m}$；辐射能量 $P>0.2\text{mW/cm}^2$）电磁辐射的个人或单位，必须事先进行环境影响的评价工作，并将检测结果向所在地区的环保主管部门报告，同时要做好以下几方面工作：

1）做好各种电气设备的静电屏蔽（即设备的接地工作），以便将辐射出来的强大电磁波导入地下。

2）在热处理车间的周围植树，将车间中辐射出来的强大电磁波通过树林导入地下。

3）在条件成熟的情况下，让从事这类工作的人员穿着防静电辐射服装。

4）搞好工作、生活场所的卫生工作，保持室内的干燥、通风。

五、热处理设备和工艺的安全操作

1）各种电阻炉在使用前需检查电源接头和电源线是否良好，启闭炉门自动断电装置是否良好。炉内要经常保持清洁，应将炉内氧化皮扫出，并定期检查和清除落在炉底电阻丝旁的氧化皮。严禁把湿工件装入炉内加热，以免激碎炉墙的耐火砖。

无氧化加热炉所使用液化气是易燃气体，在使用时必须保证管路的气密性，以防火灾和冻伤（液化气瓶温度低，其环境温度不许超过45℃）。当炉温低于760℃或可燃气体与空气达到一定混合比时，就有爆炸的可能，为此在通气与停炉前用惰性气体及非可燃气体（N_2 及 CO_2 等）吹扫炉膛及炉前室。

2）盐浴电极上不得放置任何金属物品，以免变压器发生短路。盐浴液面一般不能超过坩埚容积的3/4。水分进入盐浴会引起熔盐飞溅或爆炸事故，向盐液中添加新盐、放入工装夹具、工件之前，要预先烘干，新盐要缓慢加入，不能一下全部倒下去。

应经常清除电极上的氧化皮，有氧化皮和锈蚀严重的工件与夹具，不应放入盐浴加热，以免工件氧化以及电极的腐蚀。定期清除炉膛底部沉积的氧化皮及其他污物，以防电极短路或使盐液下部温度升高烧坏工件。

在停炉并舀出盐液后，应将炉口盖住，以免因冷却过快而使炉砖损坏或使电极变形。

硝酸盐的温度不能超过其最高工作温度，特别是不得混入木炭、木屑、油和其他有机物，以免发生着火和爆炸事故。

工件不得与电极、炉壁、炉底相碰，工件与电极的距离应不小于40mm。无通气孔的空心工件，不允许在盐浴炉中加热，以免发生爆炸。有盲孔的工件应孔口朝上，不得朝下，以免气体膨胀将盐液溅出伤人。管状工件淬火时，管口不应朝向操作者或他人。

其他的盐浴炉使用注意事项、维护及安全操作，见第三章第三节五、六、七。

3）在进行镁合金的热处理时，应特别注意防止炉子“跑温”而引起镁合金燃烧。当发生镁合金着火事故时，应立即用熔炼镁合金的熔剂撒盖在镁合金上或用专门用于扑灭镁火的药粉灭火器加以扑灭。绝不能用水或其他普通灭火器来扑灭镁火，否则将引起更为严重的火灾事故。

4）在进行高频感应加热操作时，应特别注意防止触电，操作间的地板上应铺设胶皮垫，并注意防止冷却水洒漏在地板上。

5）在进行油中淬火操作时，应采取一些冷却措施，将淬火油槽的温度控制在80℃以

下，大型油槽应设置事故回油池，为保持油的清洁和防止火灾，油槽应装置槽盖。

6）加热设备和冷却设备之间，不得放置任何妨碍操作的物品。车间的出入口和车间的通路，应当通行无阻。烧嘴附近应当安置灭火砂箱，车间内应放置灭火器。

六、部分热处理车间标准（见表12-6）

表12-6 部分热处理车间标准

序号	标准编号	标准名称	序号	标准编号	标准名称
1	JB/T 10175—2008	热处理质量控制要求	8	LD 84—1995	生产性粉尘作业危害程度分级检测规程
2	JB/T 10457—2004	液态淬火冷却设备 技术条件	9	GB 20425—2006	皂素工业水污染物排放标准
3	GB/T 10201—2008	热处理合理用电导则	10	GB 20426—2006	煤炭工业污梁物排放标准
4	GB/T 15318—2010	热处理电炉节能监测	11	GB 15735—2012	金属热处理生产过程安全、卫生要求
5	GB/T 15319—1994	火焰加热炉节能监测方法	12	JB/T 7519—1994	热处理盐浴（钡盐、硝盐）有害固体废物分析方法
6	GB 18871—2002	电离辐射防护与辐射源安全基本标准	13	JB 8434—1996	热处理环境保护技术要求
7	GB 10435—1989	作业场所激光辐射卫生标准	14	JB 9052—1999	热处理盐浴有害固体废物污染管理的一般规定

训练题

1. 热处理车间设计时，设备的选择原则是什么？
2. 热处理车间设备布置基本原则是什么？
3. 热处理浴炉的环保生产包括哪些内容？如何保证浴炉的良好生产环境并解决浴炉的污染？
4. 说明热处理车间三废危害物及其危害特点。说明对危害物的防范及治理措施。
5. 热处理车间电磁辐射对人体的主要危害是什么？其防护措施有哪几方面？

综合思考训练题

1. 说明传热（系数）、导热（系数）、热导率、加热系数、冷却能力H的概念及关系。

2. 举例说明金属电阻丝（带）、非金属电热元件电极与熔盐、感应、燃气、辐射管（电、气）加热工件的传热特点及应用的热处理设备，比较它们的控制特点、控制成本及加热速度。

3. 在频率选择、比功率选择、加热时间方面，如何实现透热式加热及传导式加热？比较透热式加热与传导式加热的加热速度、过热倾向、感应电流透入深度与淬硬层深度、淬火质量及应用情况。

4. 说明在可控气氛、真空气氛中，少量气氛（CO_2、O_2、H_2O）含量情况，说明他们与钢铁的氧化与还原、脱碳与渗碳的关系。

5. 说明CH_4与单参数控制、双参数控制、多参数控制与三气分析仪、致晶界贫铬性、运输储存性、直生式气氛、氮基气氛、可控性、碳势强弱、与其他原料组合性等性能情况。

6. 比较有罐炉与无罐炉在加热元件、温度均匀性及准确性、热惯性、热处理工件大小、炉温高低等方面的性能及应用。

7. 分别说明低、中、高温热处理工艺对设备的选择，大型工件对热处理设备的选择。列举在周期作业热处理设备中，既可用于加热又可用于冷却的五种设备以及七种缓冷设备，比较它们应用的热处理工艺、质量及理由。连续作业炉可连续进行哪种冷却工艺（淬火、正火、退火、回火等）？比较冷却效果。

8. 说明可控气氛炉（周期作业，连续作业）、燃气炉产生冷凝水的情况及对热处理质量和生产的影响。说明控制措施。

9. 整体热处理设备主要有哪些内容？其次还包含哪些内容？列举出一些最有代表性的整体热处理设备，说明计算机在冷却设备方面的应用。

10. 长杆类工件一定要在井式炉中加热吗？为什么？如何保证这类工件冷却温度的均匀性？有哪些最终热处理可以不用在专门的热处理车间完成（在机械加工车间完成）？

附　　录

附录 A　铂铑 10-铂热电偶分度表（自由端温度为 0℃）

工作端温度/℃	0	1	2	3	4	5	6	7	8	9
	mV(绝对值)									
0	0.000	0.005	0.011	0.016	0.022	0.028	0.033	0.039	0.044	0.050
10	0.056	0.061	0.061	0.073	0.078	0.084	0.090	0.096	0.102	0.107
20	0.113	0.119	0.125	0.131	0.137	0.143	0.149	0.155	0.161	0.167
30	0.173	0.179	0.185	0.191	0.198	0.204	0.210	0.216	0.222	0.229
40	0.235	0.241	0.247	0.254	0.260	0.266	0.273	0.279	0.286	0.292
50	0.299	0.305	0.321	0.318	0.325	0.331	0.338	0.344	0.351	0.357
60	0.364	0.371	0.377	0.384	0.391	0.397	0.404	0.411	0.418	0.425
70	0.431	0.438	0.445	0.452	0.459	0.466	0.473	0.479	0.486	0.493
80	0.500	0.507	0.514	0.521	0.528	0.535	0.543	0.550	0.557	0.564
90	0.571	0.578	0.585	0.593	0.600	0.607	0.614	0.621	0.629	0.636
100	0.643	0.651	0.658	0.665	0.673	0.680	0.687	0.694	0.702	0.709
110	0.717	0.724	0.732	0.739	0.747	0.754	0.762	0.769	0.777	0.784
120	0.792	0.800	0.807	0.815	0.823	0.830	0.838	0.845	0.853	0.861
130	0.869	0.876	0.884	0.892	0.900	0.907	0.915	0.923	0.931	0.939
140	0.946	0.954	0.962	0.970	0.978	0.986	0.994	1.002	1.009	1.017
150	1.025	1.033	1.041	1.049	1.057	1.065	1.073	1.081	1.089	1.097
160	1.106	1.114	1.122	1.130	1.138	1.146	1.154	1.163	1.170	1.179
170	1.187	1.195	1.203	1.211	1.220	1.228	1.236	1.244	1.253	1.261
180	1.269	1.277	1.286	1.294	1.302	1.311	1.319	1.327	1.336	1.344
190	1.352	1.361	1.369	1.377	1.386	1.394	1.403	1.411	1.419	1.428
200	1.436	1.445	1.453	1.462	1.470	1.497	1.487	1.496	1.504	1.531
210	1.521	1.530	1.538	1.547	1.555	1.564	1.573	1.581	1.590	1.598
220	1.607	1.615	1.624	1.633	1.641	1.650	1.659	1.667	1.676	1.685
230	1.693	1.702	1.710	1.719	1.728	1.736	1.745	1.754	1.763	1.771
240	1.780	1.788	1.797	1.805	1.814	1.823	1.832	1.840	1.849	1.858
250	1.867	1.876	1.884	1.893	1.902	1.911	1.920	1.929	1.937	1.946
260	1.955	1.964	1.973	1.982	1.991	2.000	2.008	2.017	2.026	2.035
270	2.044	2.053	2.062	2.071	2.080	2.089	2.098	2.170	2.116	2.125
280	2.134	2.143	2.152	2.161	2.170	2.179	2.188	2.197	2.206	2.215
290	2.224	2.233	2.242	2.251	2.260	2.270	2.279	2.288	2.297	2.306

（续）

工作端温度/℃	0	1	2	3	4	5	6	7	8	9
	mV(绝对值)									
300	2.315	2.324	2.333	2.342	2.352	2.361	2.370	2.397	2.388	2.397
310	2.407	2.416	2.425	2.434	2.443	2.452	2.462	2.471	2.480	2.489
320	2.498	2.508	2.517	2.526	2.535	2.545	2.554	2.563	2.572	2.582
330	2.591	2.600	2.609	2.619	2.628	2.637	2.647	2.656	2.665	2.675
340	2.684	2.693	2.703	2.712	2.721	2.730	2.740	2.749	2.759	2.768
350	2.777	2.787	2.796	2.805	2.815	2.824	2.833	2.843	2.852	2.862
360	2.871	2.880	2.890	2.899	2.909	2.918	2.928	2.937	2.946	2.956
370	2.965	2.975	2.984	2.994	3.003	3.013	3.022	3.031	3.041	3.050
380	3.060	3.069	3.079	3.088	3.098	3.107	3.117	3.126	3.136	3.145
390	3.155	3.164	3.174	3.183	3.193	3.202	3.212	3.221	3.231	3.240
400	3.250	3.260	3.269	3.279	3.288	3.298	3.307	3.317	3.326	3.336
410	3.346	3.355	3.365	3.374	3.384	3.393	3.403	3.413	3.422	3.432
420	3.441	3.451	3.461	3.470	3.480	3.489	3.499	3.509	3.518	3.528
430	3.538	3.547	3.557	3.566	3.576	3.586	3.595	3.605	3.615	3.624
440	3.634	3.644	3.653	3.663	3.673	3.682	3.692	3.702	3.711	3.721
450	3.731	3.740	3.750	3.760	3.770	3.779	3.789	3.799	3.808	3.818
460	3.828	3.838	3.847	3.857	3.867	3.877	3.886	3.896	3.906	3.916
470	3.925	3.935	3.945	3.955	3.964	3.974	3.984	3.994	4.033	4.013
480	4.023	4.033	4.043	4.052	4.062	4.072	4.082	4.092	4.102	4.111
490	4.121	4.131	4.141	4.151	4.161	4.170	4.180	4.190	4.200	4.210
500	4.220	4.229	4.239	4.249	4.259	4.269	4.279	4.289	4.299	4.309
510	4.318	4.328	4.338	4.348	4.358	4.368	4.378	4.388	4.398	4.408
520	4.418	4.427	4.437	4.447	4.457	4.467	4.477	4.487	4.497	4.507
530	4.517	4.527	4.537	4.547	4.557	4.567	4.577	4.587	4.597	4.607
540	4.617	4.627	4.637	4.647	4.657	4.667	4.677	4.687	4.697	4.707
550	4.717	4.727	4.737	4.747	4.757	4.767	4.777	4.787	4.797	4.807
560	4.817	4.827	4.838	4.848	4.858	4.868	4.878	4.888	4.898	4.908
570	4.918	4.928	4.938	4.849	4.959	4.969	4.979	4.989	4.999	5.009
580	5.019	5.030	5.040	5.050	5.060	5.070	5.080	5.090	5.101	5.111
590	5.121	5.131	5.141	5.151	5.162	5.172	5.182	5.192	5.202	5.212
600	5.222	5.232	5.242	5.252	5.263	5.273	5.283	5.293	5.304	5.314
610	5.324	5.334	5.344	5.355	5.365	5.357	5.386	5.396	5.406	5.416
620	5.427	5.437	5.447	5.457	5.468	5.478	5.488	5.499	5.509	5.519
630	5.530	5.540	5.550	5.561	5.571	5.581	5.591	5.602	5.612	5.622
640	5.633	5.643	5.653	5.664	5.674	5.684	5.695	5.705	5.715	5.725
650	5.735	5.745	5.756	5.766	5.776	5.787	5.797	5.808	5.818	5.828
660	5.839	5.849	5.859	5.870	5.880	5.891	5.901	5.911	5.922	5.932
670	5.943	5.953	5.964	5.974	5.984	5.995	6.005	6.016	6.026	6.036
680	6.046	6.056	6.067	6.077	6.088	6.098	6.109	6.119	6.130	6.140
690	6.151	6.161	6.172	6.182	6.193	6.203	6.214	6.224	6.235	6.245
700	6.256	6.266	6.277	6.287	6.298	6.308	6.319	6.329	6.340	6.351
710	6.361	6.372	6.382	6.392	6.402	6.413	6.424	6.434	6.445	6.455

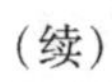

（续）

工作端温度/℃	0	1	2	3	4	5	6	7	8	9
	mV（绝对值）									
720	6.466	6.476	6.487	6.498	6.508	6.519	6.529	6.540	6.551	6.561
730	6.572	6.583	6.593	6.604	6.614	6.624	6.635	6.645	6.656	6.667
740	6.677	6.688	6.699	6.709	6.720	6.731	6.741	6.752	6.763	6.773
750	6.784	6.795	6.805	6.816	6.827	6.838	6.848	6.859	6.870	6.880
760	6.891	6.902	6.913	6.923	6.934	6.945	6.956	6.966	6.977	6.988
770	6.999	7.009	7.020	7.031	7.041	7.051	7.062	7.073	7.084	7.095
780	7.105	7.116	7.127	7.138	7.149	7.159	7.170	7.181	7.192	7.203
790	7.213	7.224	7.235	7.246	7.257	7.268	7.279	7.289	7.300	7.311
800	7.322	7.333	7.344	7.355	7.365	7.376	7.387	7.397	7.408	7.419
810	7.430	7.441	7.452	7.462	7.473	7.484	7.495	7.506	7.517	7.528
820	7.539	7.550	7.561	7.572	7.583	7.594	7.605	7.615	7.626	7.637
830	7.648	7.659	7.670	7.681	7.692	7.703	7.714	7.724	7.735	7.746
840	7.757	7.768	7.779	7.790	7.801	7.812	7.823	7.834	7.845	7.856
850	7.867	7.878	7.889	7.901	7.912	7.923	7.934	7.945	7.956	7.967
860	7.978	7.989	8.000	8.011	8.022	8.033	8.043	8.054	8.066	8.077
870	8.088	8.099	8.110	8.121	8.132	8.143	8.154	8.166	8.177	8.188
880	8.199	8.210	8.221	8.232	8.244	8.255	8.266	8.277	8.288	8.299
890	8.310	8.322	8.333	8.344	8.355	8.366	8.377	8.388	8.399	8.410
900	8.421	8.433	8.444	8.455	8.466	8.477	8.489	8.500	8.511	8.522
910	8.534	8.545	8.556	8.567	8.579	8.590	8.601	8.612	8.624	8.635
920	8.646	8.657	8.668	8.679	8.690	8.702	8.713	8.724	8.735	8.747
930	8.758	8.769	8.781	8.792	8.803	8.815	8.826	8.837	8.849	8.860
940	8.871	8.883	8.894	8.905	8.917	8.928	8.939	8.951	8.962	8.974
950	8.985	8.996	9.007	9.018	9.029	9.041	9.052	9.064	9.075	9.086
960	9.098	9.109	9.219	9.132	9.144	9.155	9.166	9.178	9.189	9.201
970	9.212	9.223	9.235	9.247	9.258	9.269	9.281	9.292	9.303	9.314
980	9.326	9.337	9.349	9.360	9.372	9.383	9.395	9.406	9.418	9.429
990	9.441	9.452	9.464	9.475	9.487	9.498	9.510	9.521	9.533	9.545
1000	9.556	9.568	9.579	9.591	9.602	9.613	9.624	9.636	9.648	9.653
1010	9.671	9.682	9.694	9.705	9.717	9.729	9.740	9.752	9.764	9.775
1020	9.787	9.798	9.810	9.822	9.833	9.845	9.856	9.868	9.880	9.891
1030	9.902	9.914	9.925	9.937	9.949	9.960	9.972	9.984	9.995	10.007
1040	10.019	10.030	10.042	10.054	10.066	10.077	10.089	10.101	10.112	10.124
1050	10.136	10.147	10.159	10.171	10.183	10.194	10.205	10.217	10.229	10.240
1060	10.252	10.264	10.276	10.287	10.299	10.311	10.323	10.334	10.346	10.358
1070	10.370	10.382	10.393	10.405	10.417	10.429	10.441	10.452	10.464	10.476
1080	10.488	10.500	10.511	10.523	10.535	10.547	10.559	10.570	10.582	10.594
1090	10.605	10.617	10.629	10.640	10.652	10.664	10.676	10.688	10.700	10.711
1100	10.723	10.735	10.747	10.759	10.771	10.783	10.794	10.806	10.818	10.830
1110	10.842	10.854	10.866	10.878	10.889	10.901	10.913	10.925	10.937	10.949
1120	10.961	10.973	10.985	10.996	11.008	11.020	11.032	11.044	11.056	11.068
1130	11.080	11.092	11.104	11.115	11.127	11.139	11.151	11.163	11.175	11.187

（续）

工作端温度/℃	0	1	2	3	4	5	6	7	8	9
	mV（绝对值）									
1140	11. 198	11. 210	11. 222	11. 234	11. 246	11. 258	11. 270	11. 281	11. 293	11. 305
1150	11. 317	11. 320	11. 341	11. 353	11. 365	11. 377	11. 389	11. 401	11. 413	11. 425
1160	11. 437	11. 449	11. 461	11. 473	11. 485	11. 497	11. 509	11. 521	11. 533	11. 545
1170	11. 556	11. 568	11. 580	11. 592	11. 604	11. 616	11. 628	11. 640	11. 652	11. 664
1180	11. 676	11. 688	11. 699	11. 711	11. 723	11. 735	11. 747	11. 759	11. 771	11. 783
1190	11. 795	11. 807	11. 819	11. 831	11. 843	11. 855	11. 867	11. 879	11. 891	11. 903
1200	11. 915	11. 927	11. 939	11. 951	11. 963	11. 975	11. 987	11. 999	12. 011	12. 023
1210	12. 035	12. 047	12. 059	12. 071	12. 083	12. 095	12. 107	12. 119	12. 131	12. 143
1220	12. 155	12. 167	12. 180	12. 192	12. 204	12. 216	12. 228	12. 240	12. 252	12. 263
1230	12. 275	12. 287	12. 299	12. 311	12. 323	12. 335	12. 347	12. 359	12. 371	12. 383
1240	12. 395	12. 407	12. 419	12. 431	12. 443	12. 455	12. 467	12. 479	12. 491	12. 503
1250	12. 515	12. 527	12. 539	12. 552	12. 564	12. 576	12. 588	12. 600	12. 621	12. 624
1260	12. 636	12. 648	12. 660	12. 672	12. 684	12. 696	12. 708	12. 720	12. 732	12. 744
1270	12. 756	12. 768	12. 780	12. 792	12. 804	12. 816	12. 828	12. 840	12. 851	12. 863
1280	12. 875	12. 887	12. 899	12. 911	12. 923	12. 935	12. 947	12. 959	12. 971	12. 983
1290	12. 996	13. 008	13. 020	13. 032	13. 044	13. 056	13. 068	13. 080	13. 092	13. 104
1300	13. 116	13. 128	13. 140	13. 152	13. 164	13. 176	13. 188	13. 200	13. 212	13. 224
1310	13. 236	13. 248	13. 260	13. 272	13. 284	13. 296	13. 308	13. 320	13. 332	13. 344
1320	13. 356	13. 368	13. 380	13. 392	13. 404	13. 415	13. 427	13. 439	13. 451	13. 463
1330	13. 475	13. 487	13. 499	13. 511	13. 523	13. 535	13. 547	13. 559	13. 571	13. 583
1340	13. 595	13. 607	13. 619	13. 631	13. 643	13. 655	13. 667	13. 679	13. 691	13. 703
1350	13. 715	13. 727	13. 739	13. 751	13. 763	13. 775	13. 787	13. 799	13. 811	13. 823
1360	13. 835	13. 847	13. 859	13. 871	13. 883	13. 895	13. 907	13. 919	13. 931	13. 943
1370	13. 955	13. 967	13. 979	13. 990	14. 002	14. 014	14. 026	14. 038	14. 050	14. 062
1380	14. 074	14. 086	14. 098	14. 109	14. 121	14. 133	14. 145	14. 157	14. 169	14. 181
1390	14. 193	14. 205	14. 217	14. 229	14. 241	14. 253	14. 265	14. 277	14. 289	14. 301
1400	14. 313	14. 325	14. 337	14. 349	14. 361	14. 373	14. 385	14. 397	14. 409	14. 421
1410	14. 433	14. 445	14. 457	14. 469	14. 480	14. 492	14. 504	14. 516	14. 528	14. 540
1420	14. 552	14. 564	14. 576	14. 588	14. 599	14. 611	14. 623	14. 635	14. 647	14. 659
1430	14. 671	14. 683	14. 695	14. 707	14. 719	14. 730	14. 742	14. 754	14. 766	14. 778
1440	14. 790	14. 802	14. 814	14. 826	14. 838	14. 850	14. 862	14. 874	14. 886	14. 898
1450	14. 910	14. 921	14. 933	14. 945	14. 957	14. 969	14. 981	14. 993	15. 005	15. 017
1460	15. 029	15. 041	15. 053	15. 065	15. 077	15. 088	15. 100	15. 112	15. 124	15. 136
1470	15. 148	15. 160	15. 172	15. 184	15. 195	15. 207	15. 219	15. 230	15. 242	15. 254
1480	15. 266	15. 278	15. 290	15. 302	15. 314	15. 326	15. 338	15. 350	15. 361	15. 373
1490	15. 385	15. 397	15. 409	15. 421	15. 433	15. 445	15. 457	15. 469	15. 481	15. 492
1500	15. 504	15. 516	15. 528	15. 540	15. 552	15. 564	15. 576	15. 588	15. 599	15. 611
1510	15. 623	15. 636	15. 647	15. 659	15. 671	15. 683	15. 695	15. 706	15. 718	15. 730
1520	15. 742	15. 754	15. 766	15. 778	15. 790	15. 802	15. 813	15. 824	15. 836	15. 848
1530	15. 860	15. 872	15. 884	15. 895	15. 907	15. 919	15. 931	15. 943	15. 955	15. 967
1540	15. 979	15. 990	16. 002	16. 014	16. 026	16. 038	16. 050	16. 062	16. 073	16. 085
1550	16. 097	16. 109	16. 121	16. 133	16. 144	16. 156	16. 168	16. 180	16. 192	16. 204

（续）

工作端温度/℃	0	1	2	3	4	5	6	7	8	9
	mV（绝对值）									
1560	16.216	16.227	16.239	16.251	16.263	16.275	16.287	16.298	16.310	16.322
1570	16.334	16.346	16.358	16.369	16.381	16.393	16.404	16.416	16.428	16.439
1580	16.451	16.463	16.475	16.487	16.499	16.510	16.522	16.534	16.546	16.558
1590	16.569	16.581	16.593	16.605	16.617	16.629	16.640	16.652	16.664	16.676
1600	16.688									

附录B 碳势与“露点—温度”之间的对应关系［当φ(CO)=23%，$\varphi(H_2)$=32%时］

露点/℃	炉温/℃													
	820	830	840	850	860	870	880	890	900	910	920	930	940	950
−19.0	2.59	2.51	2.43	2.35	2.27	2.19	2.11	2.03	1.96	1.88	1.81	1.73	1.66	1.59
−18.5	2.55	2.47	2.39	2.31	2.23	2.15	2.07	1.99	1.91	1.84	1.76	1.69	1.62	1.55
−18.0	2.51	2.43	2.35	2.26	2.18	2.10	2.02	1.94	1.87	1.79	1.72	1.64	1.57	1.50
−17.5	2.47	2.38	2.30	2.22	2.14	2.06	1.98	1.90	1.82	1.75	1.67	1.60	1.53	1.46
−17.0	2.42	2.34	2.26	2.18	2.09	2.01	1.93	1.85	1.78	1.70	1.63	1.56	1.49	1.42
−16.5	2.38	2.30	2.22	2.13	2.05	1.97	1.89	1.81	1.73	1.66	1.58	1.51	1.44	1.38
−16.0	2.34	2.26	2.17	2.09	2.01	1.92	1.84	1.77	1.69	1.61	1.54	1.47	1.40	1.34
−15.5	2.30	2.21	2.13	2.04	1.96	1.88	1.80	1.72	1.64	1.57	1.50	1.43	1.36	1.30
−15.0	2.26	2.17	2.09	2.00	1.92	1.84	1.76	1.68	1.60	1.53	1.46	1.39	1.32	1.26
−14.5	2.21	2.13	2.04	1.96	1.87	1.79	1.71	1.63	1.56	1.49	1.42	1.35	1.28	1.22
−14.0	2.17	2.08	2.00	1.91	1.83	1.75	1.67	1.59	1.52	1.44	1.37	1.31	1.24	1.18
−13.5	2.13	2.04	1.95	1.87	1.79	1.71	1.63	1.55	1.48	1.40	1.33	1.27	1.21	1.14
−13.0	2.08	2.00	1.91	1.83	1.74	1.66	1.58	1.51	1.43	1.36	1.30	1.23	1.17	1.11
−12.5	2.04	1.95	1.87	1.78	1.70	1.62	1.54	1.47	1.39	1.32	1.26	1.19	1.13	1.07
−12.0	2.00	1.91	1.82	1.74	1.66	1.58	1.50	1.43	1.35	1.29	1.22	1.16	1.10	1.04
−11.5	1.96	1.87	1.78	1.70	1.62	1.54	1.46	1.39	1.32	1.25	1.18	1.12	1.06	1.01
−11.0	1.91	1.83	1.74	1.66	1.57	1.50	1.42	1.35	1.28	1.21	1.15	1.09	1.03	0.97
−10.5	1.87	1.78	1.70	1.61	1.53	1.46	1.38	1.31	1.24	1.17	1.11	1.05	0.99	0.94
−10.0	1.83	1.74	1.66	1.57	1.49	1.42	1.34	1.27	1.20	1.14	1.08	1.02	0.96	0.91
−9.5	1.79	1.70	1.61	1.53	1.45	1.38	1.30	1.23	1.17	1.10	1.04	0.99	0.93	0.88
−9.0	1.74	1.66	1.57	1.49	1.41	1.34	1.27	1.20	1.13	1.07	1.01	0.95	0.90	0.85
−8.5	1.70	1.62	1.53	1.45	1.37	1.30	1.23	1.16	1.10	1.04	0.98	0.92	0.87	0.82
−8.0	1.66	1.58	1.49	1.41	1.34	1.26	1.19	1.13	1.06	1.00	0.95	0.89	0.84	0.79
−7.5	1.62	1.54	1.45	1.37	1.30	1.23	1.16	1.09	1.03	0.97	0.92	0.86	0.81	0.77

（续）

露点/℃	炉温/℃													
	820	830	840	850	860	870	880	890	900	910	920	930	940	950
-7.0	1.58	1.50	1.41	1.34	1.26	1.19	1.12	1.06	1.00	0.94	0.89	0.83	0.79	0.74
-6.5	1.54	1.46	1.38	1.30	1.23	1.16	1.09	1.03	0.97	0.91	0.86	0.81	0.76	0.71
-6.0	1.50	1.42	1.34	1.26	1.19	1.12	1.06	0.99	0.94	0.88	0.83	0.78	0.73	0.69
-5.5	1.46	1.38	1.30	1.23	1.15	1.09	1.02	0.96	0.91	0.85	0.80	0.75	0.71	0.67
-5.0	1.42	1.34	1.26	1.19	1.12	1.05	0.99	0.93	0.88	0.82	0.77	0.73	0.68	0.64
-4.5	1.39	1.31	1.23	1.16	1.09	1.02	0.96	0.90	0.85	0.80	0.75	0.70	0.66	0.62
-4.0	1.35	1.27	1.19	1.12	1.05	0.99	0.93	0.87	0.82	0.77	0.72	0.68	0.64	0.60
-3.5	1.31	1.23	1.16	1.09	1.02	0.96	0.90	0.85	0.79	0.74	0.70	0.66	0.62	0.58
-3.0	1.28	1.20	1.13	1.06	0.99	0.93	0.87	0.82	0.77	0.72	0.67	0.63	0.59	0.56
-2.5	1.24	1.16	1.09	1.02	0.96	0.90	0.84	0.79	0.74	0.70	0.65	0.61	0.57	0.54
-2.0	1.21	1.13	1.06	0.99	0.93	0.87	0.82	0.77	0.72	0.67	0.63	0.59	0.55	0.52
-1.5	1.17	1.10	1.03	0.96	0.90	0.84	0.79	0.74	0.69	0.65	0.61	0.57	0.53	0.50
-1.0	1.14	1.07	1.00	0.93	0.87	0.82	0.77	0.72	0.67	0.63	0.59	0.55	0.51	0.48
-0.5	1.11	1.03	0.97	0.91	0.85	0.79	0.74	0.69	0.65	0.61	0.57	0.53	0.50	0.47
0.0	1.07	1.01	0.94	0.88	0.82	0.77	0.72	0.67	0.63	0.59	0.55	0.51	0.48	0.45
0.5	1.05	0.98	0.91	0.85	0.80	0.75	0.70	0.65	0.61	0.57	0.53	0.50	0.47	0.44
1.0	1.02	0.95	0.89	0.83	0.78	0.72	0.68	0.63	0.59	0.55	0.52	0.48	0.45	0.42
1.5	0.99	0.93	0.87	0.81	0.75	0.70	0.66	0.61	0.57	0.53	0.50	0.47	0.44	0.41
2.0	0.97	0.90	0.84	0.79	0.73	0.68	0.64	0.59	0.56	0.52	0.48	0.45	0.42	0.40
2.5	0.94	0.88	0.82	0.76	0.71	0.66	0.62	0.58	0.54	0.50	0.47	0.44	0.41	0.38
3.0	0.92	0.86	0.80	0.74	0.69	0.64	0.60	0.56	0.52	0.49	0.46	0.43	0.40	0.37
3.5	0.89	0.83	0.77	0.72	0.67	0.63	0.58	0.54	0.51	0.47	0.44	0.41	0.39	0.36
4.0	0.87	0.81	0.75	0.70	0.65	0.61	0.57	0.53	0.49	0.46	0.43	0.40	0.37	0.35
4.5	0.85	0.79	0.73	0.68	0.63	0.59	0.55	0.51	0.48	0.44	0.41	0.39	0.36	0.34
5.0	0.82	0.77	0.71	0.66	0.62	0.57	0.53	0.50	0.46	0.43	0.40	0.38	0.35	0.33
5.5	0.80	0.75	0.69	0.64	0.60	0.56	0.52	0.48	0.45	0.42	0.39	0.36	0.34	0.32
6.0	0.78	0.72	0.67	0.63	0.58	0.54	0.50	0.47	0.44	0.41	0.38	0.35	0.33	0.31
6.5	0.76	0.70	0.65	0.61	0.56	0.52	0.49	0.45	0.42	0.39	0.37	0.34	0.32	0.30
7.0	0.74	0.69	0.64	0.59	0.55	0.51	0.47	0.44	0.41	0.38	0.36	0.33	0.31	0.29
7.5	0.72	0.67	0.62	0.57	0.53	0.49	0.46	0.43	0.40	0.37	0.34	0.32	0.30	0.28
8.0	0.70	0.65	0.60	0.56	0.52	0.48	0.45	0.41	0.39	0.36	0.33	0.31	0.29	0.27
8.5	0.68	0.63	0.58	0.54	0.50	0.47	0.43	0.40	0.37	0.35	0.32	0.30	0.28	0.26
9.0	0.66	0.61	0.57	0.53	0.49	0.45	0.42	0.39	0.36	0.34	0.31	0.29	0.27	0.25
9.5	0.64	0.60	0.55	0.51	0.47	0.44	0.41	0.38	0.35	0.33	0.30	0.28	0.26	0.25
10.0	0.62	0.58	0.54	0.50	0.46	0.43	0.40	0.37	0.34	0.32	0.30	0.27	0.26	0.24

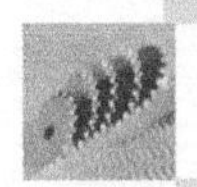

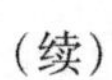

（续）

露点/℃	炉温/℃													
	820	830	840	850	860	870	880	890	900	910	920	930	940	950
10.5	0.61	0.56	0.52	0.48	0.45	0.41	0.38	0.36	0.33	0.31	0.29	0.27	0.25	0.23
11.0	0.59	0.55	0.51	0.47	0.43	0.40	0.37	0.35	0.32	0.30	0.28	0.26	0.24	0.22
11.5	0.57	0.53	0.49	0.45	0.42	0.39	0.36	0.34	0.31	0.29	0.27	0.25	0.23	0.22
12.0	0.56	0.52	0.48	0.44	0.41	0.38	0.35	0.33	0.30	0.28	0.26	0.24	0.23	0.21
12.5	0.54	0.50	0.46	0.43	0.40	0.37	0.34	0.32	0.29	0.27	0.25	0.24	0.22	0.20
13.0	0.53	0.49	0.45	0.42	0.39	0.36	0.33	0.31	0.28	0.26	0.25	0.23	0.21	0.20
13.5	0.51	0.47	0.44	0.40	0.37	0.35	0.32	0.30	0.28	0.26	0.24	0.22	0.21	0.19
14.0	0.50	0.46	0.43	0.39	0.36	0.34	0.31	0.29	0.27	0.25	0.23	0.21	0.20	0.19
14.5	0.49	0.45	0.41	0.38	0.35	0.33	0.30	0.28	0.26	0.24	0.22	0.21	0.19	0.18
15.0	0.47	0.43	0.40	0.37	0.34	0.32	0.29	0.27	0.25	0.23	0.22	0.20	0.19	0.18
15.5	0.46	0.42	0.39	0.36	0.33	0.31	0.28	0.26	0.24	0.23	0.21	0.20	0.18	0.17
16.0	0.45	0.41	0.38	0.35	0.32	0.30	0.28	0.26	0.24	0.22	0.20	0.19	0.18	0.16
16.5	0.43	0.40	0.37	0.34	0.31	0.29	0.27	0.25	0.23	0.21	0.20	0.18	0.17	0.16
17.0	0.42	0.39	0.36	0.33	0.30	0.28	0.26	0.24	0.22	0.21	0.19	0.18	0.17	0.15
17.5	0.41	0.38	0.35	0.32	0.30	0.27	0.25	0.23	0.22	0.20	0.19	0.17	0.16	0.15
18.0	0.40	0.37	0.34	0.31	0.29	0.27	0.25	0.23	0.21	0.20	0.18	0.17	0.16	0.15
18.5	0.39	0.36	0.33	0.30	0.28	0.26	0.24	0.22	0.20	0.19	0.18	0.16	0.15	0.14
19.0	0.38	0.35	0.32	0.29	0.27	0.25	0.23	0.21	0.20	0.18	0.17	0.16	0.15	0.14
19.5	0.37	0.34	0.31	0.29	0.26	0.24	0.22	0.21	0.19	0.18	0.17	0.15	0.14	0.13
20.0	0.36	0.33	0.30	0.28	0.26	0.24	0.22	0.20	0.19	0.17	0.16	0.15	0.14	0.13
20.5	0.35	0.32	0.29	0.27	0.25	0.23	0.21	0.20	0.18	0.17	0.16	0.14	0.13	0.13
21.0	0.34	0.31	0.28	0.26	0.24	0.22	0.21	0.19	0.18	0.16	0.15	0.14	0.13	0.12
21.5	0.33	0.30	0.28	0.25	0.23	0.22	0.20	0.18	0.17	0.16	0.15	0.14	0.13	0.12
22.0	0.32	0.29	0.27	0.25	0.23	0.21	0.19	0.18	0.17	0.15	0.14	0.13	0.12	0.11
22.5	0.31	0.28	0.26	0.24	0.22	0.20	0.19	0.17	0.16	0.15	0.14	0.13	0.12	0.11
23.0	0.30	0.28	0.25	0.23	0.21	0.20	0.18	0.17	0.16	0.14	0.13	0.12	0.12	0.11
23.5	0.29	0.27	0.25	0.23	0.21	0.19	0.18	0.16	0.15	0.14	0.13	0.12	0.11	0.10
24.0	0.28	0.26	0.24	0.22	0.20	0.19	0.17	0.16	0.15	0.14	0.13	0.12	0.11	0.10
24.5	0.28	0.25	0.23	0.21	0.20	0.18	0.17	0.15	0.14	0.13	0.12	0.11	0.11	0.10
25.0	0.27	0.25	0.23	0.21	0.19	0.18	0.16	0.15	0.14	0.13	0.12	0.11	0.10	0.10

参 考 文 献

[1] 陈永勇．可控气氛热处理［M］．北京：冶金工业出版社，2008.

[2] 吴元徽．热处理工（高级）［M］．北京：机械工业出版社，2008.

[3] 吴元徽．热处理工（中级）［M］．北京：机械工业出版社，2008.

[4] 张玉庭．热处理技师手册［M］．北京：机械工业出版社，2007.

[5] 黄国靖，李福臣．热处理手册（第3卷）［M］．3版．北京：机械工业出版社，2004.

[6] 何致恭．热处理炉及车间设备［M］．北京：机械工业出版社，1996.

[7] 夏国华，杨树蓉．现代热处理技术［M］．北京：兵器工业出版社，1996.

[8] 陈天民，吴建平．热处理设计简明手册［M］．北京：机械工业出版社，1993.

[9] 吴光英，吴光治，孙桂华．新型热处理电炉［M］．北京：国防工业出版社，1993.

[10] 吴光英．现代热处理炉．北京：机械工业出版社，1991.

[11] 赵振业．发展热处理和表面改性技术，提升国家核心竞争力［J］．金属热处理，2013，38（1）：1-3.

[12] 潘健生，顾剑锋，王婧．我国热处理发展战略的探讨［J］．金属热处理，2013，38（1）：4-14.

[13] 徐斌．一种新型节能燃气炉—气电加热炉的设计［J］．包头职业技术学院学报，2011，10（4）：4-5.

[14] 徐斌．板式冷却装置Ⅰ用于淬火液冷却的试验研究［J］．新技术新工艺，2011，10（4）：4-5.

[15] 徐斌．感应器感应加热移动速度的确定［J］．包头职业技术学院学报，2009，10（4）：4-5.

[16] 徐斌．箱式电阻炉炉顶增设电阻丝的研究［J］．包头职业技术学院学报，2008，38（1）：1-3.

[17] 侯旭明．热处理原理与工艺［M］．北京：机械工业出版社，2010.

[18] 杨满．热处理工艺参数手册［M］．北京：机械工业出版社，2013.

[19] 李国彬．热处理工艺规范与数据手册［M］．北京：化学工业出版社，2013.

[20] 王振东，牟俊茂．钢材感应加热快速热处理［M］．北京：化学工业出版社，2012.

[21] 沈庆通，黄志．感应热处理技术300问［M］．北京：机械工业出版社，2013.

[22] 马伯龙．热处理工艺设计与选择［M］．北京：机械工业出版社，2013.

[23] 沈庆通，梁文林．现代感应热处理技术［M］．北京：机械工业出版社，2008.

[24] 李惠友，罗德福，吴少旭．QPQ技术的原理与应用［M］．北京：机械工业出版社，2008.

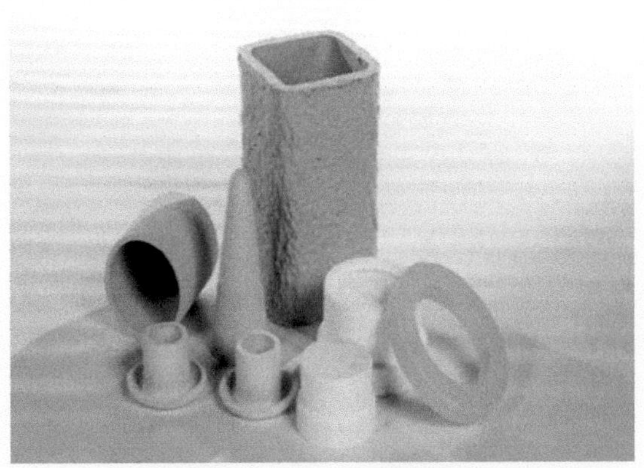

彩图 1-1 耐火纤维制品

彩图 2-1 大型井式可控气氛渗碳炉

彩图 4-1 大齿圈淬火机床

彩图 4-2 感应加热热处理生产线

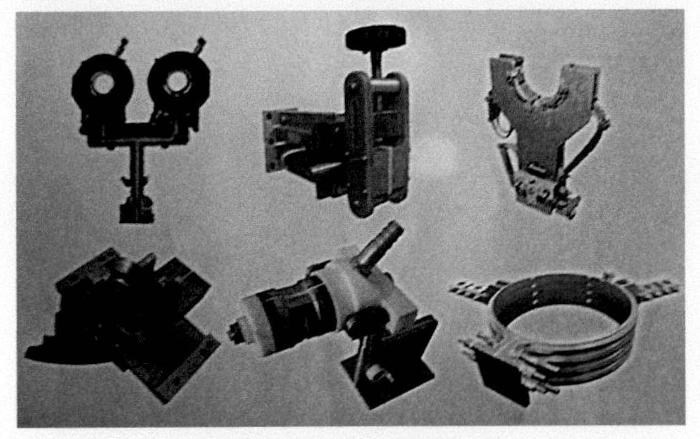

彩图 4-3 各类感应器

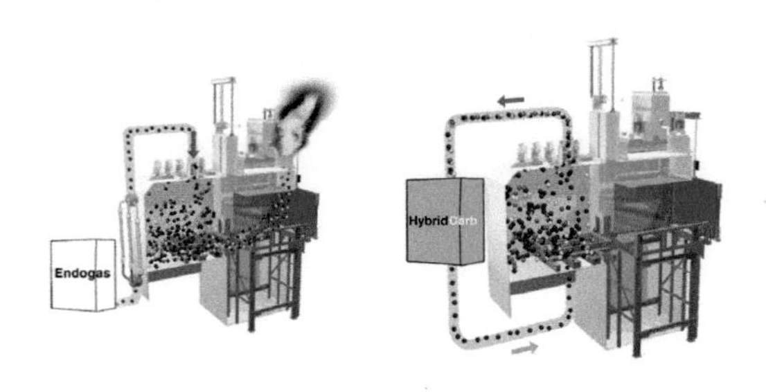

彩图 6-1 气氛发生与回收再生工作示意图

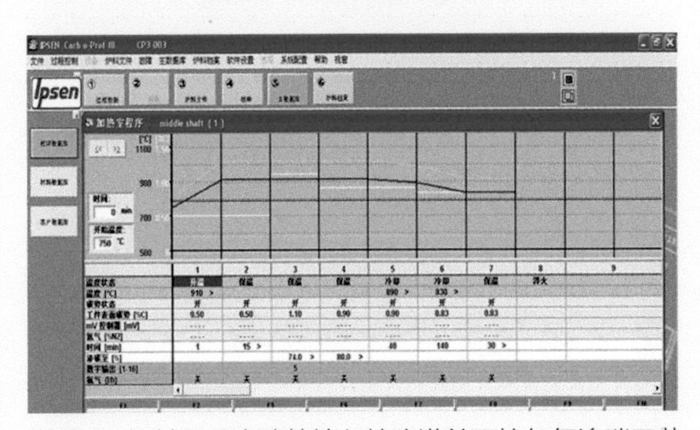

彩图 6-2 某工厂变速箱输入轴改进前可控气氛渗碳工艺

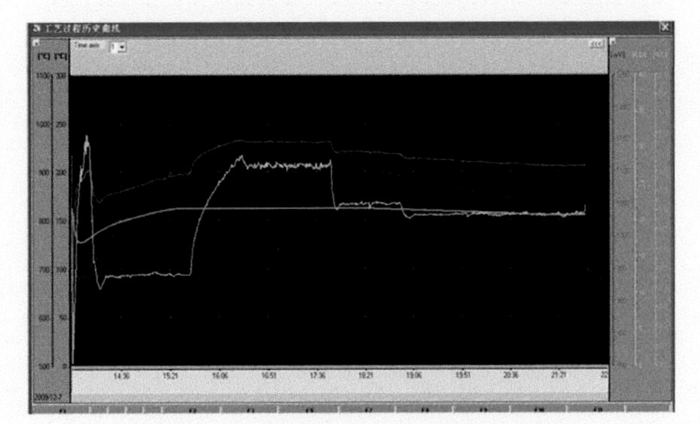

彩图 6-3 改进前渗碳工艺执行结果曲线

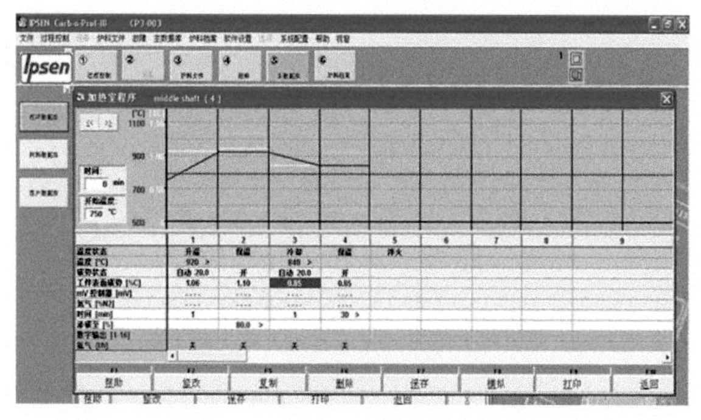

彩图 6-4 自适应可控气氛渗碳工艺

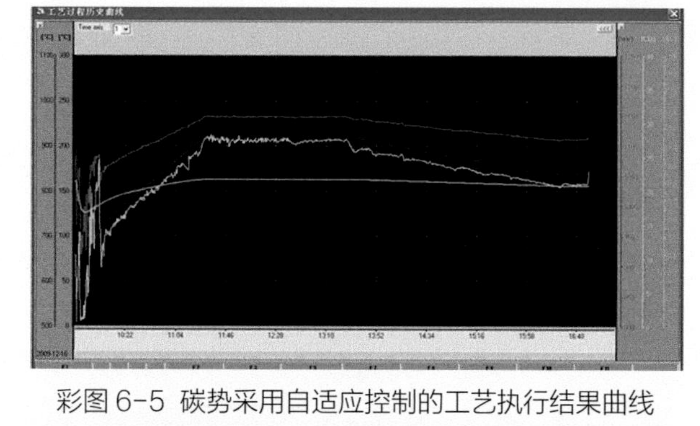

彩图 6-5 碳势采用自适应控制的工艺执行结果曲线

彩图 7-1 真空炉

彩图 7-2 4.5t 模具真空热处理

彩图 8-1 大型燃气炉

彩图 8-2 长杆热处理生产线

彩图 9-1 长管（棒）罩式炉自动调质生产线

彩图 9-2 激光相变硬化处理中的大型齿轮